Arnold Zweig

Freundschaft mit Freud

Ein Bericht

Aufbau-Verlag

Bandbearbeitung: Julia Bernhard

Zweig, Berliner Ausgabe
ISBN 3-351-03400-8
Zweig, Freundschaft mit Freud
ISBN 3-351-03425-3

1. Auflage 1996

Lektorat Almut Giesecke
Typographie und Einbandgestaltung Heinz Hellmis
Satz LVD GmbH, Berlin
Druck und Binden Kösel GmbH, Kempten
Printed in Germany

Arnold Zweig Berliner Ausgabe

Essays / 5

Arnold Zweig

Berliner Ausgabe

Herausgegeben von der
Humboldt-Universität zu Berlin
und der
Akademie der Künste, Berlin

Wissenschaftliche Leitung:
Frank Hörnigk in Zusammenarbeit
mit Julia Bernhard

Vorwort

Über den Entfaltungsprozeß, durch welchen dieses Buch entstand, wird der Leser unterrichtet sein, wenn er es ganz und gar gelesen hat. Er wird dann auch fühlen, daß es entstehen mußte und wie sehr es allmählich auch autobiographische Züge erhielt. Daß dieses Element notwendig im Hintergrund blieb, geht schon aus der Tatsache hervor, daß eine so übermächtige Gestalt wie Sigmund Freud alles Licht auf sich ziehen mußte, welches im Laufe einer jahrzehntelangen Freundschaft immer heller brannte und auch mit seinem Weggehen nicht erlosch. Da inzwischen eine monumentale Biographie in den drei Bänden von Ernest Jones vorliegt, die auch mit Bildern reichlich ausgestattet ist, braucht der Verfasser dieses Buches nicht zu bedauern, daß es sich auf die persönlichen Beziehungen zwischen Freud und ihm beschränkt.

Durch die Tatsache, daß mir zum Lesen meine Augen immer weniger taugten und dienten, eine Folge des ersten Weltkrieges, widerspiegelt dieses Buch auch nur gelegentlich die Eindrücke, welche Freuds Schriften bei mir hinterließen. Dadurch wurde aber, hoffe ich, auch das falsche Bild vermieden, hier werde die Beziehung zweier Schriftsteller zueinander geschildert. Trotz der Tatsache, daß Sigmund Freud einer der größten wissenschaftlichen Autoren deutscher Sprache seit den letzten Jahrzehnten des vorigen Jahrhunderts ist, darf der Generation nach dem zweiten Weltkrieg die Erkenntnis nicht verborgen bleiben, daß Sigmund Freud von Anbeginn bis zum Schluß seines Lebens ein tätiger Arzt war. Angesprochen wurde schon der Dreißigjährige vom Leiden besonders sensitiver Mitmenschen, deren ›Nervosität‹ durch die Formen entstand, in denen sich unser gesellschaftliches Leben abspielt und die in alltäglichen wie in außerordentlichen

Fällen vom Seelischen her ihr Werden und Funktionieren hemmen. Wie sehr seine Schöpfung, die Psychoanalyse, unser ganzes geistiges Leben befruchtet hat, geht schon aus der Tatsache hervor, daß sie noch heute umkämpft wird.

Und so mache sich denn dieses Buch auf den Weg zu seiner Leserschaft, die leider noch immer mit dem Schatten der Atombombe kämpft. Das Erlebnis dieser monströsen Verfinsterung unserer Kultur blieb Sigmund Freud erspart; uns aber nicht erspart bleibt die Aufgabe, Gegenwart und Zukunft zu reinigen von jener Ausweitung des menschlichen Aggressionstriebs, die seit Beginn unserer Zivilisation das politische Phänomen Krieg bedeutet. Die Leistung ist schwierig, welche diese Jahre von uns verlangen, aber die erstaunliche Tatsache macht uns immer wieder Mut, daß noch nie eine solche Überzahl von Staaten, Völkern und Einzelgruppen am Werke war, die alte menschliche Sehnsucht nach Frieden zu verwirklichen. Tritt der Frühling in diesem Jahr auch nur zögernd ein, so blühen doch bereits Apfelbäume vor unseren Fenstern und das Lied der Lerche, der Lockruf der Amseln mahnt uns jeden Morgen, es sei Zeit, an die Arbeit zu gehen.

Berlin-Niederschönhausen, den 12. Mai 1962

Präludium

Ein Sonnenuntergang

Seit Mitte September 1939 wußten wir, daß es mit Sigmund Freud zu Ende ging. Freunde in Jerusalem, die seit einem Menschenalter zu seinen engsten Mitarbeitern gehörten, waren davon benachrichtigt worden; sie hatten Telefon, man konnte sie von London aus anrufen. Sie ihrerseits standen in dem gleichen Kontakt mit einem Analytiker und Freund aus der Freud-Schule, der uns von Zeit zu Zeit Botschaft herüberschickte, als Nachbar dem Nachbarn. Am Spätnachmittag des 23. September erfuhren wir so, daß Sigmund Freud gestorben sei. Das Leben seiner außerordentlichen Seele in dem arg beschädigten Körper, der sie 83 Jahre beherbergt hatte, war in den letzten Monaten eine immer ansteigende Qual gewesen. Als wir uns im Juli 1939 trennten, wußten wir, wir würden uns nie mehr sprechen und sehen. Dennoch saß ich jetzt erschüttert auf einem schmalen Balkon über Pinienwipfeln, sog an meiner Pfeife und schaute der sinkenden Sonne zu, die rot und strahlenlos ins Meer tauchte, dieses geliebte Mittelmeer, das den Horizont wie eine Wand begrenzte, bald stahlblau, bald feuerrot.

Ein besonderer Tag war heute, nach der Meinung der meisten Leute, die um uns herum wohnten – ein guter Tag, um mit ihm zu sterben. Es war der Ausklang des Versöhnungstages, des großen Buß- und Bettages aller Jüdischen Gemeinden auf der Erde. Und obwohl sich noch niemand deutlich vorstellen konnte, von all diesen mehr oder weniger mit ihrem Gott verbundenen Nachbarn, was für eine Epoche den Juden östlich und westlich der Weichsel heraufgekommen war, hatten sie sich doch noch mehr als jedes Jahr gedrängt gefühlt, ein Sündenbekenntnis abzulegen, um von Ihm und seinem unerforschlichen Ratschluß Verzeihung zu empfangen. Sie glaubten aber, daß es keinen günstigeren Tod gäbe als den zu »Neilah«, in der letzten Stunde dieses Tages Jom

Kippur, und daß Gott, der große Verzeiher, besonderen Günstlingen einen solchen Tod vorbehalten habe. Die Seele eile dann geradeswegs zu Gottes Thron in den siebenten Himmel und werde dort in einer Feierstunde empfangen, dem Reiche des Ewigen eingegliedert. Und da war nun dieser Sigmund Freud gestorben, im hohen Greisenalter, der in den letzten Jahren diesen selben Juden den Schmerz hatte antun müssen, ihren Gottesmann Mose, den Sohn Amrams und der Jochebeth, als einen ägyptischen Prinzen zu erklären, einen »fremden Führer«, der sich das Volk der Ebräer ausersehen habe, um das Andenken und die Religiosität des Echnaton zu retten, Amenhoteps des Vierten, den sein eigenes Volk als Ketzerkönig im Stiche ließ. Diesem Sigmund Freud, diesem unerbittlichen Wahrheitssucher, war die Auszeichnung eines solchen Sterbe-Augenblicks zugesprochen worden – Jahwe hatte ihm verziehen, was die Anbeter dieses Gottes ihm zu verzeihen nicht geneigt sein würden.

Ich saß in meinem Stuhle und schaute nach Westen. Ich war selber noch kein Jahr wieder auf den Beinen nach einem Zusammenprall auf unseren gefährlich gewordenen Landstraßen, einem Autounfall, der mir ziemlich dicht an den Lebensnerv gegangen war. Aber ich durfte Freud noch einmal diesen Sommer sehen und sprechen, er hatte mir in das Exemplar des »Mannes Moses« eine fast zärtliche Widmung geschrieben mit der festen Schrift all dieser Jahre, und die schräg von links nach rechts anstieg, was die Graphologen, soviel ich weiß, für eine Äußerung positiven Lebensgefühls halten. Nun, hier war es ein Todesgefühl, wir wußten es beide. Ich hatte ihn gefragt, ob ihm denn das Leben noch lebenswert vorkomme unter dem Bohren der Schmerzen im Knochen seines Oberkiefers, und er hatte den Kopf geschüttelt, nein. Er ging damals noch in seinem Arbeitszimmer auf und ab, in dem neuen Haus des gastlichen London, dessen Garten unmittelbar von dem großen hellen Bibliotheksraum zu betreten war – geeigneter als das frühere, das Wiener Arbeitszimmer im ersten Stock der Berggasse, die der Wiener Magistrat jüngst ablehnte, in Sigmund Freud-Gasse umzutaufen. Was für ein Mensch war dies gewesen, dieser Sigmund Freud, und was für ein Mann! Wie wenige Mitlebende hatte er eine

Epoche verkörpert, die mit ihm zu Grabe ging, die des Aufstiegs und des Höhepunkts der bürgerlichen Gesittung in Mitteleuropa und in deutscher Sprache. Nicht umsonst lebte er zwei Menschenalter lang unter jenem Kaiser Franz Joseph, der den ersten Weltkrieg entfesseln half, nachdem er alles getan hatte, um die Unterströme zu ersticken oder zuzudecken, die nirgendwo so deutlich wie in Österreich das Auftauchen neuer Kräfte ankündigten. Kaum je hatte Sigmund Freud diesen Umständen Beachtung geschenkt. Es war ihm selbstverständlich gewesen, daß er als Vertreter deutscher Kultur und europäischer Wissenschaft seine Lebensleistung vorwärts zu treiben hatte, ohne Blick nach rechts oder links, ohne Rücksicht auch auf sich selbst, ein deutscher Forscher im deutschen Wien, seiner jüdischen Abkunft voll bewußt, niemals geneigt, von ihr um einen Deut abzurükken, noch weniger aber, aus ihr ein Programm zu machen, eine Parole. Die Welt der politischen Vorgänge war für ihn ein Gegenstand massenpsychologischer Untersuchungen, nicht mehr. So sehr war dieser Freud Höhepunkt und Vollender der liberalen Zeit, daß ihm wohl kaum je in den Sinn kam, wie erstaunlich sich seine Situation als Jude und gleichzeitig als Repräsentant der höchsten europäischen Wissenschaftlichkeit einmal an ihm selbst kundtun würde. Seine menschliche Kultur, die Güte und Verfeinerung seines Wesens, die bezaubernde Höflichkeit und Anmut seiner Lebenssitten vor dem Hintergrund einer wissenschaftlichen Leistung, über deren Dimensionen dieses Buch versuchen wird, zu unterrichten – das war der Mann, der jetzt erloschen war wie die Sonne, die da eben im Westmeer verschwand. Er hatte noch den Ausbruch jenes 2. Weltkrieges erleben müssen, den der Kampf bedrohter Herrenklassen entfesselt hatte, von Gruppen, die sich innerhalb unserer wie der östlichen Hemisphäre bewaffneter reaktionärer Parteien bedienten, um die aufsteigenden Kräfte neuer arbeitender Massen niederzuschlagen – japanischer, italienischer, deutscher Faschisten. Das kleine Österreich war längst überrannt, Sigmund Freud unter Anstrengungen und Opfern noch nach London gerettet worden. »Glauben Sie nun, Herr Professor«, hatte ihn ein Freund in London gefragt, »daß dies der letzte Krieg sein wird?« – »*Mein* letzter«, hatte Freud geantwortet. Ja, er war mit dem trügerischen Frieden zwischen den beiden Weltkriegen in die Höhe seiner Vollendung gestiegen, dieser Naturforscher Sigmund Freud. Er hatte alles von dem, was er liebte, bis zu seinem Tode um sich haben können. In unserer neuen Welt, die von ihm mitbestimmt wurde, blieb seine persönliche Anwesenheit nicht mehr vonnöten.

Und so haben wir jetzt, mehr als ein Vierteljahrhundert nach seinem Tode, die Pflicht, zu sagen, was wir von ihm wußten und mit ihm erlebten. Nicht umsonst fühlen wir uns als Brückenträger vom Gestern zum Morgen, übriggeblieben in der allgemeinen Zerstörung gewissermaßen mit der Aufgabe, soviel als möglich in das hinüberzuretten, was aus den Trümmern der zerbrochenen Vergangenheit zu überleben geeignet ist. Eingesetzt scheinen wir zum Ablegen von Zeugnis für sein Werk, seine Person, und die Ausstrahlung, die von ihm ausging auf jeden, der das Glück hatte, dafür empfänglich zu sein. –

Und dann wurde es kühl, und ich ging hinein an meinen Schreibtisch und blätterte in den Briefen, die ich von ihm erhalten, und die ich trotz ihrer großartigen wie geschmiedeten Handschrift schon so viele Jahre nicht mehr hatte lesen können. Freundschaft mit Freud – eines der vier, fünf großen Geschenke des Lebens.

Ich machte Licht, vielleicht war der Augenblick nicht schlecht gewählt, mir vorlesen zu lassen, was ich beim Einbruch der Hitler-Barbarei ins moderne Deutschland über Freuds Bedeutung und Gewicht veröffentlicht hatte, ein paar Seiten nur, die mir meine Frau leicht vorzulesen imstande war. Ich ging zu ihr hinüber. Auch ihr war die Stunde seines Ablebens eine Erschütterung, auch sie hatte an der Freundschaft teilgenommen, die ihn und seine Angehörigen, besonders seine Tochter Anna, mit uns verband. In einer Schublade verwahrte sie noch eine Rose, die er ihr bei ihrem letzten Besuch in Wien überreicht hatte. Jetzt bat ich sie, zu lesen, und hörte zu, das Gewicht meiner damaligen Sätze überprüfend …

Und nun hatten sie ihn zur Ruhe gelegt. Ich wußte noch nicht – aber ich hätte es mir denken können –, daß er sich würde verbrennen lassen, der aus der Tiefe her wissende Gegner aller

Totenkulte. Für unser Herz aber und unser Bedürfnis nach Verbindung mit ihm wäre ein Grabhügel schön gewesen unter einem großen Baum, der Blüten und Früchte im Wechsel englischer Jahreszeiten getragen hätte. Daß im Boden des gastlichen Landes sein Skelett verwitterte – es wäre ein gutes Gegengeschenk gewesen für die Aufnahme, die man dem beschimpften und verfolgten Genie bereitet hatte. Sein Geist würde jetzt unabhängig von dem gemarterten Körper weiterhin am Werke sein, die große Freude uns genommen bleiben, die seine Gegenwart bedeutete, außer der Ehrfurcht, die sie einflößte. Sonderbar, daß mich der Gedanke nicht verließ: heut war Tag- und Nachtgleiche. Die Welt in den Krieg gegen den Faschismus aufgebrochen, schwebte noch einmal im Gleichgewicht, und die Person Sigmund Freuds, welche diese Erde verlassen hatte, war jetzt selber ein Planet geworden im Geisterreich, der sein Licht empfing von dem großen Muttergestirn der Menschenerkenntnis und es ausstrahlte auf uns und unsere Nachfahren, heute, morgen, immer – ein Licht, dessen Spektrum alle Farben unserer Epoche enthielt und die zu beschreiben wir in diesem Buch unternehmen.

Freunde hatten ein Wort von ihm berichtet, gesprochen im Kreis der Wiener Mitarbeiter und Schüler: »Wenn wir nicht bereit sind, aus unserer eigenen Haut Riemen zu schneiden, können wir nicht erwarten, daß wir anderen helfen werden.« – Überblickte man Sigmund Freuds Leben – wie stand es damit, wenigstens in jenen letzten drei Lustren, von denen wir selber Zeuge waren? Jede Wunde verharrscht einmal, auch die, welche der heutige Tag geschlagen. Dann würde es immer noch Zeit sein, auf diese Frage zurückzugreifen …

Und es zog mir Conrad Ferdinand Meyers »Säerspruch« durch den Sinn, diese in Bronze gehämmerten Zeilen:

»Bemeßt den Schritt, bemeßt den Schwung,
Die Erde bleibt noch lange jung;
Dort fällt ein Korn, das stirbt und ruht.
Die Ruh ist süß. Es hat es gut.
Hier eins, das durch die Scholle bricht.

Es hat es gut. Süß ist das Licht.
Und keines fällt aus dieser Welt.
Und jedes fällt, wie's Gott gefällt.«

Diese Verse verlangten einen Ausklang, das ganze Erlebnis verlangte danach, einen Ausklang, wie nur Musik ihn schaffen konnte, österreichische Musik, Schubert-Musik.

I. Teil *Der Hintergrund*

1. Kapitel

Beginn einer Freundschaft

Die persönliche Beziehung zwischen Sigmund Freud, dem weltberühmten Gelehrten, und mir eben erst aus dem Kriege wieder erstandenen Schriftsteller von vierzig Jahren begann damit, daß ich ihm mein Buch *»Caliban oder Politik und Leidenschaft«* widmete, ohne daß ich ihm Gelegenheit gegeben hätte, es vorher kennenzulernen. Ich war in einem Zustande von Zerrissenheit, für den unsere Friedensgeneration kaum Verständnis besaß und auf den niemand vorbereitet war. Die Enttäuschung durch den Gang der Entwicklung im besiegten Deutschland der Weimarer Republik tat das ihre, um unsereinen außer sich zu bringen. Gerade hatte unsere Herrenklasse bewiesen, daß sie seit fast fünfzig Jahren alle Macht und alles Ansehen zweier Kaiserreiche dazu mißbrauchen durfte, einen Weltkrieg leichtfertig heraufzubeschwören, auf den sie ihre Völker seit Jahrzehnten vorbereitete. Als Ergebnis sah man, daß sie am Ende militärisch an Begabung und Wirklichkeitssinn hinter den Führern der demokratischen Feind-Koalition zurückstand – starrsinnig jeden Frieden verhindernd, der die Mittelmächte vor dem Untergang gerettet hätte.

In dieser erbitternden Verkehrung aller Hoffnungen, aller berechtigten Ansprüche der europäischen, der deutschen Linken, hatte ich als Schriftsteller versucht, ein geistiges Fazit zu ziehen und durch das gedruckte Wort auf die Zeitgenossen einzuwirken – erst theoretisch in einem umfangreichen Essay über die menschlichen Gruppenleidenschaften, ›dargetan am Antisemitismus‹, dem Buche *Caliban*, und unmittelbar danach in jenem Roman *»Der Streit um den Sergeanten Grischa«*, mit dem ich die Verdrängung durchbrechen wollte, die von allen Instanzen Westeuropas über die Wirklichkeit der Kriegswelt verhängt worden war. In den sieben Jahren nach der Rückkunft aus dem Kriege war mir die Gestalt Sigmund Freuds immer bedeutender und tröstlicher aufgegangen. Der Anblick, den er bot, machte Mut, mehr als der Anschluß an irgendeine Partei oder Bewegung. Seine unbeirrbare schweigende Tapferkeit bewies, daß ein Mann allein, der aber seiner Sache gewiß war und sich bei jedem Schritt auf Wirklichkeit stützen und verlassen konnte, daß ein solcher Mann in dreißig Jahren selbst den gehässigsten ›Widerstand der stumpfen Welt‹ zu überwinden vermochte. Das Rüstzeug zum Verständnis des Antisemitismus, wie ich ihn damals sah, und aller Gruppenleidenschaften, stammte von ihm. Alles, was in der Welt reaktionär empfand, war wider ihn; der größere Teil der Literatur, besonders der rund um ihn wachsenden und wuchernden, rieb sich an ihm und bewies, daß man ein kluger Literat und gleichzeitig ein Opfer seiner eigenen Irrungen und Komplexe sein konnte. Daß die deutschen Universitäten vier Jahre hindurch den Blutsumpf hatten nähren können, paßte schauerlich zu der Heftigkeit, mit der sie die Arbeiten des Wiener Forschers zu leugnen, zu verschweigen, zu verkleinern, ja, zu verhöhnen suchten. Wer aber aus dem Kriege kam, zurückgestürzt in alle Stadien jener seelischen Störungen, die er zwischen zwanzig und dreißig durch Leben und Schreiben überwunden zu haben glaubte, zurückgestürzt durch Wirkungen des Soldatentums, auf die nur Sigmund Freud hatte aufmerksam machen können und die nur er gelehrt hatte zu heilen – wer so aus dem Kriege zurückkam, der tat wohl daran, das erste sichtbare Feldzeichen, das er im literarischen Gehege aufpflanzte, mit jenem Namen zu versehen. »Sigmund Freud respektvoll«, las man auf der Widmungsseite des umfangreichen Buches *Caliban*, das Ende 1926 bei Gustav Kiepenheuer in Potsdam erschien und in Leipzig mit all dem Geschmack gedruckt worden war, den die Kultur des deutschen Buchgewerbes trotz des Krieges gerettet hatte.

Zu dem, was der Krieg in mir niederriß, gehörte auch die Achtung vor den Konventionen und Lebensformen der herrschenden Schichten. Ich glaubte damals noch nicht, daß diese den Krieg und seine Zerstörungen verantworten mußten, vom Ausbruchstage an. Ich hielt sie nur verantwortlich für den Mangel an Einsicht, ihn nach den ersten sechs Monaten als verloren zu erkennen und schleunigst zu liquidieren. Eine Kultur aber, die von ihren sichtbaren Vertretern so fahrlässig gehandhabt wurde, mußte brüchig sein, schon in den Grundlagen. Und darum warf ich sie zum alten Eisen, fürs erste zum mindesten, bis ich mich und meine Orientierung in der Nachkriegswelt wiedergefunden haben würde. So sah ich nicht ein, was mir viele Jahre später freundschaftlich vorgehalten wurde, daß ein Wissenschaftler und schöpferischer Geist wie Freud ein Anrecht darauf habe, mit seinem Namen sparsam umzugehen und selber abzuschätzen, ob er die Widmung eines nicht-dichterischen Buches, eines Probestücks gleichsam in der geistigen Fechtschule, in welcher er selber Meister war, annehmen wolle oder nicht. Es drucken zu lassen und ihm dann erst das Ansinnen vorzutragen, welches in einer solchen Dedikation lag, das schickte sich nicht. Aber ich kam gar nicht darauf, daß ich einen verehrten Mann in die unangenehme Lage bringen könnte, eine solche Annäherung und Widmung abzulehnen. Ich trug ihm mein Verhalten vor und erhielt eine Antwort, die in ihrer überlegenen Freundlichkeit und Wärme mir wie ein Orden vorkommen mußte. Schließlich war ich damals noch nur der Dichter der »Novellen um Claudia« und für Theaterbesucher jener »Sendung Semaels«, die als »Ritualmord in Ungarn« im Jahre 14 hatte erscheinen sollen, von der Zensur aber sofort verboten wurde. Und dennoch schloß dieser erste Brief mit dem unvergeßlichen Satze: »Machen Sie das Versprechen wahr, mich eines Tages zu besuchen. (Warten Sie damit nicht zu lange, ich bin bald 71 J[ahre.])« – Hätte ich verstanden, was diese Aufforderung menschlich und geistig und vor allem lebensmäßig wog, ich wäre sofort nach Wien gefahren. Aber ich wußte es nicht. Ich saß bis an den Hals in den Grischa-Korrekturen – dieser Roman sollte in ein paar Wochen beginnen, aus der »Frankfurter Zeitung« das eindrucksvollste deutsche Blatt für fast drei Monate zu machen – und dachte nicht daran, meinen Schreibtisch für auch nur einen Tag zu verlassen. Und doch hätte von derselben höflichen Hand sehr leicht ein ablehnender Bescheid nach Berlin hinaufwandern können – und was hätten wir dann gemacht? Die Auflage eingestampft? Den Titelbogen neu gedruckt? Das Erscheinen des Buches um Monate verzögert? Später sagte ich mir manchmal: recht wäre dir geschehen! Aber was eine Freundschaft werden sollte, kündigte sich in den ersten Schritten an, die von ihr zu erzählen sind ...

2. Kapitel
Zur Vorgeschichte

Rückblickend ist man geneigt zu sagen: die Entwicklung einer Bildung, wie sie ein junger Mann in Schlesien in den ersten Jahrzehnten dieses Jahrhunderts empfangen konnte, schien dazu angelegt, in eine tiefe Bejahung dessen zu münden, was Sigmund Freud vom Ende der neunziger Jahre an geleistet und seinen Zeitgenossen übergeben hatte. Daß diese ihrerseits nichts davon wissen wollten, gehörte ebenfalls zu den erwähnten Voraussetzungen: ihre ihm unerwartete bornierte Heftigkeit in Abwehr, Verleumdung und Totschweigen machte ihn empfänglich und aufgeschlossen für jeden, der ihm Verständnis entgegenbrachte, Dankbarkeit und Liebe.

Meine neun Schuljahre hatten mich zu einem Freigeist und Wahrheitssucher erzogen. Der Einfluß eines Mannes Dr. phil. Jakob Hacks, Mathematikers und Pädagogen von Rang, seit ihren Gründertagen Direktor der Oberrealschule der Stadt Kattowitz, wirkte befruchtend, ja, rebellierend auf die jeweils Besten seiner Abiturienten, die sich noch Jahre nach ihrem Abgang dankbar zu ihm bekannten. Er wie sein Bruder Franz, Rheinländer und Zögling katholischer Anstalten, war nach Oberschlesien gekommen, um dort, wo Zentrums-Mehrheiten unter Ausnutzung polnischer Arbeiterschichten den Kurs bestimmten, die Bildung der Jugend an sich zu bringen, und zwar antiklerikal, demokratisch, rheinländisch-deutsch im besten Sinne. »Studieren Sie Nationalökonomie und Psychologie«, riet letzterer seinen Schülern; »wenn der Nietzsche mich gekannt hätte, hätt er nicht wahnsinnig zu werden brauchen«, meinte der erstere einmal, »ich hätt ihn nämlich verstanden.« Bei diesem Direktor philosophische Propaedeutik zu hören, bedeutete eine bessere Einführung in die Gedankenwelt von Kant, Schopenhauer und Nietzsche, als die Bemühungen späterer Universitäts-Vorlesungen ordentlicher Professoren; daneben aber erzog sie uns zum kritischen Denken, zum Erproben aller Theorien an der Wirklichkeit des Lebens und bestärkte so den natürlichen Widerspruchsgeist, den jede junge Generation den ›Alten‹ gegenüber mitbringt. Kam dazu noch die Einwirkung zweier Deutsch-Lehrer, von denen der eine die Klarheit des Stils als Beweis für Klarheit des Denkens forderte und förderte, der andere aber uns werdenden Stilisten den Rat »lernen Sie die Kunst des Streichens« einhämmerte, so ließ sich vermuten, daß man, persönliche Begabung vorausgesetzt, an den vielen Klippen vorüberkommen werde, die das Übermaß verlockender Bildungsinhalte für die zukünftigen Ausüber akademischer Berufe in petto hatte.

Ich hörte Philosophie und Psychologie als Ergänzung meines Studiums der neueren Sprachen von 1907 bis 1911 auf den Universitäten Breslau, München und Berlin, ohne daß der Name Sigmund Freud dabei aufgetaucht wäre. Unter dem gleichen Vorzeichen machte ich einen Kongreß der Kunstwissenschaftler mit, auf dem heftige Diskussionen über die Psychologie des Schaffens und Aufnehmens von Kunstwerken geäußert wurden. Und doch gehörten zu den Professoren, deren Kollegs ich mehrere Stunden in der Woche mitschrieb, angesehene Wissenschaftler wie Karl Stumpf, Karl Lipps, Georg Simmel und Ernst Cassirer. Privatdozenten, Schüler des Experimental-Psychologen Marbe, wiesen in den Vorträgen Ergebnisse von Versuchen auf, die sie in ihren Seminaren mit Studenten gemacht hatten; der Jurist von Liszt stellte die Bedeutung von Zeugenaussagen in Frage dadurch, daß er in seinem Seminar eine vorher verabredete Alarmszene zwischen zwei oder drei Hörern sich abspielen ließ und dann die fünfzig oder sechzig sonst noch Anwesenden veranlaßte, das wahrheitsgetreu niederzuschreiben, was sie beobachtet hatten. Das Ergebnis erschütterte auch noch die skeptischsten Voraussager.

Psychologie, das, was unsereiner davon erwartete und hielt, schien es als strenge Wissenschaft nicht zu geben. Zwar enthielten die Philosophen von Aristoteles bis Spinoza innerhalb ihrer »Gesammelten Werke« das, was von der menschlichen Seele gewußt werden konnte. Und sicherlich fand man Lehrmeinungen über sie und Mittel, sie zu beeinflussen, bei den katholischen Moraltheologen und ihren Zöglingen von Pascal und Vauvenargues bis Voltaire und Rousseau. Daneben blieben seelische Erfahrungen den Schriftstellern überlassen, besonders den französischen des 19. Jahrhunderts, und den Russen. In neuerer Zeit aber wiesen die neun Bände Friedrich Nietzsches alles auf, was der Forscherblick des Psychologen in Gewittern und Blitzen aus dem Abgrund herausgeholt hatte, der ›Mensch‹ hieß. Aber um das festzustellen, hätte man sich nicht vier Jahre auf Universitäten abzumühen brauchen, ganz abgesehen von den Semestern, die man noch vor sich hatte, um ein anständiges philosophisch-philologisches Doktorat zu erwerben.

Im Sommer 1910 brachte mir jemand aus der Universitäts-Bibliothek ein Buch: was ich davon hielte. Es konnte natürlich absurder Kohl darin stehen, hieß »Traumdeutung«, war von einem Wiener Nervenarzt namens Sigmund Freud und behauptete, aus dem alten abgedroschenen Thema menschlicher Träume eine Leiter geschaffen zu haben, geeignet, tief in die Seele hinabzusteigen. Die Wiener Universität verschenkte einen Professortitel nicht ohne beachtenswerte Leistungen. Man mußte mindestens zugeben, daß bei einer solchen Untersuchung allerhand herauskommen konnte, auch wenn das Ganze sich als Fehlschlag erwiese. Träume waren ja bisher nur in den wohlbekannten Traumbüchern für Dienstmädchen und ihre Liebhaber behandelt worden; es gehörte offenbar Mut dazu, viele hundert Seiten mit diesem Thema zu füllen und vor billigen Witzen der Kritik nicht zurückzuschrecken; außerdem lag das Buch schon in zweiter Auflage vor. Nebenbei hatte der Verfasser, Professor Freud, eine Methode zur Heilung von Nervenkrankheiten ausgearbeitet, die er Psychoanalyse nannte; es sollte in mehreren Städten Mitteleuropas, auch in England und Amerika, Kreise geben, die sie bereits anwandten.

In jenem Sommer ging ich nur noch viermal wöchentlich ins Kolleg. Ich wohnte draußen in Zehlendorf in der Nähe befreundeter Familien mit netten Töchtern und arbeitete an einem erzählenden Werk, einem Novellenkranz oder in Novellen zerlegten Roman, dessen Helden, ein intellektuelles Liebespaar, der Privatdozent Walter Rohme und die schöne Claudia Eggeling, ein Leben aus seelisch verfeinerten Abenteuern aufbauten. Damals schrieb ich nur des Nachts auf einem Balkon in der Nähe der Radrennbahn, jede Zeile mit der Hand; ich hatte also tagsüber Zeit und Laune, unter Kiefern zu liegen und zu lesen. Diese »Traumdeutung« sollte ich nach etwa zehn Tagen wiedergeben.

Sie erwies sich als ein Buch, das geeignet war, einen jungen, unerfahrenen Menschen vor den Kopf zu schlagen. Geschrieben weder blitzend noch schwerfällig und noch weniger ›wienerisch‹, behandelte sie das menschliche Traumleben als eine Kundgebung seelischer Kräfte und als nichts anderes. Hatte der Verfasser wirklich die unerhörte Offenheit begangen, eigene Träume so zu untersuchen, an seinen eigenen verborgensten Seelenwinkeln gerade noch knapp vorbei zu leuchten, immer mehr aber auch in sie hinein? Wer war denn dieser Professor Freud, der zwischen sich und seinen Patienten so gar keinen Rangunterschied gelten ließ? Ergriff er nicht von der ganzen Literatur Besitz und verwertete französische Romane, moderne Dramen, Wiener Lokalpossen und den »Faust« oder »Figaros Hochzeit«, wenn sie ihm als geträumtes Material dargeboten wurden, mit derselben Sachkenntnis wie die Namen heimatlicher Straßen oder österreichischer Seen? Die übergewaltige Rolle, welche seiner Meinung nach das Geschlechtsleben, die Sexualität, beim Zustandekommen unserer Träume spielte, dieses Übergewicht mußte wohl erst nachgewogen und nachgedacht werden. Nicht alle Menschen waren ja in Wien geboren und in Schnitzlers »Reigen« aufgewachsen. Aber Scherz beiseite: dieser Traumdeuter sprach aus beunruhigenden Tiefen und mit unzweideutiger Klarheit. Zehn Tage, das spürte ich, waren gar nichts für ein solches Buch; aber als ich es zurückgab, wußte ich: ich würde es einmal besitzen, mir zu eigen machen. Ohne klareres Bewußtsein von der umwälzenden Genialität dieser ganzen Blickweise hatte ich das dumpfe und deutliche Gefühl, so etwas wie einen Schlüssel zur Geisterwelt in der Hand zu haben, von dem Faust im ersten großen Monolog spricht; und da wir junge und übermütige Menschen jederzeit zu Späßen geneigt waren, erklärte ich meiner

Freundin, der ich ganze Stücke daraus vorgelesen hatte: ich käme mir vor wie der Schüler Unverdrossen, an den Faust die Aufforderung richte, die irdische Brust im Morgenrot zu baden. (Worauf ich freilich dem textgestrengen Fräulein erst erklären mußte, welchen Jokus ich mir mit den Zeilen des Monologs erlaubt hatte: »Die Geisterwelt ist nicht verschlossen;/ Dein Sinn ist zu, dein Herz ist tot!/ Auf, bade Schüler, unverdrossen/ Die ird'sche Brust im Morgenrot!«)

Dieser Herr Freud blieb aber schließlich nur eine vorübergehende Einwirkung, kein dauernder Einfluß – darum war es besser, ihm sofort weiteren Raum zu geben, noch eines oder das andere seiner Bücher zu entleihen und dann Schluß damit zu machen, sich den eigentlichen Aufgaben zu widmen, die eine Doktor-Dissertation und ein werdender oder zerfallender Roman stellten. Wir schrieben Mai oder Juni, herrliches Wetter für lange Spaziergänge zwischen den Kiefern des Grunewaldes oder genußreichem Schwimmen in der braun durchsichtigen Krummen Lanke; der Kommilitone – nach 1933 Professor der Psychologie in Amerika – kam manchmal hinaus, um Diskussionen über diese »Traumdeutung« und diesen Freud durchzufechten. Er brachte ein eben in dritter Auflage erschienenes dünnes Buch des Professors mit, »Zur Psychopathologie des Alltagslebens« geheißen, von dem er behauptete, es verrücke alle Perspektiven. Es nehme einem jede Unbefangenheit und Harmlosigkeit, wittere geheimen Sinn hinter allem Vergessen, Verlieren, Stolpern oder Verschreiben. »Ich weiß nicht, ob ich Ihnen nicht einen Bärendienst tue, wenn ich Ihnen diesen Klotz in Ihre Arbeitsstimmung hineinwerfe.« – Ich lachte, ich fühlte mich mit meinen dreiundzwanzig Jahren viel zu überlegen und zu sicher, als daß mir von außen irgend etwas in die Konzentration hineinschlagen könnte, hatte ich mich erst einmal an mein Manuskript gesetzt.

Nun, das dünnere Buch hatte es in sich! Es griff wiederum ins tägliche Leben hinein – warum einem dabei immer nur wieder Faust-Zitate einfielen! – und was der Verfasser da anführte und untersuchte, hatte einen Anstrich von Beweiskraft auf den ersten Blick, daß ich meinen Freund, den cand. phil. Kurt Lewin, sehr wohl verstand. Dieser Professor Freud war jemand! Daß ihn uns die Wissenschaftler bisher vorenthalten hatten, gehörte offenbar in die Eigentümlichkeiten wissenschaftlichen Betriebes, von dem Schopenhauer behauptet hatte, er sei mit Gemeinheit gepflastert. Ich war weit davon entfernt, die gallige Angriffslust des Danziger Großkaufmannssohns zu überschätzen. Vielleicht waren diese Freud'schen Beiträge nicht gewichtig genug, um in den Vorlesungen zu erscheinen, die gesichertes Wissen übermitteln wollten, auf gesicherte Weise untersucht. In Frankreich oder in Rußland mochte es leichter sein, die Ehre zu erlangen, vom Universitäts-Katheder her gewürdigt zu werden. Das Gehege der deutschen Wissenschaft, die schließlich vom Volk der Dichter und Denker geschaffen worden war und mit Recht strengste Ansprüche stellte – unsere Universitäten, die in ihren Listen die größten Namen der neueren Philosophie und Geistesgeschichte aufwiesen und für ihre strengen kritischen Methoden berühmt waren, konnte man nicht so leicht erstürmen, auch wenn diese beiden Wiener Bücher eindrucksvoll blieben und nachhaltig beschäftigten. Gleichwohl sagte mir mein Gefühl, hier sei Neuland erschlossen. Wie groß es sei, ließ sich keineswegs abschätzen. Aber niemand, dem seelische Ereignisse beachtenswert schienen, durfte es wieder aus dem Blickfeld verlieren.

3. Kapitel

Begegnung mit Neurosen

In den vier Jahren seit meiner ersten Ankunft in Berlin war ich in mancherlei Familiengruppen und Milieus dieser aus vielen Städten zusammengesetzten Großstadt herumgekommen. Es hatten sich von Jahr zu Jahr tiefere Einblicke unter die Oberfläche gesellschaftlicher Beziehungen nicht vermeiden lassen. Immer wieder wandten sich jüngere und ältere Menschen unserer Kreise an einen werdenden Schriftsteller und vertrauenswürdigen Bekannten, um sich Rat zu holen in den Verwirrungen, aus denen der moderne Alltag sich zusammensetzt. Sie verstanden mehr von Geschäften und dem Wirtschaftsleben. Unsereinem schrieben sie geschultere Urteilsfähigkeit in Sachen des Gefühls und der

Verflechtungen zu, die dieses mit sich brachte. Aufmerksam und bewegt hörte man in solchen vertraulichen Stunden, daß offenbar der modernen Gesellschaft nichts so sehr fehlte als ein ebenso moderner also nicht theologischer Seelsorger, und daß das Zusammenleben großer Massen in engen Großstadtvierteln ganz offenbar Einflüsse und seelische Entstellungen mit sich brachte, von denen die Bewohner der kleinen Städte des achtzehnten und neunzehnten Jahrhunderts weniger bedroht waren – wie es schien. Zwar schilderten die Bekenntnisse und Selbstbiographien begabter Männer und Frauen, je offenherziger desto öfter, ausweglose Schwierigkeiten, Verwirrungen der Seelen, unverständliche Handlungen, die nur zu oft in Selbstmord mündeten, in Glaubenswechsel oder Flucht in Klöster. Man hatte das früher Neurasthenie genannt, Nervosität, Asphalt-Elend; heute hießen diese Absonderlichkeiten und seelischen Krankheiten Neurosen, nach dem Vorgang des großen Franzosen Charcot, der sie zuerst ernst genommen hatte und von dem eigentlich die ganze moderne Seelenheilkunde in allen ihren Schulen ausging, auch die Freud'sche. Aber da überall, in feineren Stadtvierteln auch Berlins, ebenso wie in größeren und kleineren Städten vieler Länder, altmodische Ärzte praktizierten, die das Vertrauen der Familien genossen und am liebsten mit Beruhigungstropfen, kühlen Waschungen und Schlaftabletten gegen die böse ›Nervosität‹ vorgingen, dachte man sich leicht, welche Schwierigkeiten es bereiten müßte, dort moderne Erkenntnisse und Behandlungsmethoden durchzusetzen. Hinzu kam, was ein junger Schriftsteller schnell merkte, daß solche Erkrankungen der Seele und des Geistes als Schande empfunden wurden. Ein Familienmitglied in ein Sanatorium zu überführen, kam dem Verbringen in eine Irrenanstalt gleich, dieses letztere aber dem in ein Gefängnis oder Zuchthaus. Waren aber gar diese Nervenärzte ihrerseits Ehegatten und Familienväter, so gab es für Kranke unter ihren Angehörigen keine Rettung: sie vegetierten bis zu ihrem Tode hinter den Türen des Sprech- und des Schlafzimmers, in denen der Herr Doktor und Papa unumschränkt herrschte.

In den Schriften des Professors Freud war immerfort die Rede davon, daß die Ereignisse des Alltags, sowie man sie ernst nahm, in die Schächte hineinführten, sei es der Kindheit, sei es des Familien- und Ehelebens. Da ich mir nicht anmaßte, aus der vorläufig so flüchtigen Lektüre dieser Schriften irgend etwas folgern zu können, hörte ich nur teilnahmsvoll zu, wenn man mir vertrauend entgegenkam. Ich dachte mir mein Teil, aber nur bei jungen Leuten ging ich dazu über, in ihre Klagen einzugreifen. Ich empfahl ihnen dann, ihre Symptome ernst zu nehmen und sich nicht von alten Routiniers dumm machen zu lassen, von denen mancher als Nervenarzt einen gewichtigen Namen verwaltete. Bei den älteren hätte meine Einmischung ohnehin nichts genützt; man konnte da nur stillschweigend eine Neurose konstatieren und die Kranken bedauern, die allerdings schon gelernt hatten, sich mit ihrer ›Absonderlichkeit‹ abzufinden.

Da war zum Beispiel ein älteres Ehepaar, das unter guten Auspizien geheiratet zu haben schien. Die junge Frau liebte die Natur, war in einer Kleinstadt aufgewachsen und begierig, mehr von der Welt zu sehen; der Gatte reiste den größeren Teil des Jahres als Chef seiner eigenen Firma umher und freute sich darauf, seine Gattin, die hübsch und liebenswürdig von Wesen war, seinen Geschäftsfreunden in den großen Städten des deutschen Sprachgebiets vorzustellen. Erst spät entdeckte man, daß sie das Eisenbahnfahren nicht vertrug. Übelkeit, Schwindel und Erbrechen machten ihr das zur Qual, was sie als Auszeichnung und Freude hätte empfinden sollen. Die heftige Verlegenheit ihres Gatten bei solchen Vorfällen und seine Zornausbrüche knickten Selbstbewußtsein und Lebensgefühl der Betroffenen, die sich schuldig fühlte. Die Ehe zerbrach daran nicht, zumal da sich mehrere Kinder einstellten, die mit ihrer Munterkeit und Begabung für manche zerstörte Illusion entschädigten. Aber als man auf Wunsch des Hausarztes schließlich eine Autorität zurate zog, eine Säule der Berliner Nervenheilkunde, beschränkten sich seine Hilfsmittel auf heftiges Anschreien der Patientin, Baldriantropfen und Heizflaschen für den Magen. Die Ehefrau konnte schließlich ihren Gatten jedes Jahr ins Bad begleiten, das er für seine eigene Gesundheit brauchte, und sich sonst auf ihre Häuslichkeit beschränken, inmitten einer baumlosen Großstadtstraße, was sich auf ihr Verhältnis zu den Kindern ungünstig auswirkte.

Erst als es diesen gelang, die Eltern zum Beziehen einer Sommerwohnung zu bewegen, lebte die Gattin auf. Sie kam im Umgang mit Pflanzen und Tieren auf ihre Rechnung, hatte Natur, Spaziergänge, grüne Bäume vor den Fenstern, fand wieder Geschmack am Leben und verwandelte gleichsam im Verlauf von Monaten ihr Wesen zu der freundlichen und mütterlichen Weiblichkeit zurück, die sie ohne jene Nervosität immer besessen hatte. Leider hatte sie sich im Verlauf der anderthalb Jahrzehnte vor dieser Veränderung ihren Kindern und Freunden entfremdet, so daß sie einen Anschluß an ihre Jugend nicht mehr vollziehen konnte. Immerhin ward mir allmählich klar, daß dieser Nervenarzt mit dem großen Namen und der großen Praxis durch seine Ignoranz oder Unbelehrbarkeit das Lebensglück einer Familie in Trümmer gelegt hatte. Horchte ich aber bei meinen Bekannten umher, so berichtete die jüngere Generation fast ausnahmslos über ähnliche Verschrobenheiten der Eltern oder naher Verwandter, und die tiefen Einwirkungen, die solche Absonderlichkeiten auf sie, den Nachwuchs, gehabt hatten. Alle diese Kinder fühlten sich der älteren Generation gegenüber fremd, ja, feindlich, und allein gelassen; sie mußten mit den Lebensproblemen fertig werden, so gut sie es vermochten, ganz als wären sie Waisen oder Findlinge.

Überhaupt tut es gut, sich daran zu erinnern, welch ein Riß damals in Deutschland die Alten und die Jungen trennte. Es war die Epoche, in welcher die sogenannte Jugendbewegung breite Schichten erfaßte, nachdem sie ungefähr ein Lustrum lang Privileg gewisser, ins Ungeformte vorausfühlender Spitzengruppen gewesen war. Von bürgerlich-freisinniger Jugend geboren, in welcher gewisse heidnische und mann-männliche Tendenzen zur Schaffung von kleinen Bünden führten, war alsbald das Gruppen-Interesse der proletarischen, katholischen, zionistischen Bewegung dazu übergegangen, sich der neuen Wandervogel-Strömung anzuschließen, ebenso viele Abschwächungen von ihr schaffend, ihre ursprünglich auf Persönlichkeits-Bildung hindrängende Eigenart unvermeidlich verwässernd. Gleichzeitig stärkten angelsächsische Einflüsse den Widerspruch, in welchem diese jungen Menschen und gewisse führende Personen aus der höheren Lehrerschaft gegen die deutsche Lernschule verharrten. Sie zogen das englische College und sein Internatsleben dem deutschen System vor, weil dieses die Jugend im Bannkreis der Familie beließ und die väterliche Autorität jederzeit mit der des Oberlehrers verschmolz.

Verdachterregend wie alles, was von jenen kam, war für die jungen Menschen auch der Arzt und die medizinische Schule, die sich des elterlichen Vertrauens erfreuten. Alles Neue fand Bundesgenossen in ihnen, und gewisse Formen unbürgerlichen Lebens, das Kaffeehaus etwa und die Bohème, sprachen sie als vertraut an, Grund und Boden, auf welchem man sich vor feindlichen Spionen sicher fühlte. Eine neue Heilmethode für seelische Schwierigkeiten und Erkrankungen? Die gehörte doch in unser Lager, dachten jene Jugendlichen. Sie kamen erst sehr viel später darauf, daß sich auch unter der ordentlich zugelassenen Ärzteschaft schon Vertreter der Psychoanalyse fanden, auch in Berlin.

Zwischen den Freundinnen meiner zukünftigen Frau fielen mir zwei junge begabte Mädchen auf. Sie beide wurden von rätselhaften Symptomen an wirklichem Erlernen eines zukünftigen Berufes verhindert. Die eine war Geigerin und hatte, wie der Hausarzt meinte, des Übens etwas zu viel getan. An beiden Armen traten Sehnenscheiden-Entzündungen auf, obwohl Mädchen und Lehrer zu beeiden bereit waren, innerhalb der vorgeschriebenen und erprobten Grenzen der Übungszeit geblieben zu sein. Die andere wollte Schauspielerin werden und schien durch ihre reizvolle Erscheinung und ihr Talent bei Schulaufführungen zur Bühnenlaufbahn wie vorbestimmt. Das Urteil angesehener Berliner Theaterleute hatte sich in gleichem Sinne ausgesprochen. Als sich aber der Widerstand ihrer Eltern, besonders der Mutter, aufs Heftigste gegen diesen Plan wandte, stellte sich alsbald eine Heiserkeit ein, befremdlicherweise nur während des Vorlesens oder Deklamierens, niemals beim alltäglichen Sprechen, und zwar schon nach einer Viertelstunde. Als der Halsarzt diese allzu leicht ermüdbaren Stimmbänder mit dem Spiegel untersuchen wollte, erwies sich die ganze Kehlkopfgegend so reizbar gegen jede Berührung, daß Würgen und sogar Erbrechen eintrat, und der Doktor von einer nervösen Hypersensibilität sprach. »Gehen Sie mal erst zum Nervenarzt, Fräulein«, hatte der Laryngologe erklärt, dem erschrockenen Mädchen eine auch ihren Eltern genehme Autorität namhaft machend.

Beide Mädchen hatten Freunde unter den jungen Leuten, die regelmäßig im alten Café des Westens Zeitung lasen. Zu dessen Stammgästen gehörte damals ein Doktor Otto Groß, ein österreichischer Nervenarzt und Anhänger der Freud'schen Schule. Er galt als hochbegabt und als ebenso verschroben; er sollte in einer Provinzhauptstadt verheiratet und Universitäts-Dozent sein, drei Kinder haben und einen Vater unter den angesehensten Juristen der Donau-Monarchie. Mit ihm lag er in erbittertem Kampf. Schrieb der Vater ein Buch über die Methoden, Verbrecher zu überführen – selbstverständlich innerhalb der humanen Grenzen, die sich das hochkultivierte Österreich steckte – so gab der Sohn in einer Broschüre den Verfolgten die Methoden an, und zwar die psychologischen, zum Kampfe gegen diese Juristenkunst. Doktor Otto galt als besonders feiner, sensibler und intelligenter Arzt, der sich politisch zu den Anarchisten rechnete und Geld zum Leben nicht von seinen Patienten, sondern auf unbürgerliche Weise zu erwerben bereit war. Da er kein Zimmer besaß, in welchem er empfangen und behandeln konnte, er nächtigte in der Dienstbotenkammer eines seiner Artistenfreunde, übte er seine Kunst im Kaffeehaus, war aber auch bereit, Patientinnen in der elterlichen Wohnung zu behandeln, am Teetisch sitzend und mit ihnen redend oder ihnen zuhörend.

Es versteht sich von selbst, daß die Berichte, welche mir die befreundeten Mädchen von dieser Begegnung erstatteten, die geistige Grundlage nur ganz allgemein und vom Verständnis des Laien gesiebt vermittelten. Dennoch erkannte ich wieder, was ich von Traumdeutung und Alltagsleben gelernt hatte – blaß und theoretisch gelernt, wie uns der Physik-Unterricht beigebracht hatte, Wasser gefriere bei null Grad, habe aber seine größte Dichtigkeit bei plus vier Grad, welches Naturwunder verhindere, daß die irdischen Gewässer bis zum Grunde zufrören und das Leben zum Stillstand brächten. So farblos, wie diese Erkenntnis geblieben wäre, wenn wir nicht jeden Winter im Freien den Beweis für die Richtigkeit dieser außerordentlichen Ausnahme erlebt, gemessen und erkannt hätten – genau so abstrakt wäre mir geblieben, was Freud von den drei Zonen der Seele lehrte und dem Konflikt, den sie im Menschen miteinander ausföchten. Da war das *Es*, wie er's getauft hatte, das unerschöpfliche Reservoir aller unserer Kräfte, Triebe, Leidenschaften und Begierden, stark, wortlos, also stumm, zeitlos und unaufhörlich von dem ›Hüter der Schwelle‹ zurückgescheucht. Diesen ›Hüter der Schwelle‹ hatte die dritte Macht eingesetzt, das Über-Ich, welches sich beständig als Gewissen meldete. Unsere Kulturbegriffe verkörpernd, bezog es von den realen Personen unsrer Eltern, der öffentlichen Meinung unserer Schulkameraden und dem, was die Sitte am hellen Tage innerhalb der Straßen und Dörfer verpönte, Wirklichkeit, Daseinsmacht und Strafgewalt. Zwischen *Es* und *Über-Ich* eingeklemmt, hatte sich das *Ich* zurechtzufinden, das, mit Vorbewußtem und Wachbewußtem ausgerüstet, jenen Anteil an unserem Seelenleben darstellte, den die Wissenschaft vor Freud, d.h. seit Aristoteles, allein als das erkannte, was unsere Person ausmachte.

Jedenfalls waren *Ich* und *Person* der Tummelplatz aller Konflikte zwischen unseren verschiedenen Instanzen, und wenn die Erwachsenen schon von diesen nichts wußten, wie sollte ein Kind sich da zurechtfinden, mit sich selbst und jenen? Ein Kind, das seine Eltern liebte, das überhaupt lieb gehabt werden wollte, das nahm natürlich die Gebote der Eltern und der Sitte, der Kinderfräulein und Lehrerinnen, inbrünstig in sich auf und erzeugte so ein überstarkes Über-Ich, das mit dem Urtier, dem Es, beständig im Kampfe lag, das arme Ich hin- und herzerrend. Denn das Es war Natur, das Über-Ich Kultur, und die Person, das junge Ich, unfähig, sich zwischen beiden zurechtzufinden, nur in den allerseltensten Fällen imstande, unbeschädigt in den Reifezustand überzutreten, die Erwachsenheit. Da gab es die Stürme der Pubertät, die zu überwinden waren, beim Menschen gar eine doppelte, wo die anderen Geschöpfe nur eine durchzumachen hatten: die erste zwischen dem dritten und fünften Lebensjahr, die zweite zur Zeit der Geschlechtsreife, zwischen dem dreizehnten und fünfzehnten. Fand sich der junge Mensch mit seinen Trieben nicht zurecht, die zuerst auf die Lust am eigenen Körper gingen, dann auf die Lust am Saugen und Exkrementieren, später auf die der Genitalzone und ganz zum Schluß auf die der sexuellen Erregung – fand er sich, wie gesagt, durch all die Schwierigkeiten nicht hindurch, die das Leben im 20. Jahrhundert mit sich brachte und verzichtete er auf das Erwachsenwerden, um als ewiges Kind in einer der früheren Lustphasen eine schon bekannte und erprobte Befriedigung zu finden, so flüchtete er aus der Wirklichkeit und schuf sich eine eigene falsche und gefährdete, die Wirklichkeit der Neurosen. In ihnen ersetzten vorgestellte Welten, wachgeträumte, taggeträumte, die wirkliche; daher gab es bei Zusammenstößen mit der Wirklichkeit so oft Unfälle von Dienstmädchen, die die Treppe hinunterfielen, von Botenjungen, die mit dem Fahrrad verunglückten, von Kindern, die auf der Straße überfahren wurden.

Im Falle unserer Geigerin aber, vermutete Doktor Groß, werde der Nachdruck wohl auf dem Verbot liegen, als Kind mit sich selbst zu spielen, mit den Händchen an dem kleinen Genital Lust gesucht zu haben. Denn das Es und der Über-Ich benutzten Worte nicht nach unseren streng sondernden Kategorien, sondern auf wortspielerische Weise, auf Kinderweise. Spielen behielt also immer etwas von den Bedeutungen bei, die es für das Kleinkind gehabt hatte, auch wenn der erwachsene junge Mensch dabei ausschließlich eine Sonate von Beethoven meinte. Die unbewußte Instanz, welche nur die unterdrückte Bedeutung verstand, die verbotene Lust, erzwang dennoch Gehorsam für das Verbot, indem sie die Geigenarme unbrauchbar machte, eine Sehnenscheiden-Entzündung hervorrief.

Sowohl die Geigerin wie die zukünftige Schauspielerin berichteten, daß sich ihre widerspenstigen Organe nach einer Anzahl von Unterhaltungen mit Doktor Groß zu bessern begannen. Die Entzündung, so meinte er, werde sich aber nicht eher geben, als bis das Fräulein das Elternhaus verlassen habe. Der Widerstand ihres Vaters gegen das Geigen von Mädchen rühre offenbar von dessen eigenen Komplexen her: unter keinen Umständen wolle er seine Tochter als ›Mitglied einer Damen-Kapelle‹ sehen; war eine solche doch ein Kennzeichen für Lokale, in denen man außereheliche Gelüste befriedigen konnte. Obwohl das

Mädchen nur übe, wenn der Vater in den Geschäftsstunden abwesend sei, und er von ihrer Aufnahme in die Hochschule für Musik nichts wissen dürfe und in der Tat erst nach Jahren davon erfuhr, sei diese Sehnenscheiden-Entzündung ohne Milieuwechsel nicht zu beheben. – Die zukünftige Schauspielerin dagegen verlor innerhalb des ersten Vierteljahrs sowohl die Überempfindlichkeit ihres Larynx wie die Neigung zur Heiserkeit und konnte ein Jahr später ihr erstes Engagement auf einer Provinzbühne antreten.

Diese Vorgänge gaben mir sehr zu denken. Von Suggestion konnte bei Doktor Groß nicht die Rede sein – niemand war ein erbitterterer Feind jeder Autorität als er. Auch die unbeabsichtigte Einmischung eines fremden Willens, zum Beispiel des seinen, würde er verhindert haben. Hier war also freigelegt worden, was in den Seelen der beiden Kranken selbst wirksam war; zugleich hatte sich gezeigt, daß in den erwachsenen Mädchen offenbar der kindliche Gehorsam, die Angst vor der elterlichen Autorität, krank machend gewirkt hatte. Verglich ich die Erleichterung, welche sich durch die Freud'sche Methode hatte gewinnen lassen, mit der Erfolglosigkeit, welche das Leben jener älteren Dame in eine Sackgasse getrieben hatte, so war der Unterschied zwischen beiden greifbar und augenfällig. Heilung vollzog sich also auch ohne Elektrisier-Kabinett oder hypnotisches Verfahren. Als ich schließlich erfuhr, daß die Geigerin im Herbst die Kraft fand, als Kinderfräulein in eine fremde Hauptstadt zu übersiedeln, in welcher ein berühmter Violinpädagoge unterrichtete, nahm ich dies als eine weitere Bestätigung der Freud'schen Funde und allerdings auch für die Tüchtigkeit jenes Doktor Groß, der unter so schwierigen Umständen seine Kunst ausübte.

Bald danach verbreitete sich unter uns die Nachricht, seinem Vater, dem hohen Beamten, sei es gelungen, ihn polizeilich als lästigen Ausländer aus Preußen ausweisen und zwangsweise nach Österreich zurücktransportieren zu lassen. Wider diesen Mißbrauch der staatlichen und der väterlichen Autorität einem so wertvollen und wehrlosen Einzelnen gegenüber, veröffentlichte ich meine erste scharfe Attacke. Sie erschien in Siegfried Jacobsohns »Weltbühne«, zugleich mit einem ebenso heftigen Aufsatz eines Kollegen in Franz Pfempferts »Aktion«; wir Berliner Schriftsteller demonstrierten damit, daß Hilfsbereitschaft und kameradschaftliche Gesinnung keinen Außenseiter, auch keinen österreichischen, ganz im Stich ließen. Man schrieb, wie gesagt, Sommer 1913, alle Welt litt unter der stickigen Friedensatmosphäre – so interpretierte man damals jenes Lebensgefühl der festgefahrenen europäischen Gesellschaft. Ein Jahr später knallten die Schüsse von Serajewo; um die Mitte des Jahres 1917 hörten seine ehemaligen Patientinnen, der Militär-Oberarzt Doktor Groß, wie einige Zeit vorher der Dichter und Militärapotheker Georg Trakl, habe sich selbst den Tod gegeben, um den Krieg nicht mehr länger mitmachen zu müssen. Erst ein Jahrzehnt später begriff ich, daß diese beiden höchst wertvollen Männer derselben Krankheit zum Opfer gefallen waren: der Neurose, die der ältere von ihnen vor meinen Augen gleichsam so erfolgreich bekämpft hatte. Das war kein Einwand gegen die Entdeckungen und Methoden Sigmund Freuds. Wer nicht selber in Analyse geht, kann zwar anderen helfen, aber nicht sich selbst.

4. Kapitel

Die Welt, in der wir aufwuchsen

Heute bedeutet es eine Anstrengung, sich klar zu machen, was man damals von den Völkern dachte und was die Völker über einander und sich selber dachten. In der ganzen Welt galt das deutsche Volk als kerngesund. Gerade seine linken Intellektuellen von Heinrich Heine bis Alfred Kerr hatten ihm das bescheinigt und bestätigt. Von Frankreich hieß es ebenso allgemein, seine Substanz sei durch Frivolität und Zügellosigkeit geschwächt, es befinde sich auf dem Abstieg, ein Beispiel der von Nietzsche so häufig verwendeten Decadence. Auf slavische Völker blickte man deutscher- und österreichischerseits herab, mitleidig oder gehässig; ihre ›Zurückgebliebenheit‹ wurde nicht politischen Systemen zugeschrieben, unter denen sie litten, sondern ihrem zur Selbständigkeit nicht vorher bestimmten Wesen. An eine russische Revolution glaubte oder dachte westlich der russischen

Grenze niemand; vom Dichter Stefan George bis hinunter zum Berichterstatter der ›nationalen‹ Presse stempelte man sie zum Strohfeuer. Alle europäischen Sozialisten stimmten darin überein, es werde erst noch des Vorbilds und der Erfahrung ihrer Arbeiterbewegungen bedürfen, dem russischen Volke den Weg ins Freie zu zeigen. Die englische Nation figurierte in kontinentalen Witzblättern als ein geschicktes Krämervolk, dessen Kolonialreich nur darauf wartete, von einem deutschen Juniorpartner mit übernommen zu werden. Die Amerikaner aber hießen ganz auf Humbug eingestellt und auf das Machen von Geld, das sie bisher von Europa geborgt hatten, trotz des ungeheuren Reichtums an Naturschätzen, den sie unverdientermaßen besaßen. Im Grunde genommen schien alles dazu bereit, in einer Epoche germanischer Weltherrschaft zu münden, wie sie von Friedrich Nietzsche bis Houston Steward Chamberlain und Paul Rohrbach jeder fortschrittsfeindliche Denker kommen sah. War der Weg zu diesem Ziel ein Weltkrieg, so sollte er willkommen sein, zumindest hingenommen werden. Der Schritt des Fatums, der Ananke, der göttlichen Vorsehung, ließ sich nicht mit menschlichen Maßstäben messen, noch gar von ihnen lenken.

Daß in Wien ein stiller Gelehrter das Seelenleben des modernen Menschen als dünne Haut über einer noch ganz barbarischen Urkraft beschrieben hatte, mit aller Vorsicht seinen göttlichen Ursprung auch von der Seele her auflösend, wie Darwin ihn von der Abstammungsseite her bestritten hatte, sprach sich damals nur in allerengsten Fach- und Intellektuellen-Kreisen herum. Wie sollte von Wien, der gemütlichen, tanzfreudigen Phäakenstadt, eine Bewegung ausgehen können, geeignet, den Schlaf der Welt aufs unerhörteste anzutasten und zu stören? Wer wirklich dazu bestimmt war, etwas umstürzend Neues zu denken und drucken zu lassen, hätte unmöglich dort bleiben können, wo man noch für Wieland geschwärmt hatte, als zwischen Frankfurt und Weimar schon Goethes Gestirn aufgegangen war, und wo ein Freiherr von Aehrenthal Bosnien annektieren konnte, ohne damit mehr hervorzurufen als eine Umgruppierung der österreichischen Garnisonen. Von der Donaumonarchie konnten vielleicht Operetten ausstrahlen, auch in der neueren Zeit Verse und Romane, aber weder ernsthafte politische Verwicklungen, noch gewichtige wissenschaftliche Leistungen. Diese letzteren waren dem großen deutschen Bruder vorbehalten, der seinerseits von der wachsenden Macht seiner Sozialdemokratie auf friedlichen Bahnen gehalten wurde.

Der jüdische Bestandteil des deutschen wie des österreichischen Bürgertums wußte, was er seinen Monarchien schuldig war, denen man von der Aufklärung an, aber auch schon in den Jahrhunderten vorher, die Sicherheit verdankte, in der allein Erwerbs- und geistiges Leben gediehen. Und auch hier bewies Wien nach Meinung der Reichsdeutschen seine Unterlegenheit und schlecht versteckte Kleinstädterei. Klebte es nicht seit Jahrzehnten am Diktat einer kleinbürgerlichen Partei, zu deren Programm eine ausdrückliche Judenfeindschaft gehörte? Zur gleichen Zeit, wo in Deutschland ein Rektor Ahlwardt, in Frankreich ein General Boulanger vergeblich nach der Macht getrachtet hatten, von der Parole ›Nieder mit den Juden‹ alles Heil erwartend, war in Wien mit der gleichen Parole der Bürgermeister Lueger gewählt worden, von dem man allerdings den spaßigen Ausspruch kolportierte: »Wer a Jud is, bestimm ich!« Europa liebte seine Heere mit den bunten Uniformen, es steckte beträchtliche Teile des Volkseinkommens in ihre Vergrößerung und jeweils beste [Rüstung], aber es ließ, gestützt auf diese Macht, in den Händen von Aristokratie, Besitz und Herrscherhaus, alle Einzelnen denken und drucken, was sie wollten. Ähnliches hatte England seit hundert Jahren erprobt, es war ihm glänzend bekommen – gleichgültig, ob Herr Karl Marx ein eingewanderter von Israeliten abstammender Deutscher war oder Mr. Charles Darwin aus Shrewsbury ein waschechter Brite. Spielten die Herren Gelehrten heute Umwälzung des Weltbildes, z. B. der Herr Albert Einstein mit seiner speziellen, zum Glück völlig unverständlichen Relativitäts-Theorie, oder der Herr Freud mit seiner Entdeckung des ebenso unverständlichen Unbewußten und der Säuglingssexualität, so blieb das ihre Angelegenheit, wenn man wollte, ein israelitischer Denksport. An der Welt und ihrem Frieden änderte das nichts, und diesen Frieden wünschten ja wohl alle, die durch Veränderungen nur zu verlieren hatten, vor allem also die unbestritten herrschenden Gruppen, Kreise und Schichten der breitesten Bourgeoisie, des Adels und der vielen Fürstentümer, denen Europa gern und völlig unterstand.

Alte Bürger von Paris und Wien erzählten später resigniert, dem Kulturleben in diesen beiden Hauptstädten Europas in jener Friedenswelt habe sich nichts vergleichen lassen, vor allem das nicht, was wir nach dem ersten Weltkrieg dort noch vorfanden. Im neunzehnten Jahrhundert war zu jenen beiden Zentren kultureller Herrschaft das Berlin der Hohenzollern getreten, Wilhelm von Humboldts und Otto von Bismarcks, Rahel Lewins und der Familie Moses Mendelsohn, Virchows und Kochs, Helmholtz's und Einsteins, der A. E. G. und Borsigs. Von Theodor Fontane hatte es einen eigenen Romanstil empfangen, vom Naturalismus der neunziger Jahre dramatisches Leben, von einem halb Dutzend Theaterdirektoren eine hauptstädtische Bühne. Von dem Berlin, das aus den Briefen des Baumeisters und Musikers Friedrich Zelter an seinen Duzfreund Goethe spricht, bis zu dem von Siegfried Jacobsohns »Schaubühne«, spannte sich ein nirgendwo unterbrochener Bogen. Genau so stand es mutatis mutandis in Paris und Wien, nur daß hier dieser Bogen drei und vier Jahrhunderte weit in die Vergangenheit zurückgriff – nahm man die gotischen Kathedralen als Maßstab und gar die ausgegrabenen Römerlager – sogar in vorchristliche Jahrhunderte. Städtische Zivilisation, Verfeinerung der Sitten, Höflichkeit im Umgang mit Menschen, immer delikater abgestufte Nuancen des Empfindungslebens, stempelten diese Vorkriegswelt zu einer Erbin all der Anstrengungen, welche die Vermenschlichung des Menschen zum Ziel hatten. Alles das entwickelte einen Geist, dem sich niemand entziehen konnte, vorausgesetzt, der Kampf ums tägliche Brot ließ ihm dazu Zeit.

All diese Hauptstädte jedoch, fuhr man mit der Eisenbahn in sie hinein, waren umgürtet von riesenhaften Vorstadtgebilden, durchsetzt von Fabriken, Lagerplätzen und Güterbahnhöfen. In ihnen wohnten, zusammengepfercht und unter Bedingungen, die nur den städtischen Kontrollbeamten bekannt waren, die Millionen, deren Arbeitskraft und Lebensdauer verbraucht wurden, um den Unterbau für jene Kultur zu schaffen. Sie ihrerseits sollten lebenslänglich in brutaler Armut und armseliger Brutalität verharren, um jenen Glanz und Reichtum hervorzubringen, den der Stadtkern mit seinen Boulevards und Ringstraßen verkörperte, seinen Opernplätzen und Stadtschlössern, wohlhabenden Vierteln, Parks und Autostraßen. In diesen Außenbezirken staute sich jede Art von Unrecht, die der Mensch am Menschen begeht, von den Massenquartieren und den Hotel garnies bis zu den Asylen für Obdachlose und jenen Brückenbögen, von denen Anatole France so ironisch anmerkt: das Gesetz in seiner majestätischen Gleichheit verbiete es den Reichen wie den Armen, Brot zu stehlen und unter denselben zu schlafen.

Seit der französischen Revolution wußte man, daß sich in diesen Vorstädten der Sprengstoff sammelte, der die herrschende Gesellschaftsordnung in die Luft werfen würde, seit der gleichen Zeit verkündeten in den Kultursprachen, vor allem französisch und deutsch, nachdenkliche Freunde der Gesittung und des Menschen Vorschläge und Programme, um diese Explosion in schöpferische Arbeit zu verwandeln wie das Zusammenwirken von Feuer und Wasser in den Kolben einer Dampfmaschine. Alles, was alte Vorurteile antastet, wirkte letzten Endes bei dieser Wiedergutmachung mit – der Wiedergutmachung eines Unrechts, dem schon die Pyramiden ihre Großartigkeit verdankten, ohne daß es ihr gelungen wäre, es in Recht umzumünzen. Die moderne Wissenschaft, Literatur und die sich immer demokratischer ausbauende Politik konnten nicht umhin, an der Abtragung dieses Unrechts zu arbeiten. Die Theoretiker des Sozialismus, die im 19. Jahrhundert riesenhafte Massenparteien aus denjenigen gebildet hatten, die beim Einsturz dieser Gesellschaftsordnung nichts zu verlieren hatten, aber alles zu gewinnen, nämlich menschliches Leben und Bildungsraum für Kinder und Enkel, diese Theoretiker waren der Überzeugung, daß man den arbeitenden Massen nur die Waffen in die Hand zu geben brauche, um die Umbildung der Gesellschaft in eine gerechtere, sozialistische, vollzogen zu sehen. Schwärmer unter ihnen glaubten sogar, dazu genüge schon der Generalstreik, Niederlegung der Arbeit auf der ganzen Linie.

Recht schnell sollte die Stunde anbrechen, in welcher sich dieser Irrtum als solcher offenbarte; vier Jahre würden die Proletarier im Waffenrock unentwegt auf ihresgleichen feuern, allen Befehlen gehorchend, die von den Söhnen der verhältnismäßig dünnen, privilegierten Schicht ausgesonnen oder ausgerufen wurden. Das Genie der Entsagung und der Tatkraft, der Schrift und des gesprochenen Wortes, das diesen Sprengstoff zum Aufbau einer neuen Gesellschaftsordnung in Bewegung setzte, verbarg sich damals an der finnischen Grenze Rußlands oder in der Schweiz, es nannte sich W. I. Lenin. In Wien aber hielten sich damals drei Männer auf, von deren Wirksamkeit, ins Gestern, Heute und Morgen abgestuft, für den europäischen Kontinent der größte Umbruch ausgehen sollte: im Café Herrenhof der politische Schriftsteller Leo Trotzki, später Volkskommissar des sowjetischen Außenamts, im Asyl für Obdachlose nahe dem Donau-Ufer der arbeitsscheue und unbegabte Postkartenzeichner Adolf Hitler, und in der Berggasse zehn im neunten Bezirk der umkämpfte, unermüdlich arbeitende Nervenarzt und Menschenforscher, Sigmund Freud. Um dem Ablauf unseres Berichtes vorzugreifen: der erste sollte erfahren, daß das westliche Proletariat keineswegs bereit war, dem russischen als seinem Vorbild zuhilfe zu kommen. Der zweite würde stattdessen vormachen, wie man die zivilisiertesten Massen Europas in einem halben Menschenalter zu Sendboten und Werkzeugsmassen der fürchterlichsten Barbarei erniedrigen konnte, das moderne Europa in die Erbauungs-Urzeit der Pyramiden zurückwerfend, selbstverständlich mit dem Untergang und Abgrund am Ende seiner glorreichen Dienerschaft. Der dritte aber, Sigmund Freud, war dazu bestimmt, seiner Mit- und Nachwelt die Gründe und Urgründe dieser Vorgänge zu erschließen, die Kraftquellen verständlich zu machen, welche einem solchen Rücksturz zur Verfügung standen. Er sollte den Weg zeigen, der zur Handhabung der mächtigsten Sprengkraft führt, die unsere Gesellschaftsgebilde zu Fall bringen oder fördern kann: der menschlichen Phantasie.

Aber damals sah das noch niemand – wahrscheinlich Freud selber nicht, über dessen Kunst, sich auf die unmittelbar vor ihm stehende Aufgabe zu konzentrieren, wir noch zu berichten haben werden. Nur eines verdeutlichte sich bald: daß der brutalste Militarismus der Welt nach Osten und Westen losgeschlagen hatte, der deutsche und österreich-ungarische, und daß der eine in Serbien und Polen, der andere in Belgien und Frankreich den Beweis lieferte, wie wohl sich technischer Fortschritt und menschlicher Rückschritt mit einander vertrugen. Kaum einer von uns Jungen begriff, in welches Feindes Dienst wir uns drängten, wir linken Bürgerlichen, gleich der ganzen Jugend, auch der Arbeiterschaft. Niemand sah, wie ein alldeutscher Imperialismus an die Aufrichtung seines Imperiums ging, welches vom Schwarzen Meer bis zum Ärmel-Kanal reichen sollte, und vom Mossul-Öl bis zur belgischen Kohle. Nur der Philosoph Max Scheler verriet schon damals Blick für das wirkliche Gewicht der Vorgänge, die begonnen hatten: »Ich fürchte«, sagte er an einem Nachmittag des März 1915, »das ist gar kein Krieg mehr, das ist der Beginn einer europäischen Revolution.«

II. Teil *Die Begegnung*

5. Kapitel
Kriegerheimkehr

Während des ersten Weltkrieges war der Name *Freud* in meinem Bewußtsein nur einmal in breiteren Zusammenhängen aufgetaucht. Ich hatte weder in Nordfrankreich oder in Serbien noch dann vor Verdun Anlaß und Möglichkeit, mich mit etwas anderem zu beschäftigen als der Bewältigung des Tages und der Stunde. Im Frühling 1917 wurde ich endlich zum Stab des Oberbefehlshabers Ost versetzt, und dort, nachdem ich mich monatelang in jeder freien Minute ausgeschlafen hatte, kam die Berührung mit einer Arbeit von Sigmund Freud folgendermaßen zustande.

Wir stellten die höchste geistige Zensurbehörde für das Riesengebiet östlich der Weichsel dar, das ›Land Ober-Ost‹. Der südliche Teil unterstand unseren österreichischen Verbündeten, denen die Deutschen damals aber schon allen Wind aus den Segeln genommen hatten. Aus einem bestimmten hier nicht interessierenden Grunde wurde Herbst 1917 einer unserer Ober-Ost-Offiziere zu Verhandlungen nach der Schweiz gesandt. Vom Chef des Zensurwesens bekam er den Nebenauftrag, Proben der daselbst verbreiteten kriegsfeindlichen Literatur mitzubringen – Kriegsfeindschaft und Deutschenfeindschaft galten als identisch. Es ging nicht an, daß wir uns darauf beschränkten, diese Bücher zu verbieten; man mußte sie bekämpfen und zwar mit geistigen Waffen, um angesichts unseres sicheren Sieges auch auf diesem Felde für die Aufnahme der deutschen Hegemonie in Europa gerüstet zu sein. Auf diese Weise kamen nach der Rückkehr des Beauftragten Bücher und Zeitschriftenhefte in Umlauf, erst bei den Offizieren, dann auch bei uns Mannschaften, deren Kenntnis uns aufatmen ließ und glücklich machte. Es waren noch unabhängige und mutige Herzen am Werk in Europa!

Ich beschäftigte mich gerade mit einem umfangreichen Buch

eines Wiener Biologen, das mir einer unserer polnischen Dolmetscher geliehen hatte. Herr v. R. war ein kultivierter, aus Österreich stammender Grundbesitzer, dessen Güter aber in der preußischen Provinz Posen lagen und der darum als preußischer Soldat eingezogen worden war – als Gemeiner natürlich. Dieses Buch, »Der Ablauf des Lebens« von Wilhelm Fliess, brachte in höchst merkwürdigem Zusammenhang Studien über die Periodizität von Lebensabläufen zu ausführlicher Darstellung, von Pflanzen-, Tier- und Menschenfamilien. Als Beispiel dieser letzteren waren die Stammtafeln von Herrscherhäusern verwandt worden, da es ja anderes auf diesem Gebiet damals noch nicht gab. Vielleicht war dieser »Ablauf des Lebens« der Zensur eingereicht worden, um festzustellen, ob hier Mißbrauch der Stammbäume von königlichen Familien zum Verbot des Buches in Ober-Ost Anlaß geben könnte – war doch ein Schulbuch in polnischer Sprache verboten worden, weil es unter den Beispielen einfacher Sätze die Behauptung aufstellte, die Weichsel sei ein polnischer Fluß. Jedenfalls bat mich Herr v. R. damals, ihm meine Meinung über diesen Biologen Wilhelm Fliess zu sagen und dazu dieses Buch durchzusehen, ganz als ob er gewußt hätte, daß später einmal ein denkwürdiges Ereignis zwischen Freud und mir um diesen seinen Freund, Wilhelm Fliess, kreisen würde. Nun, ich mußte die Lektüre des »Ablaufs« unterbrechen und hatte es nicht zu bereuen. Unser Leutnant hatte Zeitschriften mitgebracht, und Zeitschriften gehörten zu meinem Ressort.

Darunter befand sich ein Heft der von Sigmund Freud herausgegebenen Zeitschrift »Imago«, in welcher unglaublicherweise Ende 1915 Freuds Beitrag »Gedanken über Krieg und Tod« hatte gedruckt werden dürfen – in Österreich gedruckt, verlegt, gelesen! Wie die Wiener Zensur dazu gekommen war, dieses Dokument einer trauervollen Kriegsfeindschaft der Öffentlichkeit zu unterbreiten, verstand bei Ober-Ost niemand. Man beruhigte sich aber bei dem Gedanken, dieses kostspielige und hochgeschraubte Zeug lese ja doch niemand, der nicht kritische Vernunft genug besaß, um es an sich abprallen zu lassen. Außerdem mußten wir uns damals schon aller Einmischung in die innerösterreichischen Abläufe enthalten; unser einstiger Oberquartiermeister, General

Ludendorff, jetzt der eigentliche Chef der Heeresleitung, hatte gerade auf einer Inspektionsreise längs der Balkanfront festgestellt, daß es innerhalb des österreich-ungarischen Heeres neun Kommandosprachen gab – angesichts solcher Verhältnisse erschien das, was die Österreicher leisteten, in ganz anderem Lichte …

»Gedanken über Krieg und Tod« … mir hatte die Lektüre dieses Aufsatzes das Atmen gehemmt. Wußte dieser Mann nicht, der das veröffentlichte, welchen Gefahren er sich aussetzte? Der offiziellen Anbetung des Krieges und Kriegsgeistes, vor allem auch der Aufforderung, begeistert sterben zu gehen, die in allen Sprachen Europas an die Jugend gerichtet wurde, schlug dieser Aufsatz ins Gesicht. Für Freud gab es offenbar nur ein einziges wertverleihendes Prinzip: die Höhe der Kultur, ihre Aufrechterhaltung, Bereicherung, Verteidigung. Nur um der Gesittung willen, die sie schufen, waren ›die Großindividuen der Menschheit‹, Völker und Staaten, wertvoll, achtbar, liebenswert. Daß sie sich in Kriege verstricken, daß Kriege anderswo als an der Peripherie unseres Kulturkreises vorkommen könnten, war ihm offenbar unvorstellbar gewesen, bevor es eintrat. Der Kopf, der dieses dachte und in Sätzen von meisterhafter Klarheit von sich gab, lebte offenbar nicht auf unserer Erdkruste, dem Schauplatz des Gemetzels. Mit seiner Empfindung saß er gleichsam innerhalb unseres Planeten, mit seinem Intellekt mondhoch über ihm – so klang diese Schrift aus zwei kurzen Aufsätzen, die dem Wiener Zensor offenbar ungefährlich erschienen war. Ende 1915, als Österreich schon schwer getroffen auf Krücken stand, die Zarenheere gar nicht sehr weit von Wien durch uns Deutsche aufgehalten wurden, die furchtbaren Schlachten in den Karpatenpässen die Blüte von Habsburgs Mannschaft wegrafften! Das mitfühlende Herz dieses Mannes pochte im Puls der Sätze, es pochte für Österreich, für die Heimat und ihre Kultur, aber es schlug für sie gleichsam implicite, denn es schlug für alle Leidenden. Ein Menschheitsblick ohnegleichen durchdrang hier unsere Zeit – ohne das Pathos des Richters. Weit oberhalb jeder Politik wurde hier das Phänomen Krieg betrachtet in seiner Unabänderlichkeit und in seiner Abänderlichkeit, es wurde auf die Seelenkräfte des Menschen zurückgeführt, die Gesittungskruste, die er erworben hatte, wurde beklopft, unser Verhältnis zum Tode mit dem ruhigsten Forscherblick geprüft. Was Sterben bedeutete, für die Betroffenen wie für die Hinterbleibenden, schien mir noch nie in wissenschaftlichen Sätzen so deutlich gesagt worden zu sein – von großen Dichtern hatte gerade noch Leo Tolstoi ähnlich schlicht und majestätisch diesen Übergang vom Sein zum Nichtmehrsein festgehalten. Die Sinnlosigkeit dessen, was wir alle an der Front erlebt hatten, und die Unvereinbarkeit unserer Friedensgesittung mit militärischer Unterwerfung unter die Antriebe und Vorstellungen einer Kriegerkaste kamen zu einem Ausdruck, für den wir, die geistigen Mannschaften von Ober-Ost, eine Dankbarkeit fühlten, die wir vorläufig in uns verschließen mußten.

Unter den Büchern, die uns mitgebracht worden waren, befand sich auch das berüchtigte »Feuer« von Henri Barbusse. Wilden Aufruhr des Herzens gegen den Krieg gab es also auch drüben, auf der anderen Seite der Front, vielleicht auch bei den Engländern. Bei den Russen hatte er ja inzwischen zur Februar-Revolution geführt, der deutsche Sieger bereitete sich darauf vor, den geschlagenen Feind gehörig auszuplündern. Fand sich aber irgendwo sonst eine solche Vereinigung überlegenster Geistesschärfe und menschlichster Anteilnahme? Erhob sich irgendwo unter den Mitlebenden die Auseinandersetzung mit der Gegenwart in eine so zeitlose Kritik unserer kulturellen Menschheit wie bei diesem Freud? Vielleicht verwechselte er die Oberschicht der Staaten und Völker zu sehr mit den fortgeschrittensten Typen unserer, der weißen Rasse; vielleicht gab es in den Schichten der Machtlosen und Beherrschten, derer, die gehorchen mußten, überall solche Unbekannte wie wir, die niemals ihren inneren Widerstand gegen das Angreifen und Annektieren aufgegeben hatten. Von allen Fronten erfuhr man Beispiele gegenseitiger Hilfe aus Mannschaftskreisen quer über die Stacheldrähte und Schützengräben, wenn nicht Offiziere dazwischenfunkten. »Dagegen sollten Sie etwas schreiben«, meinte halbdienstlich mein damaliger Abteilungsleiter. »Der religiöse Standpunkt kommt bei diesem Herrn Freud gar zu kurz; wenn wir den geltend machten?« – Ich sah mir den jungen Offizier an, dem ein Granatsplitter die Stirn eingeschlagen hatte, im Frieden Redakteur einer katholischen Zeitung. Ich wußte, daß er mit allen Fasern von Ober-Ost wegstrebte, nach Haus, zu seiner jungen Frau, ins Rheinland, an den Schreibtisch. – »Ich glaube, Herr Leutnant«, sagte ich, »der Artikel ist schon vergessen. Gehen wir jetzt darauf ein, so machen wir möglicherweise Leute darauf aufmerksam. Die Bibliotheken und Lesesäle halten ihre Zeitschriftenbände unter Verschluß – und dort wollen wir sie lassen. Exklusive Monatsschriften wie diese »Imago« werden ohnehin nur von einem ganz kleinen Leserkreis verlangt. Und wenn der Herr Professor Freud seine Aufsätze später einmal sammeln läßt, sollen sich die Österreicher damit herumschlagen.« – Mein Leutnant H. nickte. »Er soll Söhne unter den österreichischen Offizieren haben«, antwortete er. »Wenn wir mit einem Schriftsatz die Wiener Zensur auf ihren Lapsus aufmerksam machen, kriegen wir übers Jahr Antwort. Und wer weiß, wie es dann an den Fronten aussieht.« – Mit einem abschiednehmenden Blick sah ich das Heft der »Imago« auf seinem Schreibtisch liegen, ihre dekorativen Typen, ihren anständigen Druck. Ich war entlassen.

»Gedanken über Krieg und Tod« behielten einen Nachhall in mir, bis die Oktober-Revolution in Rußland und alles, was danach erfolgte, mein Ich mit neuen Inhalten füllte. Daß dieser Freud ein ›genialer Hund‹ war, das – in der Soldatensprache – hatte ich schon vorher gewußt. Aber jetzt war es besiegelt – und lag im Grunde meiner Seele wie der Geist in der Flasche unter Salomonis' Petschaft.

Man hatte uns den Krieg als Stahlbad gepriesen. Der Feldmarschall von Hindenburg hatte gerühmt, er bekomme ihm wie eine Badekur. Fast zehn Millionen europäischer junger Männer und sechzigtausend Amerikaner lagen in Massengräbern. Sie stellten den begabten und gebildeten Durchschnitt einer Bevölkerung dar, die über vierzig Friedensjahre genossen hatte und Zeit gehabt, eine dicke Kruste von Friedenswerten anzusetzen. Das Vorhandensein einer solchen war als Selbstverständlichkeit angesehen worden – so und nicht anders vollzog sich das Wachstum der Gesittung. Ihr Fehlen manifestierte sich schon vor den Friedensschlüssen von 1919, es sollte nicht mehr aufhören, sich fühlbar zu machen. In den besiegten Zentralmächten, in Rußland, in Italien, setzten Bürgerkriege jenen Appell an die Waffen fort, den die Alldeutschen 1914 entfesselten. War aber nicht alle Welt am elften November 1918 überzeugt gewesen, daß beim Signal des französischen Clairons die Bajonette in die Erde gestoßen werden würden, um dem Spaten des Friedens zu weichen? Hatten wir nicht alle den Waffenrock ausgezogen, um jetzt erst recht an die Wiederherstellung der Kultur zu gehen? Warteten wir nicht, vier Jahre hindurch der Vernichtung entgangen, auf die Erlösung, um uns nun mit Wucht und Lust in unsere Arbeit zu stürzen, unser altes Ich wieder anzuziehen? Aber siehe da, das mißglückte – offenbar überall und jedem. Die Badekur war Europa sichtbarlich schlecht bekommen. Wer immer konnte, floh aufs Land, in die Natur, in einfache, leicht übersehbare Verhältnisse. Leider hatte er nicht mit den Machenschaften der Kriegstreiber gerechnet, die jetzt als Inflationstreiber auftraten. Die Kriegsschulden mußten in die Luft geblasen werden, mochte der Mittelstand dabei auch verelenden. Die massenhafte Verarmung, die so erzeugt wurde, traf auf eine Generation, deren seelische Verfassung der Krieg schon vorher erschüttert hatte.

Um von mir persönlich zu sprechen: Für meine jüdische Tragödie, »Ritualmord in Ungarn«, war mir 1915 der Kleist-Preis verliehen worden, als Armierungs-Soldat im Felde. »Novellen um Claudia«, 1912 von der gebildeten Presse verrissen, setzten sich in immer wachsenden Auflagen durch. Ich hatte von Verdun vier Tage Urlaub bekommen, um meine Frau zu heiraten, nachdem mein Erfolg den Widerstand ihrer Familie beseitigte. 1919 und 20 wurde »Ritualmord in Ungarn« in Frankfurt, Wien und Berlin ein großer Theatererfolg, lange Freundschaften mit Regisseuren und Darstellern im Gefolge. (Die Inflation ließ allen wirtschaftlichen Ertrag in Rauch aufgehen). Man bot mir die Redaktion der »Neuen Rundschau« an, der damals führenden Monatshefte – ich lehnte sie ab auf der Flucht aus Berlin. Die Geburt meines ersten Söhnchens, in Starnberg Oberbayern, machte mich zum glücklichen Vater.

Ich hätte also das Urbild eines erfolgreichen, mit sich selbst und der Welt im Einklang lebenden, jungen Mannes sein müssen. Ich war es nicht. Als Zeugnis dafür lagen elf mehr oder weniger umfangreiche literarische Fragmente in meinen Schubladen. Meine frühere Art zu arbeiten, bevor ich 1909 in München zum wirklich produktiven Erfinder von Geschichten heranreifte, hatte solche Fragmente erzeugt. Während der nächsten fünf Jahre aber hatte ich niemals nachgelassen, und eine Arbeit nach der anderen bis zur Vollendung getrieben, soweit sie mir erreichbar war. Manche meiner Novellen schrieb ich in einer Nacht, an anderen habe ich Monate gesessen; das Drama »Ritualmord in Ungarn« verbrauchte nur sechs Tage, »Abigail und Nabal« drei Jahre. Jetzt verrauchte mir der Elan nach bestimmtem wohltuendem Anfangsschwung; ich zog es vor, die Mühe des Fertigmachens zu vertagen. Ein solches Verhalten kann einem Schriftsteller nur zum Ruin werden, dem die Inflation die wirtschaftliche Grundlage wegfrißt. Daß aus einem friedlichen, umgänglichen Lebenskameraden nach der Geburt eines Sohnes wütende Ausfälle gegen seine Frau herausbrechen, nachdem sie soeben ihr eigenes Leben eingesetzt hatte, um dieses Kind zur Welt zu bringen, gab natürlich auch zu denken, besonders dieser Frau, die ja in ihrem Freundeskreis schon vor dem Kriege Beobachtungen und Erfahrungen mit Neurosen und Neurotikern gesammelt hatte. Daß ich selber aber alles besser wußte und von Notwendigkeit, mich einer Analyse zu unterziehen, keine Rede sein konnte, lag auf der Hand – wenigstens für mich. Als Schüler pflegten wir uns den Spaß zu leisten, diese Redensart, »Das liegt auf der Hand«, durch den Satz zu ergänzen: ». . . und wenn man sie umdreht, fällt's runter.« Dieser Augenblick trat denkwürdigerweise auf einer Bootsfahrt ein, die wir zu dritt oder viert auf dem Starnberger See unternahmen. In jenen Jahren der dauernd sinkenden Kaufkraft des Geldes wogen Nahrungsmittel so schwer in unserem Leben wie einst künstlerische Werte oder platonische Ideen. An jenem Nachmittag kleidete sich das Fatum in die Gestalt eines Rucksacks, in welchem eine Tüte voll Reis und zwei kleine Pakete Butter uns auf der Bootsfahrt begleiteten. Jemand setzte sich darauf, so, daß Reis und Butter sich untrennbar vermischten. Mein rasender Zornausbruch, der uns damals fast alle ins Wasser befördert hätte und sich an diesen Rucksack knüpfte, führte mich schließlich zu der Einsicht und dem Entschluß, etwas zur Wiederherstellung meines seelischen Gleichgewichts zu tun. Und das Tor der Analyse tat sich auf: ich trat ein.

Damals durfte ich noch glauben, als Individuum zu handeln. Später stellte es sich heraus, ich sei der Vorläufer eines Riesenheeres gewesen, das klug daran getan hätte, zu handeln wie ich.

Vor den Entdeckungen Freuds über das Wesen der Neurose hätte man vor Massenerkrankungen ratlos gestanden, wie sie schon damals, Epidemien gleich, das tägliche Leben verheerten, das der Kriegsteilnehmer und das ihrer Angehörigen. Es handelte sich dabei keineswegs um traumatische oder Schock-Neurosen. Wie sollte man erklären, daß Millionen von Männern aus dem Kriege kamen mit einer verringerten oder aufgehobenen männlichen Potenz – was doch die Informationsblätter der chemischen Fabriken wie der Ärzteschaft zur Werbung für alle möglichen Stärkungsmittel benutzten? Wie verständlich machen, daß das Leben Tausender, erprobt in unglaublichen Situationen und Leistungen, vergiftet wurde durch das Auftreten von Bettnässen? Ihr Leiden machte ihnen das Verbleiben in Baracken und Kameradschaften unmöglich und setzte sie tiefen Beschämungen aus, ohne daß ihr Wille, ihre soldatische Energie, den Schaden beheben konnte. Weniger bemerkt blieben ›harmlosere‹ Entstellungen, wie zum Beispiel etwa die Entwöhnung von Eß-Sitten mit Messer und Gabel, wie sie dem jungen Manne vor seiner Einziehung zum Militär selbstverständlich waren. Wir beschrieben schon das Auftreten heftiger Zornausbrüche bei lächerlichen Anlässen. Das Liegenlassen unfertiger Arbeiten entsprach in zahllosen Fällen innerhalb anderer Berufsgruppen dem Herabgleiten einst selbständiger und tüchtiger Männer in den Wunsch nach abhängigen Stellungen. Da waren sie von der Verantwortung befreit, im Wirtschaftsleben selbständig zu agieren – wonach sie doch vor ihrer Soldatenzeit aufs heftigste gestrebt hatten. Sie, die vorher alles daran gesetzt, selbst Arbeitgeber zu werden, flüchteten jetzt in den Schatten und Schutz eines solchen, eines ›Vaters‹. Erwägt man, wie durch diese Flucht in Abhängigkeit all diese Existenzen in die Brüche gingen, wie junge Ehen verdarben, unter den Voraussetzungen der Normalität geschlossen, ebenso viele stille Tragödien und Selbstmorde sich in den Kreisen der jungen Generation abspielten, so wird man zugeben: Krankheiten dieser Art seien ebenso verderblich wie die Tuberkulose und volkswirtschaftlich von nicht geringerer Bedeutung. Aber während jene als Volksfeind und bekämpfenswert seit Jahrhunderten erkannt war, gehörte die Genialität und der unbezwingbare Mut eines Forschers vom Range Freuds dazu, der Neurose zuleibe zu rücken. Was vor allem seine Arbeit erschwerte und noch heute seine Geltung beeinträchtigt – er erhielt niemals den Nobelpreis – war die urtümliche Tatsache, daß der Mensch sich aller seelischen Abnormitäten schämt und sich lieber die Zunge abbeißt, als zuzugeben, daß er in seinem eigenen Ich Störungen wahrnimmt, deren er nicht Herr werden kann. Diese Scheu, von Freud ›Widerstand‹ genannt, stammt aus jenen Vorzeiten, wo diese seelischen Abweichungen vom Alltäglichen auf die Einwirkung von Dämonen zurückgeführt wurden, auf Besessenheit und Teufelsumtriebe, die von der Gemeinschaft mit schweren Strafen belegt wurden und einst auf allgemeinen Beschluß Tötung herbeiführten.

Die Umstände haben sich geändert, seelische Folgen sind geblieben; abgesehen davon, daß zur Erzeugung solcher Widerstände noch allerhand andere Wurzeln aufgedeckt wurden. Die krank machenden Ursachen beim Entstehen dieser Kriegsneurosen lagen nun nicht ausschließlich im Wesen des Krieges und seiner verheerenden, in Massentötung gipfelnden Besonderheit. Für viele dieser Neurosen genügte als Entstehungsursache die zwanghafte Verbringung junger Menschen in Sammellager und Baracken. Dort mußten sie, ihrer persönlichen Selbständigkeit beraubt, ein Leben führen, das an die Kinderstube gemahnte und das sie unbewußt verabscheuten. Sie waren nämlich mit gewissen Ängsten und furchterregenden Vorstellungen nicht fertig geworden, die sie mit dem V a t e r verknüpften. Diese Angst hatte sie zu bestimmten Tendenzen der Vereinsamung oder früher Selbständigkeit getrieben; sie hatten sich selbst in die Vaterrolle geflüchtet und Umwelten um sich errichtet, in denen sie sich leidlich funktionsfähig erhielten – früh darauf aus und imstande, mit der Wirklichkeit fertig zu werden, auch wirtschaftlich, und über die Narben hinwegzuleben, die ihre Kindheitsprobleme ihnen hinterließen. Wären ihre Lebensbedingungen die der Friedenszeit geblieben, das kindliche Leid hätte sich vernarbt oder es wäre mit Hilfe von Psychoanalytikern unschwer ausgeheilt worden. Dadurch, daß der Krieg diese Heilwirkung unterbrach, mußten diese Menschen unvermeidlich scheitern, als sie ihren Lebensfaden wieder dort aufzunehmen suchten, wo jener ihn unterbrochen hatte. Der Rückfall in die infantile Neurose erwies sich dem Willen des Individuums völlig entzogen, wie es Freud ja in seiner Darlegung der seelischen Schichten auseinandergesetzt. Wo das System Ubw im Spiel ist, kann das Wachbewußtsein durch bloßes Wissen und noch so klare Einsicht in vorliegende Verhältnisse nicht heilend eingreifen. Der Wille ist machtlos dort, wo die Triebe selbst, wieder ins infantile Stadium zurückgeworfen, störend am Werk sind, und weder Drohen noch Zureden oder gar Strafen und Selbstvorwürfe können da etwas ändern, wo die Anpassung des Menschen an die Wirklichkeit des Erwachsenseins Schaden genommen hat. Ebenso wenig wie man ein gebrochenes Glied durch suggestive Mittel kurieren kann, vermag man eine zerbrochene Persönlichkeit durch sie wieder einzurenken.

Aber wie dem auch sei: kein Priester und kein Nervenarzt vor Freud wäre imstande gewesen, die Linie aufzudecken, die von der Kriegsneurose in die frühe Kindheit führt, und dort, nur dort, geheilt werden kann. Denn der Mensch will sich nicht helfen lassen. Er gerät in Wut, wenn man ihm zeigt, daß er keineswegs hinzunehmen braucht, was er so gern als Leid und Last seines Schicksals den Göttern zuschob, den Sternen oder seinem persönlichen Mißgeschick, das er beinahe als Auszeichnung empfindet. Armer Kerl – möchte man ihn ansprechen – Dir kann geholfen werden. Es bedarf dazu weder der Götter noch der Sterne. Du mußt nur deinen eigenen Widerstand überwinden, einsehen, daß es besser ist, die erlittenen Beschädigungen dem Nervenarzt zu offenbaren. Du brauchst dich ihrer ja ebensowenig zu schämen wie etwaiger Quetschungen und Knochenbrüche. Die Zeit, die eine Analyse braucht, um dir zu helfen, stellt auf alle Fälle nur einen Bruchteil derjenigen Stunden dar, die du sonst als Kummer und Leid deiner selbst und der dir Nächsten und Teuersten hinbringen würdest, in immer wachsenden Beschwerden, bis an die Schwelle des Greisenalters. Dort, wo der Konflikt der Triebe mit dem Geiste aufhört, weil die Triebe langsam abklingen, enden alle Fährten, auch der Neurosen und ihrer Verzerrungen.

6. Kapitel

Gesundung

Verständlicherweise genügt die Begegnung mit einer noch so ungewöhnlichen Abhandlung wie »Gedanken über Krieg und Tod« nicht, um eine Wirkung zu erzielen derart nachhaltig, daß sie die Widmung eines Buches an einen persönlich unbekannten, weltberühmten Wissenschaftler rechtfertigte. Dazu mußten mehrere Faktoren treten, und sie taten es alle auf einmal.

Ich kehrte nach Berlin zurück, suchte und fand eine Anstellung, um Frau und Kind zu ernähren, suchte und fand Analytiker, die meine Behandlung gegen mäßiges Entgeld übernahmen – ich wußte nicht, daß der mir empfohlene Herr erst durch mich zum Freudianer werden würde – und warf mich in die Analyse – rückhaltlos, wie ich alles zu tun gewohnt war.

Gleich jedem Neurotiker hielt ich mich bei Beginn der Behandlung für so gut wie gesund. Was mich an der Beendigung meiner Manuskripte hinderte, konnte keineswegs in einer Verzerrung und Verlagerung meiner seelischen Kräfte und Fähigkeiten gründen. Alles beruhte lediglich auf Umständen der Zeit, Mißlichkeiten, die sie als Echo in Menschen wie mir weckten. Mit welchen Hoffnungen waren wir aus dem Krieg zurückgekommen! Wer konnte auf die fortschreitende Gegenrevolution vorbereitet sein, die Anfang 1919 mit der Ermordung von Liebknecht und Luxemburg begonnen hatte und der bald danach auch Erzberger 1921 und Rathenau 1922 zum Opfer fielen, bürgerliche Demokraten, wer auf die Schurkerei, die sich Inflation nannte? Lohnte es, auf solche Welt mit geistigen Werkzeugen einzuwirken? Hatte Schriftstellerei überhaupt noch einen Sinn? War andererseits das geschriebene wie das gesprochene Wort nicht höchst nötig, um der ständig wachsenden ›Reaktion‹ entgegenzuwirken? Gab es aber in der ganzen deutschen Republik eine Partei, der man sich verschreiben, mit der man sich identifizieren konnte? Und hätte man voraussehen können, daß die Nachkriegs-Epoche in einen solchen Taumel von amerikanischem Jazz, Foxtrott und Tango umschlagen würde, als gälte es, auf den Gräbern von zehn Millionen Geopferter den Triumph zu feiern, daß man am Leben geblieben war und nun recht Lärm machen wollte mit Rumbas und Brummbaß, wenn nicht mit ekstatisch expressionistischem Gestammel?

All das brachte mich außer mir, es führte mich zu rasenden Ausbrüchen in Reden, Gesprächen, manchmal auch in Artikeln. Was mich am meisten empörte, war die Verdrängung des Krieges – die Verdrängung der Niederlage, wie ich damals dachte, weil ich diesen Vorgang auf uns beschränkt sah, die geschlagenen Mittelmächte. Erst zehn Jahre später sollte ich den Beweis dafür in die Hand bekommen, daß man ihn überall wahrnehmen konnte, auch bei den Siegern. Wer hätte geglaubt, daß bereits 1922 zum alten Eisen geworfen werden würde, was 1919 noch alle Geister bis zum Rand erfüllte – die durchlebten Schrekken der Massen-Mordzeit! War diese weltweite Verdrängung nicht ein Beweis für die Richtigkeit dessen, was Sigmund Freud über das Verhalten der Einzel- wie der Massenseele behauptete? Und entsprach nicht die munter wachsende ›Reaktion‹, auf die unsereiner nur schäumenden Mundes antworten konnte, der Flucht in den Schatten des Vaters, die ebenfalls er aufgehellt? Wem, wenn nicht ihm, konnte man sich öffentlich anschließen, um ein Zeichen seiner Gesinnung ins Feld zu stellen? Brachte mich der Vorgang täglicher Aussprache wirklich wieder in die Lage, Angefangenes mit voller Kraft und voller Einsicht abzurunden, so hieß es ein Glück, das gewichtigste Resultat dieser Wiederherstellung mit seinem Namen zu schmücken.

Unter den unfertigen Arbeiten, deretwegen ich den Analytiker aufgesucht hatte, befanden sich zwölf Fortsetzungen einer Untersuchung über ›Politik und Leidenschaft‹, Studien über menschliche Gruppenaffekte, die ich damals, nach dem Kriege, aus eigener Beobachtung entdeckt zu haben glaubte. Ich hatte sie in

Martin Bubers Monatsschrift »Der Jude« publiziert und unterlassen, sie als eins meiner Bücher abzuschließen, so daß ein fremder Journalist in Antwerpen sie für Strandgut hielt und ein eigenes Buch, »Antisemitismus als Gruppenleidenschaft«, veröffentlichte, ohne auf meine Autorschaft hinzuweisen.

Er hatte die ganze Welt gegen sich gehabt, dieser mährische Jude Sigmund Freud, als er seinen Forscherblick auf die Tatsachen zu richten begann, die das moderne Seelenleben in seine Sprechstunden brachte. Er war mit den vorsichtigsten Schritten vorwärts gegangen, von einem Resultat zum nächsten, erst in Gesellschaft des älteren Kollegen Josef Breuer, dann allein. Er übersah keine noch so winzige Wendung, die dieser Weg ins Unbekannte und Ungeahnte ihm aufnötigte. Aber er schreckte auch vor keiner noch so ungeheuerlichen Konsequenz zurück, wenn Beobachtung sie erzwang. Sein theoretisierender Scharfsinn, um hinreichende und fundierte Erklärungen bemüht, drängte ihn zu Folgerungen und Formulierungen, die der ganzen Welt zuwider waren – nicht nur den Mächten der Kirche, der Dynastien oder der öffentlichen Meinung, sondern vor allem den vorwärtsstrebenden Schichten und Massen des Bürgertums, das die wissenschaftliche Luft Europas schuf und beherrschte. Daß Freud ihm selber angehörte und daß er als junger Mensch geglaubt hatte, der Geist der Wissenschaft werde stark genug sein, jede Beschränktheit zu überwinden, dieser Irrtum mußte ihm schmerzliche Schläge der Enttäuschung versetzen. Und doch war diese Beschränktheit das ganze neunzehnte Jahrhundert hindurch von allen freien Geistern und Künstlern gegeißelt und verspottet worden. Gleich Nietzsche und Zola aber war er ein Menschenalter lang geradeaus gegangen, ohne nach rechts und links zu blicken, er mußte den Auff (Uhu) vor der Krähenhütte bilden und bildete ihn noch, wie die Kongresse deutschsprachiger Neurologen erst vor kurzem wieder bewiesen hatten. Inzwischen unterwarf sich freilich die Welt außerhalb der deutschen Grenzen, die nicht antisemitisch verbohrte, immer mehr seinen Errungenschaften. Besonders in angelsächsischen Ländern, aber auch in Frankreich und Holland, in Ungarn und der Sowjet-Union, erschienen Übersetzungen seiner Hauptwerke, wuchs die Zahl der behandelnden Ärzte, die sich seinen Methoden anschlossen. Er hatte niemals jemanden herausgefordert, war aber vor keiner Konsequenz zurückgewichen, die sein unerbittlicher Geist von ihm forderte, sein unbedingter Wahrheitswille, die Tapferkeit, die ihn nicht zurückweichen ließ vor den unglaublichsten und provokantesten Feststellungen. Er allein in diesem ganzen zertrümmerten Europa der Werte und Glaubenssätze hatte Stich gehalten, sogar Hieb und Stich. Ihm ein Buch zu widmen, das den Antisemitismus unter die Lupe nahm, und zwar nicht den Juden, sondern den Antisemiten, nicht die vom Cancer zerfressene Stelle, sondern den krank machenden Virus selbst, das war eindeutig und hob einen doch noch jungen Verfasser in erlauchte Gesellschaft.

Freilich tat man gut, Worte wie ›Cancer‹ und ›Karzinom‹ behutsam zu verwenden im Zusammenhang mit Sigmund Freud. Ein Gerücht ging unter den Eingeweihten um, der Meister selbst und große Arzt sei von dieser Krankheit gestreift worden. Es handle sich – beschwichtigte man – um kleine befallene Stellen im Munde, die durch Operation unschwer entfernt worden seien. Nicht an der Zunge gottlob; aber der operierte Mund behindere ihn im Sprechen, vom Rauchen gar nicht zu reden. Und Sprechen und Rauchen gehörte doch zur Ausübung seines Berufes – der analysierende Arzt mußte ebenso gut zu hören verstehen wie zu deuten, sich auszudrücken. Bei dem hohen Alter Freuds hatte diese Unterbrechung seiner Tätigkeit bestimmt allerlei Unbequemlichkeiten mit sich gebracht; Kranksein war eine lästige Begleiterscheinung des Lebens, eine Rache gleichsam, die es an den Ärzten nahm. Der kranke Arzt bezahlte dem Leben, zu dem ja auch Leiden gehörte, seinen Tribut. Wer aber im Sprechen heilte, mußte es sich wohl oder übel gefallen lassen, daß der Gegner ›Krankheit‹ ihn im Munde traf und mattzusetzen versuchte, so wie unsere Artilleristen ihr Feuer am liebsten in die gegnerischen Batteriestellungen lenkten. Aber der Schlag konnte zum Glück nicht ernsthaft gewesen sein, sonst hätte die Öffentlichkeit mehr erfahren, besonders mein Arzt und seine Mit-Therapeuten, die – wenn auch von der Peripherie her – mit Freuds Methoden Kranke zu heilen trachteten, und wir, die dankbaren Patienten. Daß sich schon seit einigen Jahren eine Berliner Psychoanalytische Vereinigung gegründet hatte, in welcher einige der besten Schüler des Professors sachkundig und erfolgreich Heilung brachten, sollte ich leider erst viel später erfahren.

Nun darf man nicht vergessen, in welchem Zeitabschnitt sich all das vollzog. Je deutlicher ich erkannte, daß die Neurose, auch die meine, eine Vorstellungskrankheit sei, welche darauf aus war, eine schwer zu akzeptierende Wirklichkeit beiseite zu schieben und durch genehmere, befriedigendere Einbildungen zu ersetzen, desto weiter öffneten sich mir die Augen für die Eigenart unserer gesellschaftlichen Phase. Der Gesundungsprozeß macht dem Neurotiker klar, daß sich auf Wunschphantasien kein Glück und kein Leben erbauen läßt, und daß er also, vom Kind zum Erwachsenen herangereift, nicht mit kindlichen Auskunftsmitteln, erdachten Geschichten, Ausreden vor sich selber, Wachträumen und Narkotika die Leistung ersetzen kann, die der Daseinskampf von ihm fordert, ja, um deretwillen er in die Gesellschaft der Menschen hineingeboren ward. Während mir also dergestalt aufging, wie sehr mich der Krieg in ein Kindheitsstadium zurückgeworfen hatte, nahm ich mit Erstaunen und bald mit Entsetzen wahr, daß die in Deutschland herrschenden Mächte alles dazu taten, das deutsche Volk, diesen großen, guten Michel, in einem solchen Krankheitszustand zu erhalten. Hundert öffentliche Stimmen von Kanzeln, Redaktionen und Kathedern ließen nicht ab, ihm die Wirklichkeit hinwegzuschwindeln und ihm beizubringen, es liege nur an seiner Einsicht, seinem Willen und seinem Stimmzettel, das verlorene Paradies wiederzugewinnen, das glückliche Dasein im Mutterleibe oder am Vaterherzen der vergangenen Zeit, des Kaiserreichs. »Rückwärts, rückwärts, Don Rodrigo,/rückwärts, rückwärts edler Cid!«

Eine Niederlage als Wirklichkeit annehmen? Verruchte jüdische Lüge! Wir waren im Felde unbesiegt, das hatte selbst der Sozialdemokrat Ebert anerkennen müssen. Ein Dolchstoß in den Rücken, ausgeführt von Marxisten, Katholiken, Liberalen und selbstverständlich Juden, hatte unser Volk um die Früchte des Sieges gebracht. Wer den ›Schmachfrieden von Versailles‹ bereit war zu unterzeichnen, verdiente den Tod, den eine Anzahl seiner Urheber ja schon gefunden hatte.

Aufmerksame Beobachter aber erkannten schon während des Krieges, wie sehr die deutschen Intellektuellen Wunschphantasien fröhnten, wenn sie ihr Volk kerngesund nannten und der Meinung waren, seine Stunde habe geschlagen, nämlich die seiner Herkunft. Vom Gegenteil spürten wir immer deutlichere Beweise. Nur einer infantilen Nation vermochte man, Figuren wie diesen Hindenburg oder diesen Hitler und seinen Rivalen, Ludendorff, als Retter zu empfehlen. Daß diese Leute es wagen durften, Andersdenkende, von ihnen Juden genannt, von ihren Versammlungen auszuschließen oder hinauszuprügeln, war schon ein Krankheitssymptom. Aber die Republik würde diesen Leuten schon die richtige Antwort geben, dachten wir, wenn ihre Grundinstinkte noch so weit in Ordnung waren wie die eines Schriftstellers, der sich in Analyse begab, weil er seine Manuskripte fertig machen wollte und nicht konnte.

Inzwischen tat die Arbeit mit meinem Doktor K. ihre Wirkung. Der durch den Krieg bedingte Rückfall hatte den Strom meiner seelischen Kräfte und Antriebe, die Freud ›Libido‹ nannte, gleichsam mit einem Felsblock abgedämmt, wie es in unseren schlesischen Bergen bei Frühlings-Hochflut nicht selten geschah. Der gestaute Bach suchte sich neue Wege in allerlei Rinnsalen, konnte aber ohne Hilfe von außen sein altes Bett nicht mehr gewinnen, die Mühlen nicht mehr treiben, die seine strömende Kraft bisher in nutzbringende Leistung verwandelten. Die Analyse, auf immer freudischere Art dem Therapeuten abgezwungen, wälzte allmählich den Stein aus dem Bachbett, ruckweise kehrte meine alte Arbeitsfreude wieder, die Lust, ein Schriftsteller zu sein, und die Fähigkeit dazu. Im Herbst '24 war mein zweiter Sohn geboren worden, im Frühling '25 eine Novellensammlung »Frühe Fährten« erschienen, Geschichten von Kindern und jungen Menschen, das erste bescheidene Zeichen wieder erwachter Erzählerlust nach der großen Pause. Mit dem Honorar fuhren wir, den ›Fürstenkeller‹ in Schlachtensee – eine Tiefparterre-Wohnung mit durchlöchertem Fußboden und abenteuerlichem Badezimmer – für einige Zeit zurücklassend, nach Italien, nach dem Süden. Wir wollten uns um den Faschismus nicht kümmern, der sich ja auch um uns nicht kümmerte, über seine Landesgrenzen nicht hinweggriff.

Das Tirol durchquerend, dann die Landschaft unseres Jugendglücks, Südtirol, ließen wir unsere Gedanken und Erwägungen dankbar nach Wien hinüberfliegen, zu Freud. Sein Forschermut hatte die Lösung der Fesseln ermöglicht, in die der Krieg meine Begabung, mein natürliches Wesen, geschlagen. Während meiner Kur mußte ich mich, therapeutisches Gebot, der Lektüre seiner Schriften enthalten, um den während der analytischen Stunde heraufkommenden Assoziationen unbefangen und auswahllos ihren Weg zu lassen. Jetzt hatte ich mir, um mich zu entschädigen, die Geschichte des ›kleinen Hans‹ mit auf die Reise genommen. Aber wir lasen noch nicht; wir schauten aus den Fenstern auf die tirolischen Berge, das Eisacktal, den Schlern, den Rosengarten. Ganz wie sie uns Ausreißer, verliebt und glücklich, angestrahlt hatten, hoben sie sich ins Helle. In dieser Luft ließ sich weittragend denken. Von jetzt und hier aus nahm auch das Verhalten jenes Zensors eine andere Gestalt an als damals in Kowno, 1917, im Arbeitszimmer Leutnant H.s mit den weinroten Tapeten und den lebensgroßen Zarenbildern. Durchaus möglich, daß jener K. und K. Hofrat wußte, was er tat, als er »Gedanken über Krieg und Tod« stillschweigend passieren ließ. Vielleicht war ihm die innere Bedeutungsfülle nicht entgangen, die sich da entfaltete. Vielleicht hatte er Freud innerlich zugestimmt, glücklich, daß ein Landsmann Worte und Mut fand, diesen Abschiedsgruß an eine Friedenswelt, diese Absage an den Vernichtungsgeist, auszusprechen. Stand es aber so, dann hatten diejenigen unrecht, die das winzig gewordene Österreich politisch und ökonomisch an den schweren deutschen Wagen anketten wollten. In Österreich schienen uns die Tendenzen belanglos, die das Land rückwärts drängten. So schmerzlich uns der Verlust Südtirols auch ankam, es war gut, daß Italien am Brenner Wacht hielt, selbst ein faschistisches Italien. Nur in einem freien Lande konnte ein Mann wie Freud seine Dienste an der Menschheit fortsetzen. Und das Wien Karl Renners, gedeckt von Rom, Paris und London, war frei – auch wenn man aus den Gesprächen der Mitreisenden nichts als Sehnsucht nach vergangener Größe heraushörte. Nichts von Anschluß, liebes Österreich!

Von allen Großtaten Freuds schien mir damals die erste und folgenvollste jener Schritt, der von der Hypnose zur freien Assoziation überging, vom seelischen Eingriff zur Beseitigung aller Hemmungen, dem Aufdecken und Strömenlassen der Einfälle. Welch ein Appell an den Willen zur Gesundheit in jedem Einzelwesen! Welcher Kampf mit der Zensur im Menschen und welches Wissen um die Bedingtheit, Macht und Schädlichkeit dieser Zensur! Es hatte deutsche Dichter und Schriftsteller gegeben, Jean Paul – glaube ich – und Ludwig Börne, die vor hundert Jahren etwas von der Schöpferkraft des Individuums und seiner entfesselten Zunge geahnt hatten. Aber daraus das Leitseil zu schaffen, den Ariadnefaden, der ins Labyrinth der Seele hinunterführte und wieder empor, aus geduldigster Beobachtung und weisester Überlegung den Schlüssel zum Unbewußten und Vorbewußten zu schmieden – das hieß etwas! Vielleicht hatte dieser Kampf mit der inneren Zensur Anregungen empfangen aus dem Geschichtsunterricht, den der Knabe Sigmund Freud in Wien genossen. Jenes freiheitliche Wien, das vom Fürsten Metternich in harter Schule zurechtgeritten worden war, um einen liberalen Staat zu wollen und zu schaffen, konnte den Knaben sehr wohl aufmerksam gemacht haben auf die Hemmungen, Entstellungen, Vermummungen, deren sich der menschliche Geist bediente, um sich seiner Äußerungen nicht schämen zu müssen. Vielleicht, dachte ich damals, ist der auf dem analytischen Sofa ausgestreckte Patient auch ein Abkömmling der im Beichtstuhl hingeknieten Geschlechter Österreichs vor ihm. Benutzten aber Narren und Feinde Freuds die Tatsache, daß Elemente seiner Entdeckungen wie diese hier schon vorher vorhanden waren, nicht von ihm geschaffen, so machten sie hoffentlich auch dem großen Galilei Vorwürfe, weil er die Lampe im Dom von Pisa nicht selber aufgehängt, die er schwingen sah, und ließen es Vater Newton zur Verkleinerung gereichen, der ja die Äpfel nicht selber gezüchtet, die ihm zur Entdeckung der Schwerkraft verhalfen. Hoffentlich hatte Freud Humor gehabt, um über das Gebelfer hinwegzulächeln.

Wir setzten uns fest am Comer-See, Bellagio gegenüber, dort, wo seine klaren, grünblauen Fluten die größte, seelenausweitende Breite aufwiesen, atmeten auf, entspannten uns. Ein dutzend Jahre lang hatten wir ausschließlich in deutscher Umgebung gelebt, meine Frau innerhalb des Reiches, ich im Waffenrock, weit nach Westen, Südosten und Osten verschlagen, aber immer eingespannt in jene zwanghaften Verhältnisse, die wir erst Verteidigung der Heimat nannten, allmählich aber als den Eroberungskrieg der Alldeutschen empfanden, zu dem wir uns mißbraucht sahen, neun Zehntel des ganzen Volkes eingerechnet. Jetzt endlich bewegten wir uns frei in fremder Sprache, den freundlichen Sitten der geschmeidigen Italiener, fuhren auf fremden Gewässern umher wie im Traum, verloren uns in den köstlichen Gärten der Villa Carlotta oder unter den grauen Steinwänden von Gravedona. An Regentagen, die ja nicht fehlten, ergingen wir uns in den Gesprächen, die ein fünfjähriger Knabe, der kleine Hans, mit seinem Vater führte, und die aufgezeichnet waren in jenem schmalen Buche, das unser leichtes Reisegepäck bereichert hatte, »Analyse der Phobie eines fünfjährigen Knaben – mitgeteilt von Professor Dr. Sigmund Freud in Wien«.

Da gab es etwas zu knabbern! Der Fall lag ziemlich klar: ein munterer Stadtjunge, bisher gewohnt, auf der Straße so unbefangen zu spielen und zu leben wie daheim, beginnt plötzlich angstvoll nach Haus zu flüchten, wenn Pferde vor Lastwagen vorüberkommen. Da die väterliche Wohnung dem Hofe einer städtischen Zollstelle gegenüberliegt, der fortwährend von Fuhrwerken aufgesucht wird, entwickelt sich diese Furcht beim kleinen Hans zu einer Hemmung, die allmählich sein ganzes Leben außerhalb der Kinderstube zu erdrosseln droht und den Eltern die schwierigsten Probleme und ärgerlichsten Szenen beschert, wenn sie mit ihrem Jungen in den Stadtpark gehen wollen oder Besorgungen, einen Ausflug, machen. Tausende von Knaben in allen Städten der Welt erleiden früher oder später Anfälle solcher Phobien; und alle werden solcher ›Unarten‹ wegen entweder abgestraft und durch Zwang und Schläge zum ›Überwinden‹ dieses Symptoms einer frühkindlichen Störung gezwungen oder durch freundliche Mittel und Elterngüte dazu gebracht, seiner Herr zu werden. (Was freilich in späteren Lebensjahren an seine Stelle tritt, bliebe dann immerhin abzuwarten.)

Der kleine Hans aber besitzt einen Vater, der zu den Schülern und Anhängern, vielleicht auch zu den früheren Patienten jenes Mannes gehört, der dieses Büchlein verfaßte. Er denkt weder daran, seinen Jungen zu strafen, noch ihm abzuschmeicheln, was das kindliche Ich zu leisten offenbar zu schwach ist. Er geht wie Fährtensucher mit Hilfe seines Kleinen den Spuren nach, die das Entstehen dieser Pferdeangst verdeutlichen, und setzt sich gleichzeitig mit dem Meister in Verbindung, von dem er weiß, daß er zur Zeit – wir schreiben etwa 1905 – der einzige Mensch auf der Erde ist, der solche kleinen Vorkommnisse und alle dazugehörigen Kinderworte und -vorstellungen so ernst nimmt wie ein Geologe das erste Auftreten einer Metallader, die ins Innere des Gesteins führt.

Kleiner Hans, denke ich, während wir uns auf der Veranda unseres Alberghos diese Arbeit vorlesen, kleiner Hans, du hast vielleicht Glück gehabt! Schon dadurch, daß dein Papa seinerseits das Glück der großen Einsicht hatte, als ihm das Wasser in zweifellos schon erwachsenen Jahren an die Kehle zu steigen begann. Wie hier allmählich aus den kindlichen Berichten ein Weltbild und ein kleiner Mensch durchsichtig werden mit all seinen Beziehungen zu den eigenen und fremden Exkrementen, Geschlechtsorganen, Kleidungsstücken, Ausdrücken, Lebenssitten, das ersetzt Bände von Romanen und Kurzgeschichten aus dem Leben kindlicher Helden. Und dabei merken wir allmählich, wie aus dem Hintergrund der Professor und Meister diese Kur dirigiert, so als wäre er durchaus nicht auch der Verfasser des Berichtes, dessen Vordergrund-Material ja der Hauptsache nach von dem glücklichen Vater geliefert wird. Immer stärker wirkt dieser Bericht, wahrscheinlich auch unter dem Einfluß der felsigen See-Ufer, als spräche über sich tummelnde Menschenkinder hinweg eine der eisgrauen Steinwände Wissen aus den urtümlichen Schichten ihres Aufbaus in die helle Luft unter dem wolkenbewegten Himmel dieses Frühjahrs.

Mit der unbewegten Miene des großen Schriftstellers breitete der Riese langsam jenes Wien von 1905 aus mit seinen Ausflugsorten und Sommerfrischen, seinen Baulichkeiten, Bevölkerungsschichten und Sitten, so daß auf hundert Seiten deutscher Prosa in berichteten Gesprächen, Deutungen und spärlichen Kommentaren das seelische Werden eines heutigen Menschen vor uns aufwuchs, weder verniedlicht noch bespaßt, weder vergröbert noch abgeschwächt, sine ira et studio wahrhaftig und mit einem verhaltenen Lächeln, das sich aber nicht auf diesen kleinen Hans bezieht oder seine Mama, die den Knaben mit ins Klosett nimmt, nicht einmal, viele Male, ›weil er doch so danach verlangt‹, und die also weniger Einsicht in das, was sich für Menschen schickt oder nicht schickt, besitzt als eine verständige Bäuerin. Erst Jahre später werden wir dieses Lächeln richtig deuten und es der Tatsache Mensch zuschreiben, Menschheit vielmehr, Zusammenleben, Gesittung, Kultur; vorläufig aber waren wir noch nicht soweit. Heute und hier, auf dieser hellen, umglasten Veranda, schlug eine andere Erkenntnis in mich ein. Wie stand es um meine eigene Analyse, verglich ich sie mit diesem Zusammenspiel von Vater und Meister? War das nicht nur ein grobes Wegschaufeln von Geröll gewesen, was wir zustandebrachten, Dr. K. und ich? Würde sich da nicht früher oder später ein Weiterschürfen nötig zeigen? Zwar hatte ich schon in meinem ersten kleinen Buch und jetzt wieder Erinnerungen aus Kinder- und Jugendtagen niedergeschrieben, die uns tief hineingeholfen hatten in die Schächte der Frühzeit. Aber erwiesen sie sich vielleicht nur als geschickt aufgebaute Deckerinnerungen, geeignet, die wahren Sachverhalte zu verschleiern? »Frühe Fährten« hieß das grün gebundene Geschichtenbuch, dessen Ertrag uns hierher verholfen hatte. Lagen vielleicht die wahren frühen Fährten noch unterm Schnee und Schotter verjährter Winter begraben? Und würde ich mich noch einmal südwärts wenden müssen, ins Gebiet der Träume und Totenbeschwörungen, wenn uns das Leben neue, ernstere Aufgaben stellte, meiner jungen Frau und mir?

Da besaßen wir jetzt daheim in unserer humoristischen Wohnung ebenfalls zwei kleine Hänse, einer fünf und der andere noch kein ganzes Jahr alt. Wir würden achtgeben müssen, daß wir nicht über Anzeichen hinweglebten, die in der leicht mißdeutbaren Sprache des Kinder-Alltags auf Gefahren und Krisen hinwiesen, vor denen wir unsere Kleinen schützen sollten wie Wolfseltern ihre Jungen in Kiplings bezauberndem Dschungelbuch. Nicht immer traten diese Dinge ja so greifbar auf wie die Pferdefurcht des kleinen Hans. Nun, wir waren gewarnt und wußten außerdem, in welchem Bezirk sich der große Prometheus niedergelassen hatte, um den Menschen wieder einmal eine Gabe zu bringen, so wichtig wie die des Feuers: das Wissen um die eigene Seele.

Fuhren wir im Motorboot zum andern Seeufer hinüber, das Denkmal des großen Manzoni zu besuchen, des Epikers, dessen »promessi sposi« dem italienischen Roman europäisches Gewicht gegeben hatten und die noch heute in vielen Kultursprachen lebendig waren, so schwanden hinterm Steuer die Spuren weg, die unser Fahrzeug ins Wasser schnitt. Nicht so, das bewies ›der kleine Hans‹, erging es den Ereignissen, die der Mensch in der Kinderzeit hinter sich ließ. Nicht überall und immer galt Goethes schöner Vers aus Mahomets Gesang: »Seele des Menschen, wie gleichst du dem Wasser!« Wir wollten es uns gut merken – und damit nahmen wir Abschied von diesem See und seinen Gestaden. Der Ausklang unserer Reise sollte uns wärmere Landschaften erschließen als diese noch nördlichen Bergwelten. Wir suchten Zitronenhaine und das Mittelmeer.

Wir fanden sie in Portofino-Mare auf den Spuren Friedrich Nietzsches, und durchstreiften diese beglückende Seeräuberlandschaft aufgelockert, voll Heiterkeit und Zuversicht. In meiner Seele rührten sich Gestalten, Erlebnisse aus den letzten Jahren, die Blut zu trinken und Leben zu gewinnen suchten. An einem Haus oberhalb des kleinen Hafens entdeckte ich eine herrliche antike Inschrift und schrieb sie auf – sie kristallisierte mir diesen künstlerischen Stoff, der mich schon lange quälte und der schon im Sommer danach meine längste Novelle ermöglichte, »Pont und Anna«. Auf dem Marktplatz von Portofino, am 26. April 1925, lasen wir über der Zeitung »Il Lavoro« die Blockbuchstaben: »Le Donne Tedesce ellettano il suo Maresciallo«. Die deutschen Frauen hatten mit ihren Wahlstimmen den Ausschlag gegeben, sechs Jahre nach seiner Rückkehr aus dem durch seine Mitwirkung verlorenen Krieg war Paul von Beneckendorf und

Hindenburg zum zweiten Präsidenten der Weimarer Republik gewählt worden. Welch eine Herausforderung für uns überzeugte Linke! Also zurück nach Berlin an die Arbeit.

Unter den Aufgaben, die meiner noch warteten, befand sich der große Stoff, den ich vor Jahren als Drama niederschrieb, die Geschichte jenes russischen Kriegsgefangenen, der sich unter falschem Namen als Überläufer ausgegeben hatte, in Ober-Ost wieder gefangen worden war, und nun, weil er sich hinter unserer Front herumgetrieben, erschossen werden sollte. Das realistische Trauerspiel, viel zu lang und zu breit, war von keiner Bühne auch nur angeschaut worden – man trug damals Expressionismus, und bei mir fehlte der Ausruf: ›O Mensch!‹ Außerdem spielte es im Kriege, und ein maßgebender Verlag unter der Preisrichterschaft der führenden Schriftsteller-Organisation ging gerade öffentlich daran, ein Novellen-Preisausschreiben auszusetzen: ›Das Erlebnis‹, ›Kriegserlebnisse ausgeschlossen‹. Da würde der andere große Verlag wohl von seiner Absicht zurücktreten, den Roman zu bringen, in welchem ich meinen Kriegsgefangenen noch einmal heraufbeschwören wollte. Einerlei: ich würde wieder als freier Schriftsteller losgehen, treu dem Gesetz, wonach ich angetreten, mir meine eigene Bühne erbauen, einen deutschen Roman für möglich halten, an welchem ich noch vor dem Krieg gezweifelt hatte. Meine arme Frau! – so bedauerten sie befreundete Buchhändler, als sie von einem Kriegsroman hörten – war einverstanden, würde das Wagnis mitmachen, mit einem Rollwägelchen auf den Markt fahren, unsern Ältesten mitnehmend. Wir würden also noch ein Jahr in dieser kümmerlichen möblierten Wohnung hausen und das Buch »Caliban oder Politik und Leidenschaft«, das ich zunächst fertig zu machen hatte, in die Welt senden mit der Widmung: ›Sigmund Freud respektvoll‹. Die Riesenarbeit dieses Mannes hatte meinen Doktor K. und mich instand gesetzt, den Fels beiseite zu rollen, der den strömenden Bach staute, seine Wasser in Rinnsale verwandelte, zu allerlei Unfug mißbrauchte. Ein kleines Zeichen der Dankbarkeit würde ihn vielleicht freuen.

Seit meiner Rückkehr aus dem Kriege leistete ich mir für mein eigenes Vorkriegs-Ich nur kritischste Blicke und Wertungen. Ich hatte die Kameradschaft mit der arbeitenden Klasse erlebt und bejaht und meinen Aristokratismus, all den kultur-konservativen Unfug meiner Studentenzeit, zum alten Eisen geworfen. In die gleiche Kiste beinahe waren auch »Novellen um Claudia« gefallen. Wir mußten wesentlichere Abenteuer bestehen als die Menschen jenes Jugendromans – er wie jene ganze Zeit lagen meilenweit hinter mir. Als das Buch 1912 auf die Gegnerschaft des Literatur-Betriebs stieß, machte mir das Spaß; die Herren, die es ablehnten, weil darin bei jeder Gelegenheit ›der psychische Motor ratterte‹, schienen mir auf dem Holzwege, und sie waren es auch. Jetzt aber, durch und durch gedreht vom Sturz in die Lebensnöte des gemeinen Soldaten, die Unterschichten unserer Gesellschaft, warf ich auf »Novellen um Claudia« wie »Die Sendung Semaels« nur schiefe Blicke der Mißbilligung. Ich tröstete mich mit Gustave Flaubert, wenn mir die Leute zu diesen Büchern gratulierten – der gab zur Antwort, wenn man ihm später seine »Bovary« rühmte: ›Der Schmöker hätte es nötig, von einigen doppelten Genitiven gereinigt zu werden‹. Mein Schmöker, vor allem sein Verfasser, hatten einiges andere nötig gehabt und es nun ja auch erlebt. Dennoch freute es mich, zu hören, daß in Freuds »Imago« inzwischen eine gescheite und wohlwollende Rezension meiner »Claudia« erschienen war, sicherlich mit Zustimmung von Sigmund Freud. Ihr Herausgeber und der Rezensent hätten sonst, bei aller Freiheit, die sie genossen, die Spalten der Monatsschrift einer so rein literarischen Arbeit nicht geöffnet. Das konnte mir für »Caliban« nur willkommen sein. Daß alles richtig war, was Sigmund Freud seit dreißig Jahren dem Unerkannten abgewonnen, ein beschreitbarer Weg offenstand, denjenigen zu helfen, die Hilfe am nötigsten brauchten, den Geistigen und Schöpfern, dafür saß ich als lebendiger Beweis wieder hinter meinem Schreibtisch.

Dann aber geschah ein Wunder. Ich hatte schon in früheren Phasen meiner Arbeit Werke in kurzen, komprimierten Tagen oder Wochen fertiggestellt, gleichsam hinausgeschleudert, an anderen wiederum geduldig Monate und Monate bosseln müssen, sie so fertig zu haben, wie sie mir vorgeschwebt, als ich sie begann. Diesmal war ich entschlossen, mich streng an den Aufbau zu halten, den ich im heißen Frühling und Sommer 1921 meinem Trauerspiel zugrunde legte, dem Grischa-Stück, wie es in meiner Werkstattsprache hieß. Inzwischen aber hatten sich alle meine Arbeitsmethoden ändern müssen. Die Kurzsichtigkeit meiner Augen schien sich bösartig auszuwirken und zu verschlimmern, ich konnte nicht mehr mit der Hand schreiben, was ich bisher stets tat, ich mußte zum Diktieren übergehen, in die lautlose Gesammeltheit des Arbeitszimmers die Gegenwart einer anderen Person, einer Sekretärin, zulassen, meine eigene Stimme den Raum füllen hören, indes die Helferin stenografierte. Außerdem aber ergab sich während dieses Sommers die Gelegenheit, in einer neuen Stadtrand-Siedlung am Grunewald ein Haus zu erwerben in einer Gegend, die wir erst besichtigen mußten und die früher einen Exerzierplatz darstellte. Im Spätherbst war es dann so weit, unser Haus stand bereit, es mußte bezogen und eingerichtet werden, mitten in der Arbeit, beinahe mitten in einem Kapitel.

Und dennoch tat diese Unterbrechung von fast einem Monat und die völlige Umkehrung aller täglichen Gewohnheiten nach vollendeter Einrichtung meiner Arbeit keinerlei Einbuße. Ich hatte den Roman begonnen zu diktieren, ich diktierte ihn weiter, ich brachte ihn im neuen Hause zu dem vorbestimmten Ende – das Ganze in 65 Vormittagen, die Unterbrechungszeit abgerechnet. Ein Exemplar dieses Tipp-Skripts ist in meinem Besitz, vom Zugriff der hitlerischen Gestapo zufällig gerettet; es bezeugt, wie wenig das gedruckte Buch von dieser Urschrift abweicht.

Das war, wenn ich nicht irre, das beweiskräftigste Zeugnis einer Wiederherstellung durch Freuds Magie. Der Stein war beiseitegewälzt, der Bach besaß sein altes Bett wieder, seine frühere, ungebrochene Kraft, und er ließ sich meistern nach dem Willen dessen, der für ihn verantwortlich war, das Ich des Schriftstellers. Der schlimme Einbruch war überwunden, den der Krieg verursacht, zumindest in Bewegung gesetzt hatte. Ich war mir nicht ganz klar über das Gewicht des Werkes, das ich geschaffen, dazu brauchte ich noch Zeit, Distanz, das Urteil meines kritischen Verstandes. Aber ich war wieder Herr meiner Kräfte, so groß oder klein sie sein mochten, und wenn die Öffentlichkeit das Buch zunächst einmal in einer Zeitung zu Gesicht bekam, konnte sie ihr Verdikt abgeben. Wie immer dieser neue »Grischa« auch ausgefallen war, es wäre nicht zustande gekommen ohne das Vorhandensein jenes Mannes in Wien. Einmal nahte ja wohl der Tag, an dem ich es ihm mitteilen würde.

7. Kapitel
Tegel 1929

Erst zwei Jahrzehnte später, im Vorfrühling 1929, Mitte März, folgten wir einer Einladung und fuhren nach Tegel zur ersten persönlichen Begegnung mit Freud. Ein befreundeter junger Architekt, dessen Bekanntschaft uns Lion Feuchtwanger vermittelt hatte und mit dem wir uns immer wärmer anfreundeten, machte sich ein Vergnügen daraus, uns in seinem Wagen hinzubringen. Eine gewisse Beklommenheit war nicht zu leugnen, es wäre auch närrisch gewesen, sie zu verdrängen. Ich hatte in den Jahren zwischen dem Entschluß, ihm »Caliban« zu widmen, und dem heutigen Tage immer wieder Arbeiten von ihm gelesen, wie sie allmählich jedes Gebildeten Vorstellungen beeinflußten und dazu beitrugen, das Bild dieses Mannes eindringlicher zu gestalten. Andererseits hatten die Briefe, die ich von ihm bekam, so viel persönliche und gewichtige Wärme, sie waren ein so überzeugender Ausdruck von Schätzung und Sympathie, daß viel darauf ankam, die ersten Eindrücke persönlicher Bekanntschaft unverzerrt durch Aufregung oder übertriebene Selbstbeherrschung ablaufen zu lassen. Noch als ich nur der Autor der »Novellen um Claudia« war, hatte er in der Antwort auf meinen ersten Brief mit jenen Sätzen geschlossen, die schon zu Beginn dieses Buches angeführt wurden. Auf der gleichen Seite berichtete ich, warum ich jener Einladung nicht folgen konnte und auch, daß ich sie kaum richtig zu würdigen wußte. Und es ging ja schließlich auch so, und nun war es so weit.

Die Fahrt nach Tegel im Vorfrühling gehört zu den reizendsten Ausflügen in Berlins Umgebung. Von Westend über Spandau führt sie durch Kiefernwald, der sich freundlich und locker hindehnt, und dann am Wasser entlang, blaßblauen Fluten, die immer noch Havel heißen, wenn man längst glaubt, sie heißen schon Tegeler See. In meiner Erinnerung tauchen mit Kätzchen prangende Weiden und Erlen auf, junges Blattwerk, noch winzig klein, und eine Fülle wintergrünen Unterholzes, das den Weg begleitet. Es muß ein warmer März gewesen sein – meine Frau erinnert sich noch heute ihres besonders reizvollen Kleides aus bunter Seide, vielfarbig zusammengesetzt, und eines rosafarbenen Hutes aus Roßhaar, was ihr, der schlanken, jungen eine überaus erfreuliche Anmut verlieh. Auch sie erinnert sich noch, daß uns Freud und seine Tochter Anna bis zum Eingang des Parks entgegenkamen, ja, daß unsere ganze Begegnung im Freien verlief oder in einem glasgedeckten Pavillon.

Ein mittelgroßer Herr, das weiße Haar über die Ohren zurückgestrichen und über der Stirn gelichtet, den weißen Vollbart kurz gehalten, stand da und musterte uns, ein immer herzlicheres Lächeln um Augen und Mund. Die Hand, die er uns gab, war so schmal und feinknochig, seine ersten Worte über den langen Weg, den er uns gezwungen habe zurückzulegen, so natürlich, freundlich, daß wir sofort das Gefühl hatten, einem außerordentlichen Menschen gegenüberzustehen, der aber zugleich aufs Schlichteste und Unbefangenste unser Wirt war, unseresgleichen. Erinnerte ich mich der forschen oder befangenen Art, auf welche andere Geistige, in der deutschen Gesellschaft führende Personen, sich bei ersten Begegnungen verhielten, so konnte man nur aufatmen. Es dauerte kaum eine Viertelstunde, daß wir vergessen hatten, uns noch eben fremd gewesen zu sein. Auch seine Tochter Anna, ›meine Antigone‹, in ihrer natürlichen, ungezierten Herzlichkeit, fühlte und gab uns zu fühlen, wie harmonisch sich dies Zusammensein anließ. Wir wußten, daß wir nicht lange würden bleiben dürfen. Freud war zur Erholung, einer Art Rekonvaleszenz nach Tegel gekommen; sie hing möglicherweise mit jener Operation zusammen, jenem Kampf gegen den Cancer in seinem Munde, über den allerlei gemunkelt wurde. Die tiefe Verdrossenheit, die ihn damals erfüllte, legte jedenfalls Zeugnis von einem Lebensgefühl ab, das sich auch schon in Briefen geäußert hatte, zum Glück aber die folgenden Jahre nicht überdauerte. Wir sprachen über die Analyse, die allein mich in den Stand gesetzt habe, wieder so mit Volldampf zu arbeiten wie früher – abgesehen von allerlei anderen wohltätigen Wirkungen – die aber vor allem meine produktiven Kräfte freilegte, wie sie nur in den besten Zeiten vor dem Kriege in die Arbeit einmünden wollten. »Der Sergeant Grischa«, der ihm so gut gefallen habe, komme durchaus nicht allein aufs Konto meiner Kriegsjahre und ihrer Erlebnisse und meiner dichterischen Begabung. Ohne die Freilegung dieser Begabung mit Hilfe der Analyse, ohne die Beseitigung der neurotischen Gespinste, welche diese Begabung hatten erdrosseln wollen, wäre er bestimmt nicht so frei, locker und formgerecht in die Welt getreten, wie er es tatsächlich war, in fünfundsechzig Diktaten, Vormittag für Vormittag, unterbrochen lediglich von einer Pause während der drei Wochen, in denen wir, die so lange Wohnungslosen, in unser Siedlungshaus in Eichkamp einzogen und uns einrichteten. Jenes Vierteljahr, in welchem, allerdings nach neun Jahren der Vorbereitung, »Grischa« geboren wurde, gehörte zu den glücklichsten meiner Werdezeit; ohne sein, Freuds Lebenswerk, wäre es nicht zustande gekommen. Er freute sich, daß ich von der Analyse so überzeugt sei. Er fürchtete damals, von ihr könne sich möglicherweise nichts durchsetzen oder erhalten als ›diese öde Adlerei‹. Und damit sei weder der Menschheit gedient noch dem Nachruhm seiner Person, wenn ich davon schon sprechen wolle. Ich lachte und versicherte ihm, die sozialdemokratische Verwässerung durch den Abweg Dr. Alfred Adlers, eines seiner gewichtigsten Schüler, werde sich halten als flache Abspaltung von der Analyse, nicht aber umgekehrt, die Analyse als schmaler Kern einer breiten Adlerei. Und da lächelte auch er. Da ich ein Menschenalter jünger sei als er, würde ich ja Gelegenheit haben, festzustellen, ob meine Prophezeihung eintreffe oder nicht, vorausgesetzt, daß nicht die Zeiten wiederkehrten, in denen die Alten die Jungen begruben. Nun, das glaubten wir beide nicht angesichts der schweren Lasten, die der verlorene Weltkrieg auf Europa wälzte. Daß der eigentliche Sieger Amerika hieß, konnte niemand bezweifeln, der sich auf die Mode, die Tänze, die Baukunst, den Film und die Literatur verstand. Und dann sprachen wir über jenen jungen Kontinent und die enthusiastische Aufnahme, die die Analyse dort gefunden hatte. Verglich man die vorurteilslose Bereitschaft zur Anerkennung ihrer außerordentlichen Bedeutung mit der bornierten Gehässigkeit, deren Zeuge ich in meinen Universitätsjahren gewesen, und die sich ja erst jüngst wieder auf einem deutschen Professorentag ausgetobt haben sollte, so konnte man sich nur freuen. Vielleicht würden selbst die deutschen Professoren einmal lernen, daß Antisemitismus seinen eigenen Herrn schlage, und daß Sieger im Lebenskampf bleibe, wer im Aufbau seiner Kultur, d. h. auch seiner Technik, die denkbar breiteste Vorurteilslosigkeit walten lasse, echte Demokratie. Es mochte sein, die Analyse werde sich in Amerika verändern – Freud nickte, das tue sie schon – aber das sei nicht zu verwundern und auch kein Unglück. Denn erstens nehme unter den völlig andersartigen Bedingungen von Klima und Menschenschlag jedes dorthin verpflanzte Gebilde seinen eigenen Lauf; außerdem aber werde die echte Freud'sche Psychoanalyse in Europa erhalten und tradiiert werden, so daß man jederzeit das Falsche am Echten erkennen und ausschalten konnte.

Meine Erinnerung an jenen schönen Tag, zu gleicher Zeit scharf und beglückend, enthält leider auch Verschwommenheiten, die jeder Mensch in unserer Lage kennt. Wer in reiferen Jahren seine Heimat verlassen und eine Fülle von neuen Fakten im Gedächtnis festhalten muß, bezahlt dafür mit der Genauigkeit, deren er sonst wichtigen Tatsachen gegenüber sicher war. So entglitten im Laufe der Jahre allerlei Einzelheiten in die Vergessenheit: ob wir am Vor- oder am Nachmittag zu Freud hinausfuhren, ob der schöne Park, der dieses Sanatorium umgab und dessen hohe Baumgruppen und frühlingsgrüne Sträucher ich vor mir sehe, die sorglich gepflegten Wege, vielleicht auch Hermen oder Statuen zwischen ihnen – ob dieser Park dem alten Schloß Tegel angehörte oder jenem anderen Heideschlößchen am Nordrand des Sees, und ob diese Stätte schon mit den Humboldts verknüpft war, die Heines Vers unsterblich mit dieser Gegend, diesem Ortsnamen verlötete. Ich sehe noch Freud neben mir gehen, er war damals schon der schlanke Greis, dessen Gestalt bereits von der Vergeistigung des Alters zeugte und die nichts mehr von dem gewichtigen Kämpfer an sich hatte, welchen er zwischen Dreißig und Fünfzig, zur Zeit des »Kleinen Hans«, dargestellt haben mochte. Alles an ihm bewies jetzt Besonnenheit, Sorgfalt, und jene hohe Natürlichkeit, die ihm so wohl anstand. Den gleichen Charme, ins Weibliche abgewandelt, verkörperte seine Tochter Anna. Ihre sprechenden Augen, die besonders wohllautende Stimme, ihre an die österreichische Landschaft gemahnende Art des sich Gebens, milderte viel von der Strenge, mit der ihr Vater damals in die Welt sah.

So war sie es wohl, die, aus dem Gespräch mit meiner Frau sich zu uns wendend, mein herbes Urteil über die deutschen Professoren milderte. Man dürfe sie nicht so in Bausch und Bogen verwerfen, wie Schopenhauer oder Goethe es getan. Vor ein paar Tagen habe der Kultusminister, Professor Becker, mit einigen seiner Herren den Vater besucht, sei über eine Stunde geblieben, was keineswegs vorausgesehen war, und solle dann erklärt haben, diese Stunde habe zu den eindrucksvollsten seines ganzen Lebens gehört. Ich fand, das passe zu Carl Heinrich Bekker und mache ihm Ehre – ich kannte ihn von Begegnungen innerhalb der literarischen Welt, auch wenn ich nicht den Vorzug genoß, jener von ihm gegründeten Literarischen Abteilung der Preußischen Akademie der Künste der Dichterakademie als Mitglied anzugehören. Becker sei aber als Orientalist und Dozent für semitische Sprachen kein Vertreter jenes Faches, das von ihrem Vater ins Mark getroffen wurde. Als Freud die Psychologie revolutionierte, die sich bisher für die einzige Erkenntnisquelle in Sachen des nervischen und des Seelenlebens präsentierte, schuf er sich eben, wie jeder Revolutionär, ein Geschlecht von Feinden. Professor Becker sei übrigens der weiße Rabe unter all den Herren, die bislang das Ministerium für Kultus und Unterricht verwaltet hatten. An einem Mann wie ihm könne man abmessen, daß trotz allem die Republik im Reichstag noch von einer demokratischen Mehrheit getragen wurde, die auf ihre bedächtige Art die deutsche Kultur billigte und stützte, wie Freud sie kannte und bereicherte. Hier im Tegeler See befinde sich auf der Insel Scharfenberg ein ganz modernes Schulheim; da Fräulein Anna sich für Schulangelegenheiten besonders interessiere, wäre es vielleicht lohnend, wenn sie sich einmal hinüberrudern ließe. Sie sei von Beruf Volksschullehrerin, lächelte Freuds Tochter, und habe wenig Berührung mit dem, was man im Reich auf diesem Gebiete leiste; denn die Stadt Wien sei da wahrscheinlich weit voraus. Hier in Tegel habe der Vater sie nötig, und so werde die vorgeschlagene Ruderpartie wohl unterbleiben. Nicht zum ersten Mal während dieser halben Stunde spürte ich, wie warm und gegenseitig die Beziehung zwischen Vater und Tochter jeden Augenblick mitschwang; sie bildete gleichsam einen goldbraunen Hintergrund, von dem diese seltenen Personen sich abhoben wie auf Rembrandt'schen Bildern, der alte Mann, der sich so tief mit dem König Oedipus verknüpft hatte, und das junge beseelte Frauenwesen, das er vorhin seine Antigone genannt. Ja, damit reihte er sie wirklich in die Skala der Weiblichkeit ein, der sie angehörte – eine moderne Schwester jener geistigen Frauen, die sich an den Vorbildern großer dichterischer Gestalten schulten und bildeten.

Und dann erschien ein Herr mit rötlichem Spitzbart und stellte sich vor, Doktor Simmel, nicht Georg, sondern Ernst, und erinnerte den Professor daran, daß er zur Erholung hier sei und sich hinlegen müsse; einen Wagen für uns werde er telefonisch herbeirufen. »Sie sehen«, sagte Freud abschiednehmend, »wie ich mit mir umgehen muß. Kommen Sie bald nach Wien. Lassen Sie uns das Gespräch dort fortsetzen mit nicht zu langer Pause.«

Hätte ich damals schon gewußt, was hinter ihm lag, so wäre ich wahrscheinlich dem Impuls gefolgt, diese nächste Begegnung schon für diesen Sommer oder Winter anzusetzen. So vorherrschend aber war der Eindruck von Festigkeit und gelassener Stärke, der von ihm ausging, daß ich beim Abschied die Überzeugung mitnahm, wir würden ihn noch lange unter uns haben.

Im Wagen saßen wir und schwiegen. Das republikanische Berlin hatte keine kleine Anzahl bedeutender Menschen an sich gezogen – Schriftsteller, Gelehrte, Baumeister, Ärzte, Männer und Frauen vom Theater. Viele davon kannten wir, mit mehreren waren wir gesellschaftlich verbunden, mit einigen benachbart und befreundet. Von allen aber unterschied sich dieser Sigmund Freud durch irgend etwas – der Eindruck war noch zu frisch und viel zu kostbar, zu einmalig, um ihn zu zergliedern. Genau das empfand auch meine Frau. Welch ein Mann! Damit faßten wir schließlich unser Gefühl in drei Worte ...

Als Folge dieser Begegnung strömte Schwung und Wärme in den Aufsatz »Freud und der Mensch«, den die von Freud-Schülern in Wien herausgebrachte Zeitschrift »Die psychoanalytische Bewegung« von mir erbeten hatte. Er möge hier stehen, da er meinen damaligen Eindruck von Freuds Bedeutung nicht nur historisch wiedergibt.

8. Kapitel

»Freud und der Mensch«

»Das Erdbeben von Lissabon 1755 – man spürt es im Werk jedes einzelnen Begabten seiner Zeitgenossen – veränderte die Haltung der weißen Menschheit zu allen Fragen des Glaubens, der Vorherbestimmung, der göttlichen Güte, kurz, die Stellung der Menschen im christlichen oder besser im theistischen All. Eine ähnliche Wirkung hat der Weltkrieg; sie wird von Jahrfünft zu Jahrfünft deutlicher hervortreten. Aber während jene Katastrophe auf eine unvorbereitete oder unzureichend vorbereitete Menschheit traf, war das Heilmittel gegen die ungeheuren Verwüstungen, die der Krieg in der geistigen Welt anrichtete, schon zwei Jahrzehnte vor ihm in Wirkung getreten, im Verborgenen zunächst, wie sich's für alles Große gebührt: durch die Person, das Werk und die Schule von Sigmund Freud.

Freud hat die Stellung des Menschen in der Welt entscheidend geändert, indem er ihr eine volle Hälfte an Erkenntnisraum hinzufügte, gleich als hätte die weiße Rasse bislang nur die der Sonne zugewendete Seite ihres Planeten bewohnt und von Freud die Entdeckung der unbesonnten empfangen. Vor ihm gab es jenseits der Fachliteratur und sogar in ihr nur jene bewußtseinsfähige Lebenssphäre, die von den Jahrtausende alten Werten, Überzeugungen und Gewohnheiten unserer vernunftbeherrschten Gesittung eingeteilt, erkundet und gebilligt war. Das 18. Jahrhundert sprach nur am deutlichsten aus, was von allen entscheidenden kulturschaffenden Menschenleistungen vor und nach ihm ebenfalls angestrebt und verwirklicht wurde: das helle Gebilde eines Daseins, das von der Wachheit des zivilisierten Individuums angeschaut und durchmessen werden konnte und an ein Jenseits grenzte, das auch in der Ansicht der großen Denker eine Fortsetzung dieser Wertewelt ins noch Hellere, Geläutertere, Harmonischere darstellte. Der Rest aber war des Teufels, des prügelnden Lehrers, des Irrenarztes, des Strafrichters, des Gefängniswärters und des Henkers. Mit tausend kleinen und großen Intuitionen hat sich Sigmund Freud auf diese vor ihm verdunkelte Hälfte des menschlichen Planeten vorgewagt und, was er sah, mit der Geduld des echten Forschers erwogen und ausgedeutet. Der Arzt in ihm, der geniale Arzt, sammelte die Erfahrungen, die der Denker in ihm, der geniale Denker, Schritt für Schritt unvergleichlich kühn und ebenso vorsichtig, zueinander in Beziehung setzte. Der Umgang mit Kranken hatte ihm jene Vorurteilslosigkeit gegeben, die alle guten Ärzte haben; aber während jene diese Vorurteilslosigkeit verläßt in dem Augenblick, wo sie aus der Sphäre ihrer Wissenschaft in die des Alltags, das heißt in die gesunde Wirklichkeit, zurücktreten, hielt er es in der Haltung dieser seiner Vorurteilslosigkeit ein Menschenalter lang aus. Niemand hat mehr gesehen als er, und niemand hat geduldiger dem Gesehenen auch zugehört, es nach den Gesetzmäßigkeiten befragt, denen es unterlag, und nach den Aufschlüssen, die es über den Lauf der Welt, das heißt des Menschen, zu geben vermochte. Dadurch wurde er Schritt für Schritt zu einem neuen Deuter von fast unserer ganzen kulturellen Sphäre. Es gibt heute einfach zwei Arten von Betrachtern: die einen, die die Analyse gründlich erfahren haben, und die anderen, die entweder vor ihr Furcht hatten und sie flohen, sich arg gereizt und beunruhigt gegen sie verschlossen und sie befeindeten, oder die aus Hemmung oder Stumpfheit vorläufig noch unfähig waren, ihr Gewicht und ihre umstürzende Macht zu ermessen.

Freud hat es sich keinen Augenblick seines Lebens leicht gemacht; und wie einfach wäre das gewesen! Wenn er nur statt des mutigen und kühlen Wortes Libido, der Begierde, den platonischen Eros gesetzt hätte, der ganz genau das gleiche, aber eben in der kunsthaft gestaltenden Denkart des großen Antiken, aussagt – alle Griechenfreunde, Ästheten und Schönbolde hätte er für sich gehabt, das ganze Bedürfnis nach Edelkitsch, welches seine Zeitgenossen so tief durchfärbte, hätte sich ihm angeschlossen; während sie so in der wohltuendsten Entrüstung gegen ihn ›den Geist‹ verteidigen konnten. Aber er sah, was er sah, gemäß dem Gesetz der großartigen Nüchternheit einer Naturwissenschaft, die den Einblick in das Triebsystem des Menschen einer heilenden und lehrbaren Kunst und einer weiser machenden und lehrbaren Erkenntnisdisziplin unterwarf. Schon gibt es in der Gegenwart kaum mehr eine Seite des Lebens oder Lehrens, die nicht von der Psychoanalyse entscheidend beeinflußt worden ist, selbst in der öffentlichen Meinung, die sich niemals entschließen konnte, mit lauter Stimme für Sigmund Freud den Nobelpreis der Medizin zu verlangen, den 1927 sein Kollege Wagner-Jauregg erhalten hatte.

Daß eine neue Heilmethode jene Erkrankungen des Nervenlebens auflöst und erlöst, die vorher in qualvoller Verleugnung oder falscher Behandlung zu heftigsten Selbstvergewaltigungen und nicht zu selten zum Tode führten, braucht hier nur kurz gestreift zu werden. Aber der Traum hat seine Sprache verraten müssen und damit die Seele des Menschen aufgetan – jene Seele, die vorher nur von den Dichtern gewußt wurde und der die psychologische Wissenschaft ein Billardspiel von Vorstellungen, Assoziationen, Wollungen und Begriffen unterschoben hatte, das uns Studenten schon nicht glaublich erschien, das uns aber Professoren, berühmte Namen, stets auferlegten. Bei Freud und seit Freud gab es plötzlich als wissenschaftliche, genau beschreibbare Wirklichkeit Angst und Lust, Schrecken und Zweifel, Machtgier und Verzicht – eine neue Psychologie, die vielschichtig und bestürzend herrlich das Innere eines wirklich lebenden Wesens, des Einzelmenschen, aufklappte und zur Nachprüfung hinhielt. Plötzlich war die innere Person da, ein Charakter entstand und veränderte sich, ein unabreißbares Fließen von der Geburt bis zum Tode erschuf daseinsvolle Personen. Ja, neun wichtige Lebensmonate wurden jedem Geborenen zugelegt, die Monate vor seiner Geburt, und diese selbst ward nebst Beschneidung oder Taufe ein grundsätzliches Ereignis, dessen Druck keinem Ich erspart blieb. So änderte sich die Biologie des Menschen, so aber auch die Religion, ihre eingreifende Macht. Der Sinn ihrer Riten erhellte sich, und in entscheidenden Veröffentlichungen des Meisters und der Schulen wurden die Brücken zum Urmenschen geschlagen, zu dem in uns, den vorgeschichtlichen Denkmälern und paläontologischen Lehrbüchern und zu dem, der heute noch auf Inseln und fernen Kontinenten lebt und der jetzt besser verstanden wird, trotz alles Großen, was von Bachofen etwa oder von Frazer, Robertson-Smith und ihren Gefolgen geleistet worden war. So verband sich zum ersten Male die magische und die animistische Vorstellungswelt der vergangenen Alter mit der tätigen Seele der Kinder, die gestern oder heute geboren wurden und die in ihrer eigenen Umwelt das Dasein der Erwachsenen erleiden müssen, all ihre ungewollten Überwältigungen, Anblicke, Mißbräuche, deren Tragweite erst Freud recht ermessen und ausgedeutet hat.

Die Berichterstatter in den Gerichtsälen sehen mit seinen Augen auf die Taten der Triebhemmung kindlich gebliebener Erwachsener, die ihre Infantilismen in ›Verbrechen‹ entladen müssen. Eine gütigere Beurteilung jener ungenügend ausgereiften Formen des Eros und Sexus konnte Platz greifen, die noch vor dem Kriege aufs unbarmherzigste verfolgt oder verlacht wurden. (Nur die Gesetzemacher leiden nach wie vor unter den Torheiten unbelehrbarer Berater.)

Die Werke literarischer Kunst unterliegen seither einer schärferen Prüfung, was die Tiefendimension anlangt, in der sie den Menschen erfassen; und sogar soweit geht dies, daß dramatische Expressionen ungeheuren Zulauf finden, in denen Rohstoff der Analyse, ungenügend geformt und nicht sehr tief verstanden, auf die Bühne gebracht wird. Die Werke der bildenden Kunst, besonders die des Grotesken und Grausigen, werden besser weil ohne Neugier aufgenommen, und die Deutung der Triebe selbst, aus denen der phantasierende Mensch zum Ton greift, um ihn zu formen, zu Tube und zum Pinsel, um damit zu malen, hat seit Freud ein entschiedeneres Gesicht als früher. Die Naturen der Großen und Geistigen sehen in analytischer Beleuchtung weniger erhaben, aber gerade dadurch ergreifender und ermutigender aus; und die Gewohnheiten des Alltags oder die Verzerrungen, die er alltäglichen Charakteren zufügt, haben plötzlich völlig neue Bedeutungen: Geiz ist nicht mehr bloß Geiz wie früher, Eifersucht nicht mehr bloß Eifersucht, Neugier und Klatsch nicht mehr Neugier und Klatsch; die Habsucht und die Verschwendung, die Hilfsgier und die Hartherzigkeit, das rätselhafte Versagen gewisser Menschen in gewissen Situationen, und das ebenso rätselhafte plötzliche Aufflammen schöpferischer Kräfte in gewissen Lebenslagen werden von einem erforschbaren Weltprinzip erklärt. Wenn heute Künstler vorzeitig erlahmen, wenn ihrer Schaffenskraft sich immer zäher und zäher Hemmungen bemächtigen, unerklärbar aus dem allgemeinen sichtbaren Habitus des Mannes oder der Frau, die die Begabung tragen, so erschließen sich dem Kundigen nicht nur verschwiegene Tragödien auch in anderen Lebenszonen dieser Personen, sondern ebenso sehr auch Möglichkeiten, in solchen Fällen Hilfe zu bringen und Heilungen zuzufügen denen, die bislang verzweifelt zu Drogen und Giften griffen oder greifen, um ihr Versagen noch einmal zu überspringen und dafür um so tiefer in die Verstrikkung zu fallen. Die Erziehung der Kinder hat ein völlig neues Gesicht bekommen. Zehntausende von jungen Menschen wachsen heute auf, betreut von einem Maß von Einsicht, das vorher unvorstellbar war. Die Bewertung der sozialen Lebenssphäre und der Triebe, die zu ihr hin und von ihr wegführen, steht damit und daneben in immer gründlicherer Beachtung, und was die Religion von Jahrhundert zu Jahrhundert ohnmächtiger ward zu ordnen, weil sie sich an den Staat verkaufte: das Leben des Menschen im Staate, d. h. in der Gesellschaft, läßt sich nach neuen, angemesseneren Skalen umordnen. Sogar die Sphäre der großen Politik wird dank der Entdeckung und Beschreibung jener Gruppenleidenschaften, die sie beherrschen, in Zukunft ihren eigenen Gesetzen entsprechend besser beeinflußbar sein, wenn diese Erkenntnis auch vorläufig noch weithin unbemerkt geblieben ist. Aber während noch heute, 1929, Autoritäten vielen Völkern die Flucht vor der Selbstverantwortung erleichtern, die unmündig bleiben möchten aus Furcht vor ihrer eigenen Erwachsenheit, so wird doch, je breiter analytische Erkenntnis unsere Anschauung auch vom Leben der menschlichen Gruppen durchsetzt, dieser Drang nach rückwärts sich durch Anstrengung und Nachreifung beheben lassen.

Der Mensch sieht in sich kein brütendes Chaos mehr, sondern ein unerschöpfliches Becken von Kräften, denen es sinnvolle Ziele zu setzen gilt, und deren Wege erforschbar sind und erforscht werden müssen. Der Mensch sieht in sich keine hysterischen Hohlräume mehr, in denen er plötzlich versinken kann, wenn er in sich selbst zusammenstürzt vor jähen Einbrüchen elementarer, bisher verdrängter Gewalten. Der Mensch hat um sich und unter sich keine Hölle mehr, in der böse Geister und Teufel das Böse in der Welt übermächtig machen. Der Mensch bedarf keines allweisen Gottes mehr, der ihn mit seinem Finger lenkt, und keiner Flucht mehr in ein Geistiges, das er um so geistiger, heiliger und unwirklicher übertreibt, je triebgebundener und angstvoller er vor der Macht seines eigenen Unvernünftigen steht. Der Kot kann ihn nicht mehr beschmutzen und der Tod nicht mehr entsetzen, denn der eine wie der andere wird geregelt und eingeordnet von Trieben, Sehnsüchten, Erlösungen und Sublimierungen, die die Person des Menschen aufbauen, indem sie ihr zu gleicher Zeit Schranken setzen.

Dies sind in viel zu kurzem Abriß einige Veränderungen unseres Weltbildes seit dem Auftreten eines Mannes, geheißen Sigmund Freud.«

Eine Möglichkeit jedenfalls war nicht eingetreten, die sich hätte ergeben können: Sigmund Freud hatte sich keineswegs, wie einer meiner akademischen Lehrer mir jungem Studenten einreden wollte, von der Atmosphäre Wiens abhängig gezeigt. Es wäre ja möglich gewesen. Bei dem ausgesprochenen Partikularismus der deutschen Kulturzentren konnten Begabungen genial erscheinen, dort wo sie gewachsen waren, im Augenblick aber, wo sie das Klima wechselten, gleichsam einschrumpfen, an Rang verlieren. So war zum Beispiel der wirklich bedeutende Aristoteliker, Franz Brentano, nördlich der Donau wenig bemerkt worden, der zwischen Wien und Florenz das philosophische Leben seiner Zeit beherrschte und zwar so, daß man ihn in einer Huldigungs-Adresse ›den Sonnenthal der Philosophie‹ genannt hatte – womit man ihn seiner Beredsamkeit wegen mit dem damals gefeiertsten Schauspieler des Wiener Burgtheaters gleichsetzte. Sigmund Freud aber hatte in dem nüchternen und erfrischenden Licht unserer Berliner Landschaft, der norddeutschen Tiefebene und märkischen Seenplatte nur noch gewonnen. Der genius loci hier schien seinem Genie bei weitem verwandter als derjenige seiner Heimatstadt. Seine großartige Sachlichkeit, sein Mut und seine Fähigkeit, viele Nägel auf ihre empfindlichen Köpfe zu treffen, hätten gut hierher gepaßt, obzwar andererseits die Fülle und Feinheit seiner Aussagen und Forschungen über seelische Tatsachen und Vielstimmigkeiten in Berlin niemals gediehen wären. Seit Hegel hatte kein genialer Denker in der Hohenzollernstadt sein Heim aufschlagen mögen, und zwischen E. T. A. Hoffmann und Theodor Fontane auch kein Dichter von Rang. Und daß man einen Mann namens Albert Einstein auf einer Berliner Trambahn-Plattform treffen konnte, gehörte einerseits zu den Paradoxen unserer Jahrzehnte und gründete andererseits in der Losgelöstheit, deren sich Mathematik und Physik im geistigen Raume erfreuten. Nein, Sigmund Freud hätte sich in Berlin nicht wohl gefühlt, obwohl seine Anwesenheit für uns erhöhte Wärme und reicheres Leben bedeutet hätte.

Meinen »Caliban« erwähnten wir während dieser unserer Tegeler Begegnung nicht. Ich hatte es ihm überlassen, das Gespräch darauf zu bringen, in seiner Gegenwart aber die Erinnerung an das Buch verloren. Er selber war schon vor zwei Jahren in einem seiner ersten Briefe darauf eingegangen, mit großer Teilnahme, Alternativen von warmer Zustimmung und kritischem Stillhalten. Wie ein Souverän gab er kund, in der Frage des Antisemitismus wenig Lust zu haben, Erklärungen zu suchen und eine starke Neigung zu verspüren, sich seinen Affekten zu überlassen. Das Behagen, mit dem ich damals diese Zeilen und ihre Fortsetzung las, kam jetzt verstärkt wieder, als ich sie mir ein paar Tage nach der Rückkehr von Tegel nochmals ansah. Freuds prüfender Scharfblick hatte auf so vielen Tatsachen menschlichen Zusammenlebens geruht, so tiefe Schichten unserer Seele durchsichtig gemacht, daß er sich – so schien mir – ohne weiteres den Luxus leisten konnte, ein ganzes Gebiet gesellschaftlichen

Seins beiseite zu schieben. Es gehörte sich ja auch nur so. Uns Jüngeren mußten doch auch noch Domänen übrig bleiben, auf denen wir uns wie in bisher unerforschtem Gelände ergehen konnten. Da Freud niemals vermied, sein Judentum zu deklarieren, lag ja auch kein Anlaß vor, ihn noch ausdrücklich eines Buches wegen anzuzapfen, das, geschmückt mit seinem Namen, die deutsche Kritik herausforderte. Mochten die Literaten es beschweigen, der »Sergeant Grischa« es in den Hintergrund drängen; mir mißfiel inzwischen ja auch vieles am »Caliban«, obwohl ich von seinen Inhalten keine Zeile zurückzunehmen brauchte. Aber seine Darstellungsart war darauf angelegt, den Problemen des Antisemitismus das Gewicht wissenschaftlicher Untersuchung und Gültigkeit zu verleihen. Das hatte lange Sätze mit sich gebracht, eine Fülle von Fremdworten, viele Abschweifungen – Ausbauchungen, die der Form des Essays schadeten, nannte sie damals der sachverständige Kritiker Stefan Zweig in einem seiner Briefe. Ich nahm mir vor, die Neuauflage gründlich durchzuarbeiten, die sich ja schon als notwendig erwies. Ein Buch, das Freud gewidmet war, sollte wirklich den höchsten Ansprüchen genügen.

9. Kapitel
Durchbruch der Psychoanalyse

Als unmittelbare Folge unserer Begegnung änderte sich meine Stellung zu der Stadt Wien. Jetzt nahm ich Einladungen zu Vorträgen von Wiener Organisationen ebenso schnell an, wie ich sie vorher abgelehnt hatte. Das geistige Leben des Wiener Bürgertums – ich mag die zwiespältige Haltung hier nicht beschreiben, die es in mir erzeugte. Eigentlich hatte ich nur zu Artur Schnitzler ein einwandloses Zutrauen; einige seiner Stücke und Romane hatten mir als jungem Menschen Freude gemacht und weiter geholfen. Alle anderen Begabungen in dieser an Talenten so reichen Stadt, von Hofmannsthal bis Karl Krauss, mußte ich ebenso bejahen wie verneinen, und die Art, wie diese Literatur sich Freud gegenüber verhielt, brachte sie mir nicht näher. War da vor Jahren eine Freud-Biographie erschienen, die sich zu seinen Leistungen vielerlei Zustimmung und Ablehnung anmaßte; der Herr mit seiner Auswahl dessen, was er verstand und mißverstand, erschien mir typisch wienerisch – ich bedauerte Freud, daß er dort lebte und verstand doch, daß er nirgendwo anders wohnen konnte, da er als Schriftsteller des deutschen Sprachraums bedurfte. Außerdem aber hatte ich in München und Berlin immer wieder die reizendsten Menschen kennengelernt, Wiener, zumindest Österreicher, Männer und Frauen, und mich immer wieder über die Instinktlosigkeit amüsiert, mit der sie ›den Freud‹ betrachteten und bespöttelten. Den Niederschlag dieser Ahnungslosigkeit fand ich dann in Druckschriften zweier einflußreicher und richtunggebender Wiener Literaten: des oben erwähnten Polemikers Karl Krauss und des sehr gebildeten Dr. Franz Blei, der schon 1909 meine ersten Gedichte gedruckt und mein Talent in einigen Novellen wahrgenommen hatte.

Jeder Schriftsteller hat sein besonderes Verhältnis zur Heiterkeit des Geistes; bei mir manifestierte es sich in einer Spaßecke meiner Bibliothek, die Broschüren und manchmal sogar dicke Werke freiwilliger und unfreiwilliger ›Belustigungen des Verstandes und des Witzes‹ vereinigte. Die vorhin genannten Schriftsteller hatten zu ihr beigetragen, der eine mit »Literatur oder man wird doch da sehen«, der andere mit dem »Großen Bestiarium«. Und obwohl ich selber jederzeit zu hieb- und stichfesten Späßen geneigt war, gab es doch Dinge, in bezug auf die ich keinen Spaß verstand. Dazu hatten während und nach dem Kriege die entschiedenen Sozialisten gehört, von denen keiner mehr lebte. Dazu gehörte jetzt Sigmund Freud, ein Naturforscher von solchen Graden, daß man noch Jahrzehnte brauchen würde, um nur nachzumessen, was er, Vorposten der Menschheit, schon ausgeschritten hatte. Ich fühlte mich meiner guten Erziehung nicht sicher, falls mir in einer Wiener Gesellschaft ähnliche Respekt- und Ahnungslosigkeiten vorgekommen wären, wie sie hier schwarz auf weiß zur Schau standen. Dabei war mir recht wohl bewußt: niemand hatte es weniger nötig, verteidigt zu werden, als Freud; er hatte Schritt für Schritt seine Ergebnisse erarbeitet, sie in ihrer Werdezeit grimmig verteidigt, Angliederung und Abfall von Schülern erlebt und allmählich verdaut und war seines Weges vorwärts gegangen, der zu der vollständigen Einbettung des Seelenlebens in den Naturkreis und die Determiniertheit des Menschen führte. Um zu befestigen, was er geistig geschaffen, hatte er schließlich einen Verlag und eine Organisation seiner Mitarbeiter zuwege gebracht, die beide internationale psychoanalytische Organisationen wurden und die darüber wachten, daß die Erkenntnisse der Schule ebenso intakt blieben. Bedurfte sie meiner Feder oder meiner Zunge, um sich gegen Schmähungen zu wehren? Im Gegenteil! Die Weimarer Republik, in ihrem Bestreben, alles das zu stützen, was von deutscher Kulturleistung sich Weltgeltung erobert hatte, verlangte jetzt danach, auch Sigmund Freud zu ehren.

Im August des unserer Begegnung folgenden Jahres verlieh ihm die Stadt Frankfurt ihren Goethepreis. Sie beschämte damit alle Universitäten der Welt, einschließlich der deutschen – denn keine hatte bisher das Bedürfnis verspürt, der Psychoanalyse einen Lehrstuhl zu errichten.

In einer der psychoanalytischen Zeitschriften, die sich die Bewegung für ihre intellektuelle Peripherie geschaffen hatte, fanden sich die beiden Schriftstücke, die Alphons Paquet, ein angesehener Dichter, als Sekretär des Kuratoriums des Goethepreises der Stadt Frankfurt, und Sigmund Freud, der Goethepreisträger von 1930, miteinander wechselten:

»... Nach der Ordnung für die Verleihung des Goethe-Preises soll der Preis einer mit ihrem Schaffen bereits zur Geltung gelangten Persönlichkeit zuerkannt werden, deren schöpferisches Wirken einer dem Andenken Goethes gewidmeten Ehrung würdig ist ...

Indem das Kuratorium Ihnen, sehr verehrter Herr Professor, den Preis zuerkennt, wünscht es die hohe Wertung zum Ausdruck zu bringen, die es den umwälzenden Wirkungen der von Ihnen geschaffenen neuen Forschungsformen auf die gestaltenden Kräfte unserer Zeit beimißt. In streng naturwissenschaftlicher Methode, zugleich in kühner Deutung der von Dichtern geprägten Gleichnisse, hat Ihre Forschung einen Zugang zu den Triebkräften der Seele gebahnt und dadurch die Möglichkeit geschaffen, Entstehen und Aufbau vieler Kulturformen in ihrer

Wurzel zu verstehen und Krankheiten zu heilen, zu denen die ärztliche Kunst bisher den Schlüssel nicht besaß. Ihre Psychologie hat aber nicht nur die ärztliche Wissenschaft, sondern auch die Vorstellungswelt der Künstler und Seelsorger, der Geschichtsschreiber und Erzieher aufgewühlt und bereichert. Über die Gefahren monomanischer Selbstzergliederung und über alle Unterschiede geistiger Richtungen hinweg lieferte Ihr Werk die Grundlage eines erneuerten, besseren Verständnisses der Völker. Wie nach Ihrer eigenen Mitteilung die frühesten Anfänge Ihrer wissenschaftlichen Studien auf einen Vortrag von Goethes Aufsatz, ›Die Natur‹, zurückgehen, so ist im Letzten auch der durch Ihre Forschungsweise geförderte, gleichsam mephistophelische Zug zum schonungslosen Zerreißen aller Schleier, der unzertrennliche Begleiter der faustischen Unersättlichkeit und Ehrfurcht der im Unbewußten schlummernden bildnerisch-schöpferischen Gewalten. Die Ihnen zugedachte Ehrung gilt im gleichen Maße dem Gelehrten wie auch dem Schriftsteller und dem Kämpfer, der in unserer, von brennenden Fragen bewegten Zeit dasteht als ein Hinweis auf eine der lebendigsten Seiten des Goetheschen Wesens …«

Aus der Antwort des so Geehrten zitieren wir zunächst einen Satz an Alphons Paquet:

»Für Ihren Brief habe ich Ihnen besonderen Dank zu sagen, er hat mich ergriffen und verwundert. Von der liebenswürdigen Vertiefung in den Charakter meiner Arbeit abgesehen, habe ich doch nie zuvor die geheimen persönlichen Absichten derselben mit solcher Klarheit erkannt gefunden wie von Ihnen und hätte Sie gern gefragt, woher Sie es wissen.«

Die eigentliche Antwort aber gab Freud in jener »Ansprache im Frankfurter Goethehaus«, die seine Tochter Anna in Stellvertretung seiner, des körperlich nicht mehr rüstigen, zur Verlesung brachte:

»Meine Lebensarbeit war auf ein einziges Ziel eingestellt. Ich beobachtete die feineren Störungen der seelischen Leistung bei Gesunden und Kranken und wollte aus solchen Anzeichen erschließen – oder, wenn Sie es lieber hören, erraten – wie der Apparat gebaut ist, der diesen Leistungen dient, und welche Kräfte in ihm zusammen- und gegeneinander wirken. Was wir, ich, meine Freunde und Mitarbeiter, auf diesem Wege lernen konnten, erschien uns bedeutsam für den Aufbau einer Seelenkunde, die normale wie pathologische Vorgänge als Teile des nämlichen natürlichen Geschehens verstehen läßt ...«

Wir können uns vorstellen, wie anmutig und fest Anna Freud diese Dankesworte eines Goethe-Verehrers zum Vortrag brachte, die gleichzeitig etwas von den inneren Beziehungen aufdeckten, welche von jeher Freuds Welt mit derjenigen des naturforschenden Dichters Goethe verbanden. Annas Klugheit und natürlicher Charme mochte höchst geeignet gewesen sein, die Frankfurter Herren zu der Wahl zu beglückwünschen, die ihr Vertrauensmann Alphonse Paquet die deutsche Reaktion herausfordernd, getroffen hatte. Freuds Tochter hatte schon lange ihre Eignung erprobt, eine bestimmte Seite der Arbeit des Vaters in die Wirklichkeit hinüberzuleiten, die überaus wichtige, auf das Kleinkind bezügliche nämlich. Seit fast zehn Jahren arbeitete sie an der Schaffung psychoanalytisch geleiteter Kindergärten und einer Zeitschrift für psychoanalytische Pädagogik gemeinsam mit Dr. Hoffer, während sie sich mit August Aichhorn zur psychoanalytischen Erziehungsberatung und Betreuung Verwahrloster verband. Als beinahe einzige ihrer Familie war sie frühzeitig in die geistige Sphäre des Vaters eingetreten, von der sie später noch hinreichend Zeugnis ablegen sollte. Ihr anziehendes Äußere und ihre überaus sympathische Art, zu sprechen, hatte sie uns, meiner Frau und mir, schon in Tegel nahe gebracht. Diese Beziehung sollte sich zu aller Zufriedenheit weit in die Zukunft hinein fortsetzen.

Der Goethepreis kam Freud nach vielen Richtungen hin gelegen. Trotz seiner stoischen Gefaßtheit war er doch auch ein Mensch – meiner Meinung nach sogar ein besonders sensibler, der unter der Nichtachtung schwer gelitten haben mochte, mit der die Zeitgenossen all seine Entdeckungen aufnahmen. Die herben Urteile über unsere Mitmenschheit, die er gleich in seine ersten Briefe eingestreut, hatte ich nicht nur als Früchte seiner persönlichen schmerzlichen Erfahrungen gedeutet. Ich hatte mir gleich gesagt, daß ein hochbegabtes und sensibles Kind, zwischen

1856 und 1866 aufwachsend, noch dazu in Österreich, einem Staate, der sich vom Drucke Metternichs in die Auflockerung industrieller und liberaler Entwicklung hineinarbeitete – daß ein solches Kind mit einer Grundkonzeption vom Menschen und vom Leben in die Entwicklungsjahre ging, die seine Anpassung an die Wirklichkeit nur sehr schmerzhaft machen konnte. Ganz kurz vor unsrer Begegnung hatte ich Freud um seinen Beistand bei der Gründung eines Hilfswerks gebeten, das wir in Berlin für alternde mittellos gewordene jüdische Mitbürger zu gründen trachteten, um der Selbstmordwelle zu begegnen, die damals in diesen Kreisen um sich griff. Wir brauchten neben Albert Einsteins auch Freuds Namen. »Obwohl ich sonst nicht viel zu geben habe«, schrieb er mir damals, »schmerzt es mich beinahe, daß Sie von mir nicht mehr verlangen als meinen Namen. Wie oft beneide ich Einstein um seine Jugend und Leistungsfähigkeit, die ihm gestatten, so viele Interessen tatkräftig zu fördern. Ich bin nicht nur alt, bresthaft, ruhebedürftig, sondern auch mit großen materiellen Verpflichtungen belastet. Ich muß ein beitragendes Mitglied Ihrer Gesellschaft werden, aber es kommt vor allem darauf an, daß Sie geldlich bessere Mitglieder als mich finden. An den mir nächststehenden Institutionen, dem Psychoanalytischen Verlag, Lehrinstitut u. a. erlebe ich täglich das Elend der unzureichenden Geldversorgung und die Teilnahmslosigkeit der besitzenden Kreise. Und ich muß doch in erster Linie Psychoanalytiker sein, mein Schicksal erfüllen.«

Nun kam mit dem Goethepreis nicht nur Anerkennung aus jener Stadt, die den Sitz der größten deutschen Tradition neben Weimar darstellte, sondern auch eine ökonomische Stütze, die keinesfalls zu verachten war und geeignet, ihm etwas von jener Last abzunehmen. Würde er sich freuen? Ich schrieb ihm jedenfalls, wie sehr ich mich freute und erhielt eine Antwort, viel zu charakteristisch für ihn, als daß ich sie nicht im Wortlaut hierher setzen sollte:

21. 8. 1930

»Lieber Herr Doktor,
von den vielen Glückwünschen, die mir der Goethepreis eingetragen, hat mich keiner so ergriffen wie der, den Sie Ihren schlim-

men Augen abgerungen haben – obwohl man Ihrer Schrift nichts anmerkt – und dies offenbar, weil ich in kaum einem anderen Falle so sicher fühle, daß meine Sympathie auf treue Erwiderung trifft. Ich bestreite nicht, daß mich der Goethepreis erfreut hat. Die Phantasie einer näheren Beziehung zu Goethe ist allzu verlockend und der Preis selbst ist eher eine Verbeugung vor der Person als eine Beurteilung ihrer Leistung. Aber andrerseits haben solche Anerkennungen in meinem Lebensalter weder viel praktischen Wert noch große affektive Bedeutung. Für eine Versöhnung mit der Zeitgenossenschaft ist es reichlich spät, am endlichen Durchdringen der Analyse lange nach meiner Zeit habe ich nie gezweifelt. Beim Durchlesen Ihrer Zeilen machte ich die Entdeckung, daß ich mich nicht viel weniger gefreut hätte, wenn man Ihnen den Preis gegeben hätte, und bei Ihnen wäre er wahrscheinlich besser am Platze gewesen. Aber Ihnen steht gewiß viel Ähnliches bevor ...

Mit allen guten Wünschen Ihr

Freud.«

Die Anrede dieses Briefes veranlaßte mich zu einem heiteren Protest, ich sei nicht Doktor und würde es wahrscheinlich nie werden; aber die Antwort, die er auf seine Fehlleistung hin gab, führte auf so bestürzende Weise in die Tiefe, nämlich auf die Existenz und Problematik meines Namensvetters, Stefan Zweig, daß durch sie die ganze Fragwürdigkeit der Wiener Literatur mit aufgerollt wurde. Daß Stefan Zweig jetzt in Hamburg sitze und an einem Buch, »Heilung durch den Geist«, arbeitete, welches Freud in die Gesellschaft von Johannes Mesmer und Mary Baker-Eddy brachte, habe mit dazu beigetragen, mich statt seiner zum Doktor Zweig zu machen. Mir blieb, wie man in Berlin sagte, die Spucke weg. Gewiß konnte man eine Brille, ein Opernglas und ein Ultramikroskop miteinander koordinieren; aber aus solchem Einfall ein Buch zu machen, das sich zu versuchen getraute, das Wesen des modernen Mikroskopierens zu beschreiben, darauf konnte nur ein Mensch verfallen, der vor dem wirklichen täglichen Leben hilflos hinter seinen Schreibtisch flüchten mußte. Und doch wäre selbst dieses als Bild mißlicher

Gleichsetzung herangezogene Beispiel noch verständlich erschienen, verglichen mit der lebendigen Realität. Einen Gelehrten und Schriftsteller, einen Forscher und exakten Beschreiber bislang unsichtbarer und unbeschriebener Seelenreiche wie Sigmund Freud in eine solche Gesellschaft einzuordnen, stellte nicht nur alle Rangordnung der Werte auf den Kopf – es verschloß sich um einer billigen Wirkung willen allem, was an Sigmund Freuds Lebensleistung einmalig denkwürdig und überzeitlich war. Der Freud-Aufsatz in dieser merkwürdigen Trilogie konnte brauchbar sein, warum nicht? Stefan Zweig war ein geschmackvoller Schriftsteller, sein Buch »Drei Meister« hatte das bewiesen. Aber obwohl er aus Wien nach Salzburg geflüchtet war, sich viel in der Welt umgetrieben hatte – er mußte doch in seinen Grenzen bleiben. Offenbar war es schwer, die Größenordnung eines Geistes zu erkennen, der schon mehr als ein Menschenalter das Leben der einstigen Kaiserstadt Wien teilte und schmückte, zumindest das ihrer großbürgerlichen Schicht. Unsereiner hatte es da viel leichter, unbefangen zu bleiben. Offenbar verleitete die gesellschaftliche Luft Wiens dazu, viel vertraulicher, kritischer und skeptischer mit den Mitgliedern ihrer Kreise und der Öffentlichkeit umzugehen, skeptischer gegen große Objekte, unkritisch gegenüber der eigenen Fähigkeit, zu bewerten und zu urteilen. Zudem hatte sich Freud offenbar sehr früh zu isolieren begonnen, was seine Arbeit ja verlangte, die Gesellschaft aber nicht verzieh. Und schließlich war er durchaus kämpferisch durchs Leben gegangen, seine Sache vertretend, ohne Schroffheit, aber ohne Nachgiebigkeit, und gegen nichts so unerbittlich wie gegen unfruchtbare und selbstgefällige Wortführer und Zungendrescher. Außerdem besaß er jenen Blick, durch viele Häute und in viele Tiefen, der Feinde schafft. War man zudem ein so großer Schriftsteller wie er, der seine Handschriften unkorrigiert in die Setzerei schicken konnte, so mußten ihm Erscheinungen wie Karl Krauss wirklich ›auf der tiefsten Stufe seiner Wertschätzung‹ stehen, Erscheinungen nämlich, die aus ihren Neurosen und Symptomen, ihrem Narzißmus und ihren Verdrängungen, Grundprinzipien machten, statt Heilung zu suchen. Von der Kunst des Streichens hatten solche Narzißten offenbar nie gehört, die mit unbeschreiblicher Selbstgefälligkeit auf 780 Seiten ein Werk verdarben, das auf 280 Seiten hätte meisterlich geraten können. ›Ich bin ein alter Liberaler‹, hatte Freud an irgend einer Stelle einmal bekannt, und alle Probleme weggeschoben, die von diesem Standpunkt aus in die Tiefe und in die Zukunft leiteten.

Daß ihm so auch die Brücke verschlossen war, die zur Wiener Arbeiterschaft führte, blieb unvermeidlich. Wir werden später sehen, wie sich diese Haltung für ihn selber auswirkte. Zunächst belastete ihn schwer, und vor allem wirtschaftlich, die Finanzpolitik der Wiener Sozialdemokratie. Diese hatte den Unterschied nicht zu machen verstanden, ebensowenig wie ihre deutschen oder englischen Genossen, der zwischen einem Einkommen aus schöpferischer geistiger Arbeit bestand und dem Ertrag erfolgreich geleiteter Fabriken oder Handelshäuser. Da sie sich nicht entschließen konnte, die auf Ausbeutung fremder Arbeit ruhende Kapitalrente abzuschaffen und der Allgemeinheit zuzuführen, was nur der Allgemeinheit gebührte, Besitz von Produktionsmitteln, blieb ihr nichts anderes übrig, als auch die Einkommen aus geistiger Arbeit hoch zu besteuern und so die Lasten derjenigen zu vermehren, die zu entlasten und ihrer freien segensreichen Tätigkeit immer ungehemmter zuzuführen der Sinn sozialistischen Gesellschaftsumbaus war und sein sollte. »Drei Söhne habe ich, alle in ihrer Art tüchtige Männer, und doch sind sie nicht imstande, sich selbst und ihre Familien zu erhalten«, klagte er einmal, und: »Sie wissen nicht, wie wir unter diesen Steuern seufzen«, ergänzte später seine Gattin diese Kümmernis meiner Frau gegenüber. Lag dies an Österreich und seiner selbstverschuldeten Verkleinerung oder war es nicht vielmehr die Auswirkung jener großen Wirtschaftskrise, die 1929 auf das weltweite Rüstungsgeschäft folgen mußte? Freud beklagte seine lieben kleinen Enkel um der Zeiten willen, die sie würden erleben müssen; sich selber sah er längst am Ende seiner Tage, bevor das »Unheil der Weltrevolution« losbrach. Er wußte nicht und erlebte es zum Glück auch nicht mehr, daß nächste Verwandte von ihm, aus seiner eigenen Generation, dem wirklichen Unheil zum Opfer fallen würden. Dieses wirkliche Unheil, deutscher Faschismus, hitlerisches Nazitum, war vor einem Menschenalter in Wien ausgebrütet worden als Christlich Soziale Partei des Oberbürgermeisters Dr. Lueger. Aber dieses Übergreifen der irreführend Nationalsozialismus genannten Kleinbürgerrevolte blieb spätere Sorge. Vor vier Jahren hatten wir in Portofino gelesen: »Le Donne tedesche ellettano il suo Marescialle«. Diese Hindenburgwahl hatte die Bedeutung eines Wetterzeichens, auch für Österreich. Aber die klugen Drahtzieher der deutschen Wiederaufrüstung räumten seit 1918 der republikanischen und demokratischen Fassade des neuen Reiches ein breites Glacis ein – der Goethepreis für Freud gehörte unbewußterweise mit dazu. Der tiefe Haß, mit welchem die spätere Harzburger Koalition, ihre Industriellen, Agrarier, Angestellten und Schreiberlinge, diese sogenannte Psychoanalyse bedachten, ließ sich bis auf weiteres nur schwach und ganz verhüllt verlauten – sie betrachteten diese Herren Freud, Magnus Hirschfeld, Krafft-Ebbing ganz einfach als Veröffentlicher von Schweinereien, die mit dem Geschlechtsleben der Zeitgenossen Geschäfte machten. Bildeten Weibergeschichten nicht das Kennzeichen vorgeschrittener Stunden unter Alkohol? Und gar homosexuelle Vorkommnisse, an welchen diese gelehrten Zotenreißer offenbar nichts Ekelhaftes fanden, wurden die nicht vom Strafgesetzbuch auf dunkle Winkel und Ecken der Kasernen und Keller, der Ställe und Magazine verwiesen? Unter dem Vorwand von Wissenschaft und Forschung breiteten diese Leute den ganzen Schmutz aus, den anständige Kreise weit von sich wiesen und den, gottlob, Kirche, Staat und Universität ignorierten oder brandmarkten. Mochten die Juden in der schwarz-rot-goldenen Republik auch noch diesen Triumph eines Goethepreises wie eine Feder auf ihre Kappe pflanzen! Sie würde ihnen zu gegebener Zeit schon heruntergeschlagen werden: die Feder, die Kappe, der Freud und vielleicht sogar der Kopf.

Diese strengen und sittlichen Regisseure wurden gestellt und inspiriert von jener deutschen und österreichischen Beamten- und Junker-Hierarchie, die schon Nietzsche um ihrer Kunst des Befehlens und Gehorchens willen gelobt hatte. Zu ihren Hauptfähigkeiten gehörte das Talent, abzuwarten. Auf etwa fünfundzwanzig Jahre hatten sie die Lebensdauer jener Republik bemessen – der Republik und des Friedens, den Europa so sehr brauchte, aber auch die Industrie und ihre Junkerkaste zur Wiederaufrüstung und -Auffüllung des deutschen Kriegspotentials einschließlich der Menschenreserven. (Daß andere Gruppen deutscher und österreichischer Gewalttäter, neue machtgierige Schichten hinter sich, zum Wettlauf mit den alten antreten würden, um ihrerseits Deutschland an sich zu reißen und das Kriegsresultat von '18 umstürzen, witterten nur wenige.) Der Vordergrund, die Kulturkulisse, die Frage des Anschlusses und ›deutscher Einheit und Freiheit‹ mußten die Augen Europas und der Welt von diesem höchst wichtigen und geheimen Hintergrund ablenken. »War der Weltkrieg Europas letzter Krieg?« fragte mich damals eine amerikanische Rundfunkgesellschaft. Ich Naivling bejahte und bewies diese Frage mit schlüssigen Argumenten und Zahlen.

Andere Kreise aber stritten weiterhin um Wert oder Unwert der Psychoanalyse und des Goethepreises, mit dem ihr Schöpfer ausgezeichnet worden war. Dieser selbst kümmerte sich um das Weltgeschehen kaum, wenigstens mir gegenüber nicht. Er hatte, der von Krankheit geschwächte Mann, mit seiner Tagesarbeit, seinen Patienten, seinem nächsten Umkreis und seinen Forschungen genug zu tun; er besaß aber außerdem noch die Kraft und Überlegenheit, über sich selbst hinwegzusteigen und seiner Umwelt und Ehrung zu spotten, wie folgt:

»Interessant ist gegenwärtig das Verhalten der Mitwelt, die sich bereitwillig für die ihr aufgedrungene Ehrung meiner Person in Frankfurt entschädigt. In einer Anzahl von deutschen und ausländischen Zeitungen flattert die Nachricht auf, daß ich hoffnungslos am Zungenkrebs erkrankt bin. Ich erhalte infolgedessen jetzt ebenso viele Kondolenzen und Behandlungsvorschläge wie vorige Woche Glückwünsche. Es ist erstaunlich, wie viele absolut verläßliche Heilmethoden es für dieses Leiden gibt.«

Der Takt, der das Eingehen auf solche ›heikel‹ genannten Bestandteile des Lebens verhindert, hatte mich natürlich bisher von direkten Fragen abgehalten. Nur sehr allmählich, bei späteren Besuchen vor allem, vermochte ich mich an den Tatbestand heranzupirschen. Wie verhielt es sich also wirklich mit diesem Leiden? Welcher Natur war die Bresthaftigkeit, die Freud, einen so überzeugten Freund von Landschaft und Reisen, seit Jahren an solchen verhinderte?

10. Kapitel

Die Operation

Freud selber bemerkte einmal anläßlich seines zu früh verstorbenen Freundes Ferenczi, daß eine eigentümliche Scheu und ein alles beherrschender Takt uns hindere, von Krankheiten eine deutliche Vorstellung zu gewinnen, die verehrte und geliebte Personen befallen haben. Genau dieser Takt war es, der es mir erschwerte, ein klares Bild von dem zu gewinnen, was Freud hatte leiden und durchmachen müssen bis zu dem Augenblick, an welchem er mir so gefaßt und freundlich am Schreibtisch gegenüber saß. Mehrere Besuche in mehreren aufeinander folgenden Jahren waren dazu nötig. Und ich weiß noch, welche Überwindung es mich kostete, ihn selbst zu befragen, welcher Art das Karzinom sei, mit dem er kämpfen mußte, und wie er mit ihm fertig geworden. Manchmal, wenn ich von seiner Wohnung ins Hotel zurückkehrte, durchflog mich ein Bedauern, daß er selber nie Soldat war. Beim Militär schleifen sich Behinderungen solcher Art, der bürgerliche Takt besonders, dort, wo er sich auf Körperfunktionen bezieht, wohltätig ab; man macht sich nicht soviel daraus wie in Zivil, der Narzißmus, analytisch gesprochen, muß an dieser Stelle dem Kameradschaftsgefühl einer menschlichen und tätigen Verbundenheit weichen.

Freuds Wohnung füllte die ganze Etage des ersten Stocks von Berggasse zehn. Ursprünglich aus zwei Wohnungen zusammengesetzt, gehörte die linke Hälfte der Familie und ihren Gästen, indes die rechte Wartezimmer, Sprech- und Arbeitszimmer des Professors barg, Büchertürme, Bücherwände, und all die Schätze seiner Sammlungen, die er um sich haben wollte, in Glasvitrinen oder hohen Schränken. Alle Wohnungen in der Wiener Innenstadt erschienen Berliner Begriffen muffig. Die altfränkischen Möbel aus dem neunzehnten Jahrhundert, die sie ›aufs behaglichste‹ ausstatteten – edle Hölzer, weich geschwungene Formen,

Stühle und Sessel, freundlich für den Menschen erdacht, Polstermöbel, von denen man ungern wieder aufstand – all das reichte von der allgemeinen Wohnung auch in die persönliche Zone hinüber, Freuds eigenstes Reich.

Ich erinnere mich noch heute der Beklommenheit, mit der ich das erste Mal zur festgesetzten Stunde die bequemen Treppen emporstieg, die zu seiner Wohnung führten. Dann macht mein Gedächtnis einen Sprung, und ich sehe uns beide, durch seinen Schreibtisch getrennt, einander gegenübersitzen und den Kontakt suchen, der uns in Tegel verbunden hatte. Freud muß früher von massiverem Wuchs gewesen sein – alle Bilder bezeugten das – dabei eine durchaus geistige Erscheinung, schon auf den ersten Blick, getragen aber von der kräftigen Vitalität eines wohlproportionierten, mittelgroßen Körpers und einer Willenskraft und Weltzugewandtheit, ohne die er seine Aufgabe nie hätte lösen können. Jetzt wirkte er schlanker, magerer, sensibler. Seine wunderbare Stirn beherrschte das Gesicht, das der Bart, fast ganz weiß, aber kurz gehalten, umrahmte, indes die Falten und Runzeln, Zeichen der Jahre und der Kämpfe, die Architektur dieses harmonischen Kopfes mit der kurzen Nase und dem feinen Munde männlich unterstrichen. Der prüfende Blick seiner dunklen Augen ruhte auf mir, seine Stetigkeit, sein zugleich gelassenes und unerbittliches Zugreifen zog mich magisch an – es schuf Vertrauen.

»Sie haben im rechten Auge eine Konjunktivitis«, bemerkte er. Konjunktivitis? Dann wurde mir ein Tränentröpfchen im Augenwinkel bewußt – ein Bindehautkatarrh. »Das Fahren bei offenem Fenster, auf das ich nicht verzichten will, im Auto oder der Bahn, teilt solche Geschenke aus«, erwiderte ich lächelnd und trocknete das Tränchen weg. Freud trug keine Brille, ich tat die meine auch ab. Und dann fragte er mich, was ich zu schreiben vor hätte, und ich ihn, ob es zutreffe, daß die neue Schrift, die er mir jüngst hatte schicken lassen, »Die Zukunft einer Illusion«, durch eine Äußerung von Romain Rolland hervorgerufen worden sei. Und damit waren wir in einem Gespräch, das innerhalb weniger Minuten all meine Befangenheit wegwischte. Wie sich das Prüfen seines Blickes immer positiver erwärmte! Und wie angenehm es war, einen so großen Mann und Kulturschöpfer auch in der Kleidung und in den Formen des Lebens so völlig im Einklang mit seiner geistigen Höhe zu finden! Seine magere, schmale Hand, eine Gemme als Siegelring, streichelte das Köpfchen einer ägyptischen Statue, das ihm gerade geschickt worden war, aus weißem Stein, sehr alt, sehr schön, ein Meisterstück, ein Gräberschatz …

Zu den kleinen Gemeinsamkeiten, die uns verbanden, gehörte das Zigarrenrauchen. Es gibt enge Freundschaften, die sich darin äußern, daß der eine Teil das Rauchen haßt, es dem andern aber immer und fast überall gestattet. Nichtsdestoweniger entsteht schnell eine Art Kameradschaft zwischen verschiedenaltrigen und verschieden gerichteten Männern, wenn ihnen die gleichen zusammengewickelten braunen Krautbündel Spaß machen, die mit altmodischen Papierringen geschmückt sind, zumeist in den königlich spanischen Farben, rot und gold. Als Freud das erste Mal seine Importenschachtel aus einem in der Nähe des Fußbodens liegenden Fach des Schreibtisches oder der Bibliothek hervorzog, wußte ich, daß er für unsere Unterhaltung Zeit und gute Laune zur Verfügung stellte. Obgleich ich, damals doch noch verhältnismäßig neu in seinem Umgang, einen Fremdkörper aus Berlin darstellte, einen Spring-ins-Feld, mit meinen wenig mehr als vierzig Jahren, meinem jugendlichen Optimismus, der gut federnden Heiterkeit meiner jungen Erfolge.

Es müssen im Jahre 1923 furchtbare Tage gewesen sein, an denen Freud feststellte, daß die Veränderungen in seinem Gaumen, die er vielleicht lange für harmlose Folgen dieses Rauchens gehalten hatte, die ersten Boten einer lebensbedrohenden Krankheit seien, Krebs, Cancer, Karzinom! – ebensowenig ahnend wie die damalige Gegenwart, daß die Derivate der verbrennenden Kräuter, der verfeinerte Ruß, die Ursache für Krebserkrankungen der Haut, der menschlichen Gewebe bildeten. Jetzt in Friedenszeiten entfiel auf diese Krankheit die größte Zahl an Todesfällen, welche Männer und Frauen auf der Höhe des Lebens hinwegrafften. Und von ihr, just von ihr, wußte man damals so gut wie nichts sicheres. Man kannte ihren Erreger nicht, zweifelte überhaupt an seiner Auffindbarkeit, selbst in der Ärztestadt

Wien; unter den jüngeren Forschern lehnte man sich von Jahr zu Jahr heftiger gegen das Studium des Krebses an operiertem Material auf, an Ergebnissen von Sektionen, die ja nur lebloses Fleisch unters Mikroskop lieferten, abgestorbene Zellen, während möglicherweise der Krebs nur an dem Verhalten lebendiger einzelliger Wesen erforscht werden konnte. Eine bestimmte Richtung unter den Internisten, der Freud selber zuneigte, war der Meinung, beim Krebs läge eine noch unerforschte Schwängerung gewöhnlicher Körperzellen mit libidinöser Energie vor, so daß sie sich zu verhalten begannen wie befruchtete Geschlechtszellen und mitten im Körper durch Teilung und Sprossung ein neues Gebilde zeugten, das tödlich wirkte, weil es alle Bahnen und Wege im Innern des Menschen durch Wucherungen verstopfte. Das erprobte Heilmittel gegen diesen Krebs war das Messer des Chirurgen; erst in neuester Zeit trat dann auch Radium hinzu, indem man die zerstörende Wirkung nutzbar machte, die von den Gammastrahlen beim Zerfall dieses Elements ausging. Eine Operation des Oberkiefers? Der Krieg hatte den Chirurgen überreichlich Gelegenheit gegeben, sich auf diesem Felde zu üben. Sie hatten dabei die Schmerzhaftigkeit erprobt, die mit solchen Ausmeißelungen verbunden war dank der Fülle der Nerven, die hier den Knochen durchsetzten und die jeder durchschnittliche Erwachsene von seinen Zahnbehandlungen her kannte, wenn auch auf abgeschwächteste Weise. Freud hatte als Student und Assistent viele Jahre unter dem großen Physiologen Ernst Brücke gearbeitet, den er liebte und verehrte. Unter seiner Obhut war er zum Neurologen geworden, niemandem war die körperliche Seite des menschlichen Nervensystems vertrauter als ihm. Er ließ sich einen erprobten Wiener Chirurgen kommen, als kein Zweifel mehr möglich war, und trug ihm seinen Fall vor, ließ sich von ihm untersuchen.

Später erzählte er mir, wie sich der Schluß dieser Begegnung abgespielt hatte. »Verehrter Herr Kollege«, hatte der Konsultierte gefragt, »wie alt sind Sie jetzt?« – Freud, schon ganz weißhaarig, mit seinem klaren Gesicht, fast ohne Runzeln und seinen braunen, prüfenden Augen, hatte ihm Auskunft gegeben: sechsundsechzig Jahre. »Nun schauen Sie«, fuhr der andere fort, »was wollen Sie sich da noch diese Plage zufügen. Da haben Sie noch fünf oder sechs Jahre vor sich, auch ohne Operation. Die können Sie noch hinbringen, fast wie ein Gesunder, und wenn's zuende geht, haben Sie die Siebzig hinter sich, das den Menschen Zugemessene erreicht – wer kann da mehr verlangen. Wenn Sie meinem Rate folgen, lieber Herr Kollege, sehen wir von dieser Operation ab.«

Sigmund Freud aber wies diesen freundlichen Zuspruch zurück. Er dachte über die Lebenszeit anders, die ihm zugemessen war. Zwar hatte er seinen Vater damals schon verloren. Aber die Mutter lebte, rüstig und voller Spannkraft, und der mütterlichen Linie fühlte er sich wie Goethe nachgeraten; in der Tat überschritt sie sechs Jahre später das neunzigste Lebensjahr. Er hatte seine ganze Existenz auf Kampf gegen Krankheit gestellt. Es konnte ihm nicht in den Sinn kommen, jetzt vor dem Krebs zu kapitulieren. Als der Professor und Studienkollege erkannte, daß dieser Eigensinnige von der Absicht nicht lassen wollte, die befallenen Stellen zu beseitigen, übernahm er es, die Operation durchzuführen. Es wäre besser gewesen, sich seiner nicht zu bedienen, denn sein Unbewußtes, vielleicht von der Vergeblichkeit des Eingriffs überzeugt, veranlaßte ihn zu nur oberflächlichem Vorgehen – wodurch dann Verengungen im Munde die Folge waren und ein höchst quälender Sommer, der bewies, daß der Cancer weiterwucherte. So stellte schließlich einer von Freuds Schülern die Verbindung zu jenem Chirurgen her, der, aus härterem Stoff, entschlossen war, ganze Arbeit zu tun. Sein Name, Professor Hans Pichler, sei an dieser Stelle voll Dank verzeichnet. Mit ihm erörterte er die Aussicht, auch auf Wegen des Lymph-Systems, außer der gründlichen lokalen Betäubung der beiden Hauptnervenstränge, die Schmerzempfindlichkeit seines Oberkiefers herabzusetzen. Er würde verstümmelt bleiben, wie auch immer die Operation ausfiel; vielleicht auch konnte er, dem die Sprache zum Heilen diente, nur unter Behinderungen seinen Beruf fortsetzen. Aber er wußte, daß der menschliche Geist viel Zeit braucht, um voll auszureifen, und daß die Erkenntnis, deren Träger das Gehirn ist, im Grunde von einem viel langlebigeren Körper bedient werden müßte, als dem unseren. Und doch hatte die weiße Rasse mit der Bekämpfung von Krankheit und Alter dank der Verbesserung von Ernährung und Hygiene unser Durchschnittsalter um mehr als ein Jahrzehnt heraufgesetzt. Der Entschluß, sich die vom Karzinom befallenen Teile des Gaumens und Oberkiefers herausmeißeln zu lassen, muß zu den schwersten Leistungen gehört haben, die das Leben von Sigmund Freud forderte. Er war nicht aus dem Stoff gemacht, der sich solchen Prüfungen entzog.

Und dann war der Eingriff also geschehen. In den hellen Räumen der chirurgischen Abteilung des städtischen Krankenhauses Wien ruhte geschlossenen Auges ein verstümmelter Mann. Die Schmerzen, die unvermeidlichen, würden Betäubungsmittel so lange als möglich fernhalten, ihre Nachwirkungen, die schwächend und deprimierend den Geist verdüsterten, bekämpft werden, abklingen. Aber den Metastasen, den vom Cancer ausgesandten Abkömmlingen, war für immer das tötliche Wucherwerk gelegt, sie würden nicht bald da, bald dort innerhalb der Blut- oder Lymphbahnen auftauchen, die feinen Kanäle verstopfen und zu einem verfrühten Tode führen – das nicht. Und wuchs noch etwas nach, so besaß, für spätere Jahre, die Stadt Wien Radium, um dies im Keime zu ersticken, auszubrennen, nicht bedrohlich werden zu lassen. Für alles Körperliche war aufs Trefflichste gesorgt am ärztlich bestbestellten Orte Europas.

Was aber das Seelische anlangte, so lag hier hingestreckt und seinem Leiden überlassen derjenige, der in seinem Jahrhundert am meisten von diesen Dingen verstand, und der das wußte. Er stellte einen so weit ins Unbekannte vortastenden Erkenntnis-Lichtkegel dar, daß seine Helligkeit die Zeitgenossen noch immer erschreckte und blendete. Welche Einsamkeit umwehte ihn! Welch einmütige Verdächtigung seiner Motive, Herabsetzung seiner Absichten, Schmähung seiner empirisch gewonnenen Ergebnisse! Und mit welchem Enthusiasmus hatte er sich als junger Mensch in die wissenschaftliche Laufbahn gestürzt, als sein lieber guter Vater die Opfer auf sich nahm, die das lange Medizinstudium von ihm verlangte – von ihm, der als durchaus mühselig seine Familie durchbringender Geschäftsmann 1860 nach Leipzig und dann nach Wien übergesiedelt war! Welch ungewöhnliche Gaben in dem großäugigen Knaben, dem jungen Mittelschüler, schlummerten, das hatte er, der mährische Jude, voll Freude erkannt und die Verpflichtungen auf sich genommen, die das mit sich brachte. Sein selbstloser Dienst an den geistigen Werten, die sich möglicherweise in seinem Sigmund verkörperten, war von den bedeutendsten der Wiener Universitätslehrer anerkannt und verstanden worden, besonders von jenem Geheimrat Brücke, dem Unvergeßlichen, der sich immer bemüht hatte, auch den Sinn für die wirklichen Anforderungen des Lebens in seinem Schüler zu wecken und ihm wirtschaftlich weiterzuhelfen. Aber zugleich mit dieser Hilfe hatten von anderer Seite die Nackenschläge und Enttäuschungen eingesetzt, auf die der junge Mann nicht vorbereitet war. Und hatte er sie erst auf die Judenfeindlichkeit gewisser Wiener Kreise zurückgeführt, die in Stadt und Land eine immer wachsende Zahl von erklärten Antisemiten in die Bürgervertretungen entsandte, so enthüllte sich das später als Irrtum. Alle seine jüdischen Kollegen, selbst der einst eng befreundete für seine ersten Schritte so unentbehrliche Josef Breuer, verließen ihn, den vorwärtsdrängenden, auf nichts als auf gesichertes Wissen erpichten jungen Doktor Freud, als seine Schlußfolgerungen ihre empfindlichen Vorurteile antasteten, das Tabu der Sexualität, des kindlichen Trieblebens, der enthüllten Symbolsprache der Träume, Einfälle, Fehlhandlungen.

Juden oder nicht – es waren gekränkte Zeitgenossen, die sich gegen den Eindringling zusammenschlossen, wie einst die Athener gegen Sokrates, die Römer gegen Giordano Bruno, die Venetianer gegen Galilei. Weh dem, der an den Schlaf der Welt rührte! Konnte man ihn nicht mehr zum Schierlingsbecher oder dem Scheiterhaufen verdammen, so doch zum wirtschaftlichen Ruin, indem man einen abscheulichen Ruf um ihn verbreitete, ihn durchaus fühlen ließ, welch unbeliebter Bursch er sei. Fast zehn Jahre hatte er so in einem luftverdünnten Raum leben und weiterarbeiten müssen, verstanden und umhegt nur von seiner kleinen tapferen Frau, der geborenen Bernays, Tochter einer von der Würde des Geistes längst ausgezeichneten hamburgischen Familie. Wie recht tat er, ihr Verlobter, damals, als er die Entdeckung der schmerzbetäubenden Fähigkeit des Kokains anderen Kollegen überließ, um das schlanke Fräulein nach zweijähriger Trennung wiederzusehen! Wie froh hatte sie den Wiener Hausstand aufgebaut, da sich seine Nervenarzt-Praxis so vielversprechend anließ und entwickelte, und wie tapfer nahm sie jetzt die Einschränkungen hin, zu denen man sich gezwungen sah – bei allgemeiner Feindseligkeit der Kollegenschaft und der Öffentlichkeit mit einer wachsenden Schar geliebter, schöner, vielversprechender Kinder!

Ja, aber diese Epoche ging vorüber, wie sich alles Neue nach einer bestimmten Ära des Widerstandes den Leuten gleichsam einschleift. Fünfzehn Jahre nach Erscheinen der »Studien über Hysterie« war es ungefähr so weit. Es meldeten sich Verständnis, Enthusiasmus, Schülerschaften. Niemals würde er der Stadt Zürich vergessen, daß aus ihr, aus den Kreisen ihrer Psychiater, die ersten Boten einer verwandelten Gesinnung kamen, ein besonnenes Ja und Amen. Ähnliches erwachte auch in Wien, in Budapest, in Berlin, selbst in Amerika, wo Stanley Hall, der vorurteilslose Professor der Psychologie ihn an die Clark-University Worchester, Mass., einlud, in fünf Vorlesungen die Grundzüge seiner Lehre vorzutragen. Aus Fachkollegen und Schülern wurden Freunde, mit jedem Jahr wuchsen neue Wißbegierige aus allen Kreises heran, eine Bewegung organisierte sich, die Mitwelt war gezwungen, aufzuhorchen. Schließlich war man inzwischen weit über fünfzig Jahre alt geworden, und jener Lichtkegel, den man auszusenden begonnen, kreiste jetzt wie der eines Leuchtturms aus großer Höhe und hob immer neue Stücke gelebter Wirklichkeit aus dem Dunklen, Unbekannten, ins Helle, so daß sie für immer festgehalten und wie auf Landkarten eingezeichnet werden konnten.

Er hatte dies Neuland Psychoanalyse genannt, ein Wort, das mittlerweile auf der ganzen Erde heimisch geworden. Ihr Wissensgebiet, an Ausdehnung Jahr für Jahr gewachsen, umgrenzte oder streifte einen großen Teil dessen, was heutige Menschen von ihrer Seele überhaupt zu erkennen streben. Ja, er Sigmund Freud, der nun auch den Göttern der Erkenntnis einen Teil seiner Mundhöhle geopfert hatte und hier lag, benommen, dumpf, tief angeekelt von der Gebundenheit des Geistes an das hinfällige

Fleisch, er war dem Odysseus gleich in die Unterwelt gestiegen. Ein neuer Teiresias, hatte er sich dort unten heimisch gemacht und das Wissen von all dem Verborgenen erworben, um das sich die Menschen so lange schon stritten. Aber auch die Gabe hatte er mit heraufgebracht, den Leidenden zu helfen, das Verhängnis abzuwenden, gebrochene Seelen wieder aufzurichten, das bislang Unheilbare zu heilen. War es falsch, wenn er über der Unantastbarkeit seiner Erkenntnisse und seines Könnens, also seiner Lehre, wachte? War der Preis zu hoch, den er bezahlen mußte dadurch, daß immer wieder Männer von ihr abfielen, auf die er die größten Hoffnungen gesetzt? Er war nicht zu hoch. Auch Enttäuschungen jeder Art gehörten zum Kaufpreis dessen, der Wissen vom lebendigen Leben einhandelte. Da war z. B. einer seiner engsten Freunde diesmal nicht zu ihm gekommen, um am Gelingen der Operation teilzunehmen, ihm Freundschaft, Wärme, Verbundenheit zu bezeigen. Nach Spanien vielmehr hatte er sich von seiner Gattin entführen lassen, des nordischen Winters und der täglichen Arbeit müde, durstig nach südlicher Sonne. Nun, schreib's zu dem Übrigen. Eine Enttäuschung mehr; er wird sie nicht verwinden, aber auch nicht vergessen. Er erfuhr nie, wie sehr Scheu und Zurückhaltung den jüngeren Freund veranlaßt hatten, ihm zu verschweigen, welche ererbte Krankheit der Herzgefäße sich bei ihm ein erstes Mal drohend gemeldet hatte, und daß ihn seine Frau auf ärztlichen Wunsch in den spanischen Frühling lotsen mußte.

Eines stand fest: was mit ihm auch geschah, an seiner Lebensleistung konnte niemand mehr rütteln. Die Freud'sche Psychoanalyse besaß die Gültigkeit von Newton's Gravitations-Gesetzen, bewiesen durch tausend kleine Erlebnisse, Fakten, heilende Wirkungen. Greif irgendwo eine Neurasthenie an, und du behältst eine Neurose in der Hand – Angst-, Zwangs- oder traumatische Neurose, also etwas, das auf feindselige Einwirkungen der Außenwelt im Seelischen zurückblieb wie eine Wunde, wenn man sich einen Dorn eingetreten. Fasse diesen Dorn an, versuche, ihn herauszuziehen, und du wirst immer finden, daß seine Wirkung von früheren Dornen mitbedingt ist, die der Patient als Kind nicht hatte vermeiden können. Greif auf dieses

Kind im Patienten zurück, und du berührst sein Geschlechtsleben, die kindliche Sexualität, vor welcher sich alle Erwachsenen die Augen und Ohren zuhalten. Versuche, den Dorn, d. h. die Schuldgefühle, herauszuziehen, die mit der kindlichen Sexualität und den Mißgriffen der Erzieher unvermeidlich verknüpft sind, und du entdeckst in der menschlichen Seele ein Doppelspiel der Kräfte: die einen wollen jene Geheimnisse auf Gedeih und Verderb festhalten, die anderen, sie ebenso dringend loswerden. Von diesem Zwiespalt rührt die aufreibende und verzehrende Wirkung her, die Neurosen eigen ist und die von kurzsichtigen Eltern und Pädagogen als Selbstbefleckung, Ausschweifung, Verstocktheit, Verlogenheit des Jugendlichen angeprangert wird. Von hier führt aber auch der Pfad geradewegs hinunter in den Orkus und in das sonderbare Labyrinth, menschliche Seele genannt, mit seinen drei Hauptkammern: der Kraftstation des Es, dem umstrittenen Wohnraum des Ich und der Direktions- und Leitkammer des Über-Ich mit seinen moralischen Ansprüchen, den Furien und Eumeniden des Gewissens, den strahlenden Umschaltern, der Sublimierung, die auf die Oberwelt so herrliche Gebilde entsendet wie Goethes »Iphigenie« oder Dostojewskis »Karamasows«, von hundert aufopfernden Selbstverleugnungen Jugendlicher wie Erwachsener zu schweigen. Ein anderer Weg nämlich erschließt den Garten der Künstler und ihrer Gestaltungen, durchmißt die Frühzustände primitiver Stämme und Zeiten in ihren Landschaften und umkreist die geschlossenen Gehege der Wahnbesessenen. Noch lange wird man sie in Irrenanstalten einsperren, wo sie im übrigen Europa wie in Amerika keineswegs auf das Verständnis rechnen können, das ihnen Zürich entgegenbringt dank jener Musteranstalt, die den freundlichen Namen ›Burghölzli‹ trägt und verdient.

Ob er, Sigmund Freud, von diesem Krankenlager aufsteht oder nicht – an solchen Entdeckungen ist nicht mehr zu rütteln. Ebenso wenig zu rütteln ist an der Lehre, daß der Widerstand, der die Krankheit im Neurotiker festhält, von seinem Willen unbeeinflußt bleibt, so gern er sie loswerden möchte. Laß ihn sich aber ganz entspannen, passiv machen; bring ihn dazu, allen Regungen und Einfällen ohne Scheu Raum zu geben, die sich ihm in Worte drängen, wenn er, in waagerechter Lage, den Analytiker unsichtbar hinter sich im Stuhle, die bestimmte Stunde eingehalten hat. Dann laß ihn auch die Träume der letzten Nacht erzählen, und allmählich blättert sich dir der Fächer seiner Seele auf. Der Drang nach Heilung in ihm ist es, der die ganze Kette seiner Krankheits-Stationen vor dich hinbreiten wird, eine nach der andern, verhüllt und doch erkennbar, jede eine Aufforderung an dich, sie zu deuten. Greifst du dann zu, bist du begabt, anzuwenden, was du gelernt hast, so wirst du immer wieder mit Erschütterung erleben, wie eingeklemmt Ängste, Enttäuschungen, verbotene Erwartungen, Schuldgefühle und Begierden aus dem Kranken hervorspringen und ihn voll überwältigen, so wie sie es damals nicht durften, und er lieber krank wurde. Das sind dann Formen der Libido, deren Existenz alle Zeitgenossen mit Empörung erfüllt, aber – wie Meister Charcot es formulierte: »Ça n'empêche pas d'exister.«

Und immer wieder ist es das Geschlecht, das den Menschen regiert, die Liebe, wissenschaftlich ausgedrückt ›die Sexualfunktion‹, die soviel Qual, Kummer, Entstellung, Größe und Glück im Gefolge hat. Wer sich dieser Erkenntnis widersetzt, die auf allgemeine und unverbindliche Art, ja von Dichtern und Denkern in allen Sprachen verkündet worden ist, verrät nur, welch verwundbare Stelle er unter seiner Rüstung trägt, unter dem Harnisch, in den er sich rotflammenden Gesichtes bringen läßt. Wodurch? Durch die leidenschaftslos und unzweideutig vorgetragene Wissenschaft von der Psychoanalyse, die ihr Entdecker nicht willkürlich heraufbeschworen hat, die er aber auch nicht um Haaresbreite preisgeben kann, nur weil die Mitwelt feindlich darauf reagiert. Seit diese Wissenschaft existiert, haben viele menschliche Erkenntnisse und Lebensgebiete ein anderes Aussehen angenommen; und zählt sie erst einmal hundert Jahre, so wird man von ihr mit derselben Dankbarkeit sprechen wie von der Hygiene in den Sälen der Kreißenden, wo jedes Händewaschen ein Dankopfer für einen Mann namens Ignatz Semmelweis darstellt. Dieser wirkte hier in Österreich, in Wien, Graz, Budapest, zu einer Zeit, als er, Freud, schon auf der Welt war, seine ersten fünf Jahre bereits gelebt hatte. Und wer weiß, ob die Entdeckungen dieses unglücklichen Kollegen sich so bald nach seinem Tode durchgesetzt hätten – er starb, noch nicht fünfzigjährig, an der gleichen Infektion, die er sein Leben lang bekämpft hatte – wenn nicht gleichzeitig und unabhängig von ihm der Sohn eines Londoner Weinhändlers dieselben Beobachtungen an schottischen Krankenhäusern gemacht hätte. Er, Joseph Lister, veröffentlichte damals seine Broschüre über Antisepsis in der Chirurgie, und von da an war das nicht mehr aufzuhalten, was diese Ausmeißelung einer Mundhöhle für den Patienten Sigmund Freud zu einem zwar schrecklich schmerzhaften aber verhältnismäßig ungefährlichen Eingriff gemacht hatte. Antisepsis, heute ein Gemeingut der Kulturwelt, Semmelweis' Andenken hoch geehrt, Lister als Lord und Peer in Westminster Abbey begraben – würde man Ähnliches auch einmal von der Psychoanalyse sagen? Dann hätte sich schon damit die furchtbare Selbstüberwindung ausgezahlt, die es für einen am ganzen Körper gesunden Menschen bedeutete, sich einiger kleiner Stellen am Gaumen wegen auf die Schlachtbank zu legen und bei vollem Bewußtsein, dem Meißel des Chirurgen während der Arbeit immer zuhörend, die schreckliche Verstümmelung dieser Mundhöhle geschehen zu lassen.

Wie auch immer – man mußte im eigenen Falle Semmelweis und Lister in einer Person sein und war es auch. Hielt man aber so wenig vom Menschengeschlecht, wie er es doch tat, war man der Meinung, es tauge eigentlich nicht viel und erwiese sich nur allzu häufig entweder boshafter oder dümmer, als der Name ›Mensch‹ es eigentlich zuließ – wie kam es, daß er, Freud, sich diese Qual hatte zufügen lassen, nur um dem Tode eine Anzahl von Jahren streitig zu machen, seinen endgültigen Verfall? Warum hatte er der Lockung- und Vernichtungs-Schalmei jenes ersten Kollegen nicht nachgegeben, der ihm noch ein Lustrum fast schmerzfreier Arbeitsjahre in Aussicht gestellt und dann einen schnellen Tod, höchstwahrscheinlich auch weit weniger qualvoll als der Meißel des Chirurgen? Weil ein Mann wie er, ein Denker und Forscher, geduldig hinsehender Beobachter, eigentlich niemals willens war, aufzuhören. Weil er die Wissenschaft um ihrer selbst willen liebte, das Licht der Erkenntnis verbreiten und tragen wollte, so lange ihm Dauer überhaupt zustand. Weil er die Freunde, die ihn nahe umgaben, liebte, die Seinen, Frau, Kinder und Enkel. Und weil vor allem der Durst nach Wissen, der Wille, Brücken in die Zukunft zu schlagen, der Dienst am Menschengeschlecht also, über jede persönliche Rücksicht hinwegschritt, jedes Aber, jeden Einwand, schließlich verwischend. Hieß das Liebe zur Sache, welche ihn in die grauenhafte Hölle des Schmerzes hineinführte, so durfte man mit dieser Sachlichkeit zufrieden sein; den großen Enthusiasmus hinter ihr verbergen, der einen seit Jugendtagen Schwung und Mut gegeben hatte, sich ins Leben zu stürzen wie in eine Brandung, in den Kampf mit den Wellen. Das leid-äugige Gesicht des Lebens, das den Analytiker aus so vielen Augenpaaren anstarrte, jetzt konnte es ihm, dem Arzte, keine Rätsel mehr aufgeben. Er hatte seine fürchterliche Ausstrahlung selber auf sich genommen, unfreiwillig – freiwillig, weil das ins Dasein gezeugte Wesen sich der Vernichtung bis zum Letzten widersetzt, koste es was immer. Wollte man das Dienst an der Menschheit nennen, die Kreuztragung der Erkenntnis, so mochten das Spätere tun. Er würde auch über die Folgen dieses Eingriffs hinwegkommen.

Auf Reisen ins Ausland, die er so sehr liebte, würde er von jetzt an verzichten müssen – eine der Einbußen mehr, die das Leben ihm auferlegte. Fremde Hauptstädte nicht wiederzusehen, die geliebten Kunstwerke von Michelangelo und Lionardo in Rom oder im Louvre, das gehörte zu seiner Schicksalslinie offenbar, die er, der Determinist, noch weit schärfer herausgearbeitet hatte als etwa Schopenhauer, sein großer Vorgänger. Von dem ja stammte der Satz: ›Der Mensch kann zwar tun, was er will, aber er kann nicht wollen, was er will.‹ Diese Besonderheit unseres Seelenbaues, wer hatte sie tiefer und mächtiger unterkellert als er, der hier lag und litt? Wer das bisher freieste Gebiet menschlichen Geistes, das Spiel der Einfälle und Phantasien, eingeschlossen in das Netz des zwingend Gezwungenen, dessen Maschen der Biologe Wilhelm Fliess begonnen hatte, zu enträtseln? Ach, wer so die Musen liebte wie er, die Gestaltungen der Künstler und Erzähler, alles, was natürlich und unverzerrt der Empfindungsgabe entsproß, der tröstete sich nur für die ehernen Bande, in die er alles Lebendige geschlagen sah, durch das Glück an den Erzeugnissen des Schöpferdranges, der aus dem Menschen brach wie der Gesang aus dem Vogel, und dessen schöne Geschenke ihn daheim umgaben. Aber da er in Wien alles zur Verfügung hatte, was für die Arbeit und die Pflege der Wunde nötig war, was sollte er jetzt, in der Nähe der Siebzig, noch mehr wünschen? Weiterbauen hieß die Parole, an der Kenntnis des Seelenlebens, der kulturschaffenden Kräfte innerhalb der Gesellschaft und der Einschränkung des Schadens, den sie unvermeidlich mit sich brachten. Mehr konnte man nicht wünschen, und weit genug hatte er's ja gebracht, seit er in jenem Häuschen in Mährisch-Freiberg, das jetzt Pribor hieß, seine ersten Babyschreie getan. »Genannt in Lob und Tadel bin ich heute, / und daß ich da bin, wissen alle Leute.«

11. Kapitel
Eine Ära verdämmert

Aber Sigmund Freuds Wesenheit gehörte zu denjenigen Samenkörnern, deren Keime immer wieder durch die Scholle brechen. Da unsere Freundschaft erst jenseits dieser Wasserscheide seines Lebens begann, hatte ich weder Grund noch Möglichkeit, den jetzigen Freud mit einem früheren zu vergleichen, der etwa heftiger, kämpferischer, im Kritisieren schärfer gewesen wäre. Seine Freundlichkeit im Briefverkehr mit jemandem, der auf seinem Gebiet doch nur als Dilettant mitreden konnte, hielt mit seiner Erholung gleichen Schritt, und diese Erholung sprach sich nicht nur in der Schrift und der Länge seiner Briefe aus, sondern auch in der unerschütterlichen Zuversicht, mit der er die Durchsetzung weitertrieb, deren sich sein Werk auf der ganzen Erde erfreute. Er wollte nichts mehr wissen von der Skepsis, die er noch in Tegel gezeigt hatte. Auch die verschiedenen Abspaltungen, besonders die der Schweizer, waren völlig vernarbt, soviel Hoffnung er anfangs wohl auf die Eroberung dieser ›pädagogischen Provinz‹ setzte. Sah man nämlich auf den Zuwachs an Ortsgruppen der psychoanalytischen Vereinigung, die das Intervall des

Weltkrieges überstanden hatten oder nach ihm neu erwachsen waren, so durfte man den Söhnen und Töchtern des zwanzigsten Jahrhunderts ein ehrenvolles Zeugnis ausstellen: standen sie doch von Kalkutta bis New York im Kampf gegen den fürchterlichen Unfug und die Rückständigkeit, mit der von Teufelsaustreibungs-Zeiten her alle reaktionären Mächte die Schwierigkeiten des Seelenlebens verketzerten. Jene erste zusammenfassende Darstellung des psychoanalytischen Gedankengutes, vor zwanzig Jahren an der Clark-University gehalten, war mittlerweile in zehn Sprachen übersetzt worden und wirkte fort und fort; selbst die Pause der Verdrossenheit war überwunden, die noch zur Zeit unserer ersten Begegnung diesen großen Schriftsteller verführt hatte, zu behaupten, er werde nie mehr etwas schreiben. Hätte er diese Drohung wahrgemacht, wir wagen nicht, hier aufzuzählen, um wieviel kostbare Arbeiten wir ärmer geblieben wären.

Von verschiedenen österreichischen Bergseen kreuzten sich unsere Briefe, wenn Freud seinen Sommeraufenthalt außerhalb der Stadt nahm, wir aber, meine Frau und ich, die geliebten Täler Bayerns oder Tirols aufsuchten, um dort zu zeichnen oder zu schreiben. Bei mir hieß schreiben schon diktieren. Seit 1926 war ein rätselhafter Verfall meiner Augen eingetreten, erst des linken, dann auch des rechten, der sich erst zehn Jahre später – und wiederum in Wien – als Augentuberkulose entlarvte. Davon wird noch zu berichten sein.

Vorläufig gab es viel Rätselraten um Symptome und Erscheinungen, die ja alle auch ihre psychologisch bedingte Seite besaßen. »Vorausschicken muß ich«, schrieb ich damals aus Lermoos an Freud, »daß das Flüssigkeitsbläschen in der Netzhaut beim Akte des Sehens in die Welt hinausprojeziert wird wie durch eine Kamera, so daß ich im Zentrum des Sehfeldes eine trübe, runde, ziemlich undurchsichtige Gallerte sehe … Seit Mitte Mai nun erscheinen auf dieser mittleren graugelben Helligkeit Fratzen, bei Tag und bei Nacht, jeden Augenblick im wahren Sinne des Wortes, vor geschlossenem und vor offenem Auge – Fratzen, die im Rhythmus des Pulsschlages wechseln, sich umbilden … Während der ersten Monate waren es Judenfratzen. Alle Typen von jüdischen Gesichtern spielte mir mein Auge vor. Danach waren es hauptsächlich Gesichter von liegenden Männern, vom Kinn her gesehen, mit geschlossenen Augen, von Toten also. Tageweise verwandelten sie sich in verwesende, zerbröckelnde Gesichter, dann wieder in Totenschädel, oft auch in portraitartige Darstellungen geistiger Männer in Kleidung verschollener Jahrhunderte mit Barretts und spitzen Bärten. In einem einzigen Falle erst zeigte mir diese Augenkamera ein weibliches Gesicht, auch wieder tot und verwesend, mit kurzer Nase und einer Art Krone über der Stirn. Sie können sich denken, wie sehr mich diese Erscheinung belästigt, aber auch interessiert. Ich lernte hier einen Wiener Neurologen kennen, und zwar bei einem Ausflug, auf dem man einander ohnehin als tagelanger Reisegefährte, Autositz neben Autositz, nahekommt. Gegen Ende unserer Bekanntschaft erzählte ich ihm von dieser Erscheinung, neugierig, was er sagen würde. Aber er meinte, ich hätte es möglicherweise einmal unwillkürlich gesehen, und ich erwartete es nunmehr regelmäßig, so daß ich an seinem Zustandekommen mitarbeite. Demgegenüber bin ich natürlich gewappnet. Ich weiß, wie sich ein Mensch verhält, der ganz passiv ist und seinen Sinn auf alles andere gestellt hat, als etwa auf dem Hintergrunde eines Waldes eine Totenmaske Friedrichs II. zu sehen, und einer, der sich ängstlich fürchtet: wird auch jetzt nicht wieder so eine Augentäuschung kommen? Und der sie damit hervorruft. Das Ding hat die Stetigkeit einer Halluzination, nur ist sie viel schwächer als eine solche und darauf beschränkt, aus dunkleren Linien auf einem gelblichen Untergrund, wenn das Auge geschlossen ist auf hellem, ein charakteristisches männliches Gesicht zu zeigen, ein lebendes oder ein totes. Meine Erklärung dieses optischen Phänomens, um sie Ihnen gleich zu sagen, ist freilich zu zwei Dritteln am Mann im Mond orientiert. Der Flüssigkeitstropfen in meiner Netzhaut gibt den Verästelungen des darunterliegenden Sehnervs Reizungen, auf die er mit hell und dunkel antwortet, da er ja nichts anderes gelernt hat. Die menschliche Phantasie sieht überall Gebilde der organischen Natur hinein, wo sie Anlässe dazu findet, in Wolken oder Berge, und vorzugsweise Gesichter; so erzeugt auch meine Phantasie sich diesen unablässig wechselnden Mann im Mond, entsprechend denjenigen Anlässen aus dem rezenten geistigen Leben, die die Phantasie beschäftigen. Denn als ich mir dieser Tage das ungewöhnlich starke Buch ›Eroberer‹ von Malraux vorlesen ließ, um mich von meinen eigenen Dingen etwas abzulenken, erschien meine Fratze in immer erneuter Chinesengestalt. Das Buch aber spielt in Kanton 1925 und ist sehr geeignet, die Phantasie zu beeindrucken. Trotzdem genügt mir diese Erklärung nur zu zwei Dritteln, wie ich sagte. Das letzte Drittel spreche ich noch nicht aus, da ich seiner noch nicht sicher bin, aber es könnte sehr sein, daß hinter diesen immer neuen toten Gesichtern Schuldgefühle meinem Vater und meinem Schwiegervater gegenüber mitspielen, ungelöste Bindungen, die ich erst einmal analytisch betrachten will, ehe ich weiter berichte. Die Judenfratzen nämlich wurden von den anderen, allgemeineren abgelöst, als ich aus Anlaß meines neuen Romans mich in tiefere Schichten des Problems Juden und Jesus hineinbegab, autoanalytisch, wenn ich es so nennen darf, und eine ganze Reihe nicht uninteressanter ambivalenter Knotenpunkte entdeckte.«

Tatsächlich hatte es der regieführende Zufall gefügt, daß wir in jenem tiroler Erholungsort die Bekanntschaft eines besonders sympathischen Wiener Ehepaars machten. Der junge Arzt – Neurologe, wie sich herausstellte – behandelte seine leidende Frau entsprechend der Schule Wagner-Jaureggs, der er angehörte, mit Elektrizität und Wärme. Dabei genügte meine laienhafte Einfühlung, um den Ursprung dieser schmerzhaften Behinderungen auf der psychischen Seite ihrer Persönlichkeit zu erraten, so empfindlich und sensitiv wirkte sie. Mit Erstaunen sah ich, wie Herzensgüte und Folgsamkeit sie den Begriffen ihres Mannes völlig unterwarfen, und wie gleichzeitig dieser ebenfalls herzensgute und gescheite Gatte und Doktor vor den Möglichkeiten einer andersartigen Therapie wie vor verschlossenen Türen stand. Die Freud'schen Schlüssel, die ich ihm vorsichtig anbot, lehnte er entschieden ab; hier standen sich nicht zwei Theorien, sondern zwei Welten gegenüber. Ich hatte denn auch die Genugtuung, Freud auf meine Schilderung erwidern zu sehen wie folgt:

»Dr. X. kenne ich nur dem Namen nach. Ich weiß, daß er der

Schule Wagner-Jaureggs angehört und bin nicht böse, daß Sie an ihm ein Beispiel des offiziellen klinischen Scharfsinns erlebt haben. Im Gegensatz dazu halte ich Ihre eigene undoktorliche Erklärung für richtig in allen drei Dritteln; die Unbestimmtheit der Sinneseindrücke reizt die zentrale Neigung zu Illusionen, deren Auswahl dann von der ubw. Phantasie besorgt wird. Die Situation scheint ähnlich wie beim sogenannten crystal-gazing, über das Silberer merkwürdige Beobachtungen in einem frühen Band unserer Zeitschriften veröffentlicht hat. Ich bedauere, jetzt fern von meiner Bibliothek zu sein. Seltsamerweise waren auch dort Bilder von alten Juden im Vordergrund. Ihr Experiment mit den Chinesen ist wohl von entscheidender Beweiskraft, Ihr Verdacht auf die alten Männer Ihrer Familie recht wahrscheinlich; zu vermuten ist, daß eigene Todeserwartungen die treibende Kraft abgeben. Das ganze Phänomen dürfte eines Tages verschwunden sein. Wenn es nicht so quälerisch wäre, gäbe es eine ausgezeichnete Gelegenheit zur Selbstanalyse. Durch die Lücke in der Netzhaut sähe man tief ins Ubw. ...«

Leider verstand ich damals noch nicht, welch einen Meisterschnitt in seelische Tiefen die Hand dieses Chirurgen der anima humanis mit dieser Entgegnung führte; sonst hätte ich bestimmt mein Ferienquartier vom Halden- an den Grundlsee verlegt, wo Freud sich aufhielt. Und wieviel fruchtbarer wären Spaziergänge und Ausflüge geraten. Denn die grünen Matten und Abhänge der Berge, die Wälder von Tannen und Laubbäumen unter dem durchsichtig blauen Himmel mit den weißen Wolken, die wohlgepflegten Wege hinauf und hinunter – alles wäre das gleiche geblieben. Meine Arbeit an »Junge Frau von 1914« wäre wahrscheinlich nicht schlechter vor sich gegangen. Aber an den Nachmittagen und langen Abenden, welch ein Austausch hätte sich da ergeben! Wie hätte ich die Einmaligkeit dieses Menschen eingesogen, die mir immer heller und überzeugender aufging!

Inzwischen entfaltete sich unser Briefwechsel in jenem Jahre 1930 immer persönlicher. Hier schrieben sich nicht mehr Männer, die einander erst zweimal sahen, ein alter und ein jüngerer; ein Gelehrter, dem amerikanische Vorurteilslosigkeit zum Sieg über heimische Borniertheit und zum Weltruhm verholfen hatte, und ein Schriftsteller und Romandichter, der ohne die Errungenschaften des Alten wohl kaum zum vollen Gebrauch seiner Kraft und seines Talents vorgedrungen wäre. Hier tauschten Zeitgenossen ihre Meinungen aus, beide dazu berufen, sich des geschriebenen Wortes zu bedienen und von den Krämpfen geschüttelt zu werden, denen Epochen nach jedem großen Kriege unterliegen. Dabei verwirkt sich das Allgemeine mit dem ganz Persönlichen, und die Stellungnahme des einen widerspricht gelegentlich der des anderen. Zum Beispiel lehnte Freud mit triftigen Begründungen eine Komödie ab, »Laubheu und keine Bleibe«, die ich ihm übersandt hatte. In dieser sollten seelische Kräfte wie Übertragung, Durchbruch verdrängter Erinnerungen, ja, die Wiederholung einer getanen und verdrängten Tat bedeutsam (und noch eine Anzahl anderer seelisch gesellschaftlicher Vorgänge) ihre szenische Veranschaulichung gefunden haben, ganz ohne daß ich es auch nur im Entferntesten beabsichtigte! Freud aber hatte sie »nicht goutiert, vor allem gar nicht lustig gefunden und auch infolge der Differenzen zwischen norddeutsch und süddeutsch« sich im Dialog schlecht zurecht gefunden. Daß er dieses Verdikt milderte, indem er es möglicherweise einer Krankheit zuschrieb, welche ihn in der gleichen Zeit auf acht Tage ins Bett zwang, gehört zu den Liebenswürdigkeiten, deren kleinere Geister nie fähig gewesen wären. Natürlich mußte ich zugeben, daß seine Kritik ins Zentrum traf. Eine Komödie, die nicht lachen macht, hat es schwer, sich durchzusetzen, vor allem, wenn ihr die Versinnlichung auf der Bühne nicht zu Hilfe kommt. So war ich weit davon entfernt, ihm sein Urteil zu verübeln. Und außerdem bestätigte die Zeit: die Komödie »Laubheu und keine Bleibe« blieb ungespielt.

Da er im gleichen Brief sich freute, in dem meinen den alten warmen Ton gefunden zu haben, obwohl er in letzter Zeit nur Ablehnungen von sich gegeben habe – »Die Probe wäre gut bestanden« – fühlte ich mich bei diesem letzten Satze beinahe versucht, ihm burschikos und berlinerisch zu antworten: »Wat heeßt hier Probe?« Wir Nichtösterreicher zögen auch unter Freunden die Aufrichtigkeit gut begründeter Einwände jenem Lob um jeden Preis vor, das anderswo zum Umgangston der Geistigen zu gehören schien. Und ein Tadel von Freud förderte den Empfänger mehr als ein Dutzend begeisterter Zeitungsausschnitte.

Von allem anderen abgesehen: welch eine Urteilskraft, auch in ästhetischen Fragen, manifestierte sich hier! Briefe wie die an mich – und ich war doch wohl nur einer seiner zahlreichen Korrespondenten – porträtierten ihn und seine Welt, so daß sie sich einmal den gewichtigsten Sammlungen solcher Dokumente anreihen würden; sicher füllten sie ebenso viele Bände wie seine Werke. Überdies gehörte Freud zu jenen Schriftstellern, bei denen eine Stegreifbegabung mit den höchsten formalen um Klarheit ringenden Elementen des Denkens und Ausdrückens verschmolz. Während Meister deutscher Prosa, wie Lessing oder Nietzsche, auch für ihre Briefe Konzepte brauchten, Abhandlungen erst nach langem Durch- und Wiedergestalten zum Druck gaben, wanderten Freuds Manuskripte urschriftlich zur Setzerei, blieb die erste Fassung meist die endgültige. Daher zeigten seine Äußerungen jene ›kunstlose‹ Frische und Knappheit, die der Öffentlichkeit leider vorenthalten blieb. Noch nach Dezennien lebt und atmet jeder dieser Freud'schen Sätze.

Einer der Briefe aus dieser Zeit sollte mich noch des längeren beschäftigen. Er behandelte mit schmerzlichem Unterton die Tatsache, daß die Entwicklung in Sowjet-Rußland ihn und seine Generation und wahrscheinlich auch mich um eine Illusion und eine Hoffnung ärmer gemacht habe. Auf die Mischung von Despotismus und Kommunismus könne er nur mit Ablehnung reagieren, und er bleibe bei den Traditionen des Liberalismus, in denen er aufgewachsen. Nun war meine Kenntnis seiner Arbeiten damals noch recht lückenhaft. Wie vieles andere Wichtige aus dem europäischen Schrifttum, wie z. B. Tolstois und Dostojewskis Romane, hatte ich vertagen müssen! Den Vorrang verlangten immer umfangreichere Studien der strategischen, politischen und historischen Voraussetzungen für das Romanwerk, das sich langsam aus dem »Streit um den Sergeanten Grischa« entwickelte. Wie hätte ein Schriftsteller von so gesunder Konstitution wie ich damit rechnen können, daß seine Augen einmal den Dienst einstellen würden! Nach des Tages Arbeit ließ ich mir immerhin aus Freuds Publikationen vorlesen, was ich längst hätte kennen müssen: vor allem diejenigen, die geschichtlich auf das Werden seines Werkes eingingen und die Vorstöße und Krisen darstellten, die es in die heutige Form gebracht.

Da hatte er einmal auseinandergesetzt, daß die Kränkung der Zeitgenossen durch die Entdeckungen der Psychoanalyse zwei Vorgänger gehabt habe, die den Menschen in seinem Selbstbewußtsein ebenso sehr getroffen hätten wie diese. Die erste, die kosmologische, sei die Tat des Kopernikus gewesen, der die Erde und all ihre Bewohner aus der Mitte des Weltalls in eine bescheidene Nebenrolle verwies. Die zweite, die biologische, war Darwins Zurückführung des Menschen in den Stammbaum der Säugetiere, durch welche er, aller Gottähnlichkeit beraubt, sich die enge Verwandtschaft anderer Primaten gefallen lassen mußte. Die dritte Kränkung aber, die psychologische, habe ihm schließlich seine Psychoanalyse zugefügt, als sie die freie Entfaltung aller Regungen und Fähigkeiten in Determinierungen eingespannt aufzeigte, die seinem Willen, seinem Ich, gänzlich unzugänglich blieben. Enthüllte eine Forschung Geist und Seele des Menschen als Gebilde, die von seiner Triebnatur unerbittlich bestimmt würden, so traf sie hautlose Stellen seines Selbstbewußtseins – Kränkungen, die wir nur im Verlauf sehr langer Zeiträume verziehen. Daher sei der Widerstand gegen die Psychoanalyse in unserer innersten Natur sehr wohl begründet.

Schon damals begann mir aufzufallen, daß er eine vierte Kränkung übersah: die ökonomische durch den Schicksalsgenossen Karl Marx. Welche Rolle sein Werk im Studiengang seiner eigenen Fakultät spielte, der Volkswirtschaftler, Juristen und Soziologen, war mir nicht bekannt. Während meiner Ausbildung jedenfalls, der eines philologisch und philosophisch gleicherweise beschäftigten Studenten, waren – wenn überhaupt – nur Widerlegungen seiner Theorien vorgekommen. Auch Freud hatte offenbar übersehen, daß dieser bahnbrechende Ökonomist ihm, dem bahnbrechenden Psychologen, an Befeindung durch alle maßgebenden Kreise der herrschenden Gesellschaftsordnung nichts nachgab. Ja, so dämmerte mir, die Parallele ging noch viel weiter: auch von der Lehre des Karl Marx hatten sich Verflachungen und ›Erleichterungen‹ abgespalten wie von der des Sigmund

Freud, und auch jene hatten an Verbreitung die ursprünglich reine Wissenschaft verwässert und Scharen von Anhängern gewonnen, denen nur leider alle Kernstücke der Erkenntnis unzugänglich blieben. Auch dieser große Sohn des Bürgertums hatte seine Zeitgenossen und ihre Enkel und Enkelkinder aufs Tiefste beleidigt. Wies er nicht nach, die bestimmende Wirkung im gesellschaftlichen Sein ginge von wirtschaftlichen Verhältnissen aus, die jeder einzelne habe schaffen helfen? Güter, auf die der Mensch stolzer war als auf alles andere in seiner Reichweite, seien Funktionen der Wirtschaft, ein Überbau, der notwendigerweise die Struktur des Seins anzeige aber nicht beeinflusse? Erst komme es darauf an, gewisse Grundvoraussetzungen des Zusammenlebens und Zusammenwirtschaftens zu verändern, die Erniedrigung des Menschen zum Rohstoff, seine Proletarisierung also, abzuschaffen, die Ausbeutung seiner Arbeitskraft gegen den geringst möglichen Ertrag zu beenden. Erst danach lasse sich über den Aufbau einer Gesittung reden, die den stolzen Namen ›menschliche Gesellschaft‹ verdiene.

Im »Caliban« hatte ich versucht, den Nachweis zu führen, daß die Juden als Gruppe mit diesem Proletariat auf Gedeih und Verderb verlötet seien. Was auch immer der einzelne durch Leistung oder Vermögen innerhalb der bürgerlichen Welt erreiche, sein Gruppenschicksal müsse seinen Aufstieg in Absturz verwandeln, sobald die Herrschenden ein Bedürfnis danach hätten, ihn als Sündenbock oder Opferlamm preiszugeben. Keine Garantie sichere ihn davor, wenn nicht ein Bündnis mit eben jenen nichtjüdischen Schicksalsgenossen. Jede Verfassung werde aufgehoben werden, jede Bürgschaft gekündigt, auch die Taufe werde nichts nutzen, selbst wenn sie Generationen zurückliege. Freud hatte offenbar diesen Gedankenzug meines Buches ebenso abgelehnt wie die ganze Aufdeckung der Existenz von Gruppenaffekten besonderer Art. Er hatte mit vollem Recht eingewandt, daß einerseits der von mir festgestellte ›Differenzaffekt‹ von ihm längst als ›Narzißmus der kleinsten Unterschiede‹ beschrieben worden sei, daß aber andererseits auf gewisse Weise alle Affekte als Gruppenaffekte gelten müßten. Nun hatte ich sein grundlegendes Buch über dieses Thema, »Massenpsychologie und Ich-

Analyse«, damals noch nicht gelesen und jetzt noch weniger Aussicht, es schnell zur Kenntnis zu nehmen. Gleichwohl schienen mir die Einwände mehr der Nachprüfung zu bedürfen, die wir beide gemeinsam gegen den Kampfcharakter des russischen Sozialismus hegten. Durfte man wirklich den Weg in die Zukunft eine verlorene Hoffnung und Illusion nennen, wenn die Methoden, zu denen das Proletariat durch die Aggression der Machthaber und Unterdrücker gezwungen war, den liberalen Vorstellungen von Kulturhöhe und Gesittung nicht entsprachen? Es war ja noch gar nicht lange her, daß ein so überzeugter Sozialist und reiner Geist wie Gustav Landauer in seinen Thesen des sozialistischen Bundes geschrieben hatte, der Sozialismus werde sich durchsetzen auf den Wegen, die die Geschichte ihm dafür weise. Diese hatten ihn, den Gegner der Gewaltanwendung, ebenso ins Grab durch Mörderhand befördert wie die Marxisten Jean Jaures, Juli 1914, und Karl Liebknecht und Rosa Luxemburg nach dem Niederbruch der deutschen Militärmaschine 1919. Solange der Lauf der Geschichte von Macht und Gewalt bestimmt wurde und nicht von Recht und Gerechtigkeit – durfte der geistige, der schöpferische Vorbereiter der Zukunft, durfte Sigmund Freud da wählerisch sein? In jenen Jahren, da der größere Teil des deutschen Volkes noch überzeugt schien, mit demokratischen Mitteln das Kulturniveau aufrecht zu erhalten, das sich im Goethepreis für Freud ausdrückte, konnte ein Mann wie er noch glauben, der Liberalismus, der so machtvolle Blüten wie ihn getrieben, werde auch die Bahn in die Zukunft sicherstellen? Wir beide wußten nicht, wie schnell sich das als Illusion erweisen sollte – dieser Glaube und nicht die Marx'sche Beweisführung und die Bürgschaft, die der Sozialismus für Fortbestehen und Steigerung der menschlichen Gesittung leisten würde.

Die Verdrängung, die den Kulturkritiker Karl Marx für den ihn übersehenden Sigmund Freud aus der Reihe der drei großen Kränker ausgeschaltet hatte, bezog ihre Kraft auch noch aus einem anderen Satze der marxistischen Erkenntnisse – jenem grundlegenden nämlich: Das gesellschaftliche Sein des Menschen bestimme auch sein Bewußtsein. Der Komplex Bewußtsein umfaßte auch die von Freud festgestellten Abstufungen Wachbewußtsein, Vorbewußtsein und das Unbewußte, in welches Abkömmlinge der beiden erstgenannten versenkt werden, ohne an Kraft dadurch zu verlieren. (Nur das Es schaltete sich hier wie bei vielen anderen Seelenwirkungen aus.) Das gesellschaftliche Sein nämlich schon der Urhorde und der werkzeugmachenden Steinzeit formte die wirkenden Voraussetzungen unseres geistigen Lebens – und nun gar erst die Jahrtausende währende Sklavengesellschaft, die alle Handarbeit als entwürdigend stempelte. Noch im Feudalwesen ward dem Manne nur die Waffe zugebilligt, Schwert und Speer, nicht einmal die Armbrust. Also verfiel auf unserem Kontinent der Herabwürdigung auch durch das Bürgertum Fabrikarbeit und Proletariat, Maschinenbedienung und Gewerkschaftsbewegung bis zum Wirken von Marx und seinen Vorläufern, den utopischen Sozialisten. In der Stadt Wien entging dem Begründer der Psychoanalyse, dem Revolutionär der Erkenntnisse über den Menschen, die innere Verpflichtung, sich mit den anderen revolutionierenden Gesellschaftskräften zu verbinden. Nur Alfred Adler und seine Schule erkannte diesen unabweislichen Zusammenhang, den die Freud-Schüler und ihre Veröffentlichungen einfach ausließen, als blickten sie mit einem blinden Fleck in unsere Gegenwart.

12. Kapitel

Realitätsgewinn

Wir hatten uns in den Jahren seit unserer Tegeler Begegnung noch zwei oder dreimal gesprochen, das erste Mal wieder in jenem bevorzugten Sanatorium, die folgenden Male in Wien. Diese immer nur kurzen Berührungen veranlaßten uns beide zu dem Wunsche, endlich zu längerem Umgang am gleichen Orte zu verweilen. Für das Frühjahr 32 schien uns die Erfüllung dieses Wunsches bevorzustehen. Freud hatte eine »Neue Folge der Vorlesungen zur Einführung in die Psychoanalyse« unter der Feder; er würde daheim oder in einer Sommerwohnung am Stadtrande zu erreichen sein, ich selber aber endlich einmal den Semmering, die Tauern, den Wörther See kennen lernen. Auf dem

Hin- wie auf dem Rückweg ließen sich gut Wochen in dem behaglichen Wien verbringen, das zwar von den Eingeweihten als unvergleichbar mit dem des Kaisers Franz Joseph bekrittelt wurde, uns Berlinern aber doch eine Fülle von Reizen bot, besonders in seinen Museen, Konzerten, Theatern. Daß dieser Plan zunichte wurde, ergab sich schon in den ersten Wochen des Jahres.

Herbst 31 hatte ich den Roman »Junge Frau von 1914« abgeschlossen und publiziert. In seinen letzten Büchern führte er den Helden in die Verdunschlacht, von welcher er auf vier Tage beurlaubt wurde, um in Berlin zu heiraten. Führer der Verdun-Armee war, wie alle Welt noch in Erinnerung hatte, der älteste Sohn des deutschen Kaisers, der Kronprinz Friedrich Wilhelm. Diesem Kaisersohn, der inzwischen fünfzehn Jahre älter geworden, war, wenn nicht alle Zeichen trogen, eine Rückkehr als Prinzpräsident oder Reichsverweser zugedacht, eine Rückverwandlung der deutschen Republik in eine getarnte Hohenzollern-Monarchie nach dem Muster jener Vorgänge, die zur Errichtung des zweiten französischen Kaiserreiches geführt hatten. Ein Bündnis der Reichswehr unter General von Schleicher mit den Gewerkschaften sollte dies zuwege bringen, geführt von denjenigen politischen Parteien, die dem Reichskanzler Dr. Brüning folgten. Leider sah mein Arbeitsprogramm jetzt die Inangriffnahme des Romans »Erziehung vor Verdun« vor, in welchem der Kronprinz als historische Gestalt mitwirkte, »treu dem Gesetz, wonach er angetreten.« Eine frühe Fassung war diktiert – schon sie ergab, daß dieses Buch unter solchen Voraussetzungen in Deutschland kaum würde publiziert werden können. Auf jeden Fall aber tat sein Verfasser gut daran, seinen Wohnsitz auf einige Jahre ziemlich weit weg von den deutschen Grenzen aufzuschlagen. Patriotische Heißsporne und selbst deutsch-nationale Gerichtshöfe neigten sehr dazu, Majestätsbeleidigungen zu rächen. Nichts natürlicher, als daß ich für diesen Wohnsitz Palästina auserkor; hatte ich doch meinen zionistischen Impuls niemals als nur theoretisch und allein für die unterdrückten Ostjuden aufgefaßt – von den Vorwürfen längst dorthin übersiedelter Freunde zu schweigen.

Als ich Freud schrieb, daß ich ihn also im Frühling 32 kaum in

Wien würde besuchen können, und warum, grollte er aufs Freundschaftlichste. Palästina? Er hätte diesen merkwürdigen Streifen Landes auch gern besucht, durfte aber nicht mehr daran denken; unsere Vorfahren hatten dort fünfhundert oder tausend Jahre gelebt, aber auch das war nicht gewiß. Überdies:

»Kein anderer Fortschritt verknüpft sich mit diesem Streifen unserer Muttererde, keine Entdeckung oder Erfindung – die Phönizier sollen das Glas und das Alphabet (beides zweifelhaft) gefunden haben, die Insel Kreta hat die minoische Kunst geschaffen, an Pergamon erinnert das Pergament, an Magnesia der Magnet usw. ins Unendliche, aber Palästina hat nichts gebildet als Religionen, heiligen Wahnwitz, vermessene Versuche, die äußere Scheinwelt durch die innere Wunschwelt zu bewältigen.«

Kopfschüttelnd las ich, zurückgekehrt, diese Sätze, Geist und Herz voll von den Eindrücken der Reise. Nichts hervorgebracht hatte Palästina außer seinen Gottesgespinsten? Bedeutete für die Lebensgestaltung der weißen Rasse der Dekalog nichts, hatten die zehn Gebote, wenn auch von einem Donnerberg der Sinai-Halbinsel herab diktiert, nicht von Palästina aus an der Menschheit realistisch zu formen begonnen? Erzwang die Einsetzung des Ruhetages nicht den Verzicht auf ein Siebentel des Ertrages aller Sklavenarbeit – ein Schritt in die Zukunft, würdig der Verkündung der Menschenrechte durch die französische Revolution? Seit frühen Jahrhunderten hatten die Propheten in Juda und Israel auf ihre Machthaber losgehämmert, um ihnen die Existenz von Menschen und Nebenmenschen einzubläuen; auf sie hatten sich die Stifter des Christentums wie die aufstehenden Bauern und Handwerker des mittelalterlichen Abendlandes in ihren Artikeln berufen können, auf die Heilige Schrift und nur auf sie. Ja, auch der antike Sozialismus, der von Jamblichos und seinen Vorläufern, einem Syrer also, inspiriert war, schien den Ausstrahlungen sein Dasein zu verdanken, die von diesem Küstenstrich, dem alten Kanaan, herkamen. Und paßte es nicht in diese Tradition, daß ich entschlossen war, einen Roman zu improvisieren, der die heroische Epoche seiner jüdischen Neubesiedlung und gleichzeitig die Gefahr ihres überhitzten Nationalismus gestalten sollte?

Nach meiner Gewohnheit hatte ich den Stoff bereits, wie Goethe zu sagen pflegte, »schematisiert«, als wir in Alexandria das Schiff zur Heimkehr bestiegen, einen großen italienischen Schnelldampfer, der offenbar aus Indien kam. Um dem Plan Zeit zu lassen, volle Reife zu gewinnen, schob ich ihn in den Hintergrund der Seele, obgleich es mich drängte, alsbald an die Arbeit zu gehen. Der »Conte Rosso«, so hieß das Schiff, sollte uns nach Venedig bringen; obwohl ich lieber die Dienste einer Schifffahrtslinie benutzt hätte, deren Ertrag einer demokratisch kontrollierten Wirtschaft zugute kam, Frankreich oder Großbritannien, nicht der faschistischen des Duce. Aber unser Sinn war damals noch von Einbildungen umnebelt und nicht geweckt für die Wirklichkeit des Kampfes um alle Errungenschaften der modernen Kultur, der sich anbahnte. Wie hätte ich sonst übersehen können, daß niemand ungestraft in einem Lande wie Palästina zwei junge Nationalismen vor denselben Wagen einspannen konnte, ohne alles zu gefährden: den arabischen und den jüdischen Renner wie das britische Gefährt? Zum Zauber der Illusion gehört, daß sie junge Leute glücklich macht, und wir wußten gar nicht, wie jung wir noch waren.

Auf der Reise, in den Deckstühlen, mißbrauchte ich nach Herzenslust mein noch arbeitsfähiges Auge zum Lesen – in der klaren Helligkeit des Mittelmeers eine Freude, die ich mir lang hatte versagen müssen. In unserem Reisegepäck hatten nur wenige dünne und leichte Bücher und Broschüren Platz gefunden, und nur zwei davon bezogen sich nicht auf militärische und politische Stoffgebiete des – ersten – Weltkrieges. Beide stammten aus Freuds Feder; die eine, »Selbstdarstellung«, ein Sonderdruck aus einem Sammelwerk, »Medizin der Gegenwart«, die andere aus einer Sammlung kleiner Schriften, ein Beitrag zur Geschichte der Psychoanalyse. In beiden hatte ich gehofft, auf Freuds Werdegang zu stoßen; ich wurde nicht enttäuscht. Die Ermüdung meines Leseauges zahlte sich aus, wie man in Österreich sagt.

Als vernünftiger Patient las ich im Deckstuhl liegend, das Licht von rückwärts auf den Blättern, die leichte Broschüre in erhobenen Händen, wie ein Kurzsichtiger lesen soll. Und so zog vor meinem inneren Gesicht die Entfaltung dieser Persönlichkeit vorüber, wie sie sich, auf rembrandthafte Weise, von seiner Meisterhand gezeichnet, uns Nachgeborenen darstellte.

Da war von dem jungen Freud die Rede, der seine ersten und wichtigsten Leseeindrücke von den biblischen Geschichten empfing. Unter dem Einfluß einer Gymnasiasten-Freundschaft wollte er damals Jura studieren und eine soziale Tätigkeit wählen, den Weg einschlagen, den jener Freund offenbar gegangen war, in die österreichische Politik. Daß man als Jude im Österreich Franz Josephs nur sozialistischer Politiker werden konnte, lag in der Natur der Dinge – wandte sich doch die bürgerliche Masse immer mehr dem christlich-sozialen Antisemitismus zu, indes die Wohlhabenden im Gefolge der Aristokratie schwammen, ohne an wirklicher Macht teilzuhaben. Ein Junge, der sieben Jahre hintereinander als Primus seiner Klasse kaum je geprüft wurde, mußte das wittern. Was lag ihm am Herzen? Das Werden der Gesittung zwischen den Menschen und in ihnen, eine Leidenschaft für alle Kulturhöhen, deren sich unsere besten Epochen rühmten. Das Wertvollste an Dichtung und Kunst, welches sie überall hervorgebracht hatten, nährte seinen Geist – Shakespeare, Michelangelo und Lionardo beschwingten sein Glück, auf der Welt zu sein; eine Vorlesung von Goethes großartiger Abhandlung »Über die Natur« bestimmte ihn schließlich zum Studium der Naturwissenschaften und der Medizin, obwohl er damals ›und auch später‹ zum Berufe des Arztes wenig Neigung verspürte. Vorausgegangen war »die außerordentliche Förderung des Weltverständnisses durch das Auftreten und die Lehren Darwins«; darauf folgte alsbald die Zurückstoßung eines jungen, begeisterten und hochbegabten Herzens durch die deutsch-nationale Universität und ihre jugendlichen Wortführer. Sollte er sich doch als minderwertig und nicht volkszugehörig fühlen, weil er Jude war! »Das erstere lehnte ich mit aller Entschiedenheit ab ... Auf die mir verweigerte Volksgemeinschaft verzichtete ich ohne viel Bedauern.« Vielleicht wird sich nach Jahrzehnten zeigen, daß auf Grund dieser Vereinsamung und Vereinzelung ein Rückgriff auf die Welt der Bibel einsetzte, der den Forscher Freud zu gewissen Lieblingsvorstellungen des jüdischen Volkes in Widerspruch verstricken sollte.

Während wir mit Erstaunen merkten, daß nach dem Einbiegen in die Adria das Licht des Tages sich allmählich verschleierte, fand ich, daß die zweite der beiden mitgenommenen Schriften diese »Selbstdarstellung« prächtig ergänzte. In den Schilderungen, wie sich die psychoanalytische Ideenwelt in dem jungen Freud bildete und durchsetzte, stand unter anderem auch zu lesen, wie ältere und erfahrene Kollegen ihn mit Hinweisen versorgten auf die Rolle, die die Sexualität bei der Entstehung der Neurosen spielte. Mit der ganzen Deutlichkeit seiner Kunst des Berichtens erzählte er Krankheitsfälle, in denen ›nervöse‹ Frauen nur geheilt werden konnten, wenn man die Männlichkeit ihrer Gatten vorher wieder voll herstellte. Sie litten an ständiger Unterernährung ihrer geschlechtlichen Bedürfnisse, einer völlig normalen auf Befriedigung dringenden Begierde, und ihre Aufgeregtheit, ihr gesellschaftlich unbeherrschtes Benehmen, war zu allererst vergleichbar der heftigen Reaktion einer Hungernden auf das Vorhandensein viel zu hoch gehängter, sehr verlockender Lebensmittel. Aber um die Jahrhundertwende durfte zwar ein hungernder Magen bei der zeitgenössischen Bevölkerung vorkommen. Ein Hunger nach anderen Befriedigungen, verursacht durch andere Triebe, existierte aber nicht – er ward weder ein- noch zugestanden. Und nun sah ich diesen jungen Wissenschaftler durch die Straßen Wiens gehen und den Leuten anmerken, daß sie litten – auf der Spur des Wissens, warum, und feststellen, daß die erfahrenen Kollegen, erprobte Diener der Heilkunst, dieses Wissen verschwiegen! Daß sie die Wahrheit wußten und sie nicht sagten, weil die bürgerliche Gesellschaft dem Menschen zwar in der Nabelgegend einen Magen zugestand, aber nichts sonst. Die ganze bürgerliche Gesellschaft auf der ganzen Erde – sie, innerhalb derer und von der man leben mußte! – falls man nicht absinken wollte unter die Schwelle der Kaste, in die man hineingeboren war und die man bejahte. Aber während die Erfahrenen, auf eine gut gehende Praxis Rechnenden, ihre Wahl getroffen hatten – ›gut leben und leiden lassen‹ – hatte auch der Doktor Freud seine Wahl getroffen, so als habe er als Schüler und Student begeistert den Vers gesungen: »Wer die Wahrheit kennet und saget sie nicht,/ der ist fürwahr ein erbärmlicher Wicht.« Und Sigmund

Freud wagt es, die Erkenntnis, die er in sich aufgenommen hat, zu sagen. Mit Dreißig, mit Fünfzig, mit Siebzig – einerlei. Er hat inzwischen gemerkt, daß er einen Stier bei den Hörnern gepackt hat, den Stier der Sexualverdrängung und -Verwahrlosung, und daß man ein Herakles sein muß, um diesen Stier in die Knie zu zwingen – aber er läßt nicht los.

Nichts wäre natürlicher gewesen, als wir in Venedig landeten, den Rückweg über Wien zu nehmen und bei Freud vorzusprechen, ihm zu danken dafür, daß es ihn gab. Aber das Leben der Schriftsteller unterliegt eigenen Rhythmen – niemand verstand sie besser als er. Es war inzwischen Mitte Mai geworden, meine Frau strebte zu ihren Kindern, ihren Aquarellen, ich aber an meinen Schreibtisch, in mein neu errichtetes Atelierhaus, das für meine Arbeitsbedingungen entworfen worden war. Der neue Roman hatte sich kristallisiert, seine Gestalten gingen in mir um, besonders sein merkwürdiger gleichsam aus Widersprüchen gebauter Held; es drängte mich, die eben empfangenen Eindrücke mit lang gehegten Vorstellungen und Visionen zu verschmelzen. Erst kam die Arbeit, dann alles andere. Wahrscheinlich freute sich eine Instanz in mir auch, die nach allen Richtungen schwierigen Probleme des Verdun-Romans noch verschieben zu können. Keinen besseren Vorwand gab es dafür als das Einschalten einer neuen weniger umfangreichen Erzählung. Und so stiegen wir in den Nachtschnellzug nach Berlin und winkten nur im Geiste aufs Herzlichste nach der alten Kaiserstadt hinüber, die dieses Venedig erst aus ihrem Herrschaftsbereich entließ, als der Knabe Freud schon zehn Jahre alt war.

Und so sahen wir denn diesmal nur mit dem Auge der Phantasie den Meister in Wien am Schreibtisch sitzen, in der Berggasse hinter dem Schottentor und mit dem Einsatz seiner vollen Erfahrenheit, erprobt seit fast fünfzig Jahren, die Erkenntnis des Seelischen als Naturwissenschaft weiter ins Ungebahnte vorauszutragen. Mit der Meisterhand eines großen Instrumentenbauers hatte er ein Werkzeug dazu geschaffen, seine Psychoanalyse, ganz aus geistiger Substanz, gestellt auf genaueste Beobachtung und ein unangreifbares Schließen und Folgern. Leidenschaftlich erfüllte ihn das Kulturideal, dem unsre Zeit ergeben war wie alle ihre Vorgänger, aber den Weg zu ihm und die Voraussetzungen, die in den letzten dreitausend Jahren an der europäischen Menschheit geformt hatten, von denen sah er nur seine eigenen vorgeschichtlichen Entdeckungen. Er hatte nicht allein den Karl Marx verdrängt, so wie er imstande war, das Klavierspiel zu überhören, das – wie es hieß – jahrzehntelang über seinem Kopfe ausgeübt wurde.

Und ich begriff: diese Einseitigkeit war nötig. Trieb man einen neuen Schacht vor zur Durchleuchtung des Menschen und all seiner Wirkungen, nahm man die Wissenschaft von der Seele dort auf, wo die Antike sie gelassen, so hatte man einen Freibrief für alle Dinge aus der vita activa, den babylonischen Turmbau der Termite homo sapiens angehend. Der Weg in die Zukunft würde gegangen werden. Er würde blutig sein wie jede Geburt. Es kam nur darauf an, den furchtlosesten der heute lebenden Wissenschaftler vor den Folgen zu schützen, wenn das Unheil losbrach, das europäische Reaktion hieß. Er hatte – wir beschrieben es schon – vieles vorweggefühlt und in Briefen an mich niedergelegt, was gleichsam als Schatten an der Wand erschien, die drohende Gestalt der nächsten Zeit aber irrig interpretiert, geglaubt, an dem kleinen Österreich werde die Gefahr vorübergehen, weil sein gemäßigter und beliebter Genius es schützen werde. Bisher hatten immer noch die Demokratien Europas und Amerikas Verständnis für die Wichtigkeit gezeigt, die ein solcher geistiger Vorort auch für sie besaß. Kam es aber hart auf hart, so würde dieser Mann, der seit einem halben Jahrhundert seine Sache verfocht, sicherlich nicht von seinem Platze weichen. Noch regierte in Wien und Österreich die Sozialdemokratie, deren kluge Taktik schon Friedrich Engels gerühmt; sie hatte Freud zum siebzigsten Geburtstag das Ehrenbürgerrecht ihrer Stadt verliehen. Sie würde abzuwägen wissen, ob Kampf oder Appell an die Großmächte sie vor den heimischen Putschverbänden, den Heimwehrlern, oder wie immer sie hießen, schützen würde.

Niemand von uns begriff damals noch, daß Halbheiten immer schiefe Ebenen schaffen, und daß ein Gesetz der politischen Physik jedes Gemeinwesen diese schiefe Ebene hinunterschickt, das vor reinlichen Lösungen, auch extremen, zurückschreckt – aus was für guten Gründen immer ... Und so wußten wir Ende 1932 alle nicht, daß halber Faschismus immer ganzen Faschismus erzeugt, halber Sozialismus aber kaum je ganzen. Die deutschsprachigen Menschen zwischen Nordsee und Alpen und vom Rhein aus östlich waren von Herrn von Papen und dessen Kumpanen bereits an die Militärdiktatur verkauft worden, die Parole »Gegen den Bolschewismus« hatte den Ausschlag gegeben, und zwar internationalen, ohne daß wir die Erde beben fühlten. In Berlin wie in Wien rechneten wir damit, daß die demokratischen Kräfte, die Waffe in der Hand, mit den Putschisten fertig werden würden wie 1920 und '23. Ein neurotisch schwer krankes Individuum, einst im Wiener Asyl für Obdachlose bekannter Gast und höchst geeignet, andere seelisch Geschädigte anzuziehen und einzuspannen, stand bereit, sich an die Spitze eines großen Staates zu setzen. Daß er seit dem Ende des Weltkrieges mit dem Aufbau einer nationalistischen Söldnerarmee der europäischen Demokratie Hohn sprach, störte die öffentliche Meinung nicht. Um ›den Bürgerkrieg zu vermeiden‹ setzte man den leibhaftigen Bürgerkrieg auf Bismarcks Kanzlerstuhl. Und um den Aufbau eines sozialistischen Staates in den Osten abzudrängen, ließ man sich in Europa und Amerika von der Tarnung täuschen, die sich nationaler Sozialismus nannte, aber in Wirklichkeit die Diktatur der alten Machthaber tarnte. Wie lange man die Kulisse einer europäischen Geistigkeit noch dulden würde, darüber stritten nur die Eingeweihten. Das Ende dieser Kulturfeindschaft, Antisemitismus geheißen, ward außerhalb der deutschen Grenzen nicht ernst genommen, selbst belächelt, den Deutschen aber eingetrichtert und eingebläut, so wie es sich in Polen oder Österreich schon seit Generationen hatte züchten lassen, und wie es der Zarismus den Russen vergeblich einbrennen wollte.

So repräsentierten also noch inmitten nichtjüdischer Forschergenossen Sigmund Freud und Albert Einstein den deutschen Geist, Henri Bergson und Charles Mandel den französischen. Nichts unterscheidet sie von ihren Mitkämpfern christlicher Abkunft. Mein palästinensischer antinationalistischer Roman, »De Vriendt kehrt heim«, wird noch in Deutschland diktiert, gedruckt und zum Verkauf gestellt, ganz wie Werner Hegemanns

Streitschrift »Entlarvte Geschichte«, die dank ihrer ironischen Widmung, »Den Führern der Deutschen, Paul von Hindenburg und Adolf Hitler«, noch Monate nach der sogenannten Machtergreifung in den Schaufenstern der Buchhandlungen ausliegen darf. Seit Anfang jenes verhängnisvollen Jahres weiß ich, ich würde die nächsten im Ausland verleben müssen, von draußen her meine Romane ins Land zu schicken haben. Nun, Schicksal nimm deinen Lauf! Was auch immer kam, die erste Station würde einen längeren Aufenthalt in Wien erlauben: Umgang mit Freud. Fleißige Insekten vermochten auch noch aus stachligen Disteln Honig zu saugen. Für die ersten Monate des Jahres 1933 setzte ich Vorträge in Prag, Bratislava und Wien an; über das Thema konnte kein Zweifel obwalten: ich würde gegen den deutschen Antisemitismus reden und dann nachhause zurückkehren. Die größere Ausreise mußte sorgfältig vorbereitet werden.

Man wird zugeben, es gehörte viel Glück dazu, in manchen Fällen den Teufel am Schwanze zu zupfen.

III. Teil *Nach der Wasserscheide*

13. Kapitel
Politische Überraschungen

Als das Jahr 1933 anbrach, das Adolf Hitler, den »Verrückten von Berchtesgaden«, in die Macht hob und mit dem eigentlich besiegten Marschall von Hindenburg auf denkwürdigen Fotos zusammen zeigte, mußte Freud sich eingestehen, er habe das alles nicht erwartet. Er hatte ja auch nicht, wie er selber sagte, den Weltkrieg erwartet und sich alsbald, »guter Österreicher allewege«, hinter das Haus Habsburg gestellt. In seiner bemerkenswerten Einleitung zur Behandlung der Kriegsneurosen, die seine besten Schüler Karl Abraham, Ernest Jones, Ernst Simmel und Sandor Ferenczi 1919 veröffentlichten, hatte er sich mit den Erkrankungen durch Kriegserlebnisse mit gewohnter Klarheit und Tiefe beschäftigt, aber nirgendwo während der Diskussion, die jener Veröffentlichung zugrunde lag, war ein Groll gegen die Entfesseler von Kriegen hörbar geworden noch auch eine Untersuchung der Zwangsrolle, welche die betroffenen Völker spielen mußten. In dem darauffolgenden Jahrzehnt hatte sich Freuds Blick von den Staaten wieder ganz abgewendet, von ihren Massen und Parteien, und sich von einer affektiven Bindung an Rom lenken lassen. Rom war einerseits die Feindin der Psychoanalyse, nämlich die Kirche, deren Katholizismus sich mit der Beichte begnügte und die Untergründe der seelischen Triebe dem Teufel überließ. Andererseits hütete Rom die kostbaren Schätze seit den schöpferischen Tagen der Antike und Renaissance, Mussolini ließ die Maremmischen Sümpfe trockenlegen und dadurch das Klima der Ewigen Stadt wesentlich verbessern und bewachte außerdem immer stärker den Brenner-Grenzwall gegen das Eindringen des nazistischen Kulturhasses und Antisemitismus aus Österreich. Mochte er in Wien zur althergebrachten Lueger-Tradition gehören, ins Vaterland Michelangelos durfte er nicht hinübergreifen, die Wirksamkeit der Psychoanalyse daselbst nicht bedrohen. Selbst als die Achse Berlin-Rom-Tokio ein Tagesprogramm geworden war, sah Freud seine Schöpfung und deren Schüler von einem Pater Schmidt in Wien ernsthafter bedroht als von dem politischen Klima, das der Faschismus unter der Jugend des Bürgertums nördlich und südlich der Alpen geschaffen hatte und in diesem selbst.

Da brachen Flammenzeichen auf. Im Jahre 1927 war der Justizpalast in Wien in Brand gesteckt worden, hatte aber die Arbeiterschaft als starke antifaschistische Macht bestätigt. In den fünfeinhalb Jahren, die darauf folgten, war in Österreich die faschistische Bewegung in zwei Gruppen übermächtig geworden, Heimwehr und Nationalsozialisten (Starhemberg und Seiß-Inquart) wuchsen an, so daß alle linken Elemente ausgeschaltet wurden und der Kommunistische Schutzbund über die Grenzen nach der Sowjetunion flüchten mußte. Der Reichstagsbrand im Februar 33 veranlaßte auch mich, am 14. März meine Heimat zu verlassen und über Spindlermühle, CSR, nach Prag weiterzufahren, um dort erst aus gedrucktem und mündlichem Material den bestialischen Charakter dieser von der Entente geduldeten, später protegierten Gewaltherrschaft kennenzulernen. Jetzt erst lenkte sich Freuds Blick von der Bedrohung der Analyse durch die Kirche ab, wandte er sich von dem Ethnologen und Rivalen Pater Wilhelm Schmidt ab, dem Zuträger des Vatikans über Psychoanalyse, und vertiefte sich in eine Arbeit, von der wir später ausführlich berichten werden, den »Mann Moses«.

Was mich anlangt und mein Haus, so ließ sich jetzt wieder einmal das fühlen oder spüren, was ich das ›Gewebe‹ nannte und nenne: die sinnvolle Verknüpfung von Zufällen, determiniert durch den Weg, der uns aus Gefahren herausführen sollte. Daß meine Frau die ersten Wochen des Jahres 33 noch in Paris verbrachte, wohin sie im Herbst davor übergesiedelt war, um sich auf der Akademie Ranson in der Ölmalerei zu vervollkommnen, brachte es mit sich, daß ich Berlin mit meiner damaligen Sekretärin verließ, um die französische Übersetzung der »Novellen um Claudia« durchzusehen, (die nie erschienen ist). Als die Nachricht vom Reichstagsbrand in Paris eintraf, rief im Arbeits-Atelier eine Kollegin aus: »Das haben die Kommunisten gemacht, die haben den Reichstag angesteckt!« Meine Frau, von ihrer Staffelei aufblickend, entgegnete kühl: »Liebes Fräulein ..., das sieht mir mehr nach der Handschrift der Nationalsozialisten aus. Im übrigen sind wir hier zum Malen.« – Wenn ich mich recht erinnere, erhielt sie Anfang März von mir ein Telegramm: »Der Zahn ist wacklig geworden und wird wohl rausmüssen.« Später dann telegrafierte ich ihr von Spindlermühle eine Prager Adresse. Sie überlegte kurz und verstand, für diesmal müsse sie Paris Paris sein lassen, ihren hübschen kleinen Schrankkoffer packen und zunächst einmal nach Eichkamp zurückfahren, wo unsere Schwestern die Kinder und das Haus betreuten. Der Weber, welcher unsere Gewebe fertigt, veranlaßte eine befreundete Kollegin zu einer Fehlhandlung. Sie gab den Koffer meiner Frau mit all den neuen hübschen Wäschestücken und Kleidern am Nordbahnhof zur Gepäckaufbewahrung auf, statt am Schalter für Reisegepäck. Als meine [Frau] in Berlin ankam, entdeckte sie das Malheur, fuhr aber erst einmal nach Hause. Von dort aus sandte sie den Lagerschein eingeschrieben an jene Kollegin, mit der sie viele gemeinsame Interessen verbanden, und bat sie, ihr den Koffer auszulösen und zu schicken. Nun war es inzwischen Ende März geworden, und ihr und mein Wunsch ging dahin, die Reise nach Prag möglichst wenig zu verzögern. Das gute Unterzeug, welches sie in Paris getragen hatte, kam in die Wäsche, und sie versah sich für diese Reise mit allerlei altmodischen Überbleibseln aus dem Wäscheschrank. Als sie schließlich mit dem D-Zug nach Prag in Dresden ankam, war der 1. April ausgebrochen, jener Boykott-Tag gegen die Juden, über den die europäische Öffentlichkeit zwar aufgeregt deklamierte, praktisch aber hinwegsah. (Erst eine ›Kristallnacht‹ war nötig, um, wenigstens den Weitersehenden, die Augen zu öffnen: grünes Licht für Barbarei und Plünderung.)

An jenem 1. April aber, 1933, regierte auch die nationalsozialistische Jugend sächsische Höflichkeit und humanistischer Anstand. Als in den D-Zug gerufen wurde, alle Juden sollten aussteigen, fühlte sich meine Frau aufs Selbstverständlichste ebenfalls angesprochen, obwohl man sie im Verlaufe ihres Lebens niemals als Jüdin einzuschätzen wußte. Aber sie hatte im Jüdischen Volksheim mitgearbeitet, einen kleinen goldenen Davidstern an der Uhrkette und verließ den Zug. Junge Burschen in der braunen Uniform der SA brachten die gemachte Beute ins Dresdener Braune Haus, meine Frau gelangte in den Bereich einer älteren Nazisse. Diese veranlaßte sie, sich auszukleiden, wahrscheinlich um sie nach Devisen oder Schmuck zu untersuchen. Als sie aber diese brave kleinbürgerliche Unterwäsche ihrer Gefangenen bemerkte und das Handgepäck als Malerin, erklärte sie sich völlig befriedigt von ihren Eindrücken, ließ meine Frau sich wieder ankleiden und berichtete dann den kontrollierenden Obleuten, mit dieser Frau Zweig sei alles in Ordnung. Sie könne zwar nicht weiterfahren, habe aber vormittags einen D-Zug zurück nach Berlin. Meine Frau fühlte ihr Herz angespannt, sie mußte sich hinlegen. Hinlegen – aber wo? Da rückten ihr die SA-Leute mehrere Stühle zu einem Lager zusammen, breiteten eine Decke darüber, und so entging meine Frau jeder Beschädigung, abgesehen von der Aufregung und den zitternden Nerven, die niemandem erspart geblieben wären. Daß man ihr den Paß abnahm, verstand sich von selbst; einer unserer braven Schupos brachte ihn ihr in Eichkamp wieder, an die Straßenecke, an welcher sie das ansprechende Bild unserer Siedlung malte, mit dem Funkturm im Hintergrunde. Anfang Mai machte sie sich noch einmal auf, inzwischen war der Pariser Koffer treulich eingelaufen, und am 8. Mai fielen wir uns auf dem Prager Bahnhof in die Arme.

Von den mehr oder weniger jungen Menschen, mit denen wir damals in den verräucherten Prager Cafés saßen und Schinken oder Würstchen verspeisten, möchte ich an dieser Stelle nur einen einzigen schildern, den Berliner Schriftsteller Frank Warschauer. Zusammen waren wir am 27. Februar bei Lion Feuchtwangers Sekretärin zu Gast gewesen, als die Nachricht vom Reichstagsbrand dem amerikanischen Journalisten Frederic Kuh telefoniert wurde, und während wir alle noch still saßen und uns die Dinge durch den Kopf gehen ließen, erhob sich der mittelgroße dunkelhaarige Frank Warschauer, trank seine Teetasse leer, aus Jenaer Glas, und sagte: »Auf Wiedersehen, meine Herrschaften und Lola! Ich fahre noch heute nacht nach Prag. Mein Handkoffer steht schon gepackt in der väterlichen Wohnung.« Und damit verließ er uns. Wir fanden diesen Aufbruch übertrieben, aber ein paar Wochen später bewunderten wir ihn. Frank Warschauer, Journalist aus den Kreisen von Jacobsohns »Weltbühne«, hatte das Großwerden der rechtsradikalen Mordorganisationen verfolgt und verstanden, die Fememorde und die sie duldende sozialdemokratische Schlappheit, einer Partei, der er selber seit einem Jahrzehnt angehörte. Einige Zeit später schrieb er ein fesselndes kleines Buch, »Prag heute«, und verließ, als die Nazis nach dem Münchener Verrat in die CSR einbrachen, diese wunderschöne tausendjährige Stadt. Wiederum hoffte er, der Tatze des Tigers rechtzeitig zu entkommen; von Amsterdam aus schrieb er mir, ich sollte bei Albert Einstein für ihn ein gutes Wort einlegen – der allein könnte ihn in die USA Franklin D. Roosevelts hinüberholen. Unser großer Physiker und seine Sekretärin hatten mir bei einem Besuch in Princeton 1939 gezeigt, daß es jetzt für Einstein nur eine Aufgabe gab: die Stöße von Briefen positiv zu beantworten, welche europäische Physiker hilfesuchend an ihn sandten. Frank Warschauer aber hatte seine ehemalige Frau in Tel Aviv wohnen, sie war bereit, ihm das rettende Visum in die britische Mandatskolonie ausstellen zu lassen. Aber das wollte er offenbar nicht, ihm schien Palästina zu eng, zu nationalistisch und abgelegen, und er zog den Giftbecher vor wie seine Berliner Landsleute Alfred Wolffenstein, Ernst Weiß, die Schauspielerin Anita Sackheim, Kurt Tucholsky.

Als die Caféhauskameraden erfuhren, welches Abenteuer meine Frau hinter sich gebracht hatte und daß eine Zeitung davon bereits Notiz genommen, drangen sie in mich, meinerseits den Zeitungsbericht zu ergänzen und mit dem Gewicht meines Namens zu stützen. Meine Frau und ich aber tauschten einen Blick und dann legte ich dar, daß wir das durchaus tolerante Verhalten der Besatzung des Braunen Hauses nicht verschweigen könnten, was uns ebenso unpassend erschiene, als wenn wir es schwarz in schwarz malten. Wir verhehlten auch nicht, daß wir alsbald Prag mit Wien vertauschen würden und Wien mit Basel, unsere nächste Station dann sei Marseille und der Endhafen Haifa. Und so verstand man gut, daß auch für Schriftsteller manchmal Schweigen das bessere Teil ist.

Besonders wohl taten mir die beistimmenden Worte Egon Erwin Kischs, jenes außerordentlich begabten und wirklichkeitsnahen Kollegen, mit dem ich bereits seit 1926 im Schutzverband Deutscher Schriftsteller einen unveränderbar warmen Kontakt aufgenommen hatte. In einer Ausstellung unserer Manuskripte, die der SDS in der damaligen Staatsbibliothek veranstaltete, fesselten mich besonders Kischs Handschriften, die in einer deutlichen Schulschreibweise abgefaßt waren, aber am Rande und unter dem Geschriebenen merkwürdige Arabesken und Zeichnereien enthielten – Zeugen dafür, wie Kisch die Pausen ausfüllte, während seine Sätze ihm zuströmten. Damals, im Mai 1933, mochte er gerade aus Ungarn wieder in seiner Heimatstadt eingetroffen sein: er hatte sich auf zigeunerische Weise ungarisch aufgemacht, das dichte dunkle Haar von einem Mittelscheitel geteilt und einen Schnurrbart über dem Munde, der auf magyarische Art in Spitzen endete. Leider hatte ich damals keine Gelegenheit, ihn nach den Gründen dieser Maskerade auszufragen, und als ich fünfzehn Jahre später die goldene Stadt an der Moldau wieder besuchte, war diese großartige journalistische Begabung, dieser meisterhafte und scharfsichtige Schriftsteller vor ein paar Wochen aus dem Leben geschieden, Opfer einer Krankheit, die vielleicht auch mit den vielen Zigaretten zusammenhing, die er tagaus, tagein verbrauchte.

Während sich in Berlin, ja im ganzen Reiche, Kräfte zusammenballen, die alsbald auch über die deutschen Grenzen hinweg Unheil stiften werden, hält sich das Land Österreich wie auch seine Hauptstadt Wien in einer Art Gleichgewicht, das von der Brennergrenze her, von Mussolini also, gestützt wird. In den lebenerfüllten Straßen der alten Kaiserstadt wogen vorläufig ununterscheidbar alle Schichten durcheinander, die seit 1918, seit der furchtbaren Quittung auf die nationalitätenfeindliche Politik der habsburgischen Monarchie das Gesicht der Stadt und des Landes bestimmt haben. Aufs gemütlichste nebeneinander leben und wirken sozialdemokratische Arbeiterschaft, ein heftig antisemitisches Kleinbürgertum, eine davon anscheinend unberührte jüdische Mittelschicht und Bankenwelt, die sich von der Inflation mit ausländischer Hilfe erholt hat, eine kleine, vom Marxismus überzeugte kommunistische Kerntruppe und über allem die alten feudalen Hofkreise von einst, ein Gemisch aus ehemaliger Aristokratie und neuem Reichtum. Inmitten dieser anscheinend unberührten Umwelt wirkt eine starke intellektuelle Bürgerlichkeit. Sie enthält Ärzte, die überallhin ihr Renommee ausstrahlten und dazwischen auch den Schöpfer der Psychoanalyse, jenen Sigmund Freud, nicht mehr angefeindet, auch nicht mehr verlacht, der seinen 77. Geburtstag feiern wird – unter den vielen Gratulanten auch mich. Er wird sich bald mit mir auf eine halbe Stunde zurückziehen, in jenen Teil der Etage von Berggasse 19, der seine Arbeitsatmosphäre umschließt, wir zünden uns Zigarren an und besprechen und beraten, wie wir die heraufziehende merkwürdige Welt am besten bestehen könnten. Freud ist entschlossen, nicht von der Stelle zu weichen und rät das Gleiche auch mir, dessen Situation freilich ganz anders sei als die seine. Vorläufig berichte ich ihm nur von meiner Absicht, meinen Schrankkoffer aus Berlin wegzuholen, da ich ja nur mit meinem kleinen braunledernen Köfferchen nach Spindlermühle ausreiste, mit meiner tapferen Sekretärin durch den Schnee stapfend, indes ein Dienstmann der Zollstelle unser bescheidenes Handgepäck per Schlitten nach oben brachte. Und ich erzählte Freud, daß wir erst dort oben aus deutschen Zeitungen und Zeitschriften Bruchstücke der wahren furchtbaren Ausschreitungen gegen die Linke, den Geist und die Intellektuellen und Juden zur Kenntnis erhielten. Daß sich die europäischen Mächte hüten würden, den Machtbereich des Reichskanzlers Hitler anzutasten, darüber waren wir uns einig, hatten aber beide keine Ahnung davon, daß noch jahrelang all die furchtbaren Wahrheiten als Greuelpropaganda verschrien werden würden, die aus der Hölle des Dritten Reiches über die Grenzen drangen. Zwei bis drei Jahre gaben Österreichs beste Köpfe jenem Tausendjährigen Reich, das sich mit Hilfe der Hitlerschen Privatarmeen, SA und SS genannt, inzwischen über ganz Deutschland verbreitet hatte.

Die Familie Freud bereitete sich jetzt schon vor, als Sommerwohnung ein großes wohnliches Gebäude am Stadtrand zu beziehen, das in einem parkartigen Garten lag, Hohe Warte 46. In früheren Jahren waren sie auf ein Gütchen Anna Freuds übergesiedelt, diesmal aber blieben sie lieber in der Nähe der städtischen Hilfsmittel, für den Fall, daß der Siebenundsiebzigjährige ärztlichen Beistand brauchte. Er hatte vorhin einen leichten Schwindelanfall überwinden müssen. »Man feiert eben nicht umsonst Familienfeste«, scherzte er nachher.

Trotz seiner einflußreichen Zeitungen aber ist das gesamte jüdische Bürgertum politisch völlig entmachtet. Die Vaterländische Front des Engelbert Dollfuß regiert auf austrofaschistische Weise nach römischem Vorbild, und die ökonomische Basis, die eine Völkerbundanleihe von 300 Millionen Schilling auch diesem Österreich zur Verfügung stellt, ist lediglich an die Bedingung geknüpft, bis zum Jahre 1952 mit Deutschland keinerlei wirtschaftliche oder politische Vereinigung anzustreben oder zuzulassen. Niemand weiß in Wien, Prag, Budapest, daß die schwarze Wolke, die bereits über den deutschen Juden liegt, auch für sie Unheil brütet, all diese Großstädte mit einer [Gemeinde] von 1 400 000 Gemeindemitgliedern, die unsere Sprache und eine freisinnige, bürgerlich fortschrittliche Kultur überallhin getragen haben. Noch höchstens sieben Jahre werden sie als Mitbürger ihrer christlichen Nachbarn zu finden sein, dann wird eine ›Endlösung‹ ins Werk gesetzt werden, wie sie unter weißhäutigen Menschen noch niemals denkbar war. Trotz der Anstrengungen der Herren Globke und Heusinger (Unternehmen Tannenbaum) blieb wiederum die Schweiz außerhalb der Reichweite der alldeutschen Ausrottungen, so daß das schweizerische Judentum auf sich die biblische Prophezeiung beziehen kann: Schear Jaschuw – ein Rest wird bleiben.

14. Kapitel
Emigration

Nach einem zehn Tage dauernden Aufenthalt in Wien setzten wir uns in die Eisenbahn und fuhren zunächst einmal nach Basel, wo sich das Bankhaus befand, mit welchem mich vor Jahren ein Logenbruder in Verbindung gebracht. Da meine Absicht feststand, meine neue Arbeitsstätte in Haifa-Palästina aufzuschlagen, mußte ich meine geretteten Ersparnisse der dortigen Filiale der

Anglo-Palestine-Bank überweisen lassen und dazu eigenhändige Unterschriften dem Baseler Bankhaus übergeben. Um noch einige Wochen die Schweizer Landschaft zu genießen, ließ ich mir den idyllischen Ort Gunten am Thuner See raten, von welchem aus man bequeme Spaziergänge an den Ufern dieses ernsthaft-liebenswürdigen Gewässers machen konnte. Auch war mir der Thuner See aus meinen Studien über Heinrich von Kleist bemerkenswert geworden – daselbst hatte dieser Unselige schöne Wochen seines bald beendeten Lebens auf einer Aare-Insel verbracht, in Gesellschaft, wie ich mich zu erinnern glaube, eines freundlichen Schweizer Fischermädchens. Aber der Regen, mit dem wir nicht gerechnet hatten, ließ uns bald nach südlicheren Gegenden verlangen, und so erreichten wir allmählich über Ventimiglia Bandol, nachdem wir in Mailand wegen meines Verlegers Mondadori eine Nacht verbracht hatten und morgens weiter nach Genua fuhren. In Gunten notierte ich damals: »Regen. Kälte. Trostlos, ein Emigrant zu sein. Lieber als nach Mailand führen wir nach Hause.«

In Bandol aber umfing uns strahlender Juni, die schöne Westküste des Mittelmeers, sein blitzendes Licht und sein erfrischender Hauch verwirklichten in uns die fast vergessene Tatsache, daß wir eine Lenzreise nach der Provence gemacht hatten gleich einem Hochzeitspaar, das den Städten nördlich der Alpen entronnen. Hier auch begrüßten uns Freunde, die sich schon ganz und gar als Emigranten fühlten, der Realität angepaßt hatten: Lion Feuchtwanger und Heinrich Mann, René Schickele und Julius Meyer-Gräfe, einst führender Kunstkritiker und Vorkämpfer der europäischen Malerei in Berlin. Bei ihm trafen wir den Wortführer der Maler des Montmartre Ernst Klossowski, mehrere angesehene Journalisten aus Paris und Basel, und von Monte Carlo aus grüßte Jakob Wassermann, der mir, jungem Schriftsteller, mit seinen ersten Büchern Mut gemacht. Nicht lange mehr und im benachbarten Sanary würden wir auch Thomas Mann mit seiner ganzen Familie neben uns haben, den Amerikaner Seagrave, den begabten Münchener Wilhelm Herzog, inzwischen nach Basel verheiratet. Und all diese geistig-literarische Welt traf sich an den runden Marmortischen der Cafés und trank einen Schwarzen oder einen provençalischen Rotwein, machte einander aufmerksam auf Artikel im »Petit Marseillais« über Vorkommnisse im Dritten Reich oder aus den großen Pariser Zeitungen und gab dem Schriftsteller Leopold Schwarzschild und seinem Pariser Tagebuch recht, der behauptet hatte, die gesamte deutsche Literatur von Gewicht und Belang habe dem Dritten Reich den Rücken gekehrt. (Ich weiß heute nicht mehr, welche Schweizer Zeitung daraufhin versuchte, ihn eines Besseren zu belehren.) Blickte ich von unserer damaligen Existenz, unseren kritischen Schriftstellergesprächen, auf die vergangenen Wochen zurück, so bedauerte ich erst recht meinen verehrten Freund Sigmund Freud, der von all den in Wien beheimateten Literaten, und zwar mit gutem Grund, nur Kontakt mit Artur Schnitzler suchte, dem Romancier und Arzt – vor einiger Zeit wurden aufschlußreiche Briefe Freuds an ihn bekannt. Lebten in der gleichen Stadt, sicherlich nicht sehr weit auseinander, lasen wahrscheinlich die gleichen Tageszeitungen – hatten aber jeder ihre eigenen Kreise und brachten das Wunder zustande, daß diese einander all die Jahrzehnte nie schnitten! In mir dagegen arbeitete bereits der Plan zu einem Buche, das sie alle umfassen würde: Bilanz der deutschen Judenheit 1933, das ich mit unserem jungen Verleger Fritz Landshoff, nun bei Querido, Amsterdam, schon besprochen hatte, als er mich in Gunten besuchte.

Als eine Woche später meine Sekretärin mit ihrem Verlobten auch bei uns eingetroffen war und aufmerksam und reizvoll wie immer hinter ihrem Schreibmaschinchen saß, begann ich das Diktat jenes Buches, das auch die Aufmerksamkeit der außerdeutschen Welt auf den bedrohten Sektor unserer deutschen Kultur, der modernen, freisinnigen lenken sollte. Und, vom Nachwirken der letzten Wiener Wochen besonders beflügelt, entwarf ich ein Porträt Sigmund Freuds, das ich dem Leser dieses Buches nicht vorenthalten kann.

»Die Fortschritte der Naturwissenschaften«, begann ich im Juni 1933, »auch der Astro-Physik und der Elektronenlehre, wurden von vielen Forschern geschaffen, einer auf den Arbeiten des anderen fußend, wie es im Wesen der Wissenschaft selbst liegt. Sigmund Freud aber hat die Seelenheilkunde, sowohl was Heilen wie was Wissen anlangt, nur in Stücken und Keimen angetroffen und verwaltet sie jetzt als ein großartiges, dem Leben der Seele aufs engste angeschmiegtes und gewachsenes System, in welchem der gesunde Mensch wie der erkrankte voll verstanden und der heilenden Beeinflussung zugänglich gemacht werden kann. Dies ist seine Lebensleistung, und darum gebrauchten wir jenen Superlativ, den die Geschichte bestätigen und noch nach vielen Richtungen unterstreichen wird. In seiner wundervoll bescheidenen und klaren ›Selbstdarstellung‹ hat er über seine Entwicklung Rechenschaft gegeben und denjenigen Männern Dank gezollt, die diese Lebensleistung erst ermöglichten: dem großen Franzosen Charcot, dem französischen Juden Bernheim, Nancy, seinem Wiener Kollegen Josef Breuer; denn aus dem Nichts, wir sagten es schon, konnte auch er nicht jenen mächtigen und überschattenden Baum wachsen lassen, der heute als Psychoanalyse, umgeben von der schärfsten Kritik der Welt wie ihrer eigenen Träger, zu einer beherrschenden Wissenschaft und Heilkunde herangewachsen ist. In dieser Selbstdarstellung möge jeder nachlesen, wie Freud von der genauen Beobachtung, von der an jedem einzelnen Tage seines Lebens geübten Kontrolle seiner Patienten und seines eigenen Ichs ausgehend, sich an die Gesetze, an die Beschreibung, die Beeinflussung unserer Seelenapparatur heranpirschte; wie er die Neurosen, bestimmte Erkrankungen der Seele, von der Hysterie zu scheiden lernte; wie er die Macht und den Aufbau des menschlichen Trieblebens allmählich verstand, die Lebens- und Liebeskraft als Libido erfaßte, die Allmacht des Sexualtriebes, der ja die Ausbreitung des menschlichen Geschlechtes trägt, bewerten lernte und seine Stauungen, Hemmungen, Beschädigungen und Abirrungen allmählich verstand; wie er die Systeme des Wachbewußtseins, des Vorbewußten und des Unbewußten abzugrenzen und aufzuhellen lehrte, dem veränderlichen Ich das unveränderliche Es gegenüberstellend, das seine Botschaften ununterbrochen zur Oberfläche emporschickt; wie er aus ihnen die Fehlleistungen des Alltags und die Träume zu deuten unternahm; wie er dann eine Systematik der Neurosen und zugleich der menschlichen Triebe schuf und immer wieder verbesserte, auf die Psyche des Kindes übergriff und die Kindheit des Menschen völlig neu zu begreifen und darzulegen verstand; wie er alsbald die menschliche Seelenvergangenheit in seine Studien einbezog und die Kultur der Primitiven in die Erkenntnis dessen eingliederte, was davon noch in jedem heutigen Menschen nachwirkt; wie er schließlich eine typische Entwicklungslehre der Menschenseele aufstellte, ihre Schichtungen aufdeckend, beschreibend und an dem jeweiligen Krankenmaterial durch Heilung demonstrierend; um mit Schriften zu enden, die den Kulturverlauf in seinem Widerspruch zu unserer Triebanlage darstellten, kritisierten und mit aller Vorsicht zu verbessern anwiesen. Sein tapferer Pessimismus feite ihn vor Enttäuschungen; der wilde Widerstand, dem seine Lehre dreißig Jahre lang und noch heute trotzen mußte, ward von ihm selbst als Beweis ihrer Richtigkeit begriffen: der Mensch weigert sich, seine Triebvergangenheit und Triebbesetztheit zuzugeben, wie er Charles Darwin gegenüber seine tierische Herkunft anzunehmen sich weigerte. Diese Macht wurde von Freud unter dem Namen ›Verdrängung‹ als ein beherrschendes Kulturprinzip aufgedeckt. Schon seine ersten Krankengeschichten in ihrer unnachahmlichen Klarheit, Behutsamkeit und Kürze bewiesen ihn als großen Schriftsteller; seither hat er auch diese Gabe immer reicher ausgebaut und durch seine Terminologie und Begriffsbildung der deutschen Sprache neue Ausdrucksmittel geschenkt. Es gibt kein Gebiet menschlicher Tätigkeit, einschließlich der Religionen und Künste, das von der Psychoanalyse nicht durchleuchtet und befruchtet würde; Mythenforschung und Ethnographie haben von ihr ebensoviel Förderung erfahren wie Pädagogik und Sozialhygiene. Und dabei vergesse man nie, daß als Ergänzung, als Beweis, ja, als eigentliches Leistungsgebiet dieser Wissenschaft, die Heilung von Krankheitsfällen und ihre Verhütung unterstrichen werden muß. Freuds Schriften, so bedeutend sie als Wissenschaft und als Schrifttum sind, stellen nur die notwendige Mitteilungsform dessen dar, was jederzeit, in jeder Sprechstunde jedes Analytikers am lebenden Material bewirkt und gewirkt wird. Denn dieser erstaunliche Mann, durch schwere Erkrankung ebensowenig aufzuhalten wie durch den Widerstand der stumpfen Welt, vermochte eine immer wachsende Zahl zum Teil sehr bedeutender Schüler heranzuziehen und sie gleichsam zu organisieren. Auch wo sie sich ihm aus Gründen ihrer individuellen Entwicklung entzogen, um früher oder später eigene Wege zu suchen, bleiben sie für die Gründe ihrer Meinungen ihm verantwortlich. Und der größte Teil dieser Schüler sind bezeichnenderweise Juden wie er, österreichische vor allem; zwar nicht Karl Abraham, Ernst Simmel oder Max Eitingon, aber Alfred Adler und Wilhelm Stekel, Sandor Ferenczi und Theodor Reik, Otto Rank und Siegfried Bernfeld und Dutzende älterer und jüngerer, die mit ihren Arbeiten die überaus lesenswerten Zeitschriften der psychoanalytischen Bewegung füllen und in vielen Städten Europas und Amerikas den erkrankten Nervösen und Hysterikern Heilung bringen. Von Nichtjuden waren es vor allem Schweizer wie Jung und Pfister und Angelsachsen wie Stanley Hall, Ernest Jones und James J. Putnam, die sich ihm zuerst anschlossen – vielleicht kein Wunder, wenn man erwägt, wie sehr der antisemitische Affekt noch heute gegen den greisen Arzt, Wissenschaftler und Denker in Wien anrennt. Als man in Berlin und anderswo die Bücher Sigmund Freuds mit den unseren verbrannte, tat man uns allen die größte Ehre an, die heute von Barbaren zu vergeben ist. Denn einmal wird man erkennen, daß dieser Jude Sigmund Freud eine jahrhundertwendende Gestalt ist wie Platon. Er hat in die Steindecke unserer Verdrängungen die Bresche geschlagen, die nicht mehr geschlossen werden kann. Er hat die menschlichen Triebe neu verstehen und bewerten gelehrt, einem falschen Begriff von Geisteswissenschaft ebenso ein Ende machend wie dem verdrehten Aristokratismus Nietzsches. Er bringt ein neues Lebensgefühl herauf, indem er dabei die Verantwortung des Menschen und seine Bildbarkeit erhöht. Er wird seine Spur in der Politik hinterlassen, wenn man die Gruppenaffekte wird handhaben lernen, wie er und seine Schüler die Naturwissenschaft um das ganze Gebiet des Seelischen bereichert haben. Mit Recht wählte vor einigen Jahren Kurt Tucholsky, als er in einer Rezension Freuds Gesammelte Schriften ankündigte, die Überschrift: ›Elf Bände, die die Welt erschütterten‹. Der Mensch ist erziehbar, er kann unermüdlich an sich arbeiten, er braucht sich seine Hemmungen und Störungen nicht mehr gefallen zu lassen. Ja, er hat die Pflicht, so gesund und so fähig zu sein wie nur immer möglich. Diesen Imperativ gibt Freud seiner Mit- und Nachwelt, und es wird an ihr sein, zu zeigen, was sie damit ausrichtet.«

Und während wir so den seit sieben Jahren geregelten Arbeitsgang wieder aufnahmen, stellten wir fest, daß aus der Sicht unserer südfranzösischen Landspitze die österreichischen Dinge plötzlich wie in einem Nebel verschwanden. Daß mein Freund Freud inzwischen nach der Hohen Warte übergesiedelt war, von seinen antiken Schätzen einiges mitnehmend, auch ein Marmorrelief mit Putten und Kränzen, hatte ich noch klar im Kopfe; und was es bedeuten mochte, daß der christlich-soziale Justizminister Dr. von Schuschnigg inzwischen Unterrichtsminister geworden sei und damit auf die Politik seines kleinen Staates für die heranwachsende Generation einen Freud sicherlich nicht wohlgefälligen Einfluß nehmen würde, verzeichnete ich auch. Aber sah ich mir meine blasse Lily an, diese schlanke blonde Berlinerin mit den hellen großen Augen und der hellen Haut, so mußte ich immer lächeln anläßlich der Bemerkung ihrer braven Hausangestellten Klara zu Lilys Mutter: »Nicht wahr, gnä' Frau, Arier – das ist etwas mit der Oper?« Ja, opernhaft kam uns Ahnungslosen dieses ganze Dritte Reich vor, indes Lily nur mit tiefen Atemzügen daran dachte, sie werde für Monate nach dorthin zurückkehren müssen, dorthin, wo früher ihre Heimat gewesen. Wer wußte damals schon, daß hinter dem Dritten Reich die deutsche Rüstungsindustrie aufmarschierte, die Giganten von Kohle, Erz und Öl, und daß die Harzburger Front dies Zusammenspiel aller reaktionären Potenzen, von leitenden Beamten der großen Konzerne bis zu den kleinen bayrischen und besonders münchnerischen Braustuben und Bierkellern emsig dabei waren, den Wunsch des Herrn von Seeckt noch zu übertrumpfen, der die Revanche für den verlorenen ersten Weltkrieg erst 1942 zu entfesseln entschlossen war. Ja, Lily wäre lieber nach Dänemark ausgewandert als in das weltfremde Palästina, mit dem sie als deutsch-jüdische Tochter und Nicht-Zionistin kaum je ernsthaft geliebäugelt hatte. Und als später unser Freund Bertolt Brecht mit seiner Frau Helene Weigel ebenfalls in Sanary auftauchte, fand sie einen Bundesgenossen: »Gehen Sie doch nicht so weit weg, Zweig!« sagte er, an seiner Zigarre saugend. »Wir werden bald genug an Rückkehr denken müssen, wenn diese braune Tünche vom deutschen Klosett wieder abgefallen ist.« Unsere allgemeine Verachtung des Dritten Reiches bezog sich auf die Person des ungebildeten Hausknechts Hitler, über dessen falsches Deutsch sich unser Freund Feuchtwanger schon im amerikanischen Radio lustig gemacht hatte. Niemand in jenen ersten Jahren der Emigration witterte auch nur, was sich hinter all dem Quark vorbereitete, der »Gesetze zum Schutze des deutschen Blutes und der deutschen Ehre« hieß.

Was uns unmittelbar anging, traf uns am 19. und 20. Juni 1933 in Telegrammen des »Petit Marseillais«: Ein zionistischer Politiker war am Strande von Tel Aviv erschossen worden, der Dr. Chaim Arlosoroff. Am Strande von Tel Aviv erschossen? Arlosoroff, hinter dem doch der beste Teil der sozialistischen Jugend stand, nicht nur in Palästina? Hatten wir ihn nicht voriges Jahr ausführlich am Rande Jerusalems gesprochen, in der schönen Gartenstadt Talpioth? Kam er damals nicht gerade von aussichtsreichen Besprechungen mit König Hussein von Transjordanien zurück, aus Aman, wo er versucht hatte, die Einwanderungsklausel des Mandats für die Nicht-Tausend-Pfund-Kapitalisten zu umgehen, unpolitische jüdische Ingenieure, Techniker, Ackerbauern in das seit Jahrhunderten vernachlässigte Ostjordanland hineinzuschleusen. Und jetzt hatten ihn jene rabiaten Nationalisten ermordet, die man Revisionisten nannte, weil sie den zionistischen Verzicht auf das politische Besiedeln von Transjordanien nicht anerkannten? Ich sah den schlanken jungen Studenten vor mir, der mir als Chaim Arlosoroff vor zehn Jahren in Berlin vorgestellt worden war, damals schon Führer der nichtmarxistischen, sozialistischen Hapoel Hazair, der jungen Arbeiter. Als wir uns voriges Jahr wiedertrafen – er war schon 1924 nach Palästina gegangen – schien er mir in keiner Weise verändert und immer noch eine Hauptkraft für die wirtschaftliche Verstärkung und Verbreiterung des Palästina-Werks durch Zuwendung internationalen Kapitals. Und diesen praktisch arbeitenden Jugendführer hatten die nationalistischen Banditen erschossen, diese Nachläufer des russischen Journalisten Jabotinsky, die in ihren mit Geschwätz gefüllten Schädeln nicht ahnten, daß sie die Arabische Welt nicht noch mehr reizen durften, als dies schon durch das Eindringen jüdischer Gruppen in Palästina geschah, ohne Abstimmung mit den städtischen und ländlichen Organisationen der Araber Palästinas.

Da saßen wir nun in unserem Hotel, blickten hinaus auf das blauschimmernde Meer, die Junisonne erhob sich gerade über den Alpes Maritimes, und wir versandten Briefe an Verleger und Freunde mit meiner zukünftigen Adresse Haifa, Palästina, Mount Carmel. Waren diese Schüsse am Tel Aviver Strand nicht Warnruf genug? Konnte ich diese Übersiedlung ins Land eines Jugendtraums vor meinem Urteil noch rechtfertigen, besonders da ich dorthin auch befreundete junge Ehepaare gelockt hatte und im Begriffe war, auch meine Kinder zu uns zu holen und nachher dort hinüber, wo sie nicht nur in einer jüdischen, sondern in einer hebräischen Schule lernen und arbeiten sollten? Ich weiß nicht, was mir noch alles in jenen Tagen durch den Kopf ging, in denen wir wohlig im warmen Salzwasser schwammen. Nach einigen Tagen war mir klar, wir würden all das Eingeleitete weiter betreiben und nicht zurückschrecken vor den Banditen und irregeleiteten Hitzköpfen, die ich ja schon in meinem Roman »De Vriendt kehrt heim« zutreffend gezeichnet hatte. Ich war damals viel zu naiv, um annehmen zu können, daß mir dieser Roman während meiner ganzen palästinensischen Jahre Schwierigkeiten bereiten werde und daß er bis zum heutigen Tage nicht ins Hebräische übersetzt sein werde, obwohl er die einzige Gestaltung jener zionistischen Illusionsepoche darstellt …

Und so wurde es Sommer, ein herrlicher provençalischer Frühsommer, und zwischen Bädern und Spaziergängen beendeten wir die Niederschrift von »Bilanz der deutschen Judenheit 1933«. Zum Glück hatte sich Lion Feuchtwanger, da er an den »Oppermanns« schrieb, die fünf Bände »Jüdisches Lexikon« aus Berlin schicken lassen können; in ihnen fand ich alles, was ich zur Ergänzung meines Materials nachschlagen mußte. Unser Kreis war inzwischen bereichert worden: meine Frau hatte im August unsere beiden Jungen aus Straßburg abgeholt und dadurch blieb auch ihre Schwester, unsere Schwägerin, bis zur Ausschiffung aus Marseille bei uns. Nachrichten aus Deutschland enthielten zum Beispiel die freundliche Fälschung des Herrn Goebbels in Bezug auf irgendeine meiner Äußerungen. Da ich mich rechtzeitig aus der Reichweite dieser Herren entfernt hatte, konnte mir das Zeug gleichgültig bleiben, ja, mich belustigen, was sie in die Welt sandten oder drucken ließen. Nebenbei hatten wir auch ein Novellenbuch beendet, dessen Hauptstücke Lily aus Berlin mitgebracht; Verhandlungen mit Querido ergaben, daß er erst diesen Band drucken wollte, der auch als »Spielzeug der Zeit« noch 1933 erschien und alsbald auch in England und Amerika, indes die Korrekturarbeit an »Bilanz« im Herbst, und zwar in Paris, besorgt werden sollte. Ja, ich würde Frau und Kinder in das Mandatsgebiet vorausschicken und selber vorübergehend in Paris parken, mit wem wußte ich noch nicht. Inzwischen hatte sich auch mein bis dahin brauchbares Auge so verschlimmert, verdunkelt, daß ich selbst die großen Überschriften der Zeitungen nur mühsam entziffern konnte, an Korrekturlesen war nicht mehr zu denken, wahrscheinlich wäre es selbst in der durchsichtigen Atmosphäre der Provence nicht geglückt. Aber die Verhältnisse deutschen Druckens in Amsterdam brachten es eben mit sich, daß mich »Bilanz« noch wochenlang in Europa festhielt, so daß ich Kinder und Frau, nebst deren Schwester in Marseille an Bord der »Champollion« steigen sah, die haushoch neben dem Kai lag, und nassen Auges zu ihnen emporwinkte. Ja, die Schriftstellerin Anette Kolb hatte recht, mit Tränen in den Augen zu beklagen, daß wir Deutschland und Europa den Rücken kehrten; mit mir selber würde es noch eine Weile dauern, aber noch vor Jahresende landete auch ich in einem Hafen des gelobten Landes.

In der Heimat Sigmund Freuds war inzwischen von Dollfuß die Nationalsozialistische Partei verboten worden und eine Vaterländische Front gegründet, die sich auf Mussolinis Italien und das Ungarn des Admiral Horthy stützte. Würde sie ihn in dem Gefühl bestärken, zu bleiben wo er war? Jedenfalls war Anfang dieses Jahres in Paris ein Briefwechsel zwischen ihm und Albert Einstein erschienen, und zwar in drei Sprachen, der das Thema »Warum Krieg?« auftragsgemäß beleuchtete. Die Tiefe, in die

Freud seine Sonde senkte, mußte jedem imponieren, der etwas von der Schwierigkeit der Aufgabe verstand, den Schlachtfeldern ein Ende zu machen, statt der darauf geschlachteten Generationen tatkräftige Jugend erwachsen zu sehen. Und so wenig imposant sich der Völkerbund auch darstellte – das Hitlerreich konnte es sich leisten, ihm ganz einfach den Rücken zu kehren – blieb doch wohl unangetastet jenes Wien und Österreich, dem Genf voriges Jahr eine große Anleihe verschafft hatte. Hielten sich aber die neuen Deutschen außenpolitisch auch in Europa ruhig, so würden die Schüsse keine dauernden Konflikte einleiten, denen Arlosoroff erlegen war. Und so konnte ich mich in Paris zur Arbeit setzen und, das Werk getan, statt der »Champollion« die »Mariette Pascha« der Messagerie Maritime erklimmen und ostwärts dampfen.

15. Kapitel
Die Gesammelten Schriften

Am 21. Dezember 1933 landete unser Dampfer vor dem Jaffaer Hafen – seines Tiefgangs und gefährdender Klippen wegen konnte er nicht hinein. Statt seiner holten uns große hölzerne Barken ab, von arabischen Männern geschickt gelenkt und gerudert, braun verbrannte Gesichter unter einer Kefije aus weißem Stoff mit schwarzer Schnur, und brachten uns mitsamt unserem Gepäck an Land. Ich umarmte Frau und Kinder, auch die brave Jam, meine Schwägerin, fragte nach unserem provisorischen Quartier. Wir fuhren mit einem Bus von Jaffa in seinen ehemaligen Stadtteil Tel Aviv, zu deutsch Frühlingshügel, eine kleinbürgerliche ostjüdische Pension, derengleichen ich zum Glück während meiner Militärzeit gründlich kennenlernte, nahm uns auf. Das erste, was ich auspackte, noch am selben Abend, war mein Badeanzug; ich hatte aus der Barke meine Hand ins Wasser hängen lassen und mit Freuden festgestellt: fast 20 Grad Celsius. Also begrüßte ich am nächsten Mittag das Poseidonische Meer, glasklar und blaugrün, in dem es sich wundervoll schwamm. Und nachdem ich mich im Bademantel abgetrocknet hatte, kam ich mit einem Bademeister ins Gespräch, wenn ich mich recht erinnere, in jiddischer Sprache. Er warnte mich: »Jetzt können Sie sich das noch leisten. Die Winterstürme lassen lange auf sich warten. Aber sowie die losbrechen, ertrinken jedes Jahr leichtsinnige Leute hier am Strande, gute Schwimmer wie Sie, aber ahnungslos, welche Tücken das Wasser hier überall fertigbringt, Strudel, die Sie in den Grund ziehen und nicht wieder emporkommen lassen.«

Ich weiß nicht mehr, wann die Winterstürme dieses Jahr einsetzten, aber dann konnte man das grollende Meer nur grollend betrachten. Es verwandelte den flachen Sandstrand, es peitschte ihn mit weißfunkelnder Gischt. Unsere Pension aber lag hinter der ersten Straße, die am Meer entlangführte und erlaubte uns von der Düne her wenigstens einen Blick über die Salzflut, um die sich an dieser Stelle Sagen woben wie die der Andromeda und des Perseus. Die Felsen, an deren einen Andromeda angeschmiedet gewesen sein sollte, dem Meerungeheuer zur Beute, ragten weit nördlich von unserer Pension aus der jetzt umgischteten Flut.

Viele Freunde aus unserer zionistischen Jugendzeit begrüßten uns, darunter eine Kameradin meiner Frau aus der Margareten-Schule im Berliner Osten. Dieser ganze Stadtteil lag nach unserer Rückkehr in Trümmern, einschließlich jenes behaglichen Elternhauses, aus welchem ich meine Frau zur Kriegstrauung abholte. Und nun begann eine merkwürdige, von Freundschaft und Gegnerschaft gemischte Epoche, so paradox wie das Gemisch von hebräischen, englischen und deutschen Ankündigungen von Zeitungen und Zeitschriften, vor allem von Buchläden und Antiquariaten, die uns von nun an auch in allen anderen palästinensischen Städten zum Kauf einluden – zum Lesen, durfte ich schon damals leider nicht mehr sagen, meine Augen waren zu solchen Diensten inzwischen ganz unbrauchbar geworden.

Wir verließen alsbald diesen Küstenstreifen, Frau und Kinder waren ja von Anfang an in Haifa untergekommen, und reisten zunächst auf einige Tage nach Talpioth, einer schönen Vorstadt von Jerusalem, nach den Bergen hinauf, das wir schon 1932 reizvoll gefunden hatten. Von da an ging es mit Eisenbahn und Bus nach Haifa und auf den Carmel, und als meine Sekretärin, inzwischen Frau Leuchter geworden, ein paar Monate später mit dem italienischen Passagierschiff Tevere in Haifas Hafen eingelaufen war, begann eine wochenlange Wohnungssuche, die schließlich mit unserer Niederlassung im Hause des Dr. Moses, Dessau, endete, während Leuchters in dem neuen Stadtviertel Hadar ihre Koffer auspackten. Dann hieß die Aufgabe, die wir fortsetzten, nicht mehr »Bilanz der deutschen Judenheit«, sondern »Erziehung vor Verdun«, jener Roman, von dem bereits ein großes Manuskript vorgelegen hatte, als wir einen Teil davon abtrennten, der als »Junge Frau von 1914« noch bei Kiepenheuer, Potsdam, verlegt worden war. Anschluß nahmen wir damit wieder auf an die langwierige Arbeit am »Großen Krieg der Weißen Männer« zu der mich die Tatsache verführt haben mochte, daß ich als Kind in einer Garnisonstadt aufgewachsen war, überall von bunten Uniformen umgeben, und späterhin mit Soldaten aus Papier und Blei gespielt hatte, mit Schulkameraden, die in der gleichen Torheit der Kriegsbegeisterung aufwuchsen wie ich. Nicht zufällig hatte mich der Bericht über die Erschießung des russischen Kriegsgefangenen Paprotkin 1917 zutiefst erregt, zur ersten Skizze eines Stückes über diesen Fall bewegt, gezwungen. Dies hatte ich 1922 in ein viel zu langes Manuskript für unsere deutschen Bühnen verwandelt, war mit dieser realistischen Gestaltung am Expressionismus jener Jahre abgeprallt und sah mich daraufhin gezwungen, mir im Roman eine eigene Bühne zu errichten. Seither steckte ich geistig und seelisch wieder in der Uniform des Landsers, und als mir Lily in Haifa wieder gegenübersaß, eine still-tippende Remington, mein Hochzeitsgeschenk, vor sich, ging jener große Erzählungsstrom weiter, den ich in Berlin nicht hatte wagen können, weil der neue Reichsverweser nach dem Willen der Harzburger Front Friedrich Wilhelm, einstmals der Kronprinz, heißen sollte, mein Chef der 5. Armee. Nun aber war es noch viel schlimmer gekommen, und die Ordonnanz des Regiments List, der Gefreite Adolf Hitler, hatte eine Ära heraufgebracht, in der auf dem Opernplatz, von Studenten und Arbeitslosen umjubelt, jener Scheiterhaufen brannte, in welchen unsere Bücher flogen, die von Sigmund Freud gleich denen des Schriftstellers A. Z. All das hinzunehmen, waren wir nicht gesonnen, und der Roman »Erziehung vor Verdun« würde deutsch erscheinen, so gut gesetzt und gedruckt wie nie vorher deutsche Bücher im Auslande, bei Querido in Amsterdam und allmählich in allerlei anderen Sprachen, anglo-amerikanisch, französisch, italienisch. Noch bevor es dazu kam, traf aus Amsterdam eine Büchersendung ein: »Spielzeug der Zeit« und »Bilanz der deutschen Judenheit 1933«.

Ich hatte mir geschworen, dem Zustand meiner Augen entsprechend, keine Bibliothek mehr aufzubauen. Ich ließ mir sogar den Ankauf eines kleinen Schrankes mit der Enzyklopedia Britannica entgehen, jener letzten Vorkriegsausgabe von 1913, die alsbald eine Rarität geworden war, die letzte rein englische, nur gelegentlich amerikanische Auflage. Ein Schriftsteller ohne Lesefähigkeit mußte Bücher denjenigen überlassen, die sie ebenso nötig brauchten wie er, sie aber lesen konnten. Daß das ein Fehler ersten Ranges war, mußte ich bald merken – als Nachschlagewerk hatten wir ein solches Lexikon nötig. Da aber meine Sekretärin Englisch und Französisch gleich gut las und übersetzte, besserte ich diese Fehlhandlung dadurch aus, daß ich einige Monate später den Grand Larousse Illustré kaufte, zum Jahrhundertbeginn erarbeitet mit einem Ergänzungsband von 1905, und so standen wieder sieben oder acht große Bände an unserem Schreibtisch. Diesen hatte ich aufgeschlagen in einem Kellerraum unseres Hauses, welches zwar Skorpionen den Eingang leicht machte, aber besonders kühl und arbeitsgeeignet dadurch war, daß rechts von ihm eine Zisterne, links ein sogenannter Machsan Kühlung verbreiteten – Machsan gleich Magazin gleich Keller, in welchem unsere Einwanderer ihre Koffer und Kisten abstellten, alte Möbel, Fahrräder und später Autoreifen. Zu diesem Keim einer Bibliothek, der sich trotz aller Vorsätze bald in eine Büchersammlung verwandelte, kam alsbald ein Geschenk: die elf Bände der Gesammelten Schriften von Sigmund Freud, im Internationalen Psychoanalytischen Verlag, Leipzig, Wien und Zürich erschienen. Fast mit Erschütterung packten wir diese herrlichen Halblederbände aus, zu denen sich später noch der zwölfte Band gesellte. Welch ein Geschenk! Hätten wir damals geahnt, daß alle Werke dieses Verlages dem Kulturhaß der braunen Pest zum Opfer fallen würden, wir hätten sie gestreichelt und geküßt als Gerettete vor der Barbarei, die ja schon 1933 mit ihren Bücherverbrennungen bewiesen hatte, welches Mordgeistes Kind sie war und bleiben sollte.

Da standen sie nun, diese zwölf Bände mit hellbraunen Lederrücken, vortrefflich zu dem großen polierten Brett stimmend, das in unserem Wohnzimmer an der Wand eine einladende Aufstellungsmöglichkeit bot. Ich nahm irgendeinen von ihnen in die Hand, vielleicht war es der damals letzterschienene zwölfte, der große Druck und das vortreffliche Papier erlaubten in dem hellen Mittagslichte dieses großen Raumes, daß ich Buchstaben für Buchstaben die Inhaltsangaben und Überschriften zu entziffern vermochte. 1928 waren sie in Washington zum Copyright eingetragen worden, ein paar Jahre später, wahrscheinlich zum 75. Geburtstag des »Professors« hatte unser unvergeßlicher Mitkämpfer Kurt Tucholsky jenen Aufsatz geschrieben, in unserer Weltbühne, dessen Titel nach John Reed wir schon zitierten: »Elf Bände, die die Welt erschütterten«. Ja, damals waren es nur elf, und das Forschen in Antiquariaten bringt es mit sich, daß ich aus einem alten Almanach der Psychoanalyse von 1932 diesen von aufrichtiger Bewunderung zeugenden Artikel wieder anhören kann.

Ich hatte während meiner Analyse ab 1924 Freuds Schriften nicht lesen dürfen, um unsere Arbeit nicht zu durchkreuzen. Hier sah ich nun, was mir alles entgangen war, damals, als beide Augen noch ihre Arbeitsfähigkeit besaßen, und was mir jetzt entgehen würde, wenn nicht ein Wunder geschah. (An solche Wunder glaubte ich nicht, wohl aber meine lebensgläubige Frau.) Daß ich vor meiner Soldatenzeit »Traumdeutung« und »Psychopathologie des Alltagslebens« kennengelernt, und zwar gründlich kennengelernt hatte, war zur Basis meiner Beziehungen zu Sigmund Freud geworden. Hinzu waren in den zwei Jahren der Presse-Abteilung Ober-Ost einzelne Veröffentlichungen dieses Autors aus Zeitschriften gekommen, und nach unserer ersten Begegnung in Tegel hatte ich mit dem damals noch arbeitsfähigen rechten Auge »Totem und Tabu« gelesen und mich beglückt entführen lassen in diese Aufblätterung unserer prähistorischen Vergangenheit. Aber jetzt hielt ich, wenn ich Band für Band aufschlug, den geistigen Werdegang meines Freundes in den Händen, von seinen ersten Studien über Hysterie mit Josef Breuer bis zu seinen geistespolitischen Aufsätzen über die »Zukunft einer Illusion«, nämlich der Religionen und Kirchen, und »Das Unbehagen in der Kultur«, mit welchem er so tief hineinschnitt ins Hauptproblem der Moderne. Welch ein Schriftsteller! sagte ich mir, welch ein Klassiker wissenschaftlicher Darstellungen, ohne eine Spur jenes Gelehrtenhochmuts, der dem durchschnittlichen Leser das Eindringen so erschwert. Und inzwischen war meine Frau ins Zimmer getreten, vom Balkon kommend, um der Sonne zu entgehen: »All das ward nach einer achtstündigen, zehnstündigen Analysenarbeit am lebendigen Patienten zu Papier gebracht und mit der Hand geschrieben, in jenen Schriftzügen, die schon zum Aufbewahren der Umschläge zwingen, wenn man wie ich das Glück hat, Post von ihm zu bekommen.« – »Und außerdem hat er noch diese schreckliche Operation hinter sich, nach welcher, erinnere dich, wir ihn in Tegel besuchen durften, weil er sich in Berlin eine Prothese machen lassen mußte. Ist das wirklich neun Jahre her? Und jetzt, aus Deutschland vertrieben, hatten wir das Glück, ihn in Wien wiederzusehen, diesen unermüdlichen Mann und seine Damen. Wird er nicht bald achtzig werden? Dazu mußt du ihm was Besonderes schreiben.« – »Schreiben, nein – hinfahren! Im Juli bekomme ich meinen Palästinapaß, nach zweijährigem Sitzen innerhalb der Mandatsgrenzen, British Passport, Subject of Palestine, und danach gehe ich nach Wien.« – »Zum Augenarzt«, bestätigte sie, »aber nun mußt du wieder eine halbe Stunde spazierengehen und ich komme mit. Unter unseren verkrüppelten Pinien haben wir noch Schatten genug, und dann ist bald Zeit zum Lunch.« Und dabei half sie mir, die großen Bücher wieder in Reih und Glied aufzubauen und mit Stützen vor dem Umfallen zu bewahren. So, zwölf Soldaten, standen sie da, Kämpfer des Geistes, unalterbar, und beherrschten den Raum.

16. Kapitel

Wiener Augenklinik

Inzwischen war der Sommer 1936 herangerückt, zur Höhe gestiegen: wir erhielten unsere Pässe im Juli und konnten uns von jetzt an auch außerhalb der Grenzen des Mandats bewegen. Damit stand für mich der Entschluß fest: Auf nach Wien, zur Augenklinik und zu Freud!

Meine Augen hatten sich inzwischen ein wenig beruhigt. Was der ausgezeichnete Dr. Ticho festgestellt und mir verschwiegen hatte, mußte meine arme Frau mit sich tragen: »Lassen Sie Ihren Mann noch einmal nach Europa fahren, Galerien besuchen. Es wird bald die Zeit kommen, wo er Bilder nicht mehr sehen kann.« Seine Diagnose war: Brüche in der Adernhaut beider Augen, Blutergüsse in der Netzhaut. Daher die schwarzen Wolken, die mir das Licht verdeckten, so daß ich sogar in die palästinensische Sonne hineinsehen konnte, ohne geblendet zu werden. Was er gegen diese Adernbrüche tat, weiß ich nicht mehr, jedenfalls war mir verboten, Eisenbahn zu fahren oder im Auto auf schlechten Landstraßen herumzukutschieren. Ich mußte immer neben dem Fahrer sitzen, was sich, wie ich noch zu berichten habe, ein paar Jahre später als lebensrettend erweisen würde.

Ticho hatte mir verordnet, möglichst viel zu liegen, aber das schadete anscheinend meinem Kreislauf, so daß meine Frau mich zu kurzen Spaziergängen mit ihr veranlaßte, unter den grünen Pinien, die vor zwei Generationen einwandernde schwäbische Templer gepflanzt hatten, nahe dem russischen Kloster, das diese Pflanzungen in seine Obhut nahm und fleißig begoß.

Wir genossen die kühle Morgenluft, die kurzen Dämmerungen des Abends, den unwahrscheinlich klaren Sternenhimmel von unseren Balkonen, waren das ganze Jahr hindurch sommerlich gekleidet, weiße Anzüge aus Leinen, weiße Sandalen, ich trank meinen abendlichen Rotwein draußen, den Morgenkaffee drinnen, dann kam meine Sekretärin mit dem inzwischen erneuerten Bus heraufgefahren und wir saßen uns gegenüber, wenn ich nicht lag, und arbeiteten wie einst in Eichkamp, Tag für Tag.

Im Jahre 1935 war der Roman »Erziehung vor Verdun« an Querido gesandt, die Korrekturfahnen aber schickten wir nach Verabredung mit dem Freunde Lion Feuchtwanger an diesen nach Sanary, und ich besitze noch ein gebundenes Exemplar dieser Korrekturbögen mit handschriftlichen Verbesserungsvorschlägen. Den darauffolgenden Roman, den wir im Dezember 1935 begonnen hatten, »Einsetzung eines Königs«, brachten wir bis Mitte des Jahres 36 so weit, daß ich ihn als ersten Band, die Hälfte des Ganzen, meinem amerikanischen Verleger Mr. B. W. Huebsch von Viking Press in Europa übergeben würde, in Wien oder in Paris, wohin meine Reiseroute führte. Nach Wunsch Dr. Tichos sollten meine Augen in der 1. Wiener Augenklinik begutachtet werden; eine Liste von Wiener Kollegen hatte er Frau Leuchter diktiert. Als ich in Wien anlangte, stellte sich heraus, daß keiner dieser Herren sich in der Stadt befand, alle waren in die Berge ausgeschwärmt, an die Randseen der Tiroler Alpen – wir verzeichneten einen sehr heißen August. Ich war aber entschlossen, dennoch in den Augenkliniken einen Sachverständigen zu finden.

Wenn ich die Freudschen Bände aufschlug, traf ich immer wieder auf Überschriften, die zum Selberlesen verlockten. Was alles hatte sein schriftstellerisches Interesse aus den Gebieten der bildenden Künste und Literatur in Abhandlungen umgesetzt! Der Moses des Michelangelo, eine Kindheitserinnerung des Leonardo da Vinci, Motive aus Shakespeares Dramen, das Motiv der Kästchenwahl zum Beispiel, der Wahn und die Träume in Wilhelm Jensens Gradiva, Dostojewski und die Vatertötung! Und was konnte ein Schriftsteller aus den fünf großen Krankengeschichten profitieren, die im achten Band nebst anderen wichtigen Berichten niedergelegt waren! Man konnte sich das nicht vorlesen lassen, alles Vorgelesene gleitet zu schnell am inneren Ohr des Hörers vorüber; dieses alles mußte man selber optisch aufnehmen – oder ungelesen beiseitelegen. Und so kam es damals. Aber meine Hoffnung, daß mir in Wien Besserung verschafft werde, ließ mich diesen achten Band unverbittert zurückstellen. Daß sich die Hoffnung täuschte, ergab sich schon Ende des Jahres, aber wenigstens erreichten wir, daß meine Augen in ihrem beschädigten Zustande verharren würden.

Wir stellten also alsbald telefonisch fest, daß zwar der Chefarzt Dr. Miller in den Bergen weilte, aber sein erster Assistent auf meinen Besuch vorbereitet sei. Wie ich mich damals ohne Hilfe in der Stadt Wien bewegte und zurechtfand, weiß ich heute nicht mehr zu sagen; auf alle Fälle glückte es, denn nach mehrmaligen Untersuchungen und Impfungen stellte der Dr. Urbanek fest, die Ursache meiner Gebrechlichkeit in der Adernhaut des Auges sei eine Augentuberkulose. Er gab mir Rezepte für künstliche Vitamine, die er mir aus der Apotheke seiner Klinik gleich liefern ließ, und warnte mich vor allen Mitteln und Bewegungen, die mit Blutandrang zum Kopfe verbunden seien. Im übrigen gab es auch hier in Österreich einmal jenen Dr. Gerson, der in Burkersdorf ein Sanatorium gegen Tuberkulose eröffnet hatte und sie mit einer Diät ohne alles Kochsalz bekämpfte, ja, wie er behauptete, ausheilte – jede Tbc, auch die verbreitetste, die der Lunge. Ich dankte dem ausgezeichneten Mann und verabschiedete mich, nachdem ich mir auch von ihm hatte raten lassen, meine Brillen durch Haftgläser zu ersetzen, eine Zeiss'sche Erfindung, die sich gerade durchzusetzen begann. Diese Haftgläser seien zwar unbequem zu tragen, sie würden unter die Lider geschoben, hätten aber auch eine orthopädische Wirkung aufs Auge und verminderten die Kurzsichtigkeit, die ja auf einer Verlängerung der Achsen innerhalb des Auges beruhte.

Den Dr. Gerson hatte die Naziflut schon 1933 gezwungen, sein Sanatorium in Bad Homburg bei Kassel geschulten nichtjüdischen Assistenten zu übergeben. Er war daraufhin nach Wien gegangen, und da er einen Neffen des Bundeskanzlers Dr. Engelbert Dollfuß von einer Tuberkulose geheilt hatte, ward ihm von Dollfuß jenes Sanatorium in Burkersdorf bei Wien zur Verfügung gestellt, wo er seine salzlose Kur auch in Österreich erproben sollte. Nach der Ermordung des Bundeskanzlers durch die Nationalsozialisten war er für kurze Zeit in Tel Aviv aufgetaucht, wo er wahrscheinlich eine ähnliche Anstalt einzurichten hoffte. Dort hatte ich ihn kennengelernt und mich mit ihm über die Gründe seiner Überzeugung unterhalten, daß Kochsalz der Heilung von Tbc unbedingt entgegenwirke. Es hindere nämlich den Körper, die überaus heilsamen Vitamine zu verarbeiten, welche allen wichtigen Nahrungsmitteln im Rohzustande beigemischt seien. Er erzählte mir auch die Geschichte, die vor Jahrzehnten in San Franzisko zur Entdeckung der Heilkraft der Vitamine geführt hatte. Da damals bei mir von einer Tuberkulose noch nicht die Rede war, drängte sich die Begegnung mit ihm in den Hintergrund meiner Erlebnisse – erst im Herbst 36 kam ich wieder mit ihm in Paris zusammen, bei einem befreundeten elsässischen Bankier, den er ebenfalls in Sachen seiner Diät heilend beeinflußte. Er war sofort überzeugt davon, daß mir die vitaminlose Ernährung während unseres Weltkrieges – nichts als Dörrgemüse, Büchsenschmalz, Rübenmarmelade – diese Augentuberkulose zurückgelassen hatte und nahm die Diagnose des Dr. Urbanek willig an. In gewissen Ländern leugnete man die Existenz dieser Krankheit, zumindest beim Menschen. In meinem Falle werde er unserer freundlichen Gastgeberin einen Speisenzettel diktieren. Wenn ich die künstlichen Vitamine zum Fenster hinauswerfe und mir dafür Fässer voll Äpfel aus Jugoslawien nach Haifa kommen ließe, verbürge er sich dafür, daß meine Augen nicht weiter verfielen. »Ich meine, Dr. Gerson«, erwiderte ich, »man könne Ihre Äpfel getrost durch die Orangen und Grapefruits ersetzen, die in hellen Haufen in den palästinensischen Pardessim Jahr für Jahr reifen« – und er gab es schließlich zu. »Aber keinen Tabak, weder Kaffee noch Schokolade, kein kaputtgekochtes Gemüse, auch keinerlei Konserven – vier große Gläser Rübensaft pro Tag und vier Orangensaft – und dann werden Sie sehen und werden mir schreiben, wie das wirkte, nach Amerika, wohin ich mich übermorgen einschiffe.« Als Gegengabe warnte ich ihn, von seiner Ablehnung des Konservengenusses irgend etwas spüren zu lassen, wenn bei der Landung in New York die Journalisten ihn fragen würden, was er vorhabe; er solle dafür mitteilen, er hoffe, der amerikanischen Landwirtschaft Dienste zu leisten, den Verbrauch von Gemüse und Obst in rohem Zustande zu erhöhen. Amerika, sagte ich, sei groß in Konserven, das wisse jedermann. Er dankte mir, aber ich weiß nicht, ob er meinen Rat befolgte, denn leider scheint ihn mein Dankbrief nicht erreicht zu haben, als ich nach meinem Autounfall des Jahres 38 den unanfechtbaren Beweis in Händen hielt, meine Augentuberkulose sei völlig verschwunden.

Während vor der Reise nach Wien die geringen Erschütterungen der Eisenbahnfahrt diese wichtigen Organe gefährdeten, blieb diesmal mein Augenlicht völlig unverändert, obgleich mich der Anprall eines Polizeipanzers an unseren Wagen 90 Yards von der Straße hinunter und ins Feld warf. Schwere Gehirnerschütterung ja – Augenbeschädigung keineswegs.

Wäre ich vor Jahren nicht ein so eigensinniger Patient meines Augenarztes Dr. Fehr gewesen, so hätte ich schon um 1930 einen moderneren Mediziner mit der Heilung meiner Augenbeschwerden betrauen können. Mein Bruder nämlich, der nicht sehr weit weg von uns in Wilmersdorf lebte, hatte von einem Dr. Krückmann durch Diät vor allem aus roh geschabten Mohrrüben eine wesentliche Besserung seiner Sehstörungen erfahren. Meine Frau wußte das und versuchte, mich ebenfalls in eine Behandlung Krückmanns hinüberzuleiten. Da diese beiden Augenspezialisten innerhalb unserer Universitätskliniken einander ablehnten, war für mich dieser Übergang ausgeschlossen – ich blieb bei Fehr und seinen Brillenrezepten. Ebenso hatte ich mich ja in unseren ersten palästinensischen Jahren ihr gegenüber darauf versteift, abgestorbene Adern im Auge seien nur durch Wunder wieder zu beleben – und an Wunder glaube ich nicht. Sie auch nicht, entgegnete sie, aber dennoch müsse ich alles tun, um mir den Bestand meiner Augen zu erhalten, und wie ich schon berichtete, bewiesen die nächsten Jahre, wer von uns beiden die Dinge richtiger beurteilte …

Man kann sich heute kaum mehr vorstellen, daß im August 1936 das bürgerliche Leben in der Stadt Wien ganz so ablief, als werde die politische Ordnung des Landes unangetastet bleiben, wie sich die deutschen Zustände auch immer entwickelten. Nicht nur Freud und seine Familie verharrten in der Hauptstadt der ehemaligen Donaumonarchie und bezogen eine Sommerwohnung in Grinzing – auch alle meine Bekannten, ältere wie jüngere, fuhren auf Erholung nach Steiermark oder Kärnten. Das politische Leben vollzog sich oberhalb der einst so parlamentsfreudigen Österreicher. Bundeskanzler Schuschnigg mit der Vaterländischen Front regierte, als sei der Faschismus bereits übernommen. Erst in Wien fiel mir auf, wie sehr die reiche Barockarchitektur dieser Stadt mit der Entfaltung dieser Bewegung harmonierte. Saßen diese Duce, Führer und Bundeskanzler nicht in ihren Palästen wie die Stadt- und Landesfürsten der Renaissance und des Barock? Stützten sie sich nicht auf ihre Privatarmeen zum persönlichen Schutz und zur Durchführung ihres politischen Willens wie die Este und Borgia, als gäbe es keine Allgemeine Wehrpflicht in ihren Ländern, in denen die demokratisch erzogenen Massen jederzeit bewaffnet aufmarschieren konnten? Und da blitzte mir auf, daß auch in Freud unbewußt eine tiefe Verbundenheit mit dieser Renaissance, diesem Barock zu walten schien. Schickte er mir nicht auf den Carmel zwei Bücher, von denen eines, das des Amerikaners Looney, er sich zurückerbat – Bücher, welche wieder einmal den eigentlichen Autor der Shakespearischen Werke entdeckt haben wollten. Niemals war in unseren Gesprächen die Möglichkeit aufgetaucht, ein so klarer Geist wie Freud könne sich verlieren in die Spekulation all jener literarischen Außenseiter, die, aus ich weiß nicht welchen Anlässen, dem historisch unleugbar existierenden William Shakespeare aus Stratford on Avon die Autorschaft seiner Werke abstritten! Schon in meinen ersten vier Semestern als Student der Anglistik hatte unser Professor Sarazin über die Leute gespottet, welche dem Schauspieler William Shakespeare die Anerkennung verweigerten, seine Stücke geschrieben zu haben, weil sein Kollege Ben Jonson ihm einmal anhängte, er könne wenig Latein und noch weniger Griechisch und weil in seinem Testament von Büchern keine Rede sei, auch keine Manuskripte von ihm existierten. »Diese Leute haben eine lächerliche Hochschätzung vor gelehrtem Zeug und nicht genug Vorstellungskraft für die Vernichtung von Kulturwerten, die Feuerbrünste wie die von 1590 in einer mit Holzhäusern aufgebauten Stadt wie London anrichteten. Daß dann Anfang des 19. Jahrhunderts in Amerika eine Miss Bacon sich der Gerüchte annahm, ihr Namensvetter Bacon of Verulam habe außer seinen eigenen Schriften auch noch die von Montaigne und Cervantes …« – wir stimmten in das Lachen unseres Professors von Herzen ein und wischten die Möglichkeiten weg, die von phantasierenden Außenseitern in die Literaturgeschichte hineingetragen wurden. Und jetzt hatte sich Sigmund

Freud selber des neuesten Entdeckers angenommen, der einen begabten Lord und reichen Großgrundbesitzer, Edward de Vere, den sechzehnten Lord of Oxford, an die Stelle des Schauspielers und Theatermanns setzen wollte! Da sieht man, dachte ich, wie leicht sich ein Mann in Sachen des Theaters und der Literatur irreführen läßt! War nicht Molière Schauspieler und Dramatiker – und in unseren Tagen Frank Wedekind und der junge Bertolt Brecht, der zwar nicht schauspielerte, aber seine Songs mit der Gitarre vortrug und auf dem praktischen Theater eine überaus eindringliche Regiebegabung entfaltete? Nein, teurer Vater Freud, der begabte Versdichter Edward de Vere hat mit Shakespeares Werken genausowenig zu tun wie Sie oder ich. Aber das Renaissancewesen, das aus Oxfords Gedichten sprach und die Theoretisiererei, wem nun Shakespeare oder sein Verleger die großartigen Sonette gewidmet hatte, mögen eine Öffnung in die literarische Gewißheit gestoßen haben, daß seit 1632 Shakespeares Dramen von dem Manne stammten, der in Stratford on Avon geboren ward und begraben liegt.

Meine Besuche bei ihm waren diesmal dadurch etwas erschwert, daß die Familie eben nach Grinzing übergesiedelt war, in ein wunderschön gelegenes Haus auf der Hohen Warte, in dessen parkähnlichem Garten wir saßen und miteinander sprachen. Freud hatte all die Jahre hindurch den allmählich weiterwuchernden Cancer in seinem Munde kaum erwähnt, nur in Tegel gestreift, als er sich in Berlin eine neue Prothese machen lassen mußte. Welcher Art seine Krebserkrankung war, blieb auch mir gegenüber ganz und gar verschwiegen, wie er ja überhaupt aus seinem Privatleben nur in der »Traumdeutung« Einzelheiten offenbart hatte und auch nur so, daß er Traummaterial benutzte, von dem nur die Eingeweihtesten wußten, es stamme von ihm. Er hatte in diese Sommerwohnung nur wenige seiner kostbaren Antiken mitgenommen, jene kleinen ausgegrabenen Plastiken, die aus Gräbern stammten oder Gegenstände der antiken und mittelalterlichen Kleinkunst, die in der Berggasse ein ganzes Zimmer schmückten. Nur ein größeres Kunstwerk hatten ihm, wenn ich mich recht erinnere, seine Enkel auf ihrem Leiterwägelchen mit hinausgefahren; aus weißem Marmor ein Relief mit Putten und

Kränzen, Teil eines römischen Sarkophags, das ebensogut im römischen Vindobona (Wien) hätte entdeckt werden können wie in der Lombardei oder in Kärnten. Denn zu jenen Jahrhunderten der Pax Romana war römisch nicht nur die herrschende Kultur, und nicht nur in England konnte man das Leben dieser Beamten-Oberschicht angesiedelt finden, wo es Kipling in ausgezeichneten Kurzgeschichten wieder heraufbeschwor.

Was meinen Freund Sigmund Freud anlangte, so lebte er in einer Bürgerlichkeit, die sich vom Stil seines Elternhauses nur durch Wohlhabenheit unterschied. Kein modernes Möbelstück, weder Beleuchtungskörper noch Gewebe verriet, daß in Wien ein höchst geschmackvolles Kunstgewerbe entwickelt wurde und daß die Sezession und ihre Fortsetzer auch den bildenden Künsten einen starken vorwärtsdrängenden Impuls gegeben hatten. Die Wohnung in der Berggasse wie auch jetzt diese hier in Grinzing atmeten den Geist der Habsburger Monarchie von 1880, und wenn Freud von bildenden Künstlern dargestellt wurde, hatten diese Portraits in Plastik und Malerei keineswegs den Charakter unserer Jahrzehnte. Immer wieder fiel mir auf, während wir im Garten spazierten, daß sich Freud auf unbewußte Weise als Zeitgenosse Galileis, Newtons oder auch Swangerdams fühlte, des Erfinders des Mikroskops, und daß bildende Kunst von Leonardo da Vinci oder Michelangelo die Maßstäbe empfing, mit denen er das Beschäftigenswerte vom Gleichgültigen sonderte. Daß ihm das in der Musik nicht glückte, wurde nur von seinem fehlenden Sinn für das Musikalische verhindert. Auf die Frage, ob ihn nicht eine Pianistin bei der Arbeit störe, die seit Jahren über seinem Kopf übte, entgegnete er erstaunt: »Wohnt über mir eine Pianistin? Ich habe sie nie gehört.«

Damals, im Sommer 36, konnten wir die anmutigen Randgebiete Wiens unbeschwert genießen – die Tatsache schien völlig vergessen, daß erst vor zwei Jahren, allerdings im Februar, von hier aus der Karl Marx-Hof mit Geschützen beschossen worden war, der von der sozialdemokratischen Regierung errichtete große Block vorbildlicher Arbeiterwohnungen im 19. Bezirk. Gleichwohl machte der »Professor« auf mich damals einen sehr elegischen Eindruck, der Ausdruck seines Gesichts war recht melancholisch, seine Mitteilungen wortkarg. Ich schob es auf die Anstrengungen, die der 80. Geburtstag ihm gebracht hatte, und wir lasen erst viel später bei Ernest Jones, welch qualvolle Operationen mit schmerzhaften Folgen Freud jüngst hatte durchmachen müssen und daß unzweideutig Cancergewebe entfernt worden war, dort wo man vorher nur verdächtige Entstellungen vermutet hatte. Freud selber bestand darauf, dem bald fälligen Kongreß der Internationalen Psychoanalytischen Vereinigung fernzubleiben und sich wie in Frankfurt auch diesmal von Anna vertreten zu lassen. Daß ich jetzt einen überall gültigen Paß besaß, freute ihn sichtlich: »Jetzt können wir uns auch nächstes und übernächstes Jahr sehen, Meister Arnold, wenn Ihre Arbeit an ›Einsetzung eines Königs‹ Sie freigibt.« Ich versprach es gern. Aber bevor ich mich von ihm verabschiedete, ereignete sich noch ein kleiner Vorgang, dessen Gegenstand bis zum heutigen Tage von meinem Ringfinger bezeugt wird. Ich hatte Freud zu seinem 80. Geburtstag ein Päckchen gesandt, das zwei kleine Gegenstände enthielt, einen merkwürdigen Ring aus Bronze oder Messing, den ich, wie ich glaube, auf einem Schlachtfeld in Mazedonien aufgelesen hatte, eine Art türkischer Arbeit, die eine hohle Kapsel trug – für Gift, wie ich damals dachte. Das andere war eine Feuersteinklinge von der Größe eines kleinen Fingers, aufs feinste dünngeschliffen und mit regelmäßigen Zähnchen versehen, die mein Sohn Adam von einem seiner Streifzüge am Grunde des Waadis aufgelesen hatte. Er brachte sie mir mit hinauf: »Du liebst doch solche Seltsamlichkeiten«, sagte er damals – und ich freute mich und dankte ihm. Ich hielt es für eine medizinische Säge aus der prähistorischen Epoche, in welcher ja der Carmel durch seine Höhlen und die in Stein gehauenen Stufen sich als bewohnt erwiesen hatte. Später sah ich, daß es ein prähistorischer Kamm war, das Bruchstück eines solchen, wahrscheinlich beim Gebrauch zerbrochen und weggeworfen. Diese »Seltsamlichkeit« sollte Freud innerhalb seiner reichen antiken Sammlungen aufbewahren, die wahrscheinlich jünger waren als mein Kamm. Ohne ein Wort darüber zu verlieren, hielt er mir beim Abschied die Hand fest, zog von seiner Linken einen Siegelring und steckte ihn mir an. Es war eine in Carneol geschnittene Gemme schönster hellenistischer Arbeit. Mit einem Vergrößerungsglas, das er mir reichte, sah ich einen Sklaven darauf sitzen, einen Künstler, der eine große Vase gravierte, wahrscheinlich eine Vertiefung ausnutzend, die den roten Halbedelstein für einen solchen Entwurf prädestiniert hatte. Tief betroffen küßte ich dem großen Erforscher unserer seelischen Tiefen zum Abschied die Hand.

17. Kapitel

Der Mann Moses

Als ich nach zwei europäischen Monaten in Marseille wieder den Dampfer der Messagerie bestieg – zwei Wochen in Sanary hatten die alte Freundschaft mit Lion Feuchtwanger aufs herzlichste bekräftigt, große Teile seines »Falschen Nero« las er mir vor und faszinierte mich durch die Parallelen mit der heutigen Hitlerei – hörte ich bereits, daß es in Palästina zu arabischen Unruhen gekommen sei. Dies beeinträchtigte meine Freude nicht, dem Ostufer unseres blauen Meeres zuzustreben, Frau und Kinder wiederzuhaben, mit gefestigteren Augen, englische Honorare in der Brieftasche, den zweiten Teil von »Einsetzung eines Königs« zu beginnen. Arabische Unruhen? Ich hatte immer wieder den jüngeren Mitgliedern unserer Jewish Agency nahegelegt, sich mit der Bevölkerung der Dörfer und den Kleinbürgern der Städte zu verständigen, sie mit dem wachsenden Zustrom jüdischer Neueinwanderer zu versöhnen. Bei Bodenkäufen von den Effendis, den Besitzern und Verkäufern des Ackerlandes sollte verlangt werden, durch einen Teil der Kaufsumme den Rest des beim Dorfe verbleibenden Bodens mit Wasser zu versorgen, um Weizen und Melonen ebenso reichlich hervorzubringen wie vor dem Verkauf. Aber unsere politischen Köpfe erklärten, mit Leuten, die weder lesen noch schreiben konnten, sei Verhandeln unmöglich, und was die Effendis mit dem Kaufgeld machten, das die beiden nationalen Fonds ihnen auf den Tisch legten, sei ihre Sache. Was Wunder, dachte ich, wenn die waffengewohnten Dörfler gegen die neuen Siedlungen mit Flintenschüssen vorgingen, die heranwachsenden Obstbäumchen ausrissen, die Weizenfelder anzündeten? Die jüdische Selbstbewaffnung – Haganah – und das britische Militär würden dafür sorgen, daß dieser Bürgerkrieg sich nicht ausbreiten konnte, wenn auch das Beschießen unserer Autobusstrecken und das Werfen von hausgemachten Bomben auch die Buslinie vom Hadar zum Carmel hinaus gefährdete. Unsere durch den Pharao Hitler erzwungene Auswanderung aus der Heimat verwandelte sich jetzt in den gleichen Kampf um die Landnahme, den die Israel-Stämme unter Führung des Mannes Josua, Sohn Nuns, auszufechten hatten, als sie bei Jericho den Jordan überschritten. Das vierzehnte Jahrhundert vor der Zeitenwende und unser zwanzigstes verschränkten sich, und immer wieder auf dem gleichen kanaanitischen Boden floß das Blut eigentlich stammesverwandter Männer.

Im Frühling 37 stand fest, daß ich meinen amerikanischen Verleger, den befreundeten B. W. Huebsch in Europa treffen würde, wenn ich im Sommer hinüberkäme. Da gerade die Pariser Weltausstellung eröffnet war und unser Hausarzt für meinen Sohn Adam zur intensiveren Anregung seines Wachstums einen Schweizer Aufenthalt auf einer Hochtalsohle von über 1000 Metern Höhe anriet, nahmen wir Plätze auf einem italienischen Dampfer, der Ende Juli nach Europa zurückkehren würde. Das Mittelmeer war inzwischen kein ganz ungefährliches Fahrwasser geworden. Seit einem Jahr wütete der Bürgerkrieg auf der Iberischen Halbinsel, die vom Volk gewählte Regierung Negrin, eine wahre Volksfront, wehrte sich mit Hilfe internationaler Brigaden gegen die von dem Caudillo Franco aus Marokko nach Spanien übergreifende faschistische Falangemacht und ihre deutschen und italienischen Hintermänner. Wir erbitterten uns immer wieder über das Verhalten der französischen Regierung Léon Blum, welche die schon bezahlten Flugzeuge der Volksfront in Frankreich festhielt, hatten aber sonst keine Befürchtungen, als wir in Genua landeten. In Genf entzückte uns eine Spanische Ausstellung aus dem Prado, die wir bisher nur aus Abbildungen kannten: Greco, Velasquez, Murillo. Und dann eilten wir nach Wien.

Wir trafen unseren Freund Freud wieder in Grinzing, in dem großen Garten, in dem für ihn eine Liegebank mit Sonnenschutz aufgestellt war, fanden ihn in einem viel besseren Zustand als das vorige Jahr, und nun entfaltete sich ein geistiger Vorgang und sein Niederschlag in gedruckten Bogen seiner Zeitschrift *Imago*, von dem er schon vor Jahren in Briefen begonnen hatte, Kunde zu geben. Gegen einen Widerstand in seinem eigensten Wesen hatte sich bei ihm die Aufgabe entwickelt, das Werden der monotheistischen Religion und die ihm von Michelangelo her wichtige Gestalt des Mannes Moses auf eine historische Basis zu stellen, die ihm freilich immer wieder als »Koloß auf tönernen Füßen« Kummer bereitete. Nachdem ich ihm nicht in die Verlockung hatte folgen können, mit Mr. Looney den Dichter William Shakespeare von Stratford on Avon durch den 16. Earl of Oxford, Edward de Vere vertreten zu sehen – das Buch von Looney brachte ich ihm wieder mit – zweifelte ich sehr daran, daß ich seine Moses-Hypothese billigen würde: Den Mann Moses als ägyptischen Prinzen zu enthüllen, einen Vetter des Echnathon, der nach dem Sturz des Ketzerkönigs dessen großartige Konzeption des Sonnengottes Aton aus der Verschüttung zu befreien suchte, welche der Aufstand der Ra-Priester in Ägypten mit Erfolg durchgeführt hatte. »Moses ein Ägypter« hieß jenes erste Kapitel, das er mir in Grinzing vorlas – selber vorlas, zum Entsetzen seiner Tochter Anna – und nachher in einem Sonderdruck mit einer Widmung aushändigte. Er bezeichnete es selber als einen historischen Roman, dem alle aktenmäßigen Grundlagen fehlten, den er aber in einem zweiten Kapitel »Wenn Moses ein Ägypter war« schon damals für die *Imago* vorbereitete. Daß Freud selber seinen Mund, dieses im vorigen Jahr noch so schmerzhafte Organ anstrengte, um mir jungem Schriftsteller Material für ein Urteil über seine Entdeckung zu liefern, stellte nach Annas Meinung eine ungeheure Überanstrengung dar, die nur durch seine persönliche Hinneigung zu mir gerechfertigt schien. Und während mein Sohn Adam im großen Garten mit Pfeilen umherspielte, die er sich aus Papier zurechtgefaltet hatte, saßen wir zusammen im Schatten des gestreiften Verdecks der Liegebank und ich lauschte. Diesmal brauchte ich ihn nicht zu enttäuschen wie im Falle Edward de Veres. Seine Beweisführung, daß Moses die Religion des Echnathon auf Israel-Stämme überpflanzte, war ebenso einleuchtend wie bedenklich – bedenklich in der Gegenwart, wo dem aufs heftigste angegriffenen Judenvolke durch Freud, einen überzeugten Sohn dieses Volkes, dessen größte Gestalt genommen werden sollte! Ich konnte und wollte diesmal nichts gegen die Hypothesen sagen, die mit so überzeugender Klarheit entwickelt und dargestellt wurden und riet ihm dringend zur Veröffentlichung seiner großen Studie. Sie stellte ja eine Sensation dar. Mit diesen Überlegungen gliederte sich Freud ein in die Reihe der großen deutschen Schriftsteller, die um das Problem des Auszugs der Kinder Israel aus Ägypten Abhandlungen verfaßt hatten, Schillers und Goethes, David Friedrich Strauß' und Thomas Manns.

Entsinne ich mich heute jenes hellen sonnigen Julinachmittages, so sehe ich den Mann vor mir, diesen Freund, dessen Augen so konzentriert auf den bedruckten Blättern aus *Imago* ruhten und der mir durch ein anscheinend unbehindertes Sprechen und Vorlesen die ersten Einblicke in seine Vision vom Aufgang des Mannes Mose verschaffte. Damals ahnte ich nicht, was sich an diese Entdeckung anschließen werde – erst 1939 konnte ich mir das ganze Buch vorlesen lassen, das inzwischen bei Allert de Lange in Amsterdam erschienen war, mit dem tiefen Aufatmen zum Drucke gegeben, welches ihm die freie Luft Englands, seiner Wohnung in London ermöglichte. Ja, er selber hatte noch eingetragen, mit welch herzlichem Gefühl er mir dieses vortrefflich gedruckte Werk der holländischen Buchkunst während unseres letzten Beisammenseins auf den Tisch legte. Aber ehe ich auf die Zeit in London hier eingehe, muß ich den Lesern dieses Berichts den Eindruck übermitteln, den es mir später, beim zweiten Vorlesen, für immer hinterließ. Von allen Studien, die sich mit dem Werden einer Religion in der menschlichen Geistesgeschichte beschäftigten, scheint mir Freud die tiefste, schonungsvollst gesehene, mutigst ausgesprochene hinterlassen zu haben. Was er in »Totem und Tabu« fünfundzwanzig Jahre vorher vom Werden des menschlichen Denkens und Fühlens und dem Leben in der Urhorde erraten hatte und viel später in der »Zukunft einer Illusion« ausführlicher fortgesetzt, das steht nun als ein Meisterwerk zu unserer Verfügung – Meisterwerk eines Schriftstellers, dem man nicht anmerkt, daß er als Hauptaufgabe seines Lebens ganz andere Leistungen vollbracht hatte als dieses Schlußwort, diesen

Traktat von der Entstehung des jüdisch-christlichen Monotheismus, über den ich damals Folgendes zu Papier brachte:

»Wie ein knorriger und feinblättriger Ölbaum, aus dem Stein gewachsen, steht dieses Buch da, alles theoretische Wortgebild weit überschattend. Aus hartem Holz langsam aufgebaut, zeugt es von Problemen, die in seinem dreiundachtzigjährigen Verfasser fast ebenso lange gewühlt und getrieben haben. Der unbezwingbare Mut zum Aussprechen gefährlicher Gedankengänge kämpfte in Freud während der letzten Jahre mit dem rücksichtsvollen Wunsch, der Analyse und den Analytikern im katholisch dirigierten Österreich Schwierigkeiten zu ersparen. In seiner bürgerlichen Existenz vielfach gebunden, glaubte einer der weitsehendsten Menschen unserer Zeit an die Möglichkeit, Österreich den Klauen des Aaswolfs vorzuenthalten. Während unsereiner von ihm im Frühjahr 1933 vor jedem Besuchen Deutschlands gewarnt wurde, aber nach dem Sturz der Arbeiterregierung, 1934, für Österreichs Selbständigkeit keinen Schilling mehr gab, blieb einer der wenigen genialen Intellekte dieser Zeit mit seinem Verlag und all den segensreichen Institutionen, die er geschaffen hatte, in seiner Wiener Heimat. Hätte er dort bleiben dürfen, das Buch ›Der Mann Moses‹ wäre in seinem Nachlaß gefunden worden. Wer das Manuskript durch die Freundschaft des Verfassers und seiner Tochter in den Etappen der Arbeit kennenlernte, wußte, wie wenig sich diese bohrende und sprengende Gedankensubstanz würde einsargen lassen. Sigmund Freud war der Meinung, die Schlechtigkeit der Menschen oder Zeitgenossen übertreffe ihre Dummheit bei weitem. Nun, als das kurzsichtige Europa Österreich an die menschengestaltigen Pinguine verkaufte, die noch als PGs Deutschland regieren und verderben, befreiten sie das Manuskript aus der Verborgenheit. Der Verlag Allert de Lange, Amsterdam, erwarb im Vorjahr das Verdienst, es dem deutschen Leser geschenkt zu haben. Und für Jahrzehnte des Denkens und Diskutierens hat Freud damit für die Frühgeschichte unserer Zivilisation etwas geleistet, das, wie die meisten seiner Schriften, nachprüfbares Wissen an die Stelle von Vermutungen, dunklen Ahnungen und genialen Blitzen setzt. Der überlebensgroße Naturforscherdrang Sigmund Freuds betrachtet die

Mythenzeit des jüdischen Volkes, dem er selber angehört, und das Ergebnis ist großartig, wie sein Gegenstand und die Persönlichkeit des Betrachters. Er baut eine Brücke zwischen den beiden Konzeptionen des Monotheismus, von denen wir in der Mittelmeerkultur wissen, der ägyptischen des Echnathon und der jüdischen des Moses. Nicht mehr setzt der menschliche Geist zweimal an, um das Prinzip der Vielgötterei zu überwinden. Das zweite, geglückte Mal folgert vielmehr aus dem ersten, nur halbgelungenen und erreicht mit diesem Kontakt die Einbettung der jüdischen in die Weltgeschichte, der wunderhaften Offenbarungsmythologie ins Gewebe historischer Kausalitäten, die Verwandlung des Wundermannes Moses mit mythologischer Geburtsgeschichte in eine wirklich glaubhafte, unzweideutig realistische Geschichtsgestalt. Für die Einbeziehung Israels und seiner Sendung in den Werdegang des homo sapiens ist damit Entscheidendes geleistet, ganz gleich, wie der Versuch im einzelnen auch ende.

Keines der Bücher Freuds setzt so zögernd und mehrfach an wie dieses. Die Erfahrungsgrundlage für diesen ›historischen Roman‹, das dokumentarische Material, ist ihm immer wieder zu gering. Kein Wort außerhalb der biblischen Traditionen berichtet von dem Aufenthalt und Auszug der Israeliten aus Ägypten – die recht große Zahl der Pergamente, Papyri, Tontafeln und Steininschriften verschweigt, mit einer einzigen Ausnahme, selbst den Namen dieses Volkes. Und doch spinnt der Urgeschichtsforscher Sigmund Freud aus den Fäden, die biblisches Schrifttum und Prophetentradition ihm liefern, ein Netz, in dem er die Genesis einer noch heute lebenden Religion, eines noch heute bestehenden Volkstums und einer noch heute schöpferischen und genialen Denksubstanz einfängt. Niemand betrachtet dieses Netz skeptischer als er selbst. Hinreißend ist es, ihn im Kampf mit seinen eigenen Bedenken und Einwänden zu beobachten. Und da er dennoch aus sich hervorbringen muß, was er so nur zögernd entläßt – welch mächtiger Antrieb muß ihn im Endabschnitt seines Lebens dazu geführt haben! Wie muß die Gewissenhaftigkeit des Geistes und der tief realistische Drang nach Wahrheit in ihm am Werk gewesen sein, unser Wissen um die Entstehungs- und Urgeschichte der jüdischen Existenz und ihres Einflusses auf die weiße Menschheit auf dasselbe Niveau zu heben und mit denselben Begriffen auszudrücken, mit denen er seit ›Totem und Tabu‹ die Frühzeit unserer Zivilisation erhellte. ›Der Mann Moses‹ macht ein Ende mit dem frommen Augenaufschlag, womit allerlei Romantiker das Religiöse gleichsam in einen Heiligenschrein stellen; von jetzt an, und was wäre ehrenvoller für sie, wird die lebendige Tradition, welche das Judentum und das Christentum zusammenhält, mit erwachsenen Blicken und Begriffen betrachtet. Sie wird entwundert, aber dafür eingebettet ins Werden unserer Gesittung, wie es aus ägyptischen Felsgräbern, Pharaonenstatuen und historischen Inschriften zu uns spricht. Entmärchend und entgaukelt, darf sie demselben Gesittungsstrom angeschlossen bleiben, der in der Historie Ägyptens und des Zweistromlandes dem wirklichen Menschen, seinen wirklichen Horden und Herden, zu echter Begreifbarkeit verhilft. Die jüdische Genialität, einer Herkunft mit dem Geistwind, den die moralische Genialität aus dem Mittelmeerbecken über die Erde schickte, das ist etwas. Es stabilisiert eine neue Epoche der Geschichtsbetrachtung. Es ehrt und erhebt den Freund wirklicher menschlicher Vergangenheit mehr als das noch so pathetische Psalmodieren der Gottesanbeter. ›Knechte waren wir dem Pharao in Ägypten‹. Dieser Satz der Passah-Auszugs-Erzählung, ein Grundsatz menschlich-politischer Entwicklung, verknüpft uns jetzt mit den wirklichen Pharaonen des wirklichen Ägypten der Papyri und Grabreliefs. Ohne ihn hätte es niemals das prophetische Judentum, das paulinische Christentum und die moderne sozialistische Bewegung gegeben. Erst Sigmund Freud stellt die verschüttete Wirklichkeit jener Tage in unsere Begriffe, wie sie nie darin stand.

Freuds Leitidee bestand grundsätzlich in der Bindung des jüdischen Monotheismus an jene erstmalige monotheistische Konzeption, die in der Geistesgeschichte des Mittelmeers den Namen des Pharaos Amenophes IV. trägt, des Ketzerkönigs Echnathon. Nach seinem Tode wird seine antimagische, bildlose, mit dem Symbol der Sonnenscheibe gedeckte Gottesvorstellung durch den Aufstand der bilderfreundlichen und magiegebundenen Volksreligion, geführt durch das Ra-Priestertum, wieder weggefegt.

Da gibt es (für Freud) in der Umgebung des Königs einen von ihm ganz überzeugten, staatsmännischen und Feldherrn-Prinzen, der den ägyptischen Namen Moses trägt, wahrscheinlich in einer Zusammensetzung wie Ram=ses, Tot=mes (Tutmoses), die nachher verloren geht. Diesen energischen und schöpferischen Menschen verlangt es inbrünstig, die geniale Leistung Echnathons aus der ägyptischen Verschüttung zu retten. Er wählt sich dazu das geknechtete, in der Grenzprovinz Gosen hausende Konglomerat der semitischen Hebräerstämme. Sie führt er aus Ägypten weg, und zwar durch die Wüste nach der Oase Kadesch. Er macht sie zu seinem Volk, indem er ihnen die ägyptische Beschneidung aufnötigt, das Schweinefleisch verbietet und die Grundlehren der Echnathonreligion beibringt. Dazu gehören der bildlose Gott Aton oder Atum, die Feindschaft gegen magisches und abbildendes Religionswesen, gegen Vielgötterei und ein Leben nach dem Tode unter der Herrschaft des Osiris – und jene ethischen Imperative, die durch den Dekalog den Namen Moses auf ewig in die Geschichte der Menschheit eingetragen haben. In der Oase Kadesch nun treffen die israelitischen Stämme auf midianitische, die einen Volksgott Jahwe anbeten, einen nächtlich schweifenden, drohenden und bösartigen Dämon. In einem Aufstand gegen den herrischen Willen des Mannes Moses erschlagen die Massen diesen fremden Führer und wählen den Gott Jahwe zum Gott Israels. Aber die Leviten, die sich wohl aus der engsten Gefolgschaft Moses zusammensetzen, halten in ihrem Kreis das Wissen um ihn und seine Lehre lebendig. Von ihnen und den von ihnen beeinflußten ›Propheten‹ strahlt durch die Jahrtausende die Kraft der Moses-Religion weiter aus wie radioaktives Erz, sie durchdringt und verwandelt allmählich den Demiurgen Jahwe, prägt ihn mit Zügen des Mannes Moses um, adelt und verallgemeinert ihn zum universalen Gott und pfropft ihm jene Aton-Idee auf, mit der er die Blüte des jüdischen Monotheismus und ihre drei Früchte hervorbringt, das Judentum, das Christentum und den Islam. Der erschlagene und verdrängte Genius des Ägypters Moses ersteht wieder in den Seelen derer, die noch eine Erinnerung an die Ägypterzeit ihres Volkes tragen, und mit ihr entfaltet sich das ›Auserwählte Volk‹, sein Schicksal, seine Charakterzüge, seine Kraft zu dauern und den Haß der anderen zu dulden, den es mit sich durch die Jahrtausende schleppt. Wie sich aus der Vaterreligion des Moses die Sohnesreligion des Paulus entbindet und aus dem eroberten ›Gelobten Land‹ der Genius des jüdischen Grübelns und Schauens die antike Welt und noch unsere Gegenwart überschattet, das muß man selber nachlesen. Wie es ja der Sinn jeder und dieser Rezension nur sein kann, Leser an den unerschöpflichen Reichtum dieses Buches selbst heranzuführen. Sie werden noch genug zu tun haben, die Beweise Freuds mitzudenken, deren Material auf der erlebten Gültigkeit analytischer Einsichten beruht und mit ihnen steht und fällt. Wie Galilei an dem Schwingen einer einzigen Ampel, Newton aus einem einzigen fallenden Apfel, Goethe aus einer einzigen Pflanze in Sizilien Gesetzmäßigkeiten ablasen und mit ihrer Intuition tausendfache Erfahrungen ersetzten, so durchleuchtete Freud seit fast fünfzig Jahren aus einzelnen Beobachtungsreihen und Intuitionen, eng an die Wirklichkeit geschmiegt, die Struktur unseres Seelenlebens, des geistigen Werdens der Menschheit. Selbst wenn die spärlichen Hinweise und Erinnerungsspuren, die er zum Beispiel mit Sellin dem Propheten Hosea entnimmt, nachprüfenden Blicken anderer zweideutig erscheinen könnten, selbst wenn seine Deutung der Kindheitsgeschichte des Moses den Skeptikern anzweifelbar erschiene, die sie ohne analytische Schulung aufnehmen – das Gebäude, welches Freud mit seinem Buche um den Mann Moses errichtet hat, dieses Gebäude steht.

Die Schwierigkeit und das mannigfache Mißverständnis, dem Freuds Mosesbuch begegnen mußte, zum Beispiel auch in Palästina, liegt nicht etwa in Eigenschaften des Buches selbst begründet. Seine Klarheit und die Macht seines Darstellens reiht es ebenbürtig dem Schatz der Schriften ein, jener sechzehn Bände, die die neue Ausgabe der gesammelten Werke einer wieder deutsch lesenden Welt übermitteln wird. Diese Schwierigkeit ergibt sich aus dem Mangel an Vertrautheit mit den Methoden psychoanalytischer Erkenntnis bei jenem allgemeinen Kreis, an den das Mosesbuch sich wendet. Daß mathematische Erkenntnisse eine besondere Vorbereitung des aufnehmenden Intellekts voraussetzen, weiß man allgemein. Daß analytische Erkenntnisse aber eine ebenso eigene, nur ganz andersartige Erkenntnisschulung vom Leser verlangen, hat sich noch kaum herumgesprochen. Die Beweiskraft eines Traumes oder eines, nach Traumgesetzen gedeuteten Mythos oder Märchens entzieht sich dem durchschnittlich Gebildeten noch. Er weiß nicht, daß in Träumen oder Mythen eine besondere seelische Struktur spricht und sich ausdrückt – genauer gesprochen, eine besondere Facette unseres allgemeinen und verbindlichen geistigen Lebens. Da der analytische Denker sich des geläufigen Sprachmaterials bedient, um sein Wissen vorzutragen, glauben viele Zeitgenossen, das Dargebotene mit den durchschnittlichen Gesetzen logischer Kritik zergliedern, auflösen und nachprüfen zu können. Damit müssen sie notwendig irren, und zwar so lange, als ihnen nicht an einem Fall von Fehlleistung oder Traumdeutung das eigene Ich überraschend angeleuchtet und erschlossen wird. Analyse ist eine Naturwissenschaft, die Naturwissenschaft des Geistigen, und das Buch Freuds wendet seine Methoden auf ein Feld an, das bisher der philologischen und historischen Kritik allein vorbehalten war. Das Ergebnis kann nicht anders als verwirrend sein, solange die Sachverständigen des letzteren Gebietes Neulinge des analytischen sind.

Als ruchbar wurde, daß Sigmund Freud, einzigartige Persönlichkeit, mit Gedankengängen sich beschäftigte, die dem Judenvolke seinen größten Sohn zu nehmen drohten, meldeten sich bei ihm Vertreter des traditionstreuen Judentums und baten ihn, die Veröffentlichung in diesen Zeiten extremer Befeindung zu unterlassen. Sie verstärkten dadurch die Schwierigkeit in Freuds Seele, den Kampf zwischen seiner menschlichen Güte, die ihn das Leid der Bedrängten aufs tiefste mitleiden ließ, und jenem granitenen Willen zur Wahrheit, der den genialen Forscher beherrscht. Da er seine eigenen Skrupel und Bedenken zu Gunsten der Veröffentlichung dieses Moses schon überwunden hatte, gab es über den Ausgang des Konfliktes keinen Zweifel. Aber zur Ehre der Verfolgten darf gesagt werden, was uns berichtet wird: daß nämlich gleichzeitig von dem jüdischen Institut für Kulturforschung in Wilna die Bitte an Freud erging, diese Veröffentlichung nicht zu verschweigen, von der man durch Bruchstücke (aus *Imago*) Kenntnis hatte. Wenn in Zeiten der Verleumdung ein jüdischer Denker die Möglichkeit hatte, der Welt durch seine Erkenntnisse weiterzuhelfen, auch auf Kosten jüdischer Selbstbewertung und des Nationalstolzes, tat er zur Ehre des angegriffenen Geistes mehr als durch jede falsche Schonung. Die Tapferkeit der Wahrheit brauchte Sigmund Freud nicht erst zu erfahren: er verkörperte sie seit fünfzig Jahren. Aber schön ist es, wenn ein Mann wie er am Ende seines Lebens das Gefühl haben durfte, so verstanden worden zu sein.«

18. Kapitel

Paris 1937

Im Glanze des schönsten Hochsommers von 1937 verließen wir die alte Kaiserstadt Wien, ohne zu fühlen, daß der Boden schon hohl war, über den wir hingingen. Das gleiche Gefühl hätten wir haben sollen, als wir ein paar Wochen später unsere alten Zimmer in dem Hotel einnahmen, in dem ich 1933 und 1936 lebte und Korrekturen las. Wir hatten erst unseren Adam in einem Kinderheim auf jener Talsohlenhöhe von über 1000 Metern untergebracht und die beiden Gastgeschenke, sorgfältig eingepackt, in meinem Schrankkoffer geborgen, die ihm unser Freund Freud als Gegengeschenk für den steinzeitlichen Kamm, die dünne Feuersteinklinge, aus seinen Sammlungen überreicht hatte: ein entzückendes rotfiguriges Väschen aus schwarzem Ton und einen kleinen Hausgott Bes, wenn ich mich nicht irre, aus grünem Stein. Was unser Adam in Rigi Kaltbad erlebte, muß er selber erzählen – hier sei nur bemerkt, daß die heilsame Einwirkung auf sein Wachstum und seine körperliche Kräftigung durchaus eintrat, wie unser Dr. Meyer-Brodnitz, der Berliner Arzt von einst, es vorausgesagt.

Die Weltausstellung des Jahres 1937 muß sich meiner Erinnerung nach in der Gegend des Eiffel-Turmes und des Trocadero ausgebreitet haben, jedenfalls nahe genug unserem kleinen Hotel in der rue Galilei, die damals noch keine Assoziationen an Bert Brecht hervorbrachte, sondern eher an den italienischen Dampfer Galiläa, der nach der nordpalästinensischen Landschaft hieß, der Heimat Christi und der Maria. Dieses Paris des Jahres 1937 ahnte nicht, was sich im Netz der Parzen für es vorbereitete. Ganz Frankreich war noch davon überzeugt, daß nur Kleinbürger ängstlich fragen konnten: »Hitler, Monsieur, c'est la guerre, n'est-ce pas?«. Daß sich Deutschland zum Revanchekrieg vorbereitete, den die sachverständigen Generäle vom Schlage Seeckts für 1942 ansetzten, konnten wir den Befragern nicht antworten – alle Welt glaubte an den Völkerbund, auch wenn Nazideutschland ihn verlassen hatte; die französische Armee, die englische Flotte, der sowjetische wirtschaftliche Aufstieg schienen ebenso wie die Maginotlinie für Frankreichs Sicherheit zu bürgen. Nur unter den Bekannten, die ich in Paris wiedersah, erinnerten sich einige daran, daß wenige Monate nach meiner Palästina-Übersiedlung ein Attentat in Marseille den König Alexander von Jugoslawien und den scharfsichtigen Außenminister Jean Louis Barthou beseitigte, ohne daß damals noch Vermutungen laut wurden, Naziführer könnten ihre Hand dabei im Spiel haben. Barthou war auch den Deutsch-Nationalen und selbst den deutschen Sozialdemokraten verhaßt genug gewesen – jetzt fehlte sein warnender Blick der französischen Politik.

Aber die Weltausstellung befriedigte alle unsere Erwartungen: eine Sammlung französischer Malerei von Ingres und Puvis de Chavannes bis zu den klassischen Impressionisten, aus allen französischen Provinzmuseen zusammengetragen, zeigte uns die Malerei jenes Landes in neuem Glanze, das ganze 19. Jahrhundert, wie uns die Ausstellung der spanischen Republik in Genf die Kostbarkeiten aus dem Prado vorgeführt hatte. Modernes französisches Kunstgewerbe entfaltete sich in Ausstattungen von Zimmern in einem Hause, von Le Corbusier erbaut. Alle französischen Kolonialgebiete, von Indochina bis zum Senegal, bekundeten Macht und Ansehen der Dritten Republik, der Eiffel-Turm erhob sich noch wie ein männliches Symbol in die Lüfte, unentweiht von der Hakenkreuzflagge seiner nächsten Jahre, an den Seinekais standen die Buchwagen mit antiquarischen Büchern, in denen zu kramen unsereiner nicht müde wurde, trotz des miserablen Zustandes leseunfähiger Augen. Und mit tiefer Freude sahen wir wieder das Grabmal des Unbekannten Soldaten, die

Gedenkflamme, die seit 1919 nicht erloschen war, und den Tunnel für uns Fußgänger unter dem Autostrom der Champs Elysées. An diesen Straßenzügen haftete nichts von den unangenehmen Eindrücken, wie sie an denen Wiens gehaftet hatten – das war immer noch das Paris von Anatole France und Clemenceau; die Gärten des Luxembourg mit ihren Bänken und Bonnen, die Boulevards um den Louvre und Quai d'Orsay sprachen uns immer wieder davon, daß für uns Bürger der besten Jahre Berlins und der Weimarer Republik die Emigration des deutschen freiheitlichen Geistes in der Form einer großen deutschen Freiheitsbibliothek eine Heimat gefunden hatte. Für Schriftsteller wie Heinrich Mann und Leonhard Frank war Paris der Ort, wo man auch eine deutsche Volksfront vorbereiten konnte, unsere Zeitschriften wie die Neue Weltbühne und das Neue Tagebuch wehrten sich jede Woche gegen die Anmaßung des Dritten Reiches, Deutschland zu sein, und von einer kleinen Pariser Bühne her wirkte aufs bedeutendste ein Stück unseres Freundes Bertolt Brecht, »Die Gewehre der Frau Carrar«, das Helene Weigel Gelegenheit gab, ihre Kunst zur Aufrüttelung des menschlichen Herzens an der Rampe zu entfalten.

Was Sigmund Freud anlangte, so vertrat ihn aufs würdigste die französische Psychoanalyse und als ihre Statthalterin die Schriftstellerin Marie Bonaparte, Prinzessin von Griechenland und Dänemark. Ich durfte sie in ihrem Hause, am Boulevard Victor Hugo, aufsuchen und hatte mir glücklicherweise aus ihrer hervorragenden Studie über Edgar Allen Poe in den letzten Jahren mehrere Kapitel vorlesen lassen, Meisterwerke einer psychoanalytischen Literaturkritik, die mir diesen Schriftsteller überaus nahebrachte, viel näher als ich selber in ihn hatte hineinblicken können. Wir hatten in Deutschland eine fünfbändige Gesamtausgabe E. A. Poes besessen, die ein Verlag Bruns in Minden, Westfalen, ausgezeichnet herausgebracht hatte. Aber ich selber besaß Poes Gedichte in der Tauchnitz-Ausgabe, weil ich mich lange mit dem Versuch abrackerte, das außerordentliche Gedicht »Ulalume« ins Deutsche zu übertragen. Es glückte mir nicht, weil ich auf die Zeile, die mit dem Reimwort »Oktober« endete, kein deutsches Reimwort fand. Die wirklich vortreffliche Übersetzung von Hedwig Lachmann konnte mir nicht maßgeblich sein, weil meine Vorstellung vom Übersetzen den Ausweg ausschloß, das Wort »Oktober« in die Mitte der Zeile zu setzen und den Vers mit den Worten »die Wolken türmten sich mächtig« zu schließen und fortzufahren: »es war Oktober und nächtig, an einem unseligen Ort.« Ich weiß heute nicht mehr, ob ich mit Marie Bonaparte über diese meine Hemmung und Schwierigkeit plauderte – sie kam sehr bald auf ihr Buch »Topsy« zu sprechen, das niemand anderer als Sigmund Freud ins Deutsche zu übertragen versprochen hatte – Topsy, die Geschichte ihres Hündchens. Ihre Freundschaft mit Freud ging offenbar auf Jahrzehnte zurück, bevor er und ich in Kontakt kamen. Ihr Palais machte den Eindruck einer ebenso gesetzten Bürgerlichkeit, aber weit größeren Reichtums als Freuds Haus in der Berggasse – wahrscheinlich stammte es von Maries Vater, jenem ehemaligen Offizier und späteren Schriftsteller und Weltreisenden Roland Bonaparte, dem Gründer von Monte Carlo. Es schien so, als sei dieser Ast der weitverzweigten Familie dem liberalen Lucien Bonaparte nachgeraten, der sich dem steilen Aufstieg seines Bruders aus Gesinnungsgründen entzogen hatte und als Bürger Lucien Bonaparte lange in Amerika lebte.

Die geistreiche Frau, wahrscheinlich jünger als ich, hatte zu meiner Überraschung jenen Scherz gelesen, den ich Freud zu seinem 81. Geburtstag geschickt und der später in der Neuen Weltbühne zu Prag gedruckt wurde, kurz bevor der Einbruch der Nazischaren der Republik Masaryks ein Ende machten. Sie hatte die kleine lustige Arbeit ausgezeichnet im Gedächtnis, gehörte sicherlich zu den wenigen, die allen Spott und alle Anspielungen darin verstanden und schätzten, besonders da Freud ja selber seinen Spaß daran ausdrückte. Und so wird es das Beste sein, sie hierher zu setzen. Denn diese kleine Arbeit gehört zu unserer Freundschaft, da Freundschaft ja jede innere Freiheit und freudige Gemeinsamkeit in sich schließt, auch dort und gerade dort, wo weniger Überlegene in Gekränktheit ausbrechen. So nehme der Leser dieser Blätter das, was er auf den nächsten Seiten findet, hin als Maßstab der menschlichen und geistigen Größe, zu der Marie Bonaparte und ich in Ergebenheit aufblickten.

Forschungs-Bericht
oder
Über den wahren Urheber der Psychoanalyse

In dankenswerter Weise hat Doktor Henko Schulz den Schleier gelüftet, der seit der Niederbrennung so zahlreicher Bibliotheken und den übrigen Zerstörungen des europäischen Bürgerkrieges über den Urheber gebreitet war, dem die leidende Menschheit die schöpferische Großtat der Psychoanalyse verdankt. In der austrophilen Epoche vor und nach dem ersten Weltkrieg (1914–18) hatte man aus guten Gründen die kirchentreue Stadt Wien als Sitz dieser Bewegung ausgegeben und einen angesehenen Bürger und Sammler, als Antiquar nicht ohne Verdienst, den Ethnologen und Ägyptologen Professor S. Freud, für diesen Genius gehalten. Der verdammenswerte Antisemitismus einer nun überwundenen Epoche hat nichts mit dem Beweis zu tun, den Doktor Henko Schulz nach unseren Begriffen bündig geführt hat: daß nur ein arischer und schöpferischer Genius, nicht aber ein noch so verdienstvoller Israelit eine allumfassende Wissenschaft von der Seele dem Unbewußten hat entreißen können. Wir folgen im Nachstehenden ganz kurz den ausführlichen Quellen und Sachstudien des Berliner Dozenten und Heilwissenschaftlers, wenn wir unsere gesicherten Erkenntnisse wie folgt zusammenfassen, ohne daß sich vermeiden läßt, auch den Weg zu skizzieren, den er zurücklegen mußte.

Ihn führten zwei Deckerinnerungen auf den rechten Weg, die sich mit ungewöhnlicher Hartnäckigkeit einstellten, ohne daß in der objektiven Welt dafür Anhalt zu finden gewesen wäre: die Worte »Jung« und »Adler« drängten sich ihm auf. Nun ist durch Zufall Material erhalten geblieben, das zum achtzigsten Geburtstag des Ägyptologen Freud von seinen Schülern und Verehrern dargeboten wurde. In diesen Listen finden sich diese beiden Namen nicht. Es ist also erwiesen, daß sie mit dem echten Urheber in geheimnisvollem Kontakt stehen müssen, während sie dem vorgeblichen fremd waren. Es ließ sich nun erweisen, daß in der Schweiz im achtzehnten Jahrhundert ein Pfarrer Jung, mit Beinamen Stilling oder Stichling, gelebt hat, der sich im Zuge der damaligen Epoche mit Seelenberatung und etwas salbungsvoller Pädagogik abgab. Zur Bildung einer Deckerinnerung konnte dieser schlichte Mann sehr wohl den Anlaß geben. Daß andererseits der Urheber so kühner Geistesflüge ein »Adler« sei, wird niemand leugnen; dennoch bedurfte die Verbindung der beiden Worte oder Namen eines Kreuzungs- oder Knotenpunktes, um wirksam zu werden. Mit dankenswertem Scharfsinn nun hat Dr. Sch. den Weg gefunden, der mit einem Schlage Licht über das Rätsel verbreitet. Er verwies auf den Vornamen des Moses-Forschers Freud und erinnerte an den sehr oft beobachteten Vorgang, den wir Regression vom Sohn auf den Vater nennen. Der Vorname Freuds ist, wie ein altes Wiener Adreßbuch nachwies, Sigmund oder Siegmund gewesen, (dem Ausfall des »e« widmet Doktor Schulz ein besonders aufschlußreiches Kapitel). Als Wohnort dieses Siegmund wird die *Berg*gasse angegeben, im *neunten* Bezirk der Stadt gelegen. Daraus erhellt, daß dieser Siegmund auf einem Berge gewohnt und mit den neun Musen, außerdem aber auch mit den neun Monaten der Schwangerschaft innig verbunden gewesen sein muß. Wir sind jetzt so weit, die Zeile zu verstehen, die sich Doktor Schulz an dieser Stelle einschob:

> Auf den hohen Bergesforsten,
> Wo die stolzen Adler horsten,

woraus sich zwanglos ein anderer Vers assoziierte:

> *Jung Siegfried* war ein stolzer Knab,
> Stieg von des *Vaters* Burg herab.

Von hier aus erleuchten sich schlaglichtartig alle Ausstrahlungen, die hier im Schnittpunkt zusammenlaufen: niemand anders als Siegfried, der germanische Held und Lichtbringer, ist der Schöpfer jener im höchsten Maße aufbauenden und die tiefsten Tiefen der menschlichen Vergangenheit aufklärenden Wissenschaft gewesen, während die in der Siegfried-Sage vorgebildete Gestalt seines israelitischen Lehrers Mime (zu gleicher Zeit an Mimik und an Mneme angelehnt) die Möglichkeit unterstützte, den gelehrten Österreicher vorzuschieben, um den bescheidenen Rückzug zu decken, den der mythische Nationalheld der Germanen nach vollbrachter Großtat dem Ruhme vorzog. Es ist ja klar, daß diese Siegfried-Gestalt nur wiederum die Verdichtung einiger germanischer Forscher ist, die festzustellen Doktor Henko Schulz die Bescheidenheit verbietet. Nur ist sicher, daß an den uns erhaltenen Schriften der Psychoanalyse auch der bekannte arische Dichter Thomas Mann, der Schweizer Gottfried Keller, der Königsberger Immanuel Kant und last not least ein sehr verdienstvoller Ethnologe, der Pater Schmidt, Anteil haben. Von letzterem zeugt unter anderem die Tatsache, daß als Hausnummer des vorgeschobenen Autors die Nummer 19 angegeben wird, welche den Fortschritt von den heidnischen neun Musen zu den christlichen zehn Geboten manifestiert, etwa im Sinne eines Ausrufs: »Neun? Zehn!« Und ebenso die Wahl gerade jenes Mannes. Denn als Pater Schmidt die Offenbarungen zuteil wurden, welche er später in dem Buche »Totem und Tabu« zusammengefaßt hat, überwältigte ihn das Glück dieser Entdeckungen so, daß der bescheidene Geistliche in den Ruf ausbrach: »Is des a Freid!« oder ins Berlinische übersetzt: »Freud«.

Mit beträchtlicher Spannung erwartet der Referent jetzt die Darlegungen von Doktor Henko Schulz über die geistige Tapferkeit, den ungebrochenen Mut und die grimmige Einsamkeit, die in den einzelnen Schritten wie in allen Verzweigungen der analytischen Wissenschaft nachgewiesen werden können. Der germanische, ja, der nordgermanische Charakter dieser Eigenschaften liegt auf der Hand. Er hängt mit dem langen Winter zusammen, den die nordische Natur erdulden muß, und der übrigens in dem langen, unerschöpflich fruchtbaren Greisentum des Deckautors Freud eine nicht unpassende Symbolisierung fand. Möge von diesem noch zu veröffentlichenden Werk die gleiche Anfeuerung für unsere deutsche Jugend ausgehen, die dem vorliegenden Bericht von Doktor Schulz ohnehin entströmt.

In einem sehr beredten Nachtrag über den verschwundenen Buchstaben »e« hat dann der Verfasser noch Wert auf eine Mitteilung gelegt, die uns zu fehlen schien, ohne daß wir uns erklären konnten, was da fehle. Es fehlte aber Siegfrieds Schwert. Zu unserer Beruhigung verweist der scharfsinnige Beobachter auf die Tatsache, daß es, wegen des drohenden Kastrationskomplexes, ersetzt werden mußte (Verdrängung), und zwar durch ein Harmloses und Kleinstes. In der Zeile

Siegfried nur einen Stecken trug,
Das war ihm bitter und Leids genug

finden wir diese Verdrängung und Ersetzung bereits vollzogen. Nur setzt sich der Prozeß insofern fort, als sich in den Berichten über die Urzeit der Analyse Andeutungen über ein Stöckchen (oder Stekel, wienerisch) finden, die nachher spurlos verlaufen. Ebenda existiert noch eine Erinnerung an *Siegfrieds schlanke Gestalt.* Der Volksmund verbindet überall die Aussage »schlank und rank«; und prompt taucht ebendort das Wort »rank« auf, ohne daß an den Stellen mehr darüber zu finden wäre, warum und woher. Erst Doktor Henko Schulz erkannte den Sinn dieser Anspielungen und grub die Realität aus.

19. Kapitel
Amsterdam

Daß ich das Buch, an dem ich arbeitete, mit der Widmung »Für Sigmund Freud« versehen würde, stand bei mir fest von Anbeginn. Der Roman »Einsetzung eines Königs«, mit dessen Titel ich recht unzufrieden blieb, sollte die Schlußphase des Weltkrieges einleiten und gleichzeitig auch zeigen, wie der Sieg der Waffen die Völker unfähig machte, sich ein lebenswürdiges Leben aufzubauen. Ich wollte mit Ruth Toby, der Schwester meiner in alles eingeweihten Sekretärin, die als geschulte Romanistin Berlin verlassen hatte, dem schon recht umfangreichen Roman noch zwei Bücher hinzufügen und dafür alles streichen, was für den geplanten zweiten Band schon vorbereitet in unseren Haifaer Mappen lag. Als ich ein paar Wochen zuvor in Wien Freud erzählt hatte, daß mein amerikanischer Verleger den Roman »Einsetzung eines Königs« erst publizieren würde, wenn er ein geschlossenes Ganzes sei, nicht aber, wenn die Käufer auf einen zweiten Band zwei Jahre warten müßten, gab er mir zu, dieser ehemalige ungarische Intellektuelle und ausgezeichnete Literaturkritiker B. W. Huebsch habe recht geurteilt, niemand könne auf die Lösung der in den ersten vierhundert Seiten errichteten Probleme warten, zwei Jahre, womöglich drei, in Zeiten, die sich so merkwürdig anließen wie die unseren.

Ich kam also nach Amsterdam, meine Frau aber war bereits nach London vorausgefahren, wo eine Freundin und Kollegin sie seit Wochen erwartete. Diese Kollegin hatten wir vor Jahren in Haifa kennengelernt, sie war eine Wienerin, ausgezeichnete Grafikerin und schriftstellerisch so begabt, daß ich nach ihrem leider viel zu früh erfolgten Tode mir mit Erstaunen ein Novellenmanuskript hatte vorlesen lassen, das Selbstporträts dieser Margarete Berger enthielt und Erlebnisschilderungen, tief in die Probleme der Emigration hineinleuchtend. Sie war mit einem ausgezeichneten Architekten verheiratet, der auf der Bugspitze der Meeresklippe Carmel eine mustergültige Villa erbaut und im Jahr zuvor mit Kollegen Palästina verlassen hatte aus Mangel an Aufträgen. In London aber war, hieß es, für alle modernen Architekten zu tun.

Daß ich ihr, sobald meine Arbeit beendet war, nach London folgen würde, hatte ich meiner Frau versprochen. Ich bekam auch bald ins Hotel einen enthusiastischen Brief: »Komm nur ja ins British Museum. Die Tontafeln von Tel el Amarna stellen das schönste Vorbild für unsere Druckseiten dar.«

Hier in Amsterdam aber hieß es: »Weißt du noch, Ruth, wie du in Eichkamp auf meinem Schreibtisch gesessen hast, schon im Badeanzug, und wir durch den Grunewald nach dem Teufelssee hinunterliefen, um dort zu schwimmen?« – Und sie erinnerte sich mit strahlendem Lächeln: »Und ob ich das noch weiß! Aber damals hatten wir noch keine kleine Hannah zu versorgen. Erlaub mir, daß ich sie erst zur Nachbarin bringe. Dann kanns losgehen!«

Und dann ging es los. Die ersten sechs Bücher von »Einsetzung« hatte sie schon von Haifa her bekommen, in Fahnen, durchkorrigiert und an Querido weitergereicht, das siebente im Manuskript von mir geschickt erhalten und ebenfalls weitergegeben. Es hatte sie beim Lesen sehr erschüttert, der Tod der liebenswürdigen Schwester Bärbe durch die Grippe des Jahres 1918 war ihrem Herzen allzu nahegegangen. Jetzt begannen wir also die Fortsetzung, Winfrieds Erlebnisse nach seiner Wilna-Rückkehr, den Urlaub, den ihm Hauptmann Ellendt sofort verschrieb, die Reise mit Schwester Sophie an den Wildinger See, das Wiedersehen mit seinen Eltern. Wäre diese Ruth eine fremde Sekretärin gewesen, ich hätte mich nicht so schnell und so tief aus der Gegenwart wieder verlieren können. Aber eine vertraute Freundin saß an der Maschine, aus der Korrespondenz mit ihrer Schwester war sie immerhin in Kontakt mit unserer Arbeit geblieben, und so gab es für mich kaum einen Unterschied in dem fließendem Diktat. Ich lag im Mervede Plein, Amsterdam, genauso auf meiner Couch wie in Haifa und vorher in Eichkamp, und die Augustwochen des Jahres 1918 umfingen uns beide viel mehr als die gleichen des Jahres 1937. Gingen wir dann nach der Arbeit mit Klein-Hannah die große Straße entlang zu dem Kanal, auf dem mich das Motorboot zum Hotel zurückbeförderte, so mußten wir uns erst zurechtfinden, wo und wann wir dahinschlenderten, diese schöne junge Frau, die sich gar nicht verändert hatte, und ich, der inzwischen den Gebrauch seiner Augen so gut wie eingebüßt. Und doch hätten wir gut daran getan, uns auch um die Gegenwart ein wenig zu kümmern, auch im freien Holland bildete sich eine SA, ein gewisser Herr Mussert tat sich als Gauleiter auf, niemand erwartete, daß diesmal wie 1914 die persönliche Beziehung zwischen der Königin Wilhelmina und dem deutschen Kaiser von einst, Wilhelm II, sich auch der Naziregierung gegenüber wirksam erweisen werde. Die gesamte niederländische Intellektualität, die alte holländische Kultur und die Juden, welche an ihr mitbauten, betrachteten besorgt die Entfaltung einer Nazigroßmacht auf dem Boden der Weimarer Republik, aber nur die Vorsichtigsten ordneten ihre Angelegenheiten für eine Auswanderung übers Meer. Vormittag für Vormittag verwandelte die Schreibmaschine weiße Blätter schönen holländischen Papiers in den großen und notwendigen Rest meines Romans. Erst wenn alles vorlag, sollte der Verlag Querido mit dem Satz beginnen dürfen, würde meine hilfreiche, liebenswürdige Vizesekretärin das korrigierte Manuskript in der Keizersgracht abliefern.

Unheimlich schwängerte sich die Atmosphäre unserer Gegenwart mit den Miasmen von 1918, seiner spanischen Grippe, der im Westen Woche für Woche unheimlicheren Übermacht der Entente, von der das Dritte Reich nur eines zu lernen schien: sich so stark wie möglich zu machen. »Kanonen statt Butter«, hatte der Reichsminister für Luftfahrt Hermann Göring den Kurs vorgeschrieben, und das ganze deutsche Volk, soweit es nicht in die Emigration gegangen war oder in Konzentrationslagern die freiheitliche Gesinnung büßte, sagte ja dazu. Ich traf mich an den Nachmittagen immer wieder mit den beiden jungen Verlegern, die aus unserem Kiepenheuer Verlag hervorgegangen waren und heute die beiden besten Emigrationsverlage repräsentierten, Querido und Allert de Lange, Dr. Landshoff und Dr. Walter Landauer. Daß auch in Paris deutschdruckende Verleger arbeiteten, politisch fortschrittlich unterstrichene Broschüren und Anthologien herausbrachten, hatten die Überwinder der Weimarer Republik nicht erwartet. Aber nur die Neue Zürcher Zeitung bestritt unsere Darstellung, die ganze deutsche zeitgenössische Literatur erschiene jetzt außerhalb der Reichsgrenzen.

Von Holland aus sah ich erst deutlich, was der Naziantisemitismus inzwischen aus Freuds Psychoanalyse verunstaltet hatte. Daß das Bild ihres Schöpfers schon 1933 aus den Räumen der Berliner Gesellschaft verbannt worden war, wußten wir – es berührte uns nicht sehr. Das Lebenswerk unseres großen Freundes würde auch diese Verunglimpfung überstehen. Alle jüdischen Mitglieder der Gesellschaft für Psychotherapie hatten sich längst aus den Grenzen des Dritten Reiches entfernt. Die Bücherverbrennung von damals leuchtete noch heute als Fanal. Eine nichtjüdische Psychologie wurde der jüdischen gegenübergestellt, kein Geringerer als C. G. Jung half dabei, und von seiten der herrschenden Kaste war ein Vetter Hermann Görings an ihre Spitze getreten. Das Schwergewicht der Internationalen Gesellschaft für Psychoanalyse war durch die großartige Arbeit von Ernest Jones in England errichtet worden, auch die Schweizer hatten sich aufs heftigste dagegen gewehrt, daß man in die Wissenschaft der Tiefenpsychologie das Hakenkreuz einzustempeln wagte. Die Kongresse der Gesellschaft verlagerten sich in neutrale Länder, welche auch Anna Freud gelegentlich besuchte, die holländischen Juden wurden von ihrer Regierung geschützt, vor einer Ausweitung der

Nazibarbarei über ihre Westgrenzen fürchtete man sich noch nicht, die Ausschreitungen und Greueltaten, von denen die Zeitungen des Auslandes berichteten, fanden kaum Glauben außerhalb unserer Emigration und ihren Veröffentlichungen. Noch ein Jahr später mußte Ernest Jones seinen alten Bekannten im Home Office versichern, er habe an den Körpern persönlicher Bekannter die Spuren dieser Nazimißhandlungen selbst gesehen. War es dann ein Wunder, daß der Außenminister Neville Chamberlain nach Godesberg flog, um dem Führer ins treue Aug zu blicken?

Wir arbeiteten intensiv, wollten bald fertig werden. Meine Frau erwartete mich in London, Lion Feuchtwanger in Paris oder Sanary, und mir selbst lag daran, nicht zu spät das Mittelmeer zu kreuzen, nachdem Lily Leuchter unseren Adam bereits auf ein solches Schiff gebracht hatte und mit ihm hinübergefahren war in das, was wir für Sicherheit hielten, das Ostufer des Mittelmeers. Lieber arabische Aufstände um uns als die Nähe des Dritten Reiches.

Und obwohl ich kein Exemplar von »Einsetzung eines Königs« in Händen hatte, als wir uns in Haifa wieder zusammensetzten, atmeten wir doch auf: diese Epoche war abgeschlossen. Lily begutachtete befriedigt die Mitarbeit ihrer Schwester und schloß die Mappen dieses Teils des Großen Krieges der Weißen Männer.

20. Kapitel
Schwarze Wolke über Wien

Man wird verstehen, daß wir uns um die Sachlage Österreich nicht mehr sehr viel kümmern konnten, als wir uns wieder auf dem Carmel eingerichtet hatten. Während unser Adam tatsächlich wuchs und wuchs, bemühten wir uns um eine endgültige Fassung meines Schauspiels »Bonaparte in Jaffa«, das mit verteilten Rollen von Dilettanten vortrefflich vorgelesen wurde, und zwar zur Feier meines 50. Geburtstages in Haifa und Tel Aviv. Diese Geburtstagsfeier wünschte ich so klein wie möglich zu halten, was bei der Tendenz zur Zurückdrängung unseres »jeckischen« Einflusses auch bei der Organisation der Einwanderer aus

Deutschland Zustimmung gefunden hatte. Noch heute erinnere ich mich, daß ich mich damals als »einen aus dem Volke« bezeichnete und nur darauf Wert legte, daß unsere deutschen Leser meinen Erzählungen treu blieben, auch dann, wenn sie nicht ins Hebräische übersetzt würden. Es saßen nämlich schon viele eingewanderte Jugendliche auf den Bänken der Schulklasse, in welcher dieser halbprivate Akt am späten Abend stattfand, und da sie auf das Erlernen der hebräischen Sprache und deren Gebrauch im täglichen Leben volles Gewicht legen mußten, wurde ihnen die Lektüre in der »Sprache Hitlers« durchaus verübelt. Auch meine beiden Söhne gehörten dazu, aber ebenso wie in unserem Hause sprachen die Eingewanderten untereinander deutsch, und Deutsch war ja auch die inoffizielle Verständigungssprache im Land. Leider hatten sich die unfriedlichen Verhältnisse innerhalb des Mandatsgebiets inzwischen verstärkt. Gegenseitige Überfälle von arabischen und hebräischen Siedlungen geschahen an den Grenzgebieten, aber auch nahe gewisser Aufbaupunkte, wovon wir nächstes Jahr Proben abbekommen sollten. Jetzt gerade entwickelte sich in der arabischen Welt ein Nachholen des europäischen Liberalismus – in Ägypten namentlich, wo das Britische Besatzungsregime sich lockerte und die Wafdpartei, eine moslemitisch-nationalistische Kampforganisation, bei den Wahlen mehr und mehr Stimmen einbüßte. Ihren Einfluß in Palästina verlor sie dadurch nicht und an Schußwaffen mangelte es weder den moslemischen Angreifern noch den israelischen Verteidigern, wobei aber gerechterweise angemerkt werden muß, daß das arabische Palästina nicht gefragt worden war, als die Mandatsregierung den jüdischen Einwanderern die Tore öffnete und Bodenkäufe zwischen der Jewish Agency und den Effendis in vielen Gegenden des Landes den fleißigen Fellachen große Teile ihres Bodens wegnahmen.

Während der langen Regentage dieses Winters ließ ich mir vorlesen, was an kürzeren Abhandlungen in den herrlichen Gesammelten Schriften vorhanden war, vor allem aber im Zusammenhang mit dem zweiten Teil des »Mannes Moses«, den mir der Professor als Sonderdruck aus *Imago* zugehen ließ. Die großartige Schlichtheit seiner Darstellung und die aufregende Fülle neuer

Gesichtspunkte ließen mich fast vergessen, daß er in Österreich nach wie vor dem eingeborenen Antisemitismus ausgesetzt blieb, der ja unter Lueger dort Staatsräson geworden war, zumindest Stadträson. Und daß jeder Mensch, der es gut mit ihm meinte, ihn von dort fortwünschte. Es war auch ein angesehener Journalist, André Germain, der vorsichtig und bedeutsam auf die Entwicklung hingewiesen hatte, die Österreich unweigerlich nehmen würde, wenn man der Sowjetunion den Durchmarsch ihrer Truppen durch Polen unmöglich machte, und sie so verhinderte, Verträge mit Prag und Paris zu erfüllen. Solange freilich M. M. Litwinow im Völkerbund wirkte und Léon Blum die französische Außenpolitik leitete, würde ein Mann wie Freud Zeit haben, sich mit Bibliothek und Verlag in Sicherheit zu bringen, zum Beispiel nach Italien oder in die Schweiz. Leider verlor ich ganz und gar den Kontakt mit der Gegenwart dadurch, daß ich mit Freud zu »Moses, dem Ägypter« übersiedelte. »Wenn Moses ein Ägypter war« … nun, das war er gewiß. Und die alte Frage des Auszugs der Kinder Israel aus Ägypten, die ja unsere Klassiker immer wieder beschäftigt hatte, zog auch mich in Bann, freilich in anderer Weise als der Text meines Freundes Freud. Es waren nämlich in der Palestine Post Aufsätze des britischen Archäologen Garstang erschienen, der die uralte Stadt Jericho ausgegraben hatte, und seines Sohnes, des Geologen, der eine überaus interessante Verbindung zwischen den zehn Plagen der Bibel und den großen Erdbeben etwa des 17. vorchristlichen Jahrhunderts hergestellt hatte, das vom Taurus bis zu den Nilquellen die Erdkruste erschütterte und aufriß und dabei den Jordan vom Mittelmeer ablenkte und in den tiefen Graben umleitete, der heute als das Tote Meer einen Salzsee von unwahrscheinlicher Klarheit darstellt, fast 400 Meter unter dem Mittelmeerspiegel und ohne jedes pflanzliche oder tierische Leben. Ich hatte ihn einmal besucht, auf meiner ersten Palästina-Erkundungsreise, und sein wundervolles Blau war mir ebenso in Erinnerung geblieben wie die abgeschliffenen Abhänge der Berge von Moab und Edom, die es auf unserer Seite umrahmten. Daß mir dabei der Zug durch die Wüste unter der Führung Moses und seiner Hausmacht, der späteren Leviten, zu anderen Überlegungen Anlaß wurde als Freud und seinen Vorgängern, zum Beispiel dem jungen Goethe, muß ich späterer Berichterstattung überlassen.

Zu den erfreulichsten Tatsachen des Jahresendes gehörte die, daß mein Roman »Einsetzung eines Königs« inzwischen bei ihm eingetroffen war. Kein Wort seines Briefes spielte darauf an, daß ihm die Widmung gefallen habe, die zu Beginn des Buches gedruckt stand. Dies gehörte zu dem Verschweigen dessen, was ihn innerhalb unserer Freundschaft erfreute, was er aber durch sein Wesen, seinen Händedruck, den Blick seiner Augen immer zu erkennen gab. Hingegen merkte der große Schriftsteller mir doch an, daß er zwar verstand, warum ich den Zweibänder, den ich anfangs plante, in einen einbändigen dickeren Roman verwandelt hatte – aber genau wie Lion Feuchtwanger vermißte auch er in den neuen Schlußkapiteln eine ausführliche Gestaltung des politischen Ausklangs unseres ersten Weltkriegs – keinem von beiden hatte ich bis dahin angedeutet, daß ich einen Schlußroman meiner Weltkriegsserie nicht nur geplant, sondern schon begonnen hatte: »Das Eis bricht«.

Übrigens wunderte es niemanden, daß unsere deutschsprachigen Zeitungen von Berichten über Österreich voll waren, auch die hebräischen. Wien beherbergte die größte jüdische Gemeinde seit der Zerstörung der deutschen, an 175 000 Menschen. Sie alle hatten Verwandte in Palästina, solche nämlich, die schon lange vor 1933 ins Deutsche Reich übergesiedelt waren und sich nun in Palästina an gewissen Stellen gesammelt hatten, teils um orthodoxe Synagogen in Tel Aviv oder Jerusalem, teils um industrielle Kleinbetriebe in Haifa und seiner schönen Bucht. Würde es dem Bundeskanzler Schuschnigg gelingen, mit Hilfe des Duce das Unheil des ›Anschlusses‹ abzuwenden? Hatte Schuschnigg, als dies nicht gelang, vernünftig gehandelt, indem er den Maharadscha des Dritten Reiches, den Führer Adolf Hitler, in Berchtesgaden aufsuchte und mit den österreichischen Nazis Frieden schloß, einen gewissen Seyß-Inquart zum Innenminister machend? Weder Freud noch irgendein anderer österreichischer Bürger oder Proletarier konnte auch nur ahnen, was sich in den Regionen abspielte, die man damals die obersten nannte. Erpressung ist das schwächste Wort, das man anwenden kann, um die Atmosphäre zu charakterisieren, der schließlich die österreichische Regierung erlag. Hätte es nicht schon sieben Jahre später jene Nürnberger Prozesse gegeben, die einige der schuldigsten Banditen dem Henker oder dem Selbstmord überlieferten, niemand wüßte die Geheimgeschichte dieser Tage. Aber da alle Telefone abgehört oder auf Band aufgenommen wurden, vermag jedermann heute zu lesen, wie sich die um Hitler und Göring versammelte Bande, den vorher ganz unbekannten Seyß-Inquart eingeschlossen, zur Besitzergreifung des österreichischen Staates anschicken durfte. Als am 11. März 1938 die uniformierten Kolonnen in Wien einrückten, Vorboten des zweiten Weltkrieges, jubelte das Wiener Kleinbürgertum auf allen Haupt- und Nebenstraßen der Kaiserstadt, und gar erst, als am 13. der Österreicher Adolf Hitler selber einzog und den Anschluß Österreichs an das Deutsche Reich proklamierte! Gleichzeitig aber begannen die Selbstmorde jüdischer Intellektueller. So warf sich der Schriftsteller Egon Friedell aus dem Fenster seiner Wiener Wohnung, was mich besonders anrührte, weil er, Gast aller literarischen Cafés, von dem Moskauer Regisseur Alexander Granowsky für die Aufführung meines »Spiels vom Sergeanten Grischa« in Berlin mit der Rolle des Kriegsgerichtsrats Posnansky betraut worden war, die ja keine besonderen schauspielerischen Qualitäten verlangte. Aber Egon Friedell hatte die Figur mit seiner jüdischen Intellektualität hinreichend verkörpert, sich dem Ensemble vollkommen eingefügt, er, der Verfasser einer dreibändigen, etwas kuriosen Kulturgeschichte Europas – und nun hatte er vorausgefühlt, vorausgewußt, was ihm bevorstand, nachdem sich das Dritte Reich auch über Österreich erstrecken durfte. Andere Wiener Caféhausprominenzen erlagen noch im gleichen Jahre den Verhältnissen in den Konzentrationslagern, zum Beispiel der Conférencier Paul Grünbaum dem Typhus in Dachau.

Es wäre illoyal von mir, wollte ich der großartigen Schilderung jener Monate um Freud Teile entnehmen, die Ernest Jones' monumentale Biographie zu voller Anschaulichkeit bringt. Wir verwenden hier lieber den Bericht, den Martin Freud, beschäftigter Rechtsanwalt und Doktor jur., Leiter des Internationalen Psychoanalytischen Verlages, von der Art gegeben hat, mit der ihm, ehemaligem österreichischen Offizier im ersten Weltkrieg, der Einbruch der Nazipest zum Erlebnis wurde:

»Psychologisch bin ich durch den ersten Weltkrieg recht gut hindurchgekommen, und obwohl ich eine Zeitlang meine berufliche Karriere unterbrechen mußte, gelang es mir im Laufe der Zeit, mich im Zivilleben wieder einzurichten. Ich besaß eine Rechtsanwaltspraxis, außerdem hatte ich als Direktor des Internationalen Psychoanalytischen Verlages, welcher die Bücher meines Vaters veröffentlichte, einen zweiten ausgezeichneten und befriedigenden Beruf, denn die Werke Sigmund Freuds werden weithin in der ganzen Welt verkauft, selbst in so entlegenen Gegenden wie Zentralasien und der Arktis.

Der zweite Krieg, den ich mitmachte, währte eine viel kürzere Zeit, weniger als 24 Stunden, von vier Uhr an einem Nachmittag bis um ein Uhr am nächsten Morgen. Datum: 15. März 1938. Kriegsschauplatz: mein Büro in Wien, Berggasse 7. Achtzehn mit Gewehren bewaffnete Zivilisten – ihre Uniformen waren noch nicht vom Schneider gekommen, es war erst drei Tage her seit der Einführung des neuen Regimes von militärischem Pomp und Glanz – unternahmen gegen mich eine Offensive. Angesichts ihrer numerischen Überlegenheit – ich war allein – war der Sieg bald auf ihrer Seite. Abwechselnd von Gewehrkolben und -läufen bedroht, war ich gezwungen, hilflos danebenzustehen und die Früchte meiner jahrelangen Arbeit als Verleger und Anwalt innerhalb weniger Stunden zerstört zu sehen.

Diesen zweiten Weltkrieg bestand ich nicht so gut wie den ersten, obgleich ich bei Einstellung der Feindseligkeiten viel besser als die meisten meiner Freunde davongekommen war; der weltumspannende Ruf meines Vaters und der Einsatz einflußreicher Persönlichkeiten mit weitgehenden internationalen Beziehungen zu seinen Gunsten, brachten mir einigen Schutz und bewahrten mich vor dem Ärgsten.

Trotzdem gefiel den Nazibehörden, die meinen Fall behandelten, meine Haltung keineswegs. Für ihren Geschmack war ich nicht unterwürfig und nachgiebig genug. Ich konnte mich nämlich nicht dahin bringen, zu verstehen, warum Geld, das mir von meinen Klienten anvertraut worden war, was vorkam, während der sogenannten offiziellen Durchsuchungen meiner Räume mit meinem eigenen Geld vermischt und fortgebracht werden sollte, und weshalb, wenn ich später Versuche unternahm, die konfiszierten Beträge wieder zu erlangen, mich die Behörden zu informieren hätten, daß es nicht mehr möglich sei, alles Geld zu finden, da einiges davon inzwischen ›verschwunden‹ sei.

Es war ein feststehender Beschluß, daß ich Österreich zu verlassen hätte – tatsächlich wünschte ich nicht zu bleiben – und es wurde mir bedeutet, daß ich gut daran täte, aus Wien herauszugehen, bis ich die Erlaubnis zum Verlassen des Landes erhielte, da ich den Behörden ein Ärgernis war. Mein Arzt hatte mir den gleichen Rat gegeben, mit Rücksicht auf meine angegriffene Gesundheit, und niemand erhob dagegen einen Einwand, daß ich einen Kurort zu meinem Exil wählte.

Im April 1938 war es noch leicht, einen Badeort und ein Sanatorium zu finden, wo mangels willkommenerer Besucher selbst ›nichtarische‹ Gäste erwünscht waren. Ich beabsichtige nicht, das Sanatorium mit Namen zu nennen; ich möchte ihm in keiner Weise schaden oder undankbar gegen den Schutz erscheinen, den es mir gewährte. Niemand wird von meiner Beschreibung der Umgebung imstande sein, den Ort zu identifizieren, denn ich habe mich solcher Beschreibung vollständig enthalten. Erstens würde der Leser nicht interessiert daran sein und zweitens ist es nicht an der Zeit, österreichische Kurorte der Öffentlichkeit bekanntzugeben …«

Was die jüdischen Bürger von Wien, Linz und Graz und anderen Städten Österreichs damals erlebten, hatte nicht einmal den Anschein eines echten revolutionären Geschehens. Es brach damals aus der Haß des Kleinbürgertums gegen die von Generation zu Generation reicher gewordenen, Handel treibenden und Industrien begründenden Juden. Diese Juden hatten vom Anfang des 18. Jahrhunderts an weggeworfenes altes Eisen und ähnliche ›wertlose‹ Abfälle in industrielle Rohstoffe verwandelt, ohne die die österreichischen Waffenfabriken weder Kanonen noch Gewehre hätten herstellen können, da die Kriege der Monarchie ihre Handelsstraßen blockierten. Eigentlich schon seit dem Spanischen Erbfolgekrieg von 1701 sieht sich Österreich gezwungen, eine eigene Industrie zu entwickeln, und die aus Böhmen und Mähren einwandernden Juden sind es, die dazu wertvolle Hilfe leisten. In der langen Regierung Maria Theresias und des liberalen Joseph II. verwandeln sich die jüdischen Gemeinden in Zentren frühkapitalistischer Wirtschaftsmacht, und die jüdischen Häuser der Monarchie stellen sich als Zubringer von Rohstoffen und Verbindungen in deren Dienst – vom Balkan bis zur Türkei. Die zum Aufwachsen dieser Fabriken mit ihren Maschinen notwendige Handarbeit liefert kein Proletariat, sondern das über das ganze Reich verstreute Kleinbürgertum der Handwerker, die mit immer tiefer fressendem Groll zusehen müssen, wie in allen großen Städten wohlhabende neue Viertel entstehen, mit großen Wohnungen und Gärten, indes sie selber zusammengepfercht in den älteren Stadtteilen verbleiben müssen. Auf dieser Basis entsteht das antisemitische christlich-soziale Massenwesen, das unter dem Bürgermeister Lueger eine führende politische Partei wird, ohne daß ihre judenfeindlichen Affekte sich entladen können – Polizei und Militär des habsburgischen Staates hindern in den Erblanden wie in Wien antisemitische Ausbrüche. Mit dem Einbruch der nazistischen Reichstruppen ändert sich das mit einem Schlage: während die antisemitischen Schlagworte innerhalb des Deutschen Reiches nur auf geringen Widerhall trafen, brachten sie in Wien Massenheere von Kleinbürgern auf die Beine, und ihre geschwungenen Arme trugen jetzt Waffen. Zum Glück für die jüdischen Bewohner Wiens vermochte die jahrzehntelange Leitung der Christlich-Sozialen Bewegung durch Lueger und seine Presse den Aufstand von 1938 in mehr oder weniger zivilisierte Formen zu bannen – nur das Rauben von Barmitteln überall brachte den Kleinbürgern Genugtuung, und nach der gesetzlichen Schließung der Grenzen wurde scharf darauf geachtet, daß niemand, der flüchten wollte, auch wirtschaftliche Werte mit sich nahm, Bargeld, Juwelen, Goldschmuck.

Im Hause Freud spielte sich dieser Raubzug so ab, daß Frau Marta Freud ihr Wirtschaftsgeld, fünf bis sechstausend Schillinge, auf den Tisch legte und die bewaffneten Eindringlinge zum Sitzen nötigte. Ähnliches hatte ja Martin Freud aus dem Verlag berichtet. Und das überaus eindrucksvolle Erscheinen Sigmund

Freuds persönlich dominierte in seiner Wohnung so, daß die Nazis nicht in seine Behandlungsräume, sein Sprechzimmer eindrangen. Aber eine doppelte Wirkung brachten diese Tage dennoch hervor: einerseits willigte er jetzt ein, trotz körperlicher Behinderung zu reisen, auszuwandern, und andererseits durchschnitt er jetzt die Bande, die ihn mit dem Wiener Deutschtum verbunden hatten, 53 Jahre lang. Ohne den Mann Moses als Ägypter aufzugeben, stellte er sich jetzt innerlich ganz auf seine Existenz als Jude um und fühlte sehr mit, welche Tragödie es für das jüdische Volk bedeutete, daß er, Sigmund Freud, sich gezwungen sah, ihm seinen größten Mann zu nehmen. Daß er dennoch nie daran dachte, nach Palästina zu übersiedeln, versteht sich am Rande, obwohl er die Hebräische Universität in Jerusalem bei ihrem Werden begrüßt und zu seinen beiden ins Hebräische übersetzten Arbeiten Vorworte geschrieben hatte, zu »Totem und Tabu« und den »Vorlesungen«. Daß die mächtige katholische Kirche mit den Nazis ein Konkordat abgeschlossen hatte durch ihren Nuntius Pacelli, den späteren Papst Pius XII., und also die Verwandlung Deutschlands in das Dritte Reich akzeptierte, berührte ihn nicht mehr. Immer waren seine Befürchtungen auf ein mögliches Verbot der Psychoanalyse und ihrer praktischen Ausübung in Wien durch den Vatikan gerichtet gewesen, wodurch viele seiner Schüler und Kollegen brotlos geworden wären; jetzt fiel diese Besorgnis weg, die Psychoanalyse verwandelte sich unter den Auspizien von C. G. Jung in eine arische Psychologie. Damit war auch dieser Mitkämpfer der Frühzeit seinen Blicken entrückt, nachdem bereits vor zwei Jahren Alfred Adler in Aberdeen auf der Straße tot umgefallen war, was Freud zu einer grimmigen Bemerkung in einem Briefe an mich Anlaß gab.

Um so treuer stand zu ihm ein anderer Verfechter der Psychoanalyse von Anfang an: Ernest Jones. Was er alles tat, um Freud mit seinem ganzen Hause das Recht zur Einreise nach London und zur Ausübung seines Berufes zu verschaffen, versteht nur, wer weiß, daß selbst das gastlichste Land Frankreich (ebenso wie die Schweiz) zwar Einreise erlaubte, aber nur mit dem Recht, daselbst zu verhungern – keinerlei Arbeitserlaubnis. Zum Glück besaß Jones von einem Schlittschuh-Club her Beziehungen zum

Innenminister Sir Samuel Hoare und aus der Ernennung von Freud zum korrespondierenden Mitglied der Royal Society Hilfe bei den führenden Sekretären dieser höchst einflußreichen naturwissenschaftlichen Gesellschaft. Auf diese Weise gelang es ihm, Einreisepapiere unverhältnismäßig schnell zu erlangen. Ganz anders war es um das Recht zur Ausreise aus Österreich bestellt. Hier mußten die Nazis aber erleben, daß der mit keinerlei Orden ausgezeichnete Gelehrte Hilfestellung erhielt von dem Präsidenten Roosevelt wie von Benito Mussolini, vom Nazigesandten in Paris wie vom britischen Gesandten in Wien. Daß die Prinzessin Marie Bonaparte ebensowenig müßig blieb wie Mr. W. C. Bullit, USA-Gesandter in Paris, vermerken wir mit dem Zusatz, daß diese beiden 100 000 Schilling Loskaufgeld für Sigmund Freud auf den Tisch legten, damit er seine Bibliothek und seine Sammlungen einpacken und mitnehmen durfte. Es ist sehr charakteristisch für den Haß auf den Geist, der die oberste Naziclique beherrschte, daß ein zweiter Betrag von 100 000 Dollar (Schilling?) nicht angenommen wurde, als man mit ihm die gedruckten Vorräte und Zeitschriften des Internationalen Psychoanalytischen Verlages von der Beschlagnahmung befreien wollte. Nein, diese mußten zerstört werden – und das wurden sie auch, einschließlich der in Leipzig lagernden Vorräte von Freuds Gesammelten Schriften. Aber der Weltruhm Sigmund Freuds drückt sich am besten dadurch aus, daß wir noch einmal an das Wort seines Sohnes Martin erinnern: »Die Werke Sigmund Freuds werden weithin in der ganzen Welt verkauft, selbst in so entlegenen Gegenden wie Zentralasien und der Arktis.«

Und so brachte es das sogenannte Schicksal zuwege, daß in diesem Jahre 1938 trotz des Nazieinbruchs in Österreich ein Wiedersehen möglich wurde zwischen zwei vom Nazismus verbrannten Autoren. Ich traf Sigmund Freud im Sommer 1938 in demselben, von Emigranten bevorzugten Hotel Esplanade wieder, am Warrington Creszent, London N. W. 3. Mit ihm wurde der letzte riesige Baum des schöpferischen deutsch-österreichischen Gedanken- und Sprachguts, den die Habsburgische Monarchie hervorgebracht, ins Ausland verpflanzt, und zwar ins angelsächsisch sprechende. Zwar war in der Höhe von Knieholz und Sträuchern eine überaus reiche, buntblühende Pflanzenwelt gleichzeitig mit ihm erstanden. Sie hatte sich als deutsche Kultur über den ganzen Westen unseres Kontinents verbreitet und in Lyrik, Kritik, Essayistik, Roman und Theaterstück von 1880 bis 1938 den öffentlichen Geist mit Talenten gespeist. Alle diese Talente, manche davon recht große, hatten aber nur ihre zwei Menschenalter in Blüte gestanden – Frucht hatten sie kaum gebracht. Ich meine mit ihnen Rilke und Kafka, Stefan Zweig und Hermann Bahr, Gustav Mahler und Arnold Schönberg, Max Reinhardt, Adolf Loos und Robert Musil, Franz Werfel und Jakob Wassermann, Berta von Suttner und Karl Kraus. Niemand unterschätzt den Charme und Schimmer, den unser kulturelles Leben von diesen Talenten erhielt, wie wir ja auch darauf hinweisen müssen, daß das österreichische Bürgertum, wiederum von Salzburg bis Constanza, in denselben zwei Menschenaltern und schon vorher jene geistige Schicht hervorbrachte, die als Ärzte, Wissenschaftler, Journalisten, Schauspieler und Schauspielerinnen die Vorherrschaft des deutschsprechenden Geistes fast genauso bestimmten wie im Westen die französische Bourgeoisie und im Norden die britische und skandinavische die europäische Kultur ernährten, gestalteten. Fragen wir aber, wo die wirkliche originale Schöpferkraft in jenen beiden Menschenaltern erwuchs, so zählen wir dankbar Namen aus Provinzen und Großstädten des deutschen Reiches auf, um sie den österreichischen entgegenzusetzen: Otto Brahm und Gerhart Hauptmann, Else Lasker-Schüler und Stefan George, Frank Wedekind und Alfred Kerr, die Brüder Mann, Lion Feuchtwanger und Bertolt Brecht. Zwar befruchteten sich auch unsere deutschen Großstädte mit Menschen aus dem Österreichischen wie Edmund Husserl, Max Reinhardt und Fritz Kortner oder Fritzi Massary und Max Pallenberg, von all den Schauspielern und Schauspielerinnen sonst zu schweigen, die unsere Berliner und Münchener Theater zum Glück unserer Jugend machten, unsere jungen Mädchen durch Vorbilder von Grazie und Klugheit erregten. Aber all das verblich vor der Tatsache, daß ein Genie wie Freud nur Parallelen hatte in Karl Marx und Friedrich Engels, und daß er als Erforscher der menschlichen Seele, ihrer Gründe und Abgründe, noch in hundert Jahren als Denkmal dastehen wird für das, was die braune Barbarei unter der Führung des Österreichers Hitler vernichtete, schon bevor sie uns in einen zweiten Weltkrieg verstrickte und fünfzig Millionen unserer jungen und älteren Menschen auf den Totenacker warf.

IV. Teil *Das tapfere Ende*

21. Kapitel
Ein Zwischenfall

Wie es kam, daß ich im Hochsommer 1938 mich wieder in London einfand, kann ich aus Notizen darum nicht feststellen, weil die beiden entsprechenden Kalender offenbar verschwanden, als wir aus dem Beth Moses ins Beth Tuffic Rino umzogen. Dieses Haus Tuffic Rino lag etwa 50 Meter Luftlinie von dem früheren entfernt, und die Wohnung war durchaus erschwinglicher, wenn auch weniger komfortabel als die frühere, aber wir mußten umziehen, weil die Einkünfte eines deutschen emigrierten Schriftstellers schon zu schrumpfen begannen. Der Roman »Einsetzung eines Königs« erschien nach der deutschen, in Holland prächtig gedruckten Ausgabe, in englischer, amerikanischer, russischer und tschechischer Übersetzung, wobei die russische nicht in Buchform, sondern in zwei dicken Heften der sowjetischen Zeitschrift *Internationalnaja Literatura* erschien. Neue Verlagsverbindungen in London waren notwendig geworden, mein ausgezeichneter Freund Robert Neumann hatte eine Abteilung des großen Verlages Hutchinson als *International Authors* übernommen, und in London lebten eine Fülle von Schriftstellern aus Berlin, mit denen ich Kontakt aufnehmen wollte, um im kommenden Jahr 1939 den Kongreß unseres Internationalen PEN-Clubs als Delegierter mitzumachen, der während der Weltausstellung in New York stattfinden würde. Dieser Kongreß wurde dadurch wichtig, daß wir den Fehler wiedergutmachen wollten, den das internationale Schrifttum auf dem vorigen Kongreß in Buenos Aires begangen hatte. Dort war eine dem Faschismus durchaus günstige Erklärung abgefaßt worden, wenn ich nicht irre, unter Beeinflussung durch Jules Romain, da von uns Emigranten nur ganz wenige die Möglichkeit hatten, dort mitzumachen, mitzustimmen. In London aber traf ich vor allem meinen Freund und Kameraden Rudolf Olden und seine reizende Frau Ika, geborene Halpern, und hier konnten wir einen Feldzugsplan schmieden, der in New York den Internationalen PEN aus dem faschistischen Gefolge wieder auslösen sollte. Außer Thomas Mann, den ich noch in Kilchberg in der Schweiz gesprochen hatte, der aber dabei war, sich für die Dauer des deutschen Faschismus nach Amerika hinüberzubegeben, würde Ernst Toller mit uns stimmen, der schon seit längerem in New York wohnte – Heinrich Mann und Lion Feuchtwanger blieben in Frankreich, der eine mit der Deutschen Volksfront beschäftigt, der andere mit seinem Roman »Exil«, während René Schickele, bereits recht krank, in Sanary mit der Angina pectoris kämpfte. So kam es, daß ich diese Freunde in Frankreich sprach, bevor ich nach London weiterfuhr. Dort, im Hotel Esplanade, fand ich Sigmund Freud als bettlägerig Kranken. Er sah sehr verändert aus, hatte er sich doch den Vollbart abnehmen lassen müssen, weil er wenige Tage nach unserem Wiedersehen in eine Klinik überführt wurde, wo eine neuerliche Krebsoperation vor sich gehen würde, diesmal von außen auf die kranke Stelle eindringend. Dieser mein Besuch war kurz, wir sprachen nur von seinem ältesten Sohn Oliver, der sich mühsam mit Frau und Tochter ernährte, wenn ich nicht irre mit fotografischen Arbeiten. Frau Marta und die treue Paula, das Hausmädchen, bereiteten gerade die neue Wohnung in Maresfield Gardens vor, und so brauchte ich mir keine Vorwürfe zu machen, daß ich mich mit meinen eigenen und den PEN-Club-Angelegenheiten ausgiebig beschäftigte, mit Robert Neumann und Rudolf Olden, dem der bedeutende Universitätslehrer Gilbert Murray ein Gärtnerhäuschen am Rande Londons eingeräumt hatte.

Und so hielt ich mich gerade in London auf, als Neville Chamberlain damals aus Godesberg zurückgeflogen kam und außer seinem Regenschirm ein Protokoll schwenkte: »Peace for our time« – Friede für unsere Lebenszeit. Wir schüttelten entsetzt unsere Köpfe, war doch unsere Überzeugung von der Vergeblichkeit all dieser Bemühungen, einen zweiten Weltkrieg zu vermeiden, uns in Hirn und Herzen eingebrannt. Diese unsere Überzeugung hörte ich am besten ausgedrückt auf einem Besorgungsgang vom Hotel aus, denn vor mir liefen zwei Handwerker den gleichen Weg, von denen einer, offenbar ein Klempner, ein Ofenrohr auf der Schulter trug. »I am ashamed to be British«, hörte ich ihn sagen – ich schäme mich, jetzt Engländer zu sein.

Als ich wieder über den Kanal fuhr und über Paris nach Marseille eilte, um die letzten Schiffe der Messagerie Maritime nach Haifa zu erreichen, bereitete sich gerade jene Konferenz in München vor, die unter dem Ausschluß der Sowjetunion versuchen würde, das in Godesberg mit Neville Chamberlain Besprochene zur Beschwichtigung Hitlers und seiner Paladine in politische Wirklichkeit umzugestalten. Sicher war, daß sie dort ihren französischen Partner treffen würden, Daladier, und sicher auch den Duce, der diese Konferenz erst möglich gemacht hatte. Es drehte sich um die Existenz der Tschechoslowakei – da ich aber ganz allein fuhr und Zeitungen nicht lesen konnte, also nur vom französischen und englischen Radio und dessen Meldungen abhing, tat ich am besten, so schnell wie möglich wieder daheim aufzutauchen, auf dem Carmel, in der neuen Wohnung im Hause Tuffic Rino, in das meine Frau und die Söhne mit unseren Möbeln, meinen Büchern und Manuskripten inzwischen umgezogen waren. Mein damaliger Aufenthalt in Sanary dauerte nur wenige Tage. Feuchtwangers waren inzwischen in die Villa Lazar übergesiedelt, wo Marta einen besonders schönen Garten anlegte und Lion mir aus dem Buch »Exil« mehrere Nachmittage hintereinander jene Kapitel vorlas, die sich mit dem Kampf um eine damalige deutschsprachige Wochenzeitung beschäftigten. Wir versprachen einander aber, im nächsten Jahr längere Zeit beisammen zu sein und ahnten beide nicht, daß nur durch ein Wunder aus dieser Absicht noch einmal Wirklichkeit werden sollte – zum letzten Mal.

Während dieses Sommers hatten sich die Verhältnisse in Palästina zwischen den arabischen und den jüdischen Nationalisten zugespitzt, freilich nicht so, daß unsere Beziehungen zu unserem neuen Hausherrn Tuffic Rino und seiner großen Familie unfreundlich geworden wären. Das Gegenteil war der Fall. Auch aus den arabischen Dörfern kamen die Lieferanten nach wie vor mit Gemüsen und Früchten und freuten sich des geregelten Absatzes ihrer agrarischen Erzeugnisse, die meine Frau und ihre Hausgehilfinnen freilich sorgfältig desinfizierten, bevor sie uns Salate oder Brotscheiben auf den Tisch legten. Die Feindseligkeiten hatten ihr Zentrum im Süden Palästinas, wo zwischen Jaffa und Tel Aviv immer wieder Schießereien und kleiner Bürgerkrieg aufflammte. Dennoch beschloß ich aber, einige Tage nach meinem Geburtstag mit meinem Sohn Michael am Steuer des Wagens über Tel Aviv nach Jerusalem zu fahren und einige Halbedelsteine und Muschelschalen zu dem dortigen besten Goldschmied zu bringen, der sie für meine Frau zu einem Schmuck umwandeln sollte. Dort wohnte auch unser Freund und Arzt Max Eitingon, einst in Berlin-Dahlem, und die Buchläden daselbst hatten mir antiquarische Exemplare meiner einst bei Kurt Wolff und Kiepenheuer erschienenen Bücher in Katalogen angekündigt. Der November war außerordentlich schön, damals wie jedes Jahr, die ersten Regen fielen früh, überall blühten Herbstzeitlosen und Zyklamen. Man konnte immer noch schwimmen, dicht am Meer war ein neues Hotel entstanden, von ehemaligen Berlinern errichtet und geleitet, und wenn wir aus Jerusalem zurückkehrten, würden wir uns durch Schwimmen erfrischen und für eine Emigration danken, aufrichtig dankbar sein, die uns hier eine Riviera-Existenz verschafft hatte.

Aber alles sollte anders kommen. Eigentlich war verabredet worden, daß meine Frau mitfahren würde. Zu unser aller Glück aber stellte sich heraus, daß die Hausfrau in diesen Tagen unmöglich abwesend sein konnte, wahrscheinlich der Wäsche wegen, die mit Gardinen und allem dazugehörigen Weißzeug heute vormittag aus der Waschanstalt zurückkam. Und da Jerusalem ja nicht weglief, brachen wir beide allein auf – die beiden Rücksitze blieben frei, da ich auf Anweisung meiner Augenärzte vorn neben dem Steuerrad zu sitzen hatte – in unserem hübschen und braven Adlerchen, welches aber der Antihitler-Stimmung hatte Rechnung tragen müssen und, von einem Hamburger Ingenieur Feldberg importiert, auf Grund seines Namens die Firma Leahill repräsentierte. (Als Herr Feldberg ein Jahr darauf sein besonders hübsches Sportkabriolett aus dem Hafen abholte, trotz aller Warnungen, rotteten sich arabische Arbeitslose nahe den Ladeplätzen zusammen und schlugen ihn mit Feldsteinen tot, wie sie vom Bau des Hafens her überall umherlagen. Er hinterließ ein reizendes Töchterchen.)

In den frühen Morgenstunden rollten wir beide, Vater und Sohn, vergnügt los, die Straßen waren in gutem Zustande, vor dem Einbruch des echten Regenwinters wurden sie überall ausgebessert. So trafen wir jenseits der Siedlung Natania in der Nähe einer Straßensperre ein, die die Fahrbahn halbierte. Wir stoppten und sahen von fern auf dem freien Teil der Fahrbahn einen hochbeladenen Lastwagen mit Orangenkisten heranrollen und hinter ihm einen der fahrplanmäßigen Autobusse, die Tel Aviv mit Natania verbanden. Plötzlich erhielt unser Wagen einen furchtbaren Stoß von rückwärts und wurde ins Feld geschleudert, 90 Yards, wie später nachgemessen wurde. Sowohl ich wie mein Sohn verloren das Bewußtsein – Gehirnerschütterung, bei ihm nur eine Viertelstunde lang, bei mir, wie es schien, endgültig. Die Polizeistation Kirbet Beth Lid war angerufen worden, von Jaffa-Stadtrand aus hatte man auf Tel Aviver Telefonarbeiter geschossen, die eine Leitung ausbesserten, und die Militärpolizei kam mit einem Panzerwagen herbeigeeilt, um Straßenkämpfe zu verhüten. Der Truppenteil, dem die MP angehörte, war eben erst aus Ägypten heraufverlegt worden, der Fahrer saß noch wie in England rechts und konnte die linke Straßenseite nur sehr spät übersehen. Der gepanzerte Polizeiwagen fuhr mit der vollen Kraft seiner Rolls-Royce-Motore, die von den altmodischen Seilbremsen nicht schnell genug gehemmt werden konnten, von rückwärts in uns hinein – erst zu spät sah er den Omnibus hinter dem Lastwagenturm. Wäre meine Frau heute morgen mitgefahren – man hätte sie von der Wagenwand abkratzen müssen. Dann mußte der Polizeipanzer seinem Auftrag folgen, Jaffa war noch mehr als 100 Kilometer entfernt, er konnte sich nicht um uns kümmern. Die Straßenpolizisten, die sich schnell einfanden, leerten mir meine Taschen, es verschwanden die Halbedelsteine und zwei Fünfpfundnoten, aber dann wurde ein Taxi angehalten, das mit Zivilisten daherkam, und mein Sohn, inzwischen wieder ganz zu Bewußtsein gekommen, veranlaßte, daß wir ins nächstliegende Krankenhaus eingeliefert wurden. Das Beilinson Hospital war voll Verwundeter aus den letzten Kämpfen um die jüdische Stellung, aber ein Bett war frei, zum Ausruhen für die Krankenschwestern des Nachtdienstes bestimmt. Auf dieses legte man mich, und mein Sohn Michael stand Wache, daß man mich von dort nicht wegtrug. Mein Junge wußte, wie wichtig es sei, das Opfer einer solchen Gehirnerschütterung, einer so tiefen Bewußtlosigkeit, so lange wie möglich nicht aus seiner Lage zu bringen. Er bewachte mich bis fünf Uhr nachmittags, ohne daß man ihm etwas zu essen oder, was viel wichtiger war, zu trinken gebracht hatte, draußen regierte der heiße Wüstenwind Chamsin, wahrscheinlich schon seit Tagen. Am Spätnachmittag brachte mich ein Krankenwagen in die Klinik Assutah am Rande von Tel Aviv, und dort verband man mir kunstgerecht die Wunden an meiner Schädelbasis, von den Glasscherben unseres Adlerchens verursacht. Dort auch erwachte ich nach siebzigstündiger Bewußtlosigkeit zu neuem Leben. Meine Frau saß an meinem Bett, meine frühere Sekretärin, Frau Lily Leuchter, stand neben ihr und dem Arzte, Zeugen meines Erwachens. Nach einigen Tagen konstatierte man, daß der wilde Stoß unseres Unfalls auf den Zustand meiner Augen keinerlei Einfluß gehabt hatte. Die Augentuberkulose war also durch die Gerson-Kur und unseren Dr. Meyer-Brodnitz völlig beseitigt worden. In der Assutah blieb ich bis zum 18. Dezember, dann siedelten wir in das Hotel Käthe Dan über, wo wir in den Tagen vor dem Unfall beabsichtigt hatten, zu schwimmen und uns von Jerusalem zu erholen. Jetzt mußte ich mich von ganz anderem erholen, indes in einer von österreichischen Einwanderern geleiteten Garage unser Adlerchen wieder völlig hergestellt wurde. (Selten war ein im Heck so schwer beschädigter Wagen mit eigenem Motor in eine Werkstatt gesteuert worden.) Unser M 90 trug eben seinen Motor im unbeschädigten Bug.

Ich lag diesmal in einem modernen Hotelzimmer, desgleichen es an dieser Küstenstraße vor drei Jahren zur Zeit unserer Einwanderung nicht gegeben hatte. Sehr viel Freundlichkeit war um mich, von meinen beiden Söhnen ganz abgesehen – auch der einst kleine Adam hatte von seiner Schule mehrmals Urlaub erbeten und erhalten, um seinen wiedererstandenen Vater zu besuchen. Nicht wenige Bewohner Tel Avivs, die mich aus meiner zionistischen Vergangenheit her lange kannten, kamen zu einer Tasse Tee herauf, einem Grapefruitsaft, einer Zigarette. Auch neue

Bekanntschaften schlossen sich solchen Besuchen an, und alle wunderten sich darüber, daß ich nach einem solchen Unfall schon so bald wieder Herr meines Geistes und meines Körpers schien. Wir wußten damals noch nicht, daß mein Ortssinn sich verkehrt hatte, daß ich noch lange brauchen würde, um rechts und links nicht zu verwechseln. Und außerdem zischte etwas in meinem linken Ohr, das aber vom dauernden Rauschen des Meeres unterhalb der Terrasse immer wieder verdeckt wurde. Meine Arbeitskameradin Lily machte sich jeden Tag von ihrer Hausarbeit los – sie war schon im vorigen Jahr mit ihrem Mann nach Tel Aviv umgezogen und bewohnte ein hübsches kleines Häuschen auf der gleichen Straße, der die moderne Fassade unseres Hotels zugekehrt war. Ja, als Michael unseren Wagen vorfuhr und ausprobierte, rollte sie mit hinaus nach dem werdenden Zoologischen Garten der Stadt Tel Aviv, und ihr Mann Hans Leuchter machte der Garage ein vollberechtigtes Kompliment.

In der zweiten Hälfte Januar des eben angebrochenen Jahres 1939 stiegen wir in den gleichen Wagen, der uns hierhergebracht hatte und fuhren fröhlich und dankbar wieder nach Hause, auf den Berg Carmel, ohne zu ahnen, daß die ›arabischen Unruhen‹, die an unserem Erlebnis recht beteiligt gewesen, sich noch in diesem Jahre in den gigantischen Weltkrieg II verwandeln würden, den Mr. Neville Chamberlain mit seinem »Peace for our time« so treuherzig vermieden glaubte.

22. Kapitel
Ost-West-Ost

Ich saß nun wieder in dem breiten Stuhl am Schreibtisch, schaute auf die Regenstürme vor den Fenstern und kam langsam wieder zur Besinnung dessen, was jetzt not täte. Unser Freund Robert Neumann hatte mir geschrieben, für einen ebenso verlaufenen Autounfall wie den meinen habe die Armee einem emiritierten Admiral 500 Pfund Schadenersatz gezahlt; ich müßte mir nur einen Anwalt nehmen, um die Angelegenheit durchfechten zu lassen. Ich nahm mir auch einen sehr verständigen und tüchtigen

Sachwalter, der sich von der Assutah und ihren Ärzten Verlauf und Folgen meines Unfalls bestätigen ließ und ans Hauptquartier nach Kairo weiterleitete. Unmöglich kann ich hier auf Einzelheiten eingehen, die sich aus der ablehnenden Haltung des Militärs ergab; schließlich bewilligten sie per graciam – aus Gnade – eine Entschädigung von 100 Pfund – andere von Militärfahrzeugen zu Schaden gekommene Emigranten hatten überhaupt nichts derart erreicht; und als ich, im Herbst wieder nach Palästina zurückgekehrt, einen Schlußstrich unter diese Episode setzte, war inzwischen der Hitlerwolf in Polen eingefallen, England hatte am 3. September den Krieg erklärt, und mir war es unmöglich, gegen eine Armee gerichtlich vorzugehen, die unserem Erzfeind Widerstand leisten würde. Wollte man diese Haltung als Don-Quichotterie bezeichnen – nun gut, ich war lieber ein Don Quichotte als ein Frontgenosse der Hitlerei.

Mein Kräftezustand verlangte dringend aufpulvernde Maßnahmen. Man riet mir, ein Bircher-Bennersches Sanatorium in der Schweiz aufzusuchen, wo mir durch eine völlige Umstellung meiner Kost und Lebensweise gründliche Erneuerung gewährleistet sei – es gab Menschen in meiner Umgebung, die dafür die Hand ins Feuer legten. Andererseits betrachtete ich nicht ohne Stirnrunzeln das Schmelzen meiner finanziellen Rücklagen. Auf die 500 Pfund, die mir mein Freund Neumann prophezeite, wagte ich nicht zu rechnen. Die Kosten des Sanatoriums würden sich erst später wieder in Wirtschaftshilfe verwandeln, wenn ich, völlig wiederhergestellt, einen neuen Roman zuwegebrachte. Ging ich aber jetzt nach Amerika, wofür mir die Einladung des PEN für mich und meinen Sohn beim Konsulat die nötigen Visa sicherte, so war ohne Schwierigkeit ein Vertrag mit einem amerikanischen Verlag zu erreichen, dem ich neue Pläne oder eine Sammlung meiner noch unübersetzten Novellen anbieten würde. Eine Seereise aber war für mich immer das Erholsamste von klimatischer Veränderung, und im Hafen von Haifa landeten immer wieder schlanke Zehntausend-Tonner, die uns ohne Schwierigkeiten nach Boston bringen würden. Wir würden drei Wochen unterwegs sein, vortrefflich verpflegt werden und Meeresluft einatmen, sei es auf dem Deckstuhl liegend, sei es umherwandelnd, im Gespräch mit anderen Passagieren. Am 3. April stiegen wir also ein, nachdem wir uns von meiner Frau und Adam so verabschiedet hatten, als werde die Trennung Jahre dauern statt Monate. Meine Frau würde inzwischen unseren Wagen fahren, und Adam, der ja immerfort wuchs, ihr auch dabei behilflich sein. Ich hatte mir die Hälfte meiner Rücklagen auf eine New Yorker Bank überweisen lassen und die andere Hälfte meiner Frau zur Verfügung gestellt, und das erstere war klug, denn auf dem Schiff erklärte mir mein Sohn Michael, er werde nicht mehr nach Palästina zurückkommen, auch nicht als mein Begleiter, er wolle Flieger werden, Pilot eines Handelsflugzeugs, und da er das in Palästina nicht erreichen könne und die Royal Air Force nur britische Untertanen ausbilde, schlage er mir vor, ihn auf die Kalifornische Fliegerschule gehen zu lassen. Er habe mit ihr schon korrespondiert und könne mir ihre Drucksachen und Ausbildungspläne vorlegen. Ich fragte ihn, was uns diese überraschende Wendung kosten werde und er nannte mir eine Summe, welche die Hälfte derjenigen Dollars betrug, die ich mir schon ›nach drüben‹ hatte überweisen lassen. »Du hast mir das Leben gerettet, Michi«, sagte ich, »auf alle Fälle verdanke ich dir die Tatsache, daß ich jetzt wieder auf meinen Füßen stehen, an neue Arbeiten denken und mich mit Kollegen von früher vom PEN werde treffen können, dafür ist ein Jahr bei den Californien Flyers nicht zu teuer. Fürs nächste Jahr mußt du dann aber selber aufkommen.« – »Top«, sagte er und wir schüttelten uns die Hand.

Unser »Excalibur«, ein Motorschiff, legte den Weg von Haifa nach Boston aufs erholsamste zurück, mit seinen 10 000 Tonnen tat ihm der Gegenwind nichts, der manchmal sogar eine hohe Stärke erreichte, weil sich die entwaldeten Sandwüsten der östlichen Mittelmeerländer schneller erwärmten als die Salzwasser, die sie bespülten. Ich fühlte mich von Woche zu Woche erholter und kräftiger und freute mich auf das Wiedersehen mit Schriftstellern, die Begegnung mit dem neuen Kontinent, der Riesenstadt New York. Auch war ich neugierig auf Abmachungen mit meinem Agenten, den ich seit langem vorbereitet hatte. Unsere Wohnung in einem reizenden Hotel am Gramercy Park lag nahe dem Büro des Amerikanischen PEN, so daß ich mich in beständigem Kontakt mit dem Kongreß befand, der sich ziemlich weit außerhalb auf der Worlds Fair abspielen würde. Meine Agenten, das Ehepaar Aley, brachten mir einen Kontrakt mit einem großen Verlagshaus, das wie bei uns B. G. Teubner oder Voigtländer Bücher auf wissenschaftlicher Grundlage für Studenten herausbrachte, Studienmaterial der verschiedensten Art, in meinem Falle geographisch-geschichtliches über das wichtigste Rückgrat Europas, die Alpen. Ein Vorschuß von fünfhundert Dollar war die Antwort auf eine Synopsis, die Aleys ins Englische übersetzt hatten. Nun aber, ehe ich mich von diesen Dingen abwende und dem Wiedersehen mit Freud zusteuere, eine recht bezeichnende Anekdote: Als ich Anfang 1942 das fertige Manuskript einreichen ließ, lehnte der Verlag die Annahme ab, es entspreche nicht der Synopsis, die zum Vertragsabschluß geführt habe. Ich hätte also einen Prozeß anfangen müssen, den von Palästina aus mit einem New Yorker Großverlag zu führen reichliche Mittel beanspruchte. Während ich mir diese Dinge noch durch den Kopf gehen ließ, gab mir ein Brief Lion Feuchtwangers die Lösung dieses Rätsels in die Hand: Seit dem Einbruch Japans in Pearl Harbour und der Vernichtung der amerikanischen Flotte daselbst wandte sich die Aufmerksamkeit der Bücherkäufer und des lesenden Publikums von allen Themen ab, die nichts mit dem Fernen Osten zu tun hatten, die englische Ausgabe seines Buches »Unholdes Frankreich« – »The Devil in France«, habe nicht eine einzige Rezension in einer amerikanischen Zeitung oder Zeitschrift erhalten, obwohl doch Berichte aus Konzentrationslagern nach der Art von Les Milles in der Provence bis dahin verschlungen worden seien. Eine Reportage von Lion Feuchtwanger, eben erst erschienen und keine einzige Rezension! Da war es klar, daß mein Verlag ein Buch über die Alpen nicht bringen werde, auch wenn es ein Reißer wäre wie ein Kriminalroman. Also kein Prozeß – und da der Verlag den Vorschuß nicht zurückverlangte, hatte ich wenigstens nicht zu bereuen, statt Bircher-Benner den Excalibur gewählt zu haben, zumal ein Erlebnis meiner amerikanischen Wochen uns als PEN-Club-Delegation ins Weiße Haus nach Washington geführt hatte. Dort saß hinterm Schreibtisch der Präsident F. D. Roosevelt, damals unpäßlich, wie seine Gattin uns erklärte, aber immerhin bereit, jedem von uns die Hand zu drücken, was diesen Tag des Mai 1939 unvergeßlich für immer machte.

Am 9. Juni verabschiedete ich mich von Michael, ohne zu ahnen, daß ich ihn erst nach elf Jahren wiedersehen würde – und am 14. Juni ging ich an Bord des Touristenschiffes, welches den Namen Theodor Roosevelts trug und ein Schwimmbad an Bord hatte, von dem ich damals noch täglich Gebrauch machen konnte. Am 20., nach einer geruhsamen Fahrt von 6 Tagen, liefen wir in Bristol ein, zwei Tage später wohnte ich bereits wieder im Hotel Esplanade, in dem ich aber Freud, wie ich wußte, nicht mehr vorfinden würde.

Dieser große und erschütternde Mensch war inzwischen in ein Haus in Hampstead übergesiedelt, wie er es eigentlich sein ganzes Leben hindurch hätte bewohnen müssen – flach und großfenstrig, mit einer Glastür, die vom Arbeitszimmer unmittelbar in den Garten hinausführte, in Luft und Licht, voller großer Sträucher, Stauden und Blumen. Er sah verjüngt aus und dennoch von Schmerzen verdüstert. Die letzte Operation war bis dicht an den Backenknochen vorgestoßen – es war so, als habe er dauernd schreckliche Zahnschmerzen. Dennoch freuten wir uns, daß wir uns wieder die Hände drücken konnten, beide wieder einmal den Ärzten entronnen. Er fragte mich ausführlich nach meinem Unfall, nach den Folgen, die ich jetzt noch spüre. Es war keine wesentliche Veränderung festzustellen, da meine Augen in keiner Weise gelitten hatten, nur mein Ortssinn hatte sich verschlechtert, aber in dieser Gegend hier, diesseits und jenseits von Finchley Road, fühlte ich mich recht sicher. Nur eine Merkwürdigkeit mußte ich ihm erzählen, als mich die Ärzte in der tiefen Bewußtlosigkeit ausfragten, um das Funktionieren meines geistigen Apparats zu prüfen. Meine Frau berichtete mir später, ich habe auf die Frage, wo ich geboren sei, geantwortet: à Troyes en Provence. Und als der erstaunte Mediziner mich korrigierte, ich sei doch in Glogau geboren, in Schlesien, und Zionist, habe ich: »Ja, das auch, später«, geantwortet. Die Pflegerinnen aber hätten meine Frau beruhigt: ich würde bestimmt davonkommen, jeden Morgen spräche ich mit ihnen russisch. Dieses Faktum, erzählte ich Freud weiter, stamme aus meiner Schulzeit, wo wir um 1905 freiwilligen Russisch-Unterricht bekommen hätten, weil, wie ich mir später sagte, nach der Niederlage des zaristischen Rußland gegen Japan ein Krieg mit Preußen am Horizonte aufstieg und unsere Kavallerie in den schlesischen Garnisonen bereits den Befehl gekriegt, die Säbel zu schleifen. Auf diese Einzelheiten ging Freud nicht ein, um so ausführlicher aber auf die zuerst erzählten. Es stimme, sagte er, wir alle stammen aus der Provence. Unsere Auswanderung begann bereits Ende des 13. Jahrhunderts, als die ersten Judenverfolgungen dort Opfer forderten. »Wir zogen die Rhone und den Rhein aufwärts, ein Vorfahr von mir muß in Südtirol Fresquen gemalt haben, die den Namen Freud trugen. Andere Gruppen ließen sich im Allgäu nieder oder zogen den Rhein hinauf, wo in Mainz, Worms und Speyer sehr gelehrte Gemeinden aufblühten.« Dann seien wir bis nach Köln hinaufgezogen und hätten dort eine große jüdische Gemeinde errichtet, bis wir nach dem Schwarzen Tod, welchen wir Juden verschuldet haben sollten – wir, die Brunnenvergifter! – einer Einladung des Königs Wladislaw Jagiello nach Polen folgten. Von dort her holte uns Przemyslaw I. nach Böhmen und Mähren, und Orte wie Proßnitz und Kamnitz bezeichneten längere Aufenthalte jüdischer Familien unter seinem Szepter. »Sie haben also in der Bewußtlosigkeit mehr gewußt als unter der Herrschaft Ihres *Wbw*. Das, Meister Arnold, muß Ihnen doch zu denken geben.« Mir fiel ein, daß diese mittelmeerische Abkunft auch seine leidenschaftliche Verbundenheit mit den Künsten der Renaissance zustande gebracht haben mochte, besonders der Plastik, deren Ausübung den in Palästina heimischen Israeliten vom mosaischen Gesetz verboten war. War so die tiefe Verbundenheit zustande gekommen, die den Psychoanalytiker Freud mit dem Urheber des Dekalogs verknüpfte und erklärte sich vielleicht auch so jene vorübergehende Verliebtheit in die Rätsel, welche die Persönlichkeit William Shakespeares bot, der ja immer wieder die Länder des Mittelmeeres zu Schauplätzen seiner Dramen wählte? Wir wissen es nicht. Aber wir erlauben uns die Freude solcher Spekulationen, weil sie ja der Größe unseres Gegenstandes keinen Abbruch tun und ihn in Verbindung setzen mit der

Welt der künstlerischen Genialität, die zu seiner Persönlichkeit ebenso gehört wie die Landschaft, in der er sich wohlfühlte und das Reich der Dichtung, dem er so oft zärtliche Aufmerksamkeit schenkte. Wenn also die »Rückkehr des Verdrängten« noch in Sigmund Freuds Persönlichkeit waltete, mag es sehr wohl sein, daß der Gesetzgeber und Staatsmann Moses eine Inkarnation seiner eigenen frühen Sehnsüchte befriedigte. Er machte ihn, wie wir sagen, zum Ägypter, der die Stämme der Hebräer erwählt, um Andenken und Wirkung des großen Echnathon der Vergangenheit zu entreißen. Als Heilbringer zu einem fremden Volke tritt er also gleich Sigmund Freud zum tschechischen oder deutschen Volkstum, wenn er, der Mann jüdischer Abkunft, seinerseits die politische Laufbahn gewählt hätte. Über den Moses des Michelangelo hinweg führte vielleicht der Weg zu dieser unbewußten Identifizierung – jener großartigen Statue, über die Freud eine seiner bemerkenswertesten Abhandlungen verfaßt hatte, seitdem ihm seine Zeitschrift »*Imago*« die Möglichkeit gab, die Einwirkung der Psychoanalyse auf die Geisteswissenschaften schöpferisch zu unterstützen. Vielleicht findet sich ein Weg, über dieses Standbild der Identifikation nachzutasten, die den mährischen Juden Freud mit dem ›Ägypter‹ Moses verband, auch abgesehen von seiner Herkunft. Es besteht nämlich eine merkwürdige körperliche Ähnlichkeit zwischen den Portraits Sigmund Freuds, als er in des Lebens Mitte stand, mit einem Selbstportrait Michelangelos, dessen Reproduktion man in einer Sammlung von Selbstbildnissen großer Künstler findet. Michelangelo Buonarotti brachte sich da als Nebenfigur seiner Pieta oder Kreuzabnahme in einem Winkel an, jener großen plastischen Gruppe, die den Dom von Florenz schmückt; er stellt sich darin dar als der Steinmetz, den eine Haube vor den Marmorsplittern schützt und mag damals ebenfalls im besten Mannesalter gestanden haben. Die Ähnlichkeit der Gesichtszüge der beiden Vierzigjährigen ist in der Tat auffallend.

Leider konnte ich mich in diesen Tagen nicht nur mit meinem heldenhaften Freunde beschäftigen – ich mußte die Überfahrten besorgen, erst die nach Frankreich, dann die von Marseille nach Palästina. Da ich niemanden als Sekretärin bei mir hatte, ging das persönlich mit dem Bus vor sich, in Begleitung unseres treuen Harry Rosenthal, oder handschriftlich per Post. Die Stadt London lag in einem zauberhaften Frühlingsgrün, der Juni bildete einen Triumph des Klimas und der Vegetation, und wiederum war nichts vom Nebel zu spüren, der den Aufenthalt in dieser Riesenstadt oft so schwierig machte. Aber dieser Juni war der Juni von 1939, der Friede über den Dächern trügerisch. Trotz aller Abmachungen bereitete sich England darauf vor, mit Frankreich die Bündnispflicht zu erfüllen, die man mit Polen eingegangen hatte, und Polen, das sah man bald, würde auf dem Weg des Dritten Reiches nach Osten als erste Etappe bluten müssen. Nur kleine Kreise ahnten oder wußten, was sich hinter den gepolsterten Türen der Diplomaten abgespielt hatte, seit 1936 die Antikomintern zwischen Deutschland und Japan abgeschlossen worden war, um das Dreieck Rom-Berlin-Tokio zu untermauern. Würde der Vorstoß gegen Polen nur zur Lösung der Frage Danzig und des Korridors geplant sein oder war er der erste Schritt zur Liquidierung des sozialistischen Staatenwesens, das aus ehemaligen westlichen Gouvernements des Zarenreiches erbaut worden war? Witterte man in London und Paris, daß die Moskauer Verhandlungen, die sowohl mit den Westmächten wie mit dem Dritten Reiche Tag für Tag vor sich gingen, schließlich mit einem Nichtangriffspakt zwischen den beiden Militärstaaten der europäischen Mitte enden würden? Und sah man voraus, daß sowohl Molotow wie Ribbentrop schließlich die Genasführten sein würden, wenn der Endkampf zwischen Kapitalismus und Sozialismus losbrach? Ich ging in meiner hübschen Gegend von Hampstead umher und wunderte mich, daß ich in Primrose Park dem Bau von Batteriestellungen begegnete, langrohrige Flakgeschütze zwischen den blühenden Bäumen. Und sah ich zum Himmel empor, so begegnete mein immerhin ziemlich ungewisser Blick bald da bald dort einem Fesselballon, einer Kette jener großen Würste, die zur Flugzeugabwehr Londons dienen sollten, mir von der Westfront her seit 1916 vertraut, und heute das Gebiet der Riesenstadt London zu schützen bestimmt. Ich bat meinen Begleiter und Architekten, sie einmal zu zählen, ihn, der ja auch die Westfront des ersten Weltkrieges erlebt und mit einer

Knieverletzung bezahlt hatte. »Siebenundzwanzig oder neunundzwanzig«, sagte er, »das Areal der Stadt ist zu groß, da hinten können ganz gut noch zwei oder drei entdeckt werden.« – Wir sahen uns beide an und atmeten schwer. Wieviel Millionen Zivilisten wohnten in Englands Hauptstadt? Wollte man sie mit neunundzwanzig Maschinengewehren von diesen Ballons aus gegen die Flugzeuge des Herrn Göring schützen? War es wahr, daß dieser raffinierte, treuherzig ausschauende Bursche den englischen Lord hinters Licht führen konnte, die Zahl der Flugzeuge betreffend, welche die Naziluftmacht bereits auf ihren Flugplätzen parkte? Bestand ein stilles Bündnis zwischen den Großindustrien der Westmächte und denen der Achse, es nicht zu ernsthaften Kriegshandlungen kommen zu lassen, falls der Reichskanzler Hitler die Fanfare zu einem zweiten Weltkrieg blasen ließ? Vor fünf Jahren war die treibende Kraft einer französischen Widerstandspolitik im Osten mit der Ermordung Barthous und des Königs Alexander von Jugoslawien aus der Welt geschafft worden. Niemand würde wagen, für irgendeine Kombination der politischen Machthaber die Hand ins Feuer zu legen. Ich mußte so schnell wie möglich nach Palästina zurück, um meine tapfere Frau und unseren Adam nicht allein den Schwierigkeiten auszusetzen, die jetzt nicht mehr am Horizont standen wie zur Zeit der Besetzung Österreichs, sondern als dunkle Wolken über unseren Köpfen.

Und so verabschiedete ich mich in der ersten Juliwoche von Sigmund Freud, ohne zu ahnen, daß ich ihn nicht mehr wiedersehen würde. Er gestand zwar, das Leben mache ihm keinen Spaß mehr, von Österreichs Schicksal und dem der CSR hätten die Engländer offenbar nichts gelernt, immer schwerer werde es ihm, Speisen zu sich zu nehmen. »Aber Sie haben recht, lieber Meister Arnold, sich hier nicht aufhalten zu lassen. Helfen können Sie mir in keiner Weise, und wenn ein neues Buch von Ihnen kommt, ist das der schönste Gruß, den Sie mir übers Mittelmeer senden können.«

Ich sah in diese weisen und verzweifelt blickenden Augen, verabschiedete mich von Frau Marta und der Antigone Anna, bat sie, den Dr. Schur herzlich von mir zu grüßen und tastete dann noch einmal mit meinen gebrechlichen Blicken dieses angenehm gelegene Haus Maresfield Gardens ab, bevor ich ihm entschlossen den Rücken wandte.

Es kam dann, wie es offenbar kommen mußte, aber viel schneller als ich geglaubt hätte. Schon im Beginn dieses Buches habe ich sein Ende vorausgenommen. Es bleibt nur zu berichten, daß dem bedauernswerten Schriftsteller und Kollegen Stefan Zweig die Ehre vorbehalten war, in unser aller Namen Sigmund Freud einen Nekrolog zu sprechen. Der stehe nun hier:

»Erlauben Sie mir angesichts dieses ruhmreichen Sarges einige Worte erschütterten Dankes im Namen seiner Wiener, seiner Österreichischen, seiner Weltfreunde in jener Sprache zu sagen, die Sigmund Freud durch sein Werk so großartig bereichert und geadelt hat. Lassen Sie sich vor allem ins Bewußtsein rufen, daß wir, die wir hier in gemeinsamer Trauer versammelt sind, einen historischen Augenblick durchleben, wie er keinem von uns wohl ein zweites Mal vom Schicksal verstattet sein wird. Erinnern wir uns – bei andern Sterblichen, bei fast allen, ist innerhalb der knappen Minute, da der Leib erkaltet, ihr Dasein, ihr Mitunssein für immer beendet. Bei diesem einen dagegen, an dessen Bahre wir stehen, bei diesem Einen und Einzigen innerhalb unserer trostlosen Zeit bedeutet Tod nur eine flüchtige und fast wesenlose Erscheinung. Hier ist das Vonunsgehen kein Ende, kein harter Abschluß, sondern bloß linder Übergang von Sterblichkeit in Unsterblichkeit. Für das körperlich Vergängliche, das wir heute schmerzvoll verlieren, ist das Unvergängliche seines Werks, seines Wesens gerettet – wir alle in diesem Raume, die noch atmen und leben und sprechen und lauschen, wir alle hier sind im geistigen Sinne nicht ein tausendstel Teil so lebendig wie dieser große Tote hier in seinem engen irdischen Sarg. Erwarten Sie nicht, daß ich Sigmund Freuds Lebenstat vor Ihnen rühme. Sie kennen seine Leistung, und wer kennt sie nicht? Wen unserer Generation hat sie nicht innerlich durchformt und verwandelt? Sie lebt, diese herrliche Entdeckertat der menschlichen Seele, als unvergängliche Legende in allen Sprachen und dies im wörtlichsten Sinne, denn wo ist eine Sprache, welche die Begriffe, die Vokabeln, die er der Dämmerung des Halbbewußten entrungen, nun wieder missen und entbehren könnte? Sitte, Erziehung, Philosophie, Dichtkunst, Malerei und Psychologie, alle und alle Formen geistigen Schaffens und seelischer Verständigung sind seit zwei, seit drei Generationen durch ihn wie durch keinen zweiten unserer Zeit bereichert und umgewertet worden – selbst die von seinem Werk nicht wissen oder gegen seine Erkenntnisse sich wehren, selbst jene, die niemals seinen Namen vernommen, sind ihm unbewußt pflichtig und seinem geistigen Willen untertan. Jeder von uns Menschen des zwanzigsten Jahrhunderts wäre anders ohne ihn in seinem Denken und Verstehen, jeder von uns dächte, urteilte, fühlte enger, unfreier, ungerechter ohne sein uns Vorausdenken, ohne jenen mächtigen Antrieb nach innen, den er uns gegeben. Und wo immer wir versuchen werden, in das Labyrinth des menschlichen Herzens vorzudringen, wird sein geistiges Licht weiterhin auf unserem Wege sein. – Alles, was Sigmund Freud geschaffen und vorausgedeutet als Finder und Führer wird auch in Hinkunft mit uns sein; nur eines und einer hat uns verlassen – der Mann selbst, der kostbare und unersetzliche Freund. Ich glaube, wir alle haben ohne Unterschied, so verschieden wir sein mögen, in unserer Jugend nichts so sehr ersehnt, als e i n m a l in Fleisch und Blut vor uns gestaltet zu sehen, was Schopenhauer die höchste Form des Daseins nennt – eine moralische Existenz, einen heroischen Lebensablauf. Alle haben wir als Knaben geträumt, einmal einem solchen geistigen Heros zu begegnen, an dem wir uns formen und steigern könnten, einen Mann, gleichgültig gegen die Versuchungen des Ruhms und der Eitelkeit, einen Mann mit voller und verantwortlicher Seele einzig seiner Aufgabe hingegeben, einer Aufgabe, die wiederum nicht sich selbst, sondern der ganzen Menschheit dient. Diesen enthusiastischen Traum unserer Knabenzeit, dieses immer strengere Postulat unserer Mannesjahre hat dieser Tote mit seinem Leben unvergeßbar erfüllt und uns damit ein geistiges Glück ohnegleichen geschenkt. Hier war er endlich inmitten einer eitlen und vergeßlichen Zeit: der Unbeirrbare, der reine Wahrheitssucher, dem nichts in dieser Welt wichtig war als das Absolute, das dauernd Gültige. Hier war er endlich vor unseren Augen, vor unserem ehrfürchtigen Herzen, der edelste, der vollendetste Typus des Forschers mit seinem ewigen Zwiespalt – vorsichtig einerseits, sorgsam prüfend, siebenfach überlegend und sich selber bezweifelnd, solange er einer Erkenntnis nicht sicher war, dann aber, sobald er eine Überzeugung erkämpft, sie verteidigend wider den Widerstand einer ganzen Welt. An ihm haben wir, hat die Zeit wieder einmal vorbildlich erfahren, daß es keinen herrlicheren Mut auf Erden gibt als den freien, den unabhängigen, des geistigen Menschen; unvergeßlich wird dieser sein Mut uns erinnerlich bleiben, Erkenntnisse zu finden, die andere nicht entdeckten, weil sie nicht w a g t e n, sie zu finden oder gar auszusprechen und zu bekennen. Er aber hat gewagt und gewagt, immer wieder und allein gegen alle, sich vorausgewagt in das Unbetretene bis zum letzten Tage seines Lebens; welch ein Vorbild hat er uns gegeben mit dieser seiner geistigen Tapferkeit im ewigen Erkenntniskriege der Menschheit!

Aber wir, die wir ihn kannten, wissen auch, welche rührende persönliche Bescheidenheit diesem Mute zum Absoluten nachbarlich wohnte, und wie er, dieser wundervoll Seelenstarke, gleichzeitig der Verstehendste aller seelischen Schwächen bei anderen war. Dieser tiefe Zweiklang – die Strenge des Geistes, die Güte des Herzens – ergab am Ende seines Lebens die vollendetste Harmonie, welche innerhalb der geistigen Welt errungen werden kann: eine reine, klare, eine herbstliche Weisheit. Wer ihn erlebt in diesen seinen letzten Jahren, war getröstet in einer Stunde vertrauten Gesprächs über den Widersinn und Wahnsinn unserer Welt, und oft habe ich mir in solchen Stunden gewünscht, sie seien auch jungen werdenden Menschen mitgegönnt, damit sie in einer Zeit, wenn wir für die seelische Größe dieses Mannes nicht mehr werden zeugen können, noch stolz sagen könnten: – ich habe einen wahrhaft Weisen gesehen, ich habe Sigmund Freud gekannt.

Dies mag unser Trost sein in dieser Stunde; er hatte sein Werk vollendet und sich innerlich selbst vollendet, Meister selbst über den Urfeind des Lebens, über den physischen Schmerz durch Festigkeit des Geistes, durch Duldsamkeit der Seele, Meister nicht minder im Kampf gegen das eigene Leiden, wie er es zeitlebens im Kampf gegen das fremde gewesen, und somit vorbildlich als

Arzt, als Philosoph, als Selbsterkenner bis zum letzten bitteren Augenblick. Dank für ein solches Vorbild, geliebter, verehrter Freund, und Dank für dein großes schöpferisches Leben. Dank für jede Deiner Taten und Werke, Dank für das, was Du gewesen und was Du von Dir in unsere eigenen Seelen gesenkt – Dank für die Welten, die Du uns erschlossen und die wir jetzt allein ohne Führung durchwandeln, immer Dir treu, immer Deiner in Ehrfurcht gedenkend, Du kostbarster Freund, Du geliebtester Meister, Sigmund Freud!«

23. Kapitel

Besuch in Freuds Kindheit

Wie in Märchen und Balladen vergingen neun Jahre, bis der Faden dieses Berichtes mit seinem Ende verbunden werden kann. Neun Jahre! Sie sind uns allen in Leib und Seele geschrieben, diese Erdumläufe um die Sonne von 1939 bis 1948 – und die Zahl der menschlichen Leichname beträgt 50 Millionen, die in dieser Umlaufszeit vernichtet wurden. Unter ihnen befinden sich auch der ausgezeichnete Grabredner Stefan Zweig und seine Frau, die im fernen Brasilien den Einfall der Japaner fürchteten, dieser Japaner, deren Überfall auf Pearl Harbour schließlich vergolten wurde durch die ersten beiden Atombomben auf Hiroshima und Nagasaki. In diesen neun Jahren durfte sich der Faschismus der drei Achsenmächte zunächst einmal ausbreiten wie eine Seifenblase und mußte dann platzen, weil die Bajonette der Roten Armee und die Bomber der beiden angelsächsischen Luftmächte dafür sorgten, daß auf das von Hitler verführte Deutschland zurückschlug, was es benachbarten Staaten und Völkern angetan. Daß am Ende dieser neun Jahre auch der Staat Israel neu erstand, den es seit dem Jahre 70 unserer Zeitrechnung nicht mehr gegeben, gehört auch zu den merkwürdigen Spiegelungen des Staatenlebens, die vom Widerstand der einst herrschenden Mächte gegen die neuen sozialistischen Gesellschaftsformen und ein sinnvolleres Leben als Lohn für Arbeit und Mühe, Erfindungsgeist und Formenfreude hervorgerufen wurden. Schon in den ersten Jahren des ersten Weltkrieges hatte Freud in seiner *Imago* eine Abhandlung »Zeitgemäßes über Krieg und Tod« publiziert, in der er seinem Schmerz auf tiefgefühlte, aber zurückhaltende Weise Ausdruck verlieh, dem Schmerz über die schreckliche Verwüstung, die auf beiden Seiten der kriegführenden Mächte zu verzeichnen war. »Daß die menschlichen Großindividuen«, schrieb er damals in seiner großartigen Handschrift nieder, »die Völker und Staaten, die sittlichen Beschränkungen gegeneinander fallen ließen, wurde ihnen zur begreiflichen Anregung, sich für eine Weile dem bestehenden Drucke der Kultur zu entziehen und ihren zurückgehaltenen Trieben vorübergehend Befriedigung zu gönnen.« Das war die Klage eines Österreichers über das Verhalten seiner Landsleute auf dem Balkan; aber wie sehr sollte es sich erst in unseren Tagen realisieren, wo, um nur ein Beispiel zu zitieren, die Gründung des Staates Israel von der Ausmordung von fünfeinhalb Millionen Juden untermalt wurde – mehr jüdische Individuen als zwischen der syrischen und der ägyptischen Grenze jemals gelebt haben!

Nun, wir verließen diesen neuen Staat Israel wenige Wochen nach seiner Gründung, und wieder waren es Landsleute von Sigmund Freud, unser Freund, der Dichter Louis Fürnberg und das tschechoslowakische Konsulat in Haifa, die uns dazu verhalfen, mit einem Flugzeug der CSR über Athen und Rom in Europa zu landen, auf dem Flugplatz Ruzyně der schönen alten Hauptstadt Prag. Alsbald brachte uns ein Wagen nach dem Schriftstellerschloß Dobřis, einem ehemaligen Besitz der Grafen Coudenhove-Kalergi – und von nun an waren wir nach vierzehn Jahren wieder daheim auf europäischem Boden, gleicherweise aufs freundschaftlichste umsorgt und politisch aufgeklärt über das, was die Niederwerfung der Hitlertyrannei zur Folge hatte, jener Hitlerei, die vor zehn Jahren mit der Abtrennung der sogenannten sudetendeutschen Gebiete vom Mutterland begonnen hatte. Innerhalb der nächsten Wochen besann ich mich darauf, daß ich jetzt doch in dem Staate weilte, in dessen früherer politischer Existenz das Kind Sigmund Freud das damals leider ins Irre führende Licht der Welt erblickt hatte.

Im Spätsommer 1948 fuhr ich also, von den Behörden rechtzeitig angemeldet, auf der Suche nach Freuds Geburtshaus, nach Příbor. Dieses Städtchen liegt am Ostrand der Beskiden in einer Senke, die von dem jungen Fluß Oder durchströmt wird und nach Schlesien hinüberführt. Die benachbarten größeren Städte Olmütz und Mährisch-Ostrau haben Příbor längst überflügelt, so daß es in jenen Jahren knapp 5000 Einwohner zählte, aber mit seinen Baulichkeiten Raum für das Dreifache bot. Trotz einer Abneigung gegen deutsches Wesen und deutsche Sprache, die nur zu begreiflich ist, wenn man den langen Kampf um tschechische Selbständigkeit und besonders seine ›Protektorat‹ genannte Phase in Betracht zieht, kam man mir so liebenswürdig entgegen und führte mich so sachverständig, geduldig und alle freien Stunden aufwendend, daß ich bald alles Erfahrbare wußte und das Freud-Haus mehrmals besuchte.

Es liegt in einer Gasse, die heute als Freudova ulica den Namen ihres größten Sohnes trägt, vorher aber Schlossergasse hieß und noch früher Judengasse – unmittelbar hinter der Stadtmauer, welche Příbor wie alle mittelalterlichen Städte umgürtete. Diese Lage kennzeichnete sie als Wohnstätte der Verfemten, zumindest der Abgesonderten wie des Freudenmädchens Rahab im Jericho zur Zeit der Kundschafter (Joshua II,15) oder Laluns im Indien Kiplings. Es ist eine typische Kleinbürgerstraße, und obwohl das Freud-Haus inzwischen seine Frontseite durch zwei Fenster verbessert hat, bleibt es doch ein bescheidenes Gebäude, das über dem Erdgeschoß nur noch ein schmales Stockwerk trägt. Sein ursprünglicher Zustand kann besonders gut an seiner unveränderten Rückseite beurteilt werden. Da zeigt es auch noch ein Stückchen Hausgarten mit einem Baum, dessen Laub schon im Abfallen war, fast so unscheinbar wie das Stammhaus der Familie Goethe in dem thüringischen Dorfe Artern, das ich Anfang der dreißiger Jahre aufspürte. Hier also war dieses geniale Kind zur Welt gekommen, aus diesem Gärtchen hatte es seine Augen zum ersten Male gen Himmel gerichtet, im Körbchen liegend oder einem Wägelchen, von hier aus hatte der Kaufmann Jakob Freud seine Wollkäufe ein- und ausgeführt. Ich hatte erwartet und gehofft, das Datum seiner, Jakob Freuds, Geburt in den Akten der jüdischen Gemeinde daselbst zu finden. Aber das erwies sich als

Irrtum. Es hatte deren keine gegeben, und die jüdischen Geburten und Sterbefälle wurden von der benachbarten katholischen Pfarrei verzeichnet – ein freundnachbarliches Verhältnis der Religionen. Aus der Mitte des vorigen Jahrhunderts aber schon waren diese Akten nicht auffindbar, und zudem hatten seit jener Zeit so gut wie alle Juden die Stadt Příbor verlassen, aus wirtschaftlichen Gründen, die mit dem Verfall der dortigen Tuchweberei zusammenhingen.

Zu diesen Übersiedlern nach Wien gehörten auch Jakob Freud und seine Familie. Ein Umweg über Leipzig stellte sich schnell als irrig heraus. Alle werdende Industrie zog die Hauptstadt an, die Kaiserstadt Wien. Damit kam der kleine Sigmund in ein neues, großstädtisches Milieu, in welchem er keine Brücken zur Umwelt, zur Mitwelt fand. Die Menschen in Wien unterscheiden sich im Wesen und selbst in der Sprechart von denen, die er gewohnt war, um sich zu finden. Das Getriebe der Stadt muß ihm ebenso verwirrende Aufgaben stellen wie die Ordnung in seinem Innern, der erste Schub des Erwachsens. Was Wunder, daß er sich immer wieder auf die eigene Person zurückverwiesen sieht, auf sein Ich, an dem zu formen er also früh beginnen muß. Später brechen die Jahre der Schule an, Jahre des Triumphes – sieben Jahre hindurch ist er Primus seiner Klasse – und der Beheimatung im Lernen des Erlernbaren, im Wittern und Ahnen dessen, was man noch nicht weiß, der Schranken, an denen der junge Geist sich wundstößt – auf höchst produktive Art.

Aber das Herz bleibt einsam, dessen Liebeskraft sich immer und immer wieder in geistige Triebkraft umsetzen muß, damit es nicht ersticke. Denn zu der umgebenden Masse, zu den Menschen, welche die Straßen füllen, führt kein Weg; und sie sind ja auch durchaus nur dann liebenswürdig, diese Wiener Kleinbürger, wenn man sie dort findet, wo sie mit ihrem Kern beteiligt sind: bei der Arbeit, der handwerklichen Tüchtigkeit und dem Lebensgenuß innerhalb der Natur, ihren Geselligkeiten, ihren Familien und Liebschaften. Aus der plauderfrohen, zum Absprechen jeder Zeit geneigten Laschheit und Unernsthaftigkeit dieser voralpinen Großstädter kann der junge Freud nur das Erlebnis der Abstoßung ziehen. Zu dem leidenschaftlichen Ernst, der ihn erfüllt, bilden sie den vollendeten Widerspruch. Und wie sehr sein Herz nach leidenschaftlicher Bindung verlangte, lesen wir wiederum in seiner »Selbstdarstellung« an jener Stelle, da er seiner in Hamburg gefundenen Braut gedenkt. Da wirft er nämlich, ein echter Sohn der passioniertesten Epoche der Renaissance, die erste große Chance seines Lebens beiseite, die Entdeckung des Kokains und seiner schmerzstillenden Kraft bei Operationen, und fährt nach Hamburg, die Ausarbeitung seines Fundes, dessen Veröffentlichung und Vertretung vor dem Forum des Ärztetages seinem Freunde Koller überlassend, samt dem ganzen Ruhm, der damit verknüpft ist und der Sicherstellung seiner wirtschaftlichen Zukunft. Das alles schlägt er in den Wind – »aber ich hatte es nicht zu bereuen«, fügt er mit zärtlichem Seitenblick hinzu. In jener Ausgabe des kleinen Buches, die mit Bildern geschmückt ist, finden wir eine Fotografie dieser seiner Braut, das großäugige schöne Oval ihres Gesichts, und verstehen, wie diese Liebe ein Leben lang vorhielt und daß die Kinder aus solcher Verbindung mit der alten, aus Spanien nach der Inquisition eingewanderten Gelehrtenfamilie Bernays auch von der mütterlichen Seite her große geistige Traditionen empfingen.

So aber erklärt sich, daß die Person und Lebensleistung Sigmund Freuds überall dort in der Vergangenheit wurzelt, wo sie sich nicht selber den Weg in die Zukunft gebahnt hat, in die Unvergänglichkeit eines neuen Durchbruchs des erkennenden Menschen in das bislang noch Unerkannte, im höchsten Sinne Lebenswichtige. Und so schließt er uns heute das Zeitalter der großen, nur auf sich selbst gestellten Individuen ab, jener schöpferischen Persönlichkeiten, die auf der schmalen Basis eines einzelnen Lebens zur Höhe der Unsterblichkeit emporwachsen gleich den riesenhaften Eichen und Wettertannen in den schönen Parks seines Geburtslandes.

Und damit wenden wir uns wieder dem Städtchen Příbor zu und der Freudgasse daselbst. Von ihr aus hatte also Freuds Leben begonnen. In ihr hatten die jüdischen Familien gewohnt, die den Umgang seiner Eltern bildeten, besonders der Mutter Amalie, der geborenen Nathanson. Dorthin waren die Bauern der Umgebung gekommen, Eier, Geflügel, Butter und Gemüse zu liefern, wenn es Frau Freud nicht vorzog, den Markt zu besuchen. Das Haus grenzte mit drei Seiten an schmale Straßen. Der kleine Junge brauchte aber nicht zu befürchten überfahren zu werden, falls er ohne Aufsicht hinauslief, um mit Kindern zu spielen, denn es gab kaum andere Wagen, die dort hindurchfuhren als jene, die Holz oder Kohlen für den Winter brachten. Das einzige größere Haus in dieser jetzigen Freudgasse bildete einst die Synagoge, inzwischen längst anderen Zwecken zugeführt. Die meisten Häuschen besaßen überhaupt nur ein Stockwerk und verrieten in krummer und holpriger Kurve den Zug der ehemaligen Mauer. Sie hatte einmal mit dem nördlichen Stadttor die nord-südliche Achse von Příbor dargestellt. Ja, ein hier aufwachsendes Kind hatte kaum Gelegenheit, mit der Menschenwelt außerhalb des Elternhauses in enge, warme Berührung zu kommen, zumal in der Tat jenseits der Judengasse die deutsche, nicht dialektgebundene Mundart nur von Amtspersonen gesprochen wurde. Ein Kind von drei Jahren aber muß als außerordentlich wach gelten; es hat schon mehr als zwei Jahre gespanntester Beobachtung seiner Umwelt in sich. Die Bewältigung der Wirklichkeit, zu der es von Geburt an bestimmt ist, liefert seiner jungen Seele ununterbrochen Aufgaben und Stoff, Rätsel zu lösen.

Den boten vor allem die Ausfahrten, wenn die Mutter den Kinderwagen ins Freie schob. Der Rathausplatz mit seinen geräumigen Verwaltungsgebäuden schuf im Vorüberfahren gewichtige Eindrücke: die wohlgegliederten Fassaden, langen Fensterreihen, mittelalterlichen Laubengänge bahnten möglicherweise einen Sinn für Architektur an, der sich später ausführlich entfalten konnte. Und die Umgebung vor allem, das helle, reizvolle Lichterspiel unter den hohen Bäumen einer Promenade am Flüßchen entlang, die frischen Winde, die über die Ebene wehten, das ferne Blau der Beskiden, die abwechslungsreichen Landstraßen, die in fruchtbare Felder, schattige Gehölze führten, weiteten die kleine Seele und vermittelten ihr jenes Glück der Natur, das vielleicht dann später, durch Goethes großartigen Spinozismus in Bewegung gesetzt, seine Wirkung geltend machen sollte. Ein Kind, von Geburt an in der Großstadt aufgewachsen, hätte es bestimmt schwerer gehabt, in der zweiten Hälfte des 19. Jahrhunderts eine so tiefe Verbundenheit mit der Schöpfung, ihren Offenbarungen und Geheimnissen zu entwickeln.

In der Umgebung von Příbor findet sich auf einem Berge namens Strammburg eine prähistorische Menschensiedlung. Dort haben Urbewohner im Kalkstein gehaust, längst vor der slawischen, vor der germanischen Einwanderung. Die Stätte wird noch heute bewohnt, sie heißt das tschechische Bethlehem und trägt auf dem Gipfel einen Wartturm, der aber inzwischen erneuert und vergrößert worden ist. Hier nun tritt uns eine seltene Naturerscheinung entgegen, deren Einfluß auf das Werden des Kleinen von uns nur vermutet wird – der Amnesie wegen, die der Schöpfer der »Drei Abhandlungen zur Sexualtheorie« zwischen der ersten und zweiten Pubertät jedes Kindes aufdeckte. Diese Naturerscheinung wächst über alles Rationale hinaus in jene metaphysischen Rätsel, mit denen wir die Entwicklung eines Genies gern verbinden. In der Nähe dieser Strammburg nämlich findet sich das wirklich einzigartige Phänomen der Gegend. Dort brechen aus dem Boden Erdgasströme – helle Flammen, an denen seit Urzeiten Menschen, Feldarbeiter oder neuerdings Wintersportler, ihre Nahrungsmittel wärmen oder kochen. Ob dieses Methangas aus einem ehemaligen Bergwerksschachte stammt, vermochte ich nicht festzustellen; heute wird es in Metallbomben gefüllt, um Automobile zu betreiben.

Wir sind weit davon entfernt zu behaupten oder zu beweisen, daß dies aus den Tiefen der Erde heraufdringende Flammenspiel damals zur Kenntnis des Knaben kam, der in dieser Landschaft aufwuchs. Aber uns setzt der Gleichklang in Schwingung, den solch terrestrisches Phänomen mit dem späteren Lebenswerk dieses Menschen aufweist: brachte es ihn doch in Verbindung mit den Urtiefen der menschlichen Seele, mit dem Heraufbringen und Enträtseln von Uranlagen, der Triebe und Verwandlungen unseres Es, dem Deuten der Träume und Fehlhandlungen und aller Abgründe, welche die gesunde wie die kranke Seele bis zum Tode mit sich trägt. Ja, wir wissen wenig von den Einflüssen, die wir dem Ort unserer Geburt oder der Stunde zuschreiben dürfen, in welcher wir das Licht dieser Erde erblickten. Aber es kommt uns vor, als sollten wir uns den Möglichkeiten nicht verschließen, daß auch der Mensch wie jeder Baum und Strauch ein Gewächs der Erdkruste ist und mit seinen Gaben und Aufgaben geformt und geprägt wird von den Erscheinungen, die sich um ihn vorfinden und die, wenn sie außergewöhnlich sind, mit seiner eigenen Außergewöhnlichkeit korrespondieren. So laßt uns glauben, daß nicht aus Zufall, sondern von Bestimmung her der Bringer des Lichtes und der Heilkunst aus menschlichen Urtiefen weissagen lernte und geboren ward dort, wo Urgase den Eingeweiden unseres Planeten entströmen, in Příbor, 1856, am 6. Mai.

Ende

Nachwort

Vielleicht läßt sich später einmal berichten, wie sich dieses Buch in die Arbeitspläne des Verfassers einschaltete. Es wäre wahrscheinlich nicht geschrieben worden, wenn Dr. Max Eitingon, einer der frühesten Schüler und Freunde des »Professors«, jenes Freud-Buch geschrieben hätte, um das wir ihn baten. Als er 1943 seinem Meister ins Land ohne Wiederkehr folgte, dämmerte mir die Pflicht auf, jene Aufgabe zu übernehmen, die mir schon nach Freuds Tode nahegelegt worden war. Wieder wie bei all meinen Arbeiten während der letzten zehn Jahre schalteten sich Widerstände ein, um sie mir zu erschweren, diesmal in Gestalt von erzwungenen Wohnungswechseln. Der Teil des Berges Carmel, auf welchem ich seit 1934 Fuß gefaßt, wurde in eine militärisch besetzte Zone verwandelt, was eine überstürzte Räumung von uns Zivilisten verlangte. Innerhalb von 48 Stunden eine auf zweitausend Bände angewachsene Bibliothek zu verpacken und in der neu zugewiesenen Wohnung unterhalb des Berges wieder aufzustellen, erzeugte monatelange Verzögerungen. Dann erwies sich diese neue, sehr schöne Wohnung als zu laut für die geistige Arbeit eines Mannes mit nur halb brauchbaren Augen. Und schließlich spitzten sich die Verhältnisse im Lande Palästina so zu, daß an eine verantwortliche Arbeit wie ein Buch über den greisen Freud nicht mehr zu denken war. Das halbfertige Manuskript unterbrechend, Bibliothek und Arbeitsmaterial, Akten und Briefe wieder zur Rücksiedlung auf den Carmel vorbereitend, hoffe ich, dieses Buch in Europa zu beenden – vielleicht in Freuds Geburtsland, wenn die Umstände es mit sich bringen.

Ich habe vielen Menschen für Hilfe bei dieser Arbeit zu danken. Umschwirrt von Kriegsgerüchten und eingespannt in die endlich zum internationalen Problem gewordene Palästinafrage, hoffe ich dennoch, diesen großen Gegenstand, den Lebensabend

Sigmund Freuds, nicht unwürdig behandelt zu haben. Im Druck einer schweren Wirtschaftskrise ist dies jedenfalls alles, was ein armer Mann, wie Hamlet ist, zu geben hat.

Haifa, 14. April 1948

Inzwischen hat sich dieser arme Hamlet zum Bürger des geteilten Berlin und zum Träger von mancherlei Anerkennungen entwickelt. Er beendet in einem behaglichen Häuschen zwischen Parks und Siedlungen sein Gedenkbuch für Freud und wartet ohne Ungeduld und voll geheimen Humors auf die Antwort der Umwelt auf eine Unternehmung, die einem der drei großen Genien des 19. Jahrhunderts in Geist und Tat gewidmet ist.

Berlin, 12. Mai 1962

Anhang

Das Leben Siegmund Freuds. Erste Niederschrift des Entwurfs

[17.8.1944, (lt. Kalender 1944, AZA 2632: 16./17.8.1944); ½ Seite H AZ m. eigh. Korr.; erste Notiz zum Essay; TG: AZA 2597, S. 7.]

Einleitung:	Die Royal Society bemüht sich nach Hampstead
Erster Teil:	Ein Mann rührt an den Schlaf der Welt
Zweiter Teil:	Die Welt wehrt ab. 3. *Dritter Teil:* Die Operation.
4. Teil:	Ein übersehener Schicksalsgenosse. – Karl Marx
5. Teil:	Was daraus entstand.
6. Teil:	Die letzten Bücher, die letzten Jahre
7. Teil:	23. Sept. 1939.

17. Aug. 44

[Skelett eines Buches »Freundschaft mit Freud« (1856–1939)]

[10./11.2.1947; 1 Seite T m. hs. Korr. und ¼ Seite H AZ; Synopsis des Essays, ohne Titel (obenstehender Titel entspricht dem des nahezu gleichlautenden Textes in den Briefen Zweigs an Anna Freud vom 5. März 1947 und an Lion Feuchtwanger vom 23. März 1947; TG: AZA 2597, S. 61–62.]

Sigmund Freud (Freundschaft mit Freud.)

Alles, was mit Freud zu tun hat, ist leidenschaftlich nach rückwärts gerichtet. Sein Wohnen, sein Sammeln, sein bürgerliches Gefühl. Alles, was er denkt, geht ebenso leidenschaftlich vorwärts.

Entwurf im Garten von Wollstein House, während der Exmission, auf die neue Wohnung wartend:
10/11. Febr. 47

Einleitung: Freuds Sterbestunde, 23. Sept. 1939, Kol-Nidrei-Abend, Sonnenuntergang.

1. Kap. [/] Ein junger Schriftsteller kommt aus dem Kriege zurueck und widmet sein erstes Werk in der neuen Epoche seines Lebens einem aelteren umkaempften grossen Schriftsteller und Wissenschaftler: ›Sigmund Freud respectvoll‹. 1919–26.

2. Kap. [/] Was an Erfahrungen und Erlebnissen in der Vorkriegszeit vorhergegangen war: Studium einiger grundlegender Publikationen Freud's, die Gegenerschaft der deutschen Universitaeten und der erste praktische, die Lehren bestaetigende Test. (1909–14)

3. Kap. [/] Die erste persoenliche Begegnung: Tegel 1929

4. Kap. [/] Die Operation von 1922. Ein aelterer Gelehrter kaempft mit dem Cancer in seinem Gaumen um letzte Lebens- und Schaffensjahre. Und siegt, 17 Jahre der Vollendung gewinnend.

5. Kap. [/] Gegenseitige Herzenswaerme.

6. Kap. [/] Der Wissenschaftler und Individualist ignoriert den Wiener Austro-Fashismus. Warnungen abgelehnt.

7. Kap. [/] 1933. Wie Freud den Verfasser daran verhindert, noch einmal nach Deutschland zurückzukehren.
8. Kap. [/] Wiener Luft (Die Psycho-Analyse und der Genius Loci katholischer und »jüd. Färbung«. Franz Blei, Kaplan Schmidt, Karl Kraus, die »Adlerei« und die Socialdemokraten).
9. Kap. [/] Der letzte Sommer. Der Mann Moses
10. Kap. [/] William Shakespeares. Der 17. Lord Oxford und Sig. Freud.
11. Kap. London 1938.
12. Kap. [/] »Mein letzter Krieg«. Ein Abschied.
13. Kap. [/] Das Nachleuchten hebt an.
14. Kap. [/] Kaprizen um ein Genie (Die Abspaltungen, die Widerstaende, die kleinen Klaeffer[)]
15. Kap. [/] Die unsterbliche Leistung.

Etwa 70 000 Worte. Darstellung der Freudschen Lehre innerhalb dazu geeigneter Kapitel aufgeteilt. Ablieferung des Ms. Ende September 1947

[Erweitertes Inhaltsverzeichnis 1948]

[13.4.1948, (lt. Kalender 1948, AZA 2639: 12./13.41948); 2 Seiten T und H m. hs. Korr. v. AZ (mehrere Schichten mit Farbstift und Tinte) und v. fr. Hd. (z. T. Stenographie); Kapitelüberschriften des I. und II. Teils (Seiteneinteilung für die T AZA 1010–1012), kurze Zusammenfassung der Kapitel des III. und IV. Teils; TG: AZA 1015.]

Freundschaft mit Freud.

Inhaltsverzeichnis.

Freud und meine Amerikapläne. Das deutsche Milieu auf dem Carmel. Die Pal[estine] Psycho-an[alytical] Society feiert Freuds 80. Geburtstag. Musik in Salzburg – Flugzeuge über Spanien. Non-Intervention. Die Augenkur: ich darf wieder zu Lande reisen.

16. Kap. *Der letzte Sommer.* [/] 1937. Wir besuchen Freud zu Dritt. Wie er mir sein neuestes Ms. vorliest und wie Anna Freud erschrickt. Mein kleiner Sohn Adam im Garten der Hohen Warte. Austausch v. Gastgeschenken: [ein steinzeitlicher] Kamm, ein Hausgott Bes (ägypt.) + ein griech. Väschen Warnende Pressnotizen: André Germain. Freud ärgert sich.

17. Kap. *Moses der Aegypter.* »Der Mann Moses« – Freuds letztes Buch.

18. Kap. *Ein Fall von unbewusster Gedankenübertragung:* Freud, Dr. Eitingon, der 24. Oktober Wilhelm Fliess und ich. Der Ring mit der Gemme.

4. Teil: *Das tapfere Ende*

Er hätte 90 werden können – seine Mutter starb mit 94.

19. Kap. *Rettungshafen England.* 1938: Hörr Hitler in Wien. Wie der Intern[ationale] Ps[ycho]a[nalytische] Verlag zerstört wurde. (Bericht Dr. M[artin] Freuds.) Der Körper revoltiert. Der kranke Vater. Die schöne Wohnung.

20. Kap. Die Royal Society. »Mein letzter Krieg.« *»Es lohnt nicht mehr.«* Mr. Nevil Chamberlain und der / the man in the Street. Marx wird nicht allein in London schlafen. [/] Mein Neid auf den Namensvetter Stefan Zweig. Seine schöne Grabrede und sein trauriger Ausgang.

21. Kap. *Das Nachleuchten hebt an.* Ein Vorschlag, psych.-anal. Kindergärten betreffend – eine Utopie, oder das Gesetz von morgen? Werden wir einen langen Frieden haben, in dem allein Kultur wächst, Schichten ansetzt? Einstein u. Freud im Schatten der Atombombe. Der Todestrieb und seine Bändiger. Wer zu leben lernte!

Ende. 13. April 1948, wieder im Packen.

[Vorwort 1950]

[23.12.1950 (lt. Kalender 1950, AZA 2603, S. 27); 2½ Seiten T m. ms. u. hs. Korr. v. fr. Hd. und Titelzusatz (IL); erweiterte Fassung des Nachworts von 1948; TG: AZA 1020 (Korrekturschicht).]

Entwurf eines Vorworts

Kehrt man nach fünfzehn Jahren Emigration in die Stadt Berlin zurück, in der früher, im Strome des starken geistigen Lebens, auch die Ausstrahlungen der Entdeckungen und Schöpfungen Sigmund Freuds und seiner Schüler eine grosse Rolle spielten, so muss man allmählich die Tatsache kennen und verstehen lernen, dass von alledem nichts übrig geblieben ist. Nur die Gegnerschaft, die sich im Jahre 1932 durch den symbolischen Namen »Bumke« ausdrückte, lebt noch und treibt ihre Blüten. Ihre reaktionäre deutsche Wurzel, in der Nazizeit aufs herrlichste erstarkt und gepflegt, hat sich nach der Niederlage materialistisch getarnt und sich durch die Gegnerschaft gedeckt, die sich von jeher zwischen der physiologischen und der psychologischen Betrachtung des menschlichen Seelenlebens in wissenschaftlichen Kreisen geltend machte.

Nun verbrachte der Verfasser jene fünfzehn Jahre in dem kleinen Palästina, welches aber, von den jüdischen Einwanderern, besonders aus dem Proletariat, eifrig unterstützt, die psychoanalytische Wissenschaft und Therapie in Gestalt ihrer Jünger aus Ost- und Mitteleuropa aufgenommen hatte und alsbald an der Arbeit sah. Wir gründeten die Ortsgruppe Jerusalem der Internationalen Psychoanalytischen Vereinigung, nahmen die Gegnerschaft der hebräischen Universität Jerusalem achselzuckend zur Kenntnis und hatten auch alsbald psychoanalytische Zentren in den beiden anderen Städten, von denen auch die Ansiedlungen auf dem Lande vielseitig versorgt wurden, bei der Bekämpfung der Neurosen, bei der Beratung der jugendlichen Einwanderer und in der Errichtung und Schulung moderner Kleinkinderkrippen und ihrer Pflegerinnen. Die Stammannschaft der I. P. V. Palästina waren in Russland geborene bürgerliche Ärzte aus Mohilew, Odessa, Riga, und anderswoher, die in Zürich und Wien studiert hatten und in Berlin viele Jahre gearbeitet. Ihr Kontakt mit den pariser und londoner Zirkeln war ebenso rege wie der geistige Verkehr mit dem in Wien arbeitenden Psychoanalytischen Verlag und seinen Zeitschriften. Später stiessen besonders liebenswürdige und fähige Wiener Analytiker zu uns, eine ganze Anzahl jüngerer Kräfte vorwiegend aus Süddeutschland, wurde ausgebildet und liess sich nieder und obwohl die psychoanalytische Arbeit mit der Klientenschaft sich vorwiegend hebräisch und jüdisch abspielte, war Deutsch die führende Sprache bei Vorträgen und Diskussionen wie bei den alljährlich am 6. Mai stattfindenden Festsitzungen, am Geburtstag Sigmund Freuds. Nur schwer vorstellen werden sich meine Leser die Gefühle, die nach fünfzehn Jahren dieser progressiven Tätigkeit den Rückwanderer bewegten, als er die Wiechmannstrasse im Berliner Westen als unkenntliches Trümmerfeld wiederfand, in welcher einst das Institut und die Poliklinik untergebracht war und ein paar Monate später auf einer Tagung angesehener Ärzte die Meinung vertreten zu hören, es gäbe kein unbewusstes Seelenleben, das Seelische und das Bewusste seien identisch. Dabei hatte inzwischen die Welt zur Kenntnis genommen, dass Sigmund Freud vor fünfzig Jahren in einem Buche »Traumdeutung« die unbewussten Schichten der menschlichen Seele aufgedeckt und in ihrer Wirkung beschrieben hatte, was seither Gemeingut aller Gebildeten geworden war …

In einer solchen Trümmerwelt also, gedachte ich das Manuskript dieses Buches zu beenden, das ich, zu einem Drittel diktiert, nebst einer Mappe von Material und einem genauen Arbeitsentwurf mitgebracht hatte. Zwar hatte ich schon in Prag feststellen müssen, dass dort kein psychoanalytisches Geistesgut mehr wuchs, da ja die nationalsozialistische Despotie ihren Hass gegen Geist und Wissen, Erkenntnis und Seele gründlich hatte austoben können. Auch in Berlin stellten sich allmählich Überbleibsel jener früheren grossen deutschen Psychoanalytischen Bewegung heraus, Veteranen und jüngere Therapeuten, deren geistiges Rüstzeug freilich durch Verlagerung ihrer Bibliotheken und die Tätigkeit amerikanischer Bomber arg gelitten hatte. Ausserdem aber ergaben sich andere Hemmnisse, über welche innerhalb des Textes gehandelt werden wird – gehandelt im wahren Sinn des Wortes, nicht nur in jener verblassten Weise, welche die Verwendung dieses Wortes zum Vortrag intellektueller Thesen in der Schreibweise deutscher Wissenschaftler während des neunzehnten Jahrhundert angenommen hat. Man wird nämlich aufs äusserste unvermutet in die Lage versetzt sein, dem grössten deutschen psychologischen Wissenschaftler in der Heimat seiner Schriften neues Geburtsrecht und neue Leistungsgeltung zu erkämpfen. Aber warum nicht? In allen seinen Schriften, in seinem ganzen Leben hatte sich Sigmund Freud als Vorkämpfer deutschen Geistes und als beispielhafter deutscher Schriftsteller eingesetzt und gefühlt – sollte man zwischen sechzig und siebzig schon so eingerostet sein, um diesem grossen Entdecker und Helfer der menschlichen Seele sein Heimatrecht nicht zurück erkämpfen zu können? Hatte er mir nicht im Jahre 1930 etwa in einem seiner schon handschriftlich grossartigen Briefe das Bekenntnis abgelegt, dass er sich durchaus als Deutscher fühle, was immer Antisemiten und andere Gegner gegen ihn vorbrachten? Hier ist das Buch »Freundschaft mit Freud« und tue seine Dienste, daheim und draussen, bald oder später.

(Einschaltung Vorwort aus Haifa 1948)

Inzwischen hat sich dieser arme Hamlet zum Bürger des geteilten Berlin und zum Träger von mancherlei Anerkennungen entwickelt. Er beendet in einem behaglichen Häuschen zwischen Parks und Siedlungen sein Gedenkbuch für Freud und wartet ohne Ungeduld und voll geheimen Humors auf die Antwort der Umwelt, auf eine Unternehmung, die einem der drei grossen Genien des 19. Jahrhunderts in Geist und Tat gewidmet ist.

Berlin, Ende 1950

Arnold Zweig

[Vorwort Januar 1962]

[Januar 1962; 1½ Seiten T m. hs. u. ms. Korr. v. fr. Hd. (IL); zunächst als Nachwort geplant; TG: AZA 1019 (Korrekturschicht).]

»Freundschaft mit Freud«

Vorwort

1962

Unleugbar, um dies zum Schluß dem Leser anzuvertrauen, hat sich freilich der Weg verwandelt, mit dem ich, dieser arme Hamlet von einst, auf das Unternehmen eines Buches »Freundschaft mit Freud« blicken muß. Inzwischen ist nämlich die dreibändige Biographie über Sigmund Freud von Ernest Jones erschienen – für ein monumentales Leben ein immer lebendiges Monument. Dank der Gebrechlichkeit meines Sehvermögens war es mir leider unmöglich, mit der Beendigung von »Freundschaft mit Freud« zu warten, bis ich mir dieses biographische Meisterwerk hätte können vorlesen lassen. Darum fehlen in meinem Buche all die Züge, die Ernest Jones aus einer jahrzehntelangen Freund- und Schülerschaft in sein Werk aufnehmen konnte. Wer also aus der Lektüre dieses schmalen Buches »Freundschaft mit Freud« mit dem Wunsche heraustritt, über seinen Gegenstand mehr zu erfahren, dem wird ans Herz gelegt, sich für lange Zeit durch Ernest Jones einspinnen zu lassen in die Existenz und Tätigkeit jenes einzigartigen Mannes, der gegen den Widerstand der stumpfen Welt ins Innere unseres Seelenlebens eingedrungen ist, unerschrocken und unerschreckbar wie jene beiden Kosmosflieger, welche unsere Atmosphäre verließen, um die Erde zu umkreisen. Wenn dieses Buch gedruckt sein wird, dürfte die deutsche Übersetzung von Ernest Jones letztem Lebenswerk bereits vorliegen, die zur Zeit von Frau Professor Meili in Bern besorgt wird. Sicherlich hätten manche unserer großen Wissenschaftler des 18. wie 19. Jahrhunderts eine solche Beschreibung ihres Lebens verdient, aber der Gang der Dinge brachte mit sich, daß Lebensbeschreibungen solchen Umfanges nicht zu entstehen brauchten, weil das geistige Werk der zu Beschreibenden vorhanden war, mit Einleitungen, Anmerkungen und Fußnoten. Durch den Einbruch der braunen Barbarei in unsere

Welt und die phantastische und wahnwitzige Vernichtung all der geistigen Beiträge zum deutschen Leben und Denken, die von Männern und Frauen jüdischer Geburt her stammten, sind wir, auch durch die Verlagerung und Zerstörung unserer Bibliotheken um vieles ärmer geworden. Zum Glück aber brachte es das Wachstum der Wissenschaft von der Seele mit sich, daß in mehreren europäischen Sprachen, vor allem also im Englischen, geistig beheimatet wurde, was die Werkzeuge des deutschen Schaffer- und Raffertums ins Ausland trieben. Und so steht die Urne Sigmund Freuds in London, gar nicht weit weg von dem Grabe, das Karl Marx' Reste bewahrt, für die Verehrung von uns allen. Denn nicht umsonst trägt eines der lesenswerten Bücher in englischer Sprache, die noch vor dem hoffentlich letzten Weltkrieg erschienen, den Titel »Marx und Freud«.

Berlin, Januar 1962

[Nach dem Abendbrot bat ich … – gestrichener Abschnitt im »Präludium«]

[ohne Datum, entstanden im August 1947, vermutl. im Januar 1962 gestrichener Abschnitt; T; Textanschluß S. 12 nach ». . . Und jedes fällt, wie's Gott gefällt.‹«; TG: AZA 1013, 1, S. 10–11.]

Nach dem Abendbrot bat ich meinen jüngeren Sohn um den Gefallen, uns, wenn er nichts Besseres vor habe, ein paar Platten vorzuspielen. Er hatte nach Hause kommend gemerkt, irgend etwas sei vorgefallen, wusste wer Freud war, hatte vor zwei Jahren in seinem Garten mit Papierpfeilen spielen dürfen und von »dem Alten« zum Abschied zwei Stücke aus seinen Sammlungen zum Geschenk erhalten: einen ägyptischen Hausgott, Bes genannt aus türkisfarbener Terrakotta, und eine schwarze griechische Tonvase. Er war sogleich bereit, falls der Freund zuhören dürfe, den er heute abend erwarte. Da auch dieser Junge musikalisch und ein sympathischer Kamerad war, stimmten wir zu.

Und so erklang denn durch die nächtliche Stille alsbald jene köstliche Streichmusik, die ›das schmerzliche Rätsel des Todes‹ aus vertrautester Nähe verklärt und tönen lässt: Franz Schuberts grosses C-Dur Quintett, fast die letzte Gabe, die dieses österreichische Genie der Nachwelt geschenkt. Schubert und Freud, dachte ich, beides Grössen, mit denen das Oesterreichische in das Welthaltige und Welthafte mündet. Auch wenn die Zeitgenossen es nicht wussten: in der Gestalt solcher Männer wandelte das Ewige unter ihnen, der schöpferische Geist, der unermüdliche Vortrab unseres kämpfenden und leidenden Geschlechts.

Ja, es gab wieder Krieg. Wenn das Quintett verklungen war, eine halbe Stunde später, würden wir Nachrichten vom Aufmarsch der Kräfte erhalten … damit wir nicht aus der Uebung kämen. Eine gute Zeit, um von Sigmund Freud Abschied zu nehmen. Und ich zündete meine Pfeife an und stellte fest, dass sie mir nicht schmeckte.

[Und dann fuhr ich in die großen Ferien ... – gestrichener Abschnitt im 2. und 3. Kapitel der ersten Diktatfassung]

[ohne Datum, entstanden im August 1947, gestrichen im November 1947 (vor der Abschrift des I. Teils); 11 Seiten T m. hs. Korr. v. fr. Hd. (AH); z. T. ausgesondert u. bearbeitet für einen Teildruck u. d. T. »Von Philosophen und Philosophien« mit den Unterabschnitten »II. Reinach u. Scheler«, »III. Und Freud?« in: Jedijoth Chadashoth (5.12.1947) 49, S. 5; Ende des 2. Kapitels »Zur Vorgeschichte« und Beginn des 3. Kapitels der ersten Niederschrift; TG: AZA 1013, 3, S. 21 a (16)–22 (Grundschicht).]

[Textkorrektur: 231 uns eine > und seine.]

Und dann fuhr ich in die grossen Ferien nach Hause und liess mich von ehemaligen Schulkameraden, die in Göttingen studierten – der eine allgemeine Sprachwissenschaft, und er verschwand 1914 in einem Granattrichter voll Schlamm bei Langemarck, der andere Mathematik und Naturwissenschaften, und er bedient heute die Wetterwarte Jerusalem mit meteorologischen Voraussagen – dazu bestimmen, das nächste Semester ebenfalls an dieser Universität zu verbringen, wo ein Professor Edmund Husserl eine neue philosophische Wissenschaft vertrat, die Phaenomenologie, und meine neuphilologischen Spezialfächer ebenfalls mit Vertretern ersten Ranges besetzt waren.

Dort geriet ich an die rechte Schmiere. Von den ›Kanonen‹ abgesehen lehrten dort junge Privatdozenten in einem Kreis von älteren Semestern, den ein langes Studium gesiebt hatte, aber auch hochgezüchtet. Eine schönere, innerlich belebtere von vollendeter Sachlichkeit beherrschte Gesellschaft hatte ich noch auf keiner Universität getroffen. Man beschäftigte sich intensiv mit den Lehren von Franz Brentano, dem grossen wiener Philosophen und Erneuerer des Thomas von Aquin, mit Henri Bergson und der Nancy'er Schule von Bernheim, falls von Psychologie die Rede sein sollte; ausserdem setzte man sich auseinander mit philosophischen Richtungen, teils in der eigenen Stadt, – mit der Fries'schen Schule – und dem benachbarten Marburg, wo Hermann Cohen und Paul Nathorp einen höchst gewichtigen Neu-Kantianismus vertraten. Professor S. Freud?

Ja, es gab ihn, belehrten mich die reinen Philosophen – als Verfasser eines erzählenden Büchleins, »Aufzeichnungen über eine Familie Klopfer«, galt ich als ein wenig anrüchig, nicht ganz ernst zu nehmen, der Literatur und Journalistik verdächtig und konnte mich sehr wohl mit einer so zweideutigen Erscheinung wie Herrn Freud beschäftigen – demnächst würden wir den Besuch eines sehr bedeutenden Philosophen erhalten, des Privatdozenten Dr. Max Scheler aus München. Der hatte sich mit einem neueren Werke des Herrn Freud beschäftigt, einer ›naturwissenschaftlichen‹ in Wirklichkeit aber zynischen und antigeistigen Abhandlung über das Geschlechtsleben, er war sogar dabei, seinerseits ein kleines Buch gegen diesen Einbruch krasser Empirie in das Denken über die höchste von Platon geadelte Funktion des menschlichen Lebens zu veröffentlichen, mit ihm würde sich fruchtbar sprechen lassen.

Dr. Scheler kam an, um vor einem interessierten Kreise fortgeschrittener und zahlender Studenten einen Vortrags-Zyklus über »Den Formalismus in der Ethik und die materiale Wertethik« zu halten. Wir trafen ihn bei seinem Freund und Gegensatz, dem Privatdozenten Dr. Adolf Reinach und hörten dort den interessantesten und bedeutendsten Kursus über ethische Dinge, den deutsche Universitäten unserer Generation zu bieten hatten. Alles, was Scheler berührte, sprühte von Leben, seine jüngst veröffentlichte Schrift »Das Ressentiment im Aufbau der Moralen« führte über Nietzsche hinaus den Nachweis, wie wenig von der genannten negativ zu bewertenden menschlichen Eigenschaft im Christentum vorhanden sei und wieviel davon in anderen modernen Geistesrichtungen – und pro-christlich auf Augustinus, Thomas und das kirchliche Denken gegründet, erwies sich auch dieser Versuch, einen Stufenbau der ethischen Werte aufzurichten und die Gesetze nachzuweisen, nach welchen der gesunde und normale menschliche Geist die einen den andern unterordnet oder vorzieht. Voller Erstaunen nahm ich wahr, dass man vorwärts gerichtet sein konnte mit den heutigsten und wagemutigsten Erkenntnissen ausgerüstet, dabei aber im Gefolge und der Tradition katholischen Denkens verbleibend. Für einen Freigeist wie mich ein geradezu verwirrendes Erlebnis! Unser naturwissenschaftliches Denken leitete sich von Kant und Hume her, hatte den Darwinistischen und monistischen Gedankenkreis durchschritten und glaubte weder an Hölle und Teufel, aber auch nicht an Gott und seine Engel; dieser Max Scheler sprach vom Göttlichen als von etwas äusserst Realem, hatte für Christus und seinen Opfertod die höchste und spirituellste Verehrung und baute seinen Stufenbau der ethischen Werte wie eine gothische Kathedrale auf, gipfelnd beinahe in einer Monstranz der mystischen und ganz klaren Vereinigung mit den höchsten christlichen Tugenden. Seine klare Ausdrucksweise, sein reizvolles Süddeutsch, seine fritzisch grauen Augen, machten diese Abende unvergesslich, die später im Hinterzimmer eines kleinen Wirtshauses fortgesetzt werden mussten, um allen Zuhörern Platz zu bieten. Dabei verbreitete sich alsbald einiges über seine persönlichen Schicksale. Die Universität München hatte ihn zum Abgehen gezwungen, einer Ehescheidung wegen, die er erreichen wollte, als Katholik aber auf normalem Wege nicht anstreben konnte; es hiess, man bemühe sich für ihn um eine Ungültigkeitserklärung der Ehe durch Papst Pius X.; die Frau, die er dann heiraten wollte, sollte die Tochter eines der angesehensten Wissenschaftler der Universität München sein.

Es waren unvergessliche Abende feinster und höchster Geistigkeit, die mit dieser Gastvorlesung des vertriebenen Privatdozenten in Göttingen anhoben. Bis weit über Mitternacht hinaus diskutierten die Reiferen mit Scheler, und wenn er gar mit Adolf Reinach Meinungsverschiedenheiten hatte, strahlte in dem dunkel-verräucherten Gasthauszimmer das hellste Licht europäischer Geisteskultur. So blieb uns allen eine Erörterung unvergesslich, die damals, 1911/12, eine rein theoretische und akademische zu sein schien: ob der philosophisch gerichtete Europäer einen Krieg bejahen dürfe oder nicht. Adolf Reinach, Jurist und Philosoph, verneinte die Frage und wollte keine Ausnahme zulassen; Max Scheler, Sohn eines Gutsbesitzers, Enkel eines Staatsministers, bejahte sie unter bestimmten Voraussetzungen, wenn es sich nämlich um einen Verteidigungskrieg handele. Reinach, aus einer berühmten jüdischen Familie, lag fünf Jahre später, zum Protestantismus übergetreten und Artillerie-Leutnant geworden, zerschmettert neben seinem Geschütz in den Ardennen oder Vogesen; Max Scheler, Sohn einer jüdischen Mutter aus orthodoxem Hause, Lieblingsschüler des katholischen Universitätsprofessors und Ministers, Grafen Hertling, machte in dem gleichen Jahr Stimmung für die deutsche Sache in katholischen Klöstern der Schweiz und Hollands und schrieb im Auftrage des Ministerialrats Dr. Riezlers eine berühmt gewordene Verteidigung des deutschen Militarismus von über 300 Seiten und höchstem Niveau: »Der Genius des Krieges und der deutsche Krieg«. Aber von dieser Kreuzung der Geschicke und Persönlichkeiten konnte man natürlich damals nichts ahnen. Was mich anlangte und meine Frage nach der geistigen Bedeutung des Professors Freud, so hielt ich mich wochenlang zurück. Das Katholisierende und Kirchennahe in Schelers Gedankenwelt erfüllte mich mit Vorbehalten; seine persönliche Aura aber, seine meisterhafte Kunst, zu denken und die höchstmoderne Bildungswelt, die er mit dieser Kirchlichkeit vereinigte, zog mich ebenso sehr an wie sie mir neu war.

Nun, eines späten Abends brachte ich meine Frage vor. O, er kannte Freuds Schriften und fand sie höchst beachtlich. Sie waren ein vollgültiger Ausdruck unsres perversen und zersetzenden Zeitalters. Wenn jemand eine Harmonielehre aufstellte, dabei aber von einem völlig verstimmten Instrument ausging – konnte sie dann irgend etwas zu tun haben oder erklären, was aus Mozarts oder Beethovens Musik sprach? Nun, nichts anderes tat derjenige, der das Seelenleben des Normalen mit dem Material erklären wollte, das aus erkrankten, dem Pathologischen zugeneigten Seelen moderner Grosstädter, noch dazu wiener, hervorging. Wir suchten das Ewige im Menschen; Freud grub auf das Tierische im Kranken und baute darauf mit bemerkenswerter Begabung eine Lehre und eine Heilkunst, die man auch allen Grund hatte, zu bekämpfen. Denn, was Gutes und Grosses in der Breuer-Freudschen kathartischen Methode zur Heilung der Hysterie wirksam war, hatte die Kirche längst in der heiligen Beichte zur Institution erhoben, die dem katholischen Menschen beständige Zuflucht, Erleichterung, Entsündigung vermittelte. Unter den modernen Denkern war Sigmund Freud einer der gefährlichsten, seines Scharfsinns, seiner Bildung und seines ausgezeichneten schriftstellerischen Niveaus wegen; er, Max Scheler, war gerade dabei, in einem kleinen Buch »Zur Theorie der Sympathiegefühle und über Liebe und Hass« das Phänomen der Liebesbeziehung darzulegen und mit der Freud'schen Sexualtheorie abzurechnen. Ja, Freud hatte die Kühnheit besessen, man konnte auch Schamlosigkeit sagen, das, was er vom Liebesleben der Menschen wusste und zu beschreiben hatte, in drei Abhandlungen niederzulegen, die selbstverständlich mit den sexuellen Abirrungen des modernen Menschen beginnen. Kein Wunder, dass der Herr dann dazu kommt, das Schuldloseste, blumenhaft reinste Stadium des Menschen, den Säugling, »polymorph-pervers« zu nennen und für unsere Liebeserlebnisse kein anderes Wort zu finden als ›libido‹, Begierde.

Nun könne man ja das Verhalten der wiener Aerzte-Gesellschaft nicht loben, die vor längeren Jahren schon sich geweigert habe, die Möglichkeit hysterischer Phaenomene bei Männern mit dem Argument zurückzuweisen, die Hysterie leite ihren Namen von der weiblichen Gebärmutter ab, und diese komme bei Männern nicht vor; andererseits aber habe der französische Charcot-Schüler, Pierre Janet, in seinem Buche über den ›Automatismus der Seele‹, »L'automatisme de l'âme«, alle wichtigen Entdeckungen vorweggenommen, deren sich die neue wiener Schule rühme.

Nun, er, Scheler, hoffe, diesem Erfinder der infantilen Sexualität eine Betrachtungsweise der gleichen Dinge entgegenzustellen, die dem Kultureuropäer des zwanzigsten Jahrhunderts angemessener sein dürfte als dieses Herunterdrücken des Menschen aufs Niveau der frühesten Säugetiere. Aber er werde den nächsten Sommer brauchen, um die Arbeit würdig zu vollenden und dazu wahrscheinlich nach Berlin gehen, wo er sich freuen werde, mich wiederzusehen und mir mehr von seinen Gedanken mitzuteilen, als in einer so zusammengedrängten Vortragsreihe möglich sei.

Nun, da hatte ich meinen Freud. Der modernste im Widerspruch zu den alten Autoritäten stehende Philosophenkopf hatte gesprochen, dessen Ausstrahlungen fast genial anmuteten und der wusste, was er sagte. Und dass ein französischer Psychologe den Deutschen im allgemeinen voraus war, hatte ja nicht erst Henri Beyle-Stendhal bewiesen, der nach Nietzsche in napoleonischem Tempo ein Jahrhundert der Seelenkenntnis vorweggenommen hatte. Den Namen Janet musste man sich merken, der Name Freud prägte sich ohnehin ein. Allzu viele seiner Hinweise und Entdeckungen, soweit sie Träume, Fehlleistungen, Vergessen und Verwechslungen betrafen, meldeten sich selbst, während man harmlos vor sich hinlebte. Ausserdem aber war da so viel Arbeit zu bewältigen und musste endlich an einen Abschluss des Studiums gedacht werden, dass die Frage nach Gültigkeit und Wert der wiener Errungenschaften in den Hintergrund gedrängt werden musste. Primum vivere, deinde philosophari.

Warum ich im Frühling 1912 das Mekka der Philosophie und Mathematik mit der mecklenburgischen Hansestadt Rostock vertauschte, gehört nicht hierher. Ich wollte endlich promovieren, unabgelenkt von tieferen geistigen Interessen und schnelleren Bahnanschluss nach Berlin haben. Ueberflüssig zu sagen, dass mir die Promotion wieder nicht gelang – die Nähe der Ostsee und die schöne Isolierung, die mich dort erwartete, zwang mich geradezu, »Novellen um Claudia« und das Trauerspiel »Abigail und Nabal« zu beenden und die Wissenschaft – Wissenschaft sein zu lassen. Dabei hatte ich viel Zeit zum Lesen und wenigstens einen Lehrer auf der Universität, von dem Anregung und Befruchtung dieser Lektüre ausging. Als gebürtiger Prager, also Oesterreicher, kam er von dem schwerst verständlichen Philosophen der damaligen Epoche, Professor Marty in Prag, hatte eine gründliche Schulung und Leidenschaft für Probleme der Aesthetik und des künstlerischen Schaffens und war zur Schande der Zeiten gezwungen gewesen, erst zum Katholizismus, dann aber zum Protestantismus überzutreten, um seinen akademischen Beruf ausüben zu können. Das Kolleg über allgemeine Kunstwissenschaft, das er hielt, zeugte von ebenso vorsichtigem wie fundiertem Denken über Probleme, die praktisch und theoretisch unsereinen schon auf der Schule beschäftigt hatten; mein Aufsatz, »Das Werk und der Betrachter«, den ich nach Rostock mitbrachte, diente dazu, uns rasch miteinander zu befreunden, und seine spöttische Art, sich mit der Phaenomenologie Husserls auseinanderzusetzen, gefiel mir noch mehr. Er fand sie höchst geeignet, sich mit Dingen des Alltags auseinanderzusetzen, die Wesensschau des Bügeleisens zu betreiben oder sich in das Phaenomen des Lügens zu versenken – für die Grundprobleme der Philosophie, für die Freiheit des Willens etwa oder die Charakteristik des Wahren als Wahres erschiene sie ihm und noch einigen anderen Leuten nicht auszureichen. »Und was halten Sie von Freud, Herr Doktor,« fragte ich bei dieser Gelegenheit. In seinem rundlichen, schmallippigen Mönchsgesicht gingen die Augenbrauen hoch. »Lieber Freund,« sagte er, »der steht auf einem ganz anderen Blatt. Das ist ein Empiriker – höchst ernst zu nehmen. Ich habe veranlasst, dass das Philosophische Seminar sein neuestes Buch bestellte und habe es gleich gelesen. Heisst ›Totem und Tabu‹, beschäftigt sich mit der Ur- und Vorgeschichte. In dieser gottverlassenen Universität werden Sie der einzige Leser unter den Studenten sein. Holen Sie es sich nur bald.«

Ja, da las ich also »Totem und Tabu« und riss meinerseits die Augen auf. Da war von einer Wissenswelt die Rede, die mir bislang völlig entgangen war. Prähistorie, Vorgeschichte des Menschen, kühnste Hypothesen über die Frühzeit unserer Vergesellschaftung, Blicke auf den Ursprung der Tragödie, des Abendmahls, des Chors, die einen Philologen und Nietzsche-Schüler in tiefstes Erstaunen versetzten, ein

Erstaunen, das Zustimmung in sich schloss oder aus sich wachsen liess. Die Sitten der Urhorde, die Rolle des stärksten Männchens und seines Kampfes mit den jüngeren um den Alleinbesitz aller Weibchen – wer hatte dergleichen jemals mit dem Werden unserer gegenwärtigen Gesellschaft in Verbindung gebracht! Von dem Baseler Prähistoriker Bachofen und seiner Erforschung der Mutterrechts-Epoche auf den Nietzsche so eindringlich verwiesen hatte, gab es damals nur die schwer erhältlichen Exemplare seiner Original-Ausgaben; von den englischen Autoren, auf die sich Professor Freud stützte, hatte unsereiner noch nie gehört, weder von J. G. Frazer und seinem »Goldenen Zweig«, noch von Tylor oder Robertson Smith; – nur Wilhelm Wundt, der greise Leipziger Ordinarius, und seine Völker-Psychologie kannten wir. Unter meiner Lektüre hatte sich vor Jahren ein Band H. G. Wells'scher Novellen, »Tales of Space and Time«, befunden – ich hatte mit grossem Vergnügen die Geschichte von ›Uglomi and Uya‹ gelesen, in der der Höhlenmensch und seine Kämpfe mit seinesgleichen geschildert wurde, mit den grossen Bestien des frühen Quartärs, die Zähmung des Pferdes und die Entwicklung eines jungen Vertriebenen zum Denker und Werkzeugmacher. Aber schliesslich war Wells ein phantasievoller Nachfolger Jules Vernes, ein Autor, dem man wissenschaftliche Bedeutung wirklich nicht nachsagen konnte. Hier aber trat ein Zeitgenosse auf und unternahm es, unsere Geschichte, unser gesellschaftliches Leben, bis zu den Mammuthen und Höhlenbären zurückzuverfolgen und alles, was er sagte, durch Anmerkungen zu belegen, die in die gesamte Literatur und Wissenschaft der menschlichen Vorgeschichte zurückverwiesen! Wahrscheinlich durfte man Fragezeichen anbringen, wenn der gegenwärtige Kranke, der Künstler und das Kind zu dem Urmenschen in Beziehung gesetzt wurden, die dem Leser recht wohl den Atem rauben durften. Aber welch ein Blick, welch ein Mut! Ich konnte das Buch wirklich Monate behalten, niemand in Rostock fragte darnach. Aber der Eindruck, den ich von dem Wissenschaftler Sigmund Freud bekommen hatte, besass jetzt Fülle, Rundheit und eine verteufelte Bannkraft. Wer in den letzten zehn Jahren hatte in deutscher Sprache drei Bücher in die Oeffentlichkeit geworfen wie »Traumdeutung«, »Alltagsleben« und dieses »Totem und Tabu«! Schade, dass dieser Mann in Wien dozierte, wo ich zu Beendigung meiner Studien und zur Ablegung preussischer Examina mich immatrikulieren lassen weder konnte noch wollte. Von der dortigen Literatur behagte mir Arthur Schnitzler, wohl auch Richard Beer-Hofmann mit seinem »Grafen von Charolais«. Aber die wiener Atmosphäre verführte die Talente, die dort reichlich wuchsen, zu einer falschen Schmuckhaftigkeit, zu einer Bilderkraft und Bildkraft des Stils auf Kosten der inneren Lebensechtheit, der ursprünglichen Formung erlebten Stoffes, man sah es an Jakob Wassermann. Wer auf künstlerische Zucht und Strenge gegen sich selbst hielt, konnte sich als Schriftsteller in Wien nicht wohlfühlen, wo ein Talent wie Karl Kraus sich im Kampfe gegen einen Journalismus verzettelte, den ein Norddeutscher oder Schlesier nur mit Achselzucken oder als Amusement zur Kenntnis nahm. Offenbar bekundete die Tatsache, dass der Professor Freud in jener Umwelt ein so strenger Wissenschaftler und Stilist blieb, seine ungewöhnliche Stärke und Persönlichkeit. Nein, die Ostsee und die Stadt Berlin eigneten sich für ein Talent wie mich zur Zeit besser als Umwelt, denn Wien oder selbst München, das meine Begabung geweckt, mir das Glück der südlichen Landschaft und ihres Lichtes vermittelt hatte, ihrer Berge und Wasser. Hatte ich erst meine Examina abgelegt und eine Anstellung als Lehramts-Kandidat gesucht und gefunden – natürlich in meiner Heimatprovinz Schlesien, – so liess sich über Ferien in Wien eher reden. Und damit wandte ich mich zu meinen germanistischen Studien, über die in Rostock ein besonders kurioser Ordinarius waltete, ein Wagnerianer von Grund auf und Leidenschaft, und der gerade eine Geschichte der deutschen Dichtung im Mittelalter veröffentlicht hatte, über die man im Examen tunlichst Bescheid wissen musste.

Keinen Augenblick lang kam mir der Gedanke, dass über die Geisteshaltung und Lebensform der alten Germanen das Buch »Totem und Tabu« weit besser zu unterrichten geeignet wäre als die pompösen Umwandlungen der Sagen und Mythen über diese primitiven Völkerstämme, mit denen sich die Germanistik und die von ihr gespeisten Literaturströmungen aufs schmeichelhafteste beschäftigten. Mein Privatdozent hatte freilich einiges ungünstige über den Charakter des Professors Freud einfliessen lassen, das, unauffällig wie es gebracht war, in mir haftete: geldgierig sollte er sein, ein teurer Arzt, ausserdem sehr auf Anerkennung aus, wo nicht auf Reklame, und schliesslich ein streitsüchtiger Tyrann, bei dem es sein erster Wegbereiter und Mitarbeiter nicht ausgehalten hatte, der Doktor Josef Breuer. Aber was ging mich das an? Ich brauchte ihn ja nicht als Arzt, noch wünschte ich eine nähere Beziehung zu ihm anzuknüpfen, nur sprechen wollte ich ihn und hören, ob sich nicht dank seiner Lehre und Forschung in das Chaos der Seelenkenntnis eine Ordnung würde bringen lassen. Eine Art Landkarte der Seele schien mir nötig, um der Willkür und Pfuscherei ein Ende zu machen, mit der sich Novellisten und Kritiker im Gebiete der psychologischen Literatur tummelten.

Und dann hatte ich meine Dissertation abgeschlossen, das Stück »Abigail und Nabal« beendet, die Korrektur der sieben Novellen um Claudia gelesen und vertauschte Rostock für ein paar Ferienwochen erst mit meinem Elternhaus, dann mit einem Vorort von Berlin – weit davon entfernt zu ahnen, dass da wieder Ereignisse und Probleme auf mich warteten, die mittel- oder unmittelbar mit diesem Professor Freud und seiner Lehre zu tun hatten, dieser vertrackten Psychoanalyse.

[Körperliche Erscheinungen … – gestrichener Abschnitt im 3. Kapitel der ersten Diktatfassung]

[ohne Datum, entstanden im August 1947, gestrichen im November 1947 (vor der Abschrift des I. Teils); ½ Seite T m. hs. Korr. v. fr. Hd. (AH); Abschnitt des 3. Kapitels, Textanschluß nach S. 28 »… Sehnenscheiden-Entzündung hervorrief.«; TG: AZA 1013, 4, S. 29, 2.]

Körperliche Erscheinungen aufgrund seelischer Erregungen im Konflikt der Triebe und Verbote kannte man schon lange vor Freud. Man nannte sie Hysterie und behauptete, so etwas käme nur bei weiblichen Personen vor und entstamme der Gebärmutter, der Hystera. Aber nicht allein, dass Freud zusammen mit dem Kollegen Breuer solche Erkrankungen geheilt hatte, er hatte sie auch bei Männern nachgewiesen als allgemein gültige Vorgänge der menschlichen Seele, und die wilde Empörung der Kollegen auf sich genommen, die den jungen Naseweis auslachten. Die Gesellschaft der Aerzte in Wien galt schliesslich als das fortgeschrittenste Forum medizinischer Wissenschaft unserer Zeit. Ihr etwas derartiges vorzuführen und zuzumuten, das durfte nicht ungestraft stattfinden. Und der junge Doktor Freud hatte gelitten und geschwiegen und war unverstanden geblieben, bis eine jüngere Generation heranwuchs, zu der er, Doktor Otto, gehörte. Und dann, berichteten die junge Dame und ihre Mutter, schnupfte der Doktor verstohlen ein weisses Pulver, eine Schnupfenmedizin, wie er nachlässig erklärte. Dass es Kokain war, welches er zu sich zu nehmen gezwungen war, ging ja schliesslich niemanden etwas an.

[In jenem Jahr gerade ... – gestrichener Abschnitt im 3. Kapitel der ersten Diktatfassung]

[ohne Datum, entstanden im August 1947, gestrichen im November 1947 (vor der Abschrift des I. Teils); 3 Seiten T m. hs. Korr. v. fr. Hd. (AH); Abschnitt des 3. Kapitels, TG: AZA 1013, 4, Anlage S. 25a (31), 32, 34 (Korrekturschicht).]

In jenem Jahr gerade, dem Friedensjahr 1913, symbolisierte sich auch eine Beziehung der werdenden Psychoanalyse zu all diesen bürgerlichen Reformbestrebungen, Lebenserneuerungen. Sie kristallisierte sich um den schweizerischen Dichter Carl Spitteler, der mir damals wie heute ein eher einsames als wesentliches Stück literarischen Schaffens der Gegenwart verkörperte. Olympischer Frühling? Konrad der Leutnant? Imago? Seine »Glockenlieder« waren mir durch Schillings Komposition mit grossem Orchester näher gebracht worden; aber alles andere krankte meiner Meinung nach an einer inneren Spaltung und Starrheit der Phantasie, die in grosse schönfarbige Symbole einströmte oder sie erzeugte, statt die Dinge zu beleben, die um den Menschen herum darauf warteten, belebt und ausgesprochen zu werden. Ausserdem erschien mir das Vers-Epos als solches tot, einer aristokratischen und patrizischen, also engen und exklusiven Kultur, angehörig, während für uns das literarische Leben und seine Aufgaben im Dienste der breitesten Leserschichten stehen musste, wie wir sie selber darstellten, junge Leute ›ohne Ahr und Halm‹, ratlos, wie wir es weitertreiben sollten, aber unserer Aufgabe und Sendung gewiss. Wozu hatte Gogol den »Mantel« geschrieben, Hamsun die »Mysterien«, Heinrich Mann »Die Göttinnen«, Thomas [Mann] »Die Buddenbrooks« und Jakob Wassermann »Donna Johanna von Castilien«, wenn man in der Freien Schulgemeinde Wickersdorf den Literaturunterricht auf Carl Spitteler abstellte und ihn selbst Goethe ersetzen liess, oder wenn die geisteswissenschaftliche Zeitschrift, die Freud eben gegründet hatte, »Imago« hiess, ein spittelersches Werk glorifizierend. Ich selber war dem anti-demokratischen Zug dieser Zeit damals durchaus ergeben, hatte zu einem anspruchsvollen Buch, »Vom Judentum«, einen Aufsatz beigesteuert, der von Aristokratismus und Gegnerschaft gegen den aufklärerischen ›Geist‹ zu Gunsten der Seele nur so troff. Aber ich lehnte gleichwohl alles ab, was zum Heraufbringen veralteter Modi des Denkens und Lebens führen konnte. Ich sah in der ästhetischen Erziehung des Menschengeschlechts unter Beibehaltung einer liberalen, weitherzigen immer neue Schichten der arbeitenden Bevölkerung ›emporhebenden‹ Monarchie oder Republik die Entfaltung von Kultur und Zivilisation gewährleistet. Von der gleichen Gesinnung waren viele Männer und Frauen erfüllt, die westlich der russischen Grenze geistige oder politische Werte gestalteten, das akademische, das literarische, das künstlerische und politische Leben. Von klarköpfigen Rebellen geführt wie etwa Heinrich Mann, Romain Rolland oder dem herrlichen Anatole France, stimmte Europa in dieser wie in fast jeder anderen Beziehung schon so zusammen, dass seine ›Vereinigten Staaten‹ kaum noch gegründet zu werden brauchten. Weder Währungs- noch Passfragen sperrten damals die Länder von einander ab, und niemand aus der heranwachsenden Generation zwischen zwanzig und dreissig nahm die alldeutschen Schreier ernst, die in Deutschland wie in Oesterreich aus dem ›faulen Frieden‹ herausstrebten und das Heil von einer Erneuerung des spartanischen öffentlichen Geistes erhofften, der unserem Atheniensertum mit seiner Ueberschätzung aller Friedenswerte, seiner Unterschätzung der männlichen und kriegerischen Tugenden, ein Ende machen sollte.

Alle Kräfte der Epoche waren bestrebt, das Bestehende nicht nur zu stärken sondern zu adeln, es in die Gesellschaft der feudalen Oberschicht zu heben, obwohl diese nur in ganz seltenen Fällen dafür Entgegenkommen zeigte. Und so konnte es geschehen, dass auch die Psychoanalyse durch ihre Verwechslung des Wirklichen mit seiner bürgerlichen und augenblicklichen Erscheinungsform an der Vorbereitung von 120 Millionen deutscher und habsburgischer Untertanen zum Marsch in den Untergang nichts änderte, damit in die Verflechtung eingehend, die innerhalb der europäischen Geschichte zur Endkatastrophe der bürgerlichen Kultur hintrieb, und 1913 zum letzten Jahr jener grossen Täuschung machte, die um 1850 begonnen hatte.

Europa war reich. Ein Pfund Brot kostete zehn Pfennig, das gleiche ein Pfund Kirschen, drei Eier, eineinhalb Pfund Kartoffeln, 125 Gramm Margarine oder Schweineschmalz. Krankheiten freilich durften sich nur reiche Leute gestatten oder die Mitglieder von Organisationen, imstande, monatliche Beiträge vom Lohn oder Gehalt abzuspalten. Nervenkrankheiten gehörten damals noch nicht zu den Störungen der menschlichen Verwendbarkeit, [ ] Kultur. Erhaltung des Bestehenden schien am besten gewährleistet, wenn man den beschränkten ›Untertan‹-Verstand in beständiger Abhängigkeit, in Trott und Gangart eines arbeitsamen Alltags hielt.

Für Arbeiter und Bauern besorgte das das Wirtschaftsleben, für die Jugend die Lernschule mit ihren viele Jahre ausfüllenden Ansprüchen, und die Anbetung von Staat und Kirche verschmolzen mit dem Elternhaus, das alle Autoritäten in sich zusammenfasste. In den bürgerlichen Schichten, aber auch bei den wohlhabenden Bauernschaften, trat hier noch die engere und weitere Verwandtschaft in Erscheinung, zahlreiche Tanten und Onkels, wenn nicht Gross- und Schwiegereltern; sie bildeten eine öffentliche Meinung im engen Familienkreise und richteten Unheil an im Leben der jungen Menschen, von welchen die Literatur damals eifrig Zeugnis ablegte, in Jugend-Romanen, die mit dem letzten Teil von Thomas Manns »Buddenbrooks« eingesetzt haben mochten, mit Emil Strauss' »Freund Hain«, mit Hermann Hesses »Unterm Rad« und die in Robert Musils »Verwirrungen des Zöglings Törlesz« ihre feinste und stärkste Leistung erreicht hatten.

[Damals bewies Carl Spitteler Mut ... – gestrichener Abschnitt im 4. Kapitel der ersten Diktatfassung]

[ohne Datum, entstanden im August 1947, gestrichen im November 1947 (vor der Abschrift des I. Teils); 1 Seite T m. hs. und ms. Korr. v. fr. Hd. (AH); Abschnitt des 4. Kapitels, Textanschluß nach S. 36 »... Rückschritt mit einander vertrugen.«; TG: AZA 1013, 5, S. 38 (45)–46 (Korrekturschicht).]

Damals bewies Carl Spitteler Mut und Unabhängigkeit, er und sein Landsmann, Ferdinand Hodler, weigerten sich, ihre Unterschriften unter ein Manifest der Ahnungslosigkeit setzen zu lassen, in welchem 81 deutsche Intellektuelle sich schützend vor den mordbrennenden deutschen Aggressionsgeist stellten. Im Innern Deutschlands, zum Beispiel in München, drückte sich dieser Geist auf humoristische Weise aus, indem er nämlich einen seelisch besonders hochstehenden Privatdozenten der Philosophie, der einer alten jüdischen Patrizierfamilie Frankfurts entstammte und auch so aussah, in einer besonders zusammengeflickten und lächerlichen Uniform, das alberne ›Krätzchen‹ des gemeinen Soldaten auf dem Kopfe, mit einem Handkarren an der Universität vorüberschickte, seiner Wirkungsstätte als Dozent für Aesthetik und Husserl'sche Phaenomenologie. Dies erfuhren wir Anfang 1915 aus dem Munde Max Schelers, der gerade als Privatgelehrter in Berlin lebte. Er entrüstete sich über diese Entwürdigung, zog aber keine anderen Folgen daraus, als dass er im Kontakt mit dem Auswärtigen Amt daran ging, geistiger Schildträger desselben Militarismus zu werden, auf der höchsten geistigen Ebene in seiner dicken Propagandaschrift »Der Genius des Krieges und der deutsche Krieg«. Und da auch der verehrte, bis dahin in massvoller Opposition schreibende Patrizier, Thomas Mann, in seiner massgebenden Geschichtsumdichtung, »Friedrich und die grosse Koalition«, die bürgerliche Literatur der Linken in den Dienst der deutschen Sache gestellt hatte, wie die ganze deutsche Sozialdemokratie, mit Ausnahme Franz Mehrings und Franz Pfempferts, auch die proletarische, wartete auch ich nur den Ruf zu den Fahnen ab, um meine Pflicht gegen das Vaterland zu erfüllen.

[Das aufsteigende Deutschland … – fortgelassener Abschnitt im 6. Kapitel der ersten Diktatfassung]

[ohne Datum, entstanden zwischen August und Oktober 1947, fortgelassen vor dem 11.4.1948; 2 Seiten T m. hs. Korr. v. fr. Hd. (AH); Abschnitt des 6. Kapitels »Gesundung«, Textanschluß nach S. 52 »… Urheber ja schon gefunden hatte.«; TG: AZA 1013, 7, S. 64–65 (Korrekturschicht).]

Das aufsteigende Deutschland war eben irgend einer aufsteigenden Weltmacht im Wege gewesen, darum musste es fallen. Hatte sich nicht selbst der russische Zarismus zu schwach gezeigt, um mit Lenin und Konsorten fertig zu werden – Leuten, die der Reichskanzler Fürst Bülow noch als ›Schnorrer und Verschwörer‹ hatte abtun wollen? Und wer regierte jetzt im Kreml und verurteilte, von lettischen Regimentern geschützt, das russische Volk zum Hungertode? Also! Deutschland erwache – hiess es, die Schandrepublik war reif zum Sturze, nirgendwo in der Welt besass sie Freunde, auch die Sieger wären froh gewesen, wieder mit den alten, erprobten Beherrschern Deutschlands paktieren zu können, den Industriellen und den Offizieren, den Grundbesitzern wie den Oberlehrern. Konnte man erst die Arbeitslöhne herabdrücken, wie es dem besiegten Deutschland geziemte, – hier plötzlich war die deutsche Niederlage ein anerkennenswertes Faktum! – und mit Betriebsräten und ähnlichem Unfug aufräumen, so würde sich für das Volk in gar nicht langer Zeit wieder ein Zustand einstellen, den man lebenswürdig nennen konnte, nicht dieses heutige Hängen und Würgen, das einem vor lauter Steuerzahlen kaum gestattete, zu atmen.

Wer aufmerksam zusah, erkannte schon während des Krieges, wie sehr die deutschen Intellektuellen Wunschphantasien fröhnten, wenn sie ihr Volk kerngesund nannten und der Meinung waren, die Stunde des Deutschen habe geschlagen, nämlich die seiner Heraufkunft. Vom Gegenteil spürten wir immer deutlichere Beweise. Wer sich so hatte missbrauchen lassen von seinen herrschenden Schichten, so scham- und masslos belügen, zu Menschenopfern unerhört verleiten, der durfte unmöglich den Begriff einer Demokratie so überspannen und falsch anwenden, dass er die Unheilstifter von 1914 schon 1925 wieder in die Lage versetzte, auf Revanche zu sinnen und, den verlorenen Krieg als den ersten Gang eines Boxmatches anzusehen, einen zweiten vorzubereiten – den Sturz der Republik und die Ernennung eines geschlagenen Feldmarschalls zum Präsidenten als Vorspiel. Das hatte es schon einmal gegeben, in Frankreich nach 1871. Den Deutschen würde es schlechter bekommen als den Franzosen, und Europa am schlechtesten. Nur einem infantilen Volke vermochte man, Figuren wie diesen Hindenburg oder diesen Hitler und seinen Rivalen Ludendorff, als Retter zu empfehlen. Dass diese Leute es wagen durften, Andersdenkende, von ihnen Juden genannt, von ihren Versammlungen auszuschliessen oder hinauszuprügeln, war schon ein Krankheitssymptom. Aber die Mehrheit des deutschen Volkes würde diesen Leuten schon die richtige Antwort geben, dachten wir, wenn seine Grundinstinkte noch so weit in Ordnung waren wie die eines Schriftstellers, der sich in Analyse begeben hatte, weil er seine Manuskripte fertig machen wollte und nicht konnte.

Und schliesslich: Deutschland lag ja nicht auf einer einsamen Insel. Was in Deutschland vorging, spielte sich in Europa ab und auf Kosten Europas. Gaben die Siegermächte der deutschen Republik keine Chance, ermutigten sie durch Passivität die Feinde des Versailler Vertrages, d. h. der Kultur und des Friedens, zur Aktion, so würde alle Welt die Kosten zu tragen haben. Das mussten die Siegermächte erkennen, auch wenn ihnen noch ein sozialistischer Grosstaat mehr Albdrücken verursachte. Sie kannten jetzt die Handschrift der Alldeutschen – in Belgien, Frankreich, Serbien, Polen, konnte man sie lesen. Noch einmal, meine Herren? Noch nicht genug Leichenhaufen für den schwarz-weiss-roten Imperialismus?

[Von Fesseln war nun auch … – fortgelassener Abschnitt im 6. Kapitel der ersten Diktatfassung]

[ohne Datum, entstanden zwischen August und Oktober 1947, fortgelassen vor dem 11. 4. 1948; 1 Seite T m. hs. Korr. v. fr. Hd. (AH); Abschnitt des 6. Kapitels »Gesundung«, Textanschluß nach S. 53 »… mein natürliches Wesen, geschlagen.«; TG: AZA 1013, 7, S. 66 a (Korrekturschicht).]

Von Fesseln war nun auch in den Zeitungen immer die Rede, wenn von dem Verhältnis Oesterreichs zu Deutschland gesprochen wurde, von dem verhinderten ›Anschluss‹. Wie mochte Freud dazu stehen? Lag es nicht in der Natur der gemeinsamen Sprache, dass aus Oesterreich und Deutschland ein politisches Gebilde zusammenwuchs, so wie ein einheitliches Kulturgebilde längst entstanden war, was Künste und Wissenschaft anlangte? Zwar genoss Oesterreich eine gewisse Dosis Antisemitismus zu jedem Frühstück, der sich im deutschen Kaiserreich nur stillschweigenden Konsums erfreut hatte. Andererseits aber hatten die wiener Sozialdemokraten ihre prächtige Stadt mit kräftiger Hand ergriffen und hielten sie fest, der Arbeiterbevölkerung endlich menschenwürdiges Wohnen in grossen modernen Wohnburgen schaffend. Auch in Deutschland wuchsen auf bisher unbebautem Gelände überall Wohnsiedlungen, kleine Gartenstädte, dank der neugewonnenen Macht sozialer Bestrebungen. Aber der wiener Karl Marx-Hof, Goethehof, Volkshof, verrieten ein Selbstbewusstsein und den Willen zur Verteidigung, die beide aus bitteren Erfahrungen gewachsen waren, andererseits aber in grossen, schön gebändigten Ausmassen jene österreichische innere Weite und Formenbeherrschung aufwiesen, die man feststellte, sobald man vom bayerischen ins tirolische Alpengebiet hinüberwechselte. Ausserdem hatte im deutschen Sprachraum, zumindest während des neunzehnten Jahrhunderts, nur Oesterreich Flugraum für einen solchen Adler des Geistes geboten, wie Freud war.

[Freud will nicht gegen den kapitalistischen Wirtschaftswirrwarr ... – Notizen zum 11. und 12. Kapitel]

[24.10.1947; 2 Seiten H AZ m. eigh. Korr. (auf einer gedruckten Postkarte des Verlags Allert de Lange); Notizen zu einem Kapitel mit dem Titel »Österreichische Herzenswärme«, später 11. und 12. Kapitel; TG: AZA 1022.]

24/X. 47
Freud will nicht gegen den kapitalistischen Wirtschaftswirrwarr seine Unterschrift geben. Lehnt Stellungsnahme ab. Gleichzeitig tun ihm seine armen Enkel leid

Mir tun unsre armen Väter leid; er selbst leid, der immer weiter Arzt sein muß, bloß weil kein Staat und keine Gesellschaft ihm tragen hilft, was auf seinen Schultern lastet. (Th. M[ann]s feines überlegenes Lächeln (Nobelpreis.))

Freilich haben die Wiener Sozis nicht begriffen, daß der Geist, Bundesgenosse der Arbeiterschaft, unter allen Umständen entlastet werden muß, schon weil er der commune Ehre und Wissen vermittelt. (Verdrängung des Geldpunkts-Kotpunkts)

Und so, Ende 1932, wissen wir beide nicht, daß uns Herr v. Papen und seine Kumpane schon verkauft haben. Ein schwer patholog. Subjekt, hochst geeignet, andere Halb-Irre anzuziehn, steht bereit, sich an die Spitze eines großen Staates zu setzen. Um den Bürgerkrieg zu vermeiden, setzt man den leibhaftigen Bürgerkrieg auf den Kanzlerstuhl – den Bismarckstuhl, der sich nichts anderes wünscht.

Noch repräsentieren / leben Albert Einstein und S[igmund] Fr[eud] in Berlin und in Wien den d[eu]tschen / europ[äischen] Geist, Henri Bergson und Emile Barthou den fr[an]zös[ischen], Karel Capek und Otokar Fischer den czechischen, Juan Negrin und die Passionaria den spanischen. Mein Palästina Roman gegen den nationalist[ischen] Terror und Mord erscheint und wird von den Zigeunisten heftigst abgelehnt (auch nie ins Hebrew übersetzt.) »Weder Wahrheit noch Dichtung« heißt die Überschrift der Kritik eines religiös-sozialist[ischen] Oberlehrers, ders ja wissen muß. Vorbereit[un]gen, Freud in Wien zu besuchen, Vortrag daselbst u. vorher in Prag Über den d[eu]tschen Antis[e]m[itismus]

Schluß »Der Reichste sollst du sein in deiner ganzen Familie«. Die Unordnung als Voraussetzung.

[ergänzt auf der ms. Abschrift (AZA 1022) durch folgende Notizen: »Die Unordnung durch das kapitalist. System, die Voraussetzung einer solchen Verwünschung. Wenn nämlich weder ein Staat noch eine Gemeinde oder Partei es übernimmt, weniger erfolgreiche Familienmitglieder mit Arbeit u. Erwerb zu versorgen.«]

[Für mich war die Hauptsache … – gestrichener Abschnitt im 11. und 12. Kapitel der ersten Diktatfassung]

[ohne Datum, entstanden nach dem 24.10.1947 (vgl. S. 243), (lt. Kalender 1947, AZA 2638: vermutlich 24.–29.10.1947, gestrichen vor dem 11.4.1948; 2½ Seiten T m. Korr. v. fr. Hd. (AH) und Randnotiz (AH): »70. Geburtst[a]g Wiener Ehrenbürger«; Abschnitt aus einem Kapitel mit dem Titel »Österreichische Herzenswärme«, später 12. Kapitel, Textanschluß vor S. 116 »Niemand von uns begriff damals noch …«; TG: AZA 1013, 10, S. 116–118 (Korrekturschicht).]

Für mich war die Hauptsache, ihn sobald als möglich wiederzusehen, seinen Umgang länger zu geniessen, als mir bisher beschieden gewesen. Und das sollte wohl auch sehr bald eintreffen.

Eines vor allem gab mir zu denken. Freud verweigerte seine Unterschrift, als es uns nötig schien, uns Jüngeren, gegen den kapitalistischen Wirtschafts-Wirrwarr zu protestieren. Er lehnte jede Stellungnahme in dieser Streitfrage ab, und fand: »Wir sind durch das (seiner Meinung nach fehlgeschlagene) Sowjetexperiment um eine Hoffnung – und eine Illusion – ärmer geworden und haben keinen Ersatz dafür. Wir leben schlechten Zeiten entgegen; ich sollte mich mit der Stumpfheit des Alters darüber hinwegsetzen, aber ich kann's nicht helfen, dass mir meine lieben Enkel leid tun.«

Auf diese Einstellung eines geistigen Arbeiters selbst seines Ausmasses hätte ich schon damals Manches zu antworten gehabt, wäre unsere Freundschaft nicht noch verhältnismässig jung gewesen. Mir – hätte ich antworten mögen – tun eher unsere armen Väter leid, die unsere Ausbildung ganz oder zum grössten Teil aus der eigenen Arbeit bestreiten mussten. Gaben, welche der ganzen Sprachgemeinschaft zugute kommen würden, im besten Falle der ganzen Menschheit, fielen nur in ganz ungeordneten Staatswesen den Angehörigen zur Last. Auch Sie, Professor Freud – hätte ich gern gesagt – tun mir leid, weil Sie trotz Ihrer bresthaft gewordenen Natur und Ihrer Abneigung gegen den Beruf des Arztes Tag um Tag fortsetzen müssen, Ihre Sprechstunden zu halten, bloss weil weder Staat noch Gesellschaft Ihnen das tragen helfen, was auf Ihren Schultern lastet – zur

Versorgung Ihrer grossen Familie auch noch die Aufrechterhaltung eines Verlagswerkes von dem Umfang und der Wichtigkeit, die der »Internationale Psychoanalytische Verlag« inzwischen angenommen hatte. Dieser Verlag wird eine immer grössere Organisation mit der Ausbreitung, die die psychoanalytische Wissenschaft vor allem in deutscher Sprache nimmt. Aber die Leserschaft der Bücher aus all den Wissensgebieten ist erst im Werden; es bedarf wahrscheinlich noch mehrerer Jahrzehnte ruhiger Bildungsarbeit, ehe sie imstande ist, den Verlag rentabel zu machen. Selbstverständlich hätte eine Zeitgenossenschaft wie die unsere einem genialen Bahnbrecher wie Freud längst den Nobelpreis erteilen müssen, den so viel Kleinere auf anderen weniger ›kränkenden‹ Gebieten des menschlichen Wissens längst erhalten hatten. Als ich mit dem Preisträger Thomas Mann einige Jahre später dieses Thema streifte und die Lasten unterstrich, die, von seiner wissenschaftlichen Durchbruchslast ganz abgesehen, auf Freuds Schultern ruhten, lächelte er fein, überlegen, patrizisch. Wahrscheinlich hielt auch er Freud für einen sehr reichen Mann, ihn, der inmitten kostbarer Sammlungen seine Praxis ausübte und sich wohlhabender Freunde erfreute. Und dennoch hatte jemand aus Freuds nächster Umgebung, wenn ich nicht irre, Frau Professor Freud selber, meiner Frau gegenüber den spasshaften jüdischen Fluch zitiert: »Der Reichste sollst du sein in deiner ganzen Familie«! Sie hatte damit den Schleier ein wenig lüften wollen, der die Patrizier blendete, uns aber nur einmal mehr auf die Unordnung hingewiesen, die im ›kapitalistischen Wirtschafts-Wirrwarr‹ herrschte. Was in einem primitiven Sippenverband vor einigen tausend Jahren recht und billig gewesen wäre, dass nämlich der Häuptling der Familie für alle seine Mitglieder einzustehen hatte, war in der modernen Gesellschaft komisch geworden, einer jener Witze, wie Freud sie in seiner eingehenden Studie zu Dutzenden untersucht hatte, und gleichzeitig eine grausame Wahrheit.

Freilich hatten die Wiener Sozialdemokraten einen wichtigen Punkt sozialistischer Neuordnung beiseite gelassen. Sie hatten mit vollem Recht grosse Ausgaben in ihr Budget eingesetzt, um die wiener Slums zu liquidieren. Es waren architektonisch und machtpolitisch gleich eindrucksvolle Bauten entstanden, der Karl Marx-Hof, der Goethe-Hof, die eine Fülle menschenwürdiger Kleinwohnungen zu erschwinglichen Mietspreisen erstellten, gleichzeitig aber Häuserblocks schufen, in denen sich die Arbeiter gegen etwaige Angriffe von seiten der 1918 gestürzten Machthaber verteidigen konnten. Die Mittel zu diesen Bauten und ihrer Unterhaltung hätten sie durch die Verstaatlichung der Produktionsmittel gewinnen müssen. Davor waren sie ausgewichen. Sie hatten die Einkommen der Bürger hoch besteuert, ohne zwischen dem Ertrag eigener Arbeit, auch geistiger, und der Benutzung fremder Arbeitskräfte, etwa in Fabrikbetrieben, zu unterscheiden. Dass dieser verhängnisvolle Fehler sich an ihnen selbst rächen würde, sahen die Klügeren von ihnen am Horizont emporsteigen. War der schöpferische Geist nicht unter allen Umständen Bundesgenosse der Arbeiterschaft und aller demokratischen Kräfte? Musste er nicht entlastet werden, damit er der Kommune umso leichter Ehre und Wissen vermitteln könne. Durfte die Verdrängung des Geldkomplexes dank seiner Herkunft von anderen soweit gehen?

[Notizen zum 14. und 17. Kapitel]

[ohne Datum, entstanden nach 30.5.1949, vermutlich nach Dezember 1949; ½ Seite H AZ m. eigh. Korr.; Notizen zum 14. u. 17. Kapitel (Kapitelzählung folgt dem »Erweiterten Inhaltsverzeichnis« vom 13. 4. 1948, vgl. S. 218); TG: AZA 1023.]

14. Kap.
1) »Hemmung, Symptom und Angst.« »Trauer und Melancholie.« Und ihre späteren Auswirkungen. Der Mensch, homo faber, entdeckt neue Vorstöße, praktische Heilmethoden. Das Sanatorium Blumenthal oberhalb der Haifabucht. Die Theorie und Erkenntnis folgt zögernd nach, die Analytiker verhalten sich ablehnend. Was auf mich wartete, 1948/49
Der homo faber und der Existenzialism.
2) (17. Kap.) Die Rückkehr des Verdrängten.

[Mitten in diese erregenden Kämpfe ... – gestrichener Abschnitt im 14. Kapitel der letzten Diktatfassung]

[ohne Datum, entstanden im Frühjahr 1962, nach 19.9.1962 (G. Meili an AZ) gestrichener Abschnitt; T; Textanschluß S. 134 »... jener zionistischen Illusionsepoche darstellt ...«; TG: AZA 1008, S. 158–159 (Grundschicht).]

Mitten in diese erregenden Kämpfe um die geistige Bewältigung der Frage: Wird es ein unruhiges Palästina geben? kam ein Telefonanruf meines Bruders, welcher aber nicht Stefan Zweig heißt, aus Paris. Er hatte mir versprochen, meinen Schrankkoffer mitzubringen, der noch bei ihm gestanden und einen großen Teil der Ausstattung enthielt, ohne die ein Herr sich jahrüber nicht bewegen kann. Ihm hatte ich eine große Summe geliehen, 25 000 Mark, und damals darauf verzichtet, mir selbst einen Wagen anzuschaffen – damit er von der Existenz eines Angestellten zu der eines selbständigen Geschäftsinhabers emporsteigen könne. An seiner Tüchtigkeit dazu zweifelte ich keinen Augenblick. Und nun stellte sich heraus, daß er, aus Besorgnis beim Grenzzoll für einen illegalen Auswanderer zu gelten, meinen Koffer nicht mitgebracht hatte! Wie hatte Freud vor einiger Zeit spöttisch gelächelt, ein arabisches Sprichwort zitierend: »Bist du in Not, geh nicht ins Zelt deines Bruders, geh ins Zelt deines Freundes.« Und wiederum behielt der alte Mann recht – wie sehr, erwies sich später, viel später, als die nazistischen Räuber Amsterdam ausplünderten, den Verlag Querido auslöschten und kein Honorar mehr von daher an mich floß. Rückzahlung geliehenen Geldes? Mein Bruder, der sich inzwischen in Argentinien eine neue Existenz geschaffen hatte, begann nach langem Besinnen mir Bruchteile des Geliehenen zu überweisen, als wir buchstäblich Monat für Monat nicht wußten, wie wir die Miete für Wasser, Miete und Licht aufbringen sollten und ohne die Hilfe ebenfalls emigrierter Freunde aus allen drei palästinensischen Städten auch nicht aufgebracht hätten. Da war es also das Zelt des Freundes, das offen stand ... Und damit löste sich auch jene kleine Schwierigkeit, die Freud meiner Frau so geschildert hatte: »Wir mußten Ihren Mann mit Klauen und Zähnen davon zurückhalten, nach Berlin zurückzureisen – warum? Um eines Koffers willen.«

[Notizen zum 17. Kapitel]

[30.5.1949; ½ Seite H AZ m. eigh. Korr.; Notizen zum 17. Kapitel (Kapitelzählung folgt dem »Erweiterten Inhaltsverzeichnis« vom 13.4.1948, vgl. S. 218); TG: AZA 1024.]

[Textkorrektur: erkennt, das > erkennt, daß.]

30.5.49

Zum Mann Moses

Moses – oder die Rückkehr des Verdrängten

Michelangelos Selbstporträt, das S[igmund] Fr[eud] so sehr ähnelt.

Der Moses des Michelangelo

S. Freud identifiziert sich unbewusst mit Moses, Gesetzgeber eines ihm »fremden« Volkes

der Jüngling Freud träumt sich als Gesetzgeber des oesterreich[isch]-deutschen Volkes

Erkennt, daß der Antisemitism[us] das unmöglich macht und verdrängt den ganzen Komplex.

Im Alter kehrt er wieder, diesmal an den historischen Moses gebunden, den er dank seiner Liebe zur aegypt[ischen] Plastik zum Aegypter macht.

[Notizen zum 20. und 21. Kapitel]

[nach 17.11.1949 (lt. Rückseite: dat. Brief); 1 Seite H AZ m. eigh. Korr.; Notizen zum 20. und 21. Kapitel (Kapitelzählung folgt dem »Erweiterten Inhaltsverzeichnis« vom 13.4.1948, vgl. S. 218); TG: AZA 1027.]

Für das Freudbuch

20. Kap. Jenseits der Analyse
Eine Dame in meiner engeren Umgebung erkrankt
»Trauer und Melancholie«, Analyse versagt.
Freud als Sohn des 19. und der vorherigen Jahrhunderte
Für ihn der Mensch homo sapiens
Wir im Jahrhundert Bergsons sehen den Menschen als homo faber
Freud und die Renaissance
Die Choctherapie
Erst die praktische Heilung, danach die gedankliche Verarbeitung

21. Freud und Pawlow
Die Physiologie wird vorangetrieben
Das Tier und die Reflexe
Die Schlaftherapie
Das Individuum muss wieder einmal zurückgestellt werden.
Dennoch: es ist unentbehrlich
Unbedingtes festhalten an allem, was Freud erarbeitet hat.
Immer wieder gilt es, den Einzelnen ernst zu nehmen, sobald die Masse ihr Recht gefunden
Wir lieben alle die Helligkeit des Lebens und der Kultur, trotz des Unbehagens in ihr
Der große Sigmund Freud.

Ueber Freud's erste Kinderjahre.

[12. 6. 1948, hs. datiert v. AZ; 1¼ Seiten T m. Korr. v. fr. Hd. (Ruth Becker?); erste Fassung des künftigen 23. Kapitels; TG: AZA 1383.]

In seiner »Selbstdarstellung« deutet Sigmund Freud kurz an, dass er, wie bereits dargestellt, unter dem Einfluss eines Schulfreundes, erwog, in die österreichische Politik zu gehen. Was dieser Freund später auch ausgeführt hat. Dass für einen in Wien aufwachsenden jüdischen jungen Mann nur deutsche Politik in Frage kam, und zwar deutsche bürgerliche Politik, hat bei der Geburt des habsburgischen Liberalismus eine wichtige Rolle gespielt und dem deutschen geistigen Element in Oesterreich eine grosse Anzahl von Talenten der verschiedensten Art zugeführt. Eine kurze Aufzählung würde jeden Uneingeweihten überraschen: Fritz Mautner, I. I. David, Auguste Hauschner, die Wiener Familie Stefan Zweigs, Josef Popper-Lynkeus, wahrscheinlich auch Karl Kraus, entstammten dem mährischen und böhmischen Judentum, ebenso wie die Familie Sigmund Freuds, die nach Wien übersiedelte, als der Knabe Sigmund etwa 5 Jahre alt war.

Nun hat der Dichter Rudyard Kipling vor seine Autobiographie das Motto gesetzt: »Gib mir die ersten 5 Jahre eines Kindes und behalte den Rest …« und niemand hat die wissenschaftliche Fundierung dieser Einsicht auf so granitne Fundamente gestellt wie gerade Sigmund Freud. Diese ersten fünf Jahre müssen in einer Gegend verlaufen sein, in der die meisten Vertreter der werktätigen Klassen der tschechischen Nationalbewegung angehörten, soweit sie sich damals betätigen konnte. Das Kind des schwer ringenden Handelsmannes Jakob (?) Freud traf also auf der Strasse Kinder, die in einer anderen Sprache spielten als der seinen. Die Dienstmädchen des Hauses beherrschten diese Sprache und benutzten sie im Verkehr mit den bäuerlichen Lieferanten und bei Einkäufen in dem Städtchen Freiberg, jetzt Pribor, dessen Kleinbürgertum aber auch schon längst auf seine alten slawischen Traditionen zurückgegriffen hatte. Die mährische Judenheit hätte allen Grund gehabt, sich dieser Bewegung anzuschliessen, entging sie doch nur mit knapper Not jener furchtbaren Austreibung in der eisigen Januarkälte des Jahres 1745 als sich

Maria Theresia, die von allen so gefeierte 30jährige Landesmutter, an den Prager Juden für ihre Niederlagen im Kriege mit Preussen rächte. Aber aus wirtschaftlichen Gründen und weil ihr Klassenbewusstsein sie der deutschsprachigen Aristokratie und Beamtenschaft in Böhmen und Mähren eher anglich, als dem tschechisch sprechenden werktätigen Volke, blieben die Juden des 19. Jahrhunderts fast ohne Ausnahme Träger der deutschen Kultur auch als es bereits eine kleine Gruppe tschechischer Intellektueller gab, die sich um Thomas Massaryk geschart hatten.

Auf diese Weise löste sich die Entwicklung des jungen Sigmund Freud von jeder Verbindung mit den werktätigen Massen Oesterreichs ab – bei einem so revolutionären Geiste wie dem seinen, eine schicksalhafte Wahl – begegnete er doch auf Schritt und Tritt im Verlaufe seiner ersten Lebenshälfte dem heftigsten Widerstand auch der bürgerlichen Judenheit, als er mit den Vorstellungen aufzuräumen begann, die das Sexualleben seiner Epoche und ihre Vorstellung von »kindlicher Unschuld« und [»]Reinheit« ins Gesicht schlugen.

Der Werdegang eines Genies wie Sigmund Freud lässt sich mit den Mitteln unserer heutigen Biographik und Kenntnis der Fakten nicht bewältigen. Vieles aber spricht dafür, dass dieser einzigartige Geist und dieses so warm und enthusiastisch schlagende Herz eine andere Entwicklung genommen hätten, hätte ihn das Webemuster seines Schicksals in einer andern Stube zur Welt kommen lassen, als in jener des niedrigen Hauses zu Pribor Mähren. Wahrscheinlich wäre dann auch ein Mann wie Thomas Massaryk auf diesen Landsmann stolzer gewesen, hätte seine grossen Schöpfungen bereitwilliger anerkannt, und ihm auf der Ehrentafel der tschechischen und mährischen Landschaft bereitwilliger einen Platz eingeräumt als die Deutschen der habsburgischen Monarchie die in Wien »den Freud« immer heftig ablehnten, angriffen, ökonomisch behinderten und abwürgten. Ohne jene 100 000 Dollar, die ihm zum 70. Geburtstag von amerikanischen Bewunderern als Ehrengabe übergeben wurden, hätte der Internationale Psychoanalytische Verlag niemals jene Durchschlagskraft erreichen können, deren er sich in den letzten 12 Jahren erfreute. Es musste eine Hitlerei einbrechen, um dieses unschätzbare Kulturgut zu vernichten – ein nie wieder gut zu machender Verlust.

23. Kapitel
Besuch in Freuds Kindheit.

[18.11.1948 (lt. Kalender 1948, AZA 2639: 17./18.11.1948, überarbeitet 26.11.1948); 13 Seiten T m. hs. Korr. v. fr. Hd. (IL); 2. Fassung des 23. Kapitels (korrigiert aus: »20. Kapitel«), enthält Abschnitte der künftigen Kapitel 22 und 23; TG: AZA 1014.]

Im Verlauf des Jahrzehnts, das auf diese Vorlesung folgte, und in welchem der Vorlesende selber seine irdische Erscheinungsform aufgab, entstand mit allem Zögern, das sich gebührte, in dem Verfasser der Drang, auf diesen grossen Menschen selbst die Erkenntnisse anzuwenden, die er uns übermittelt hatte. Da war zu allererst die »Rückkehr des Verdrängten«. Unwiderstehlich, hatte er festgestellt, setze sich im Ablauf der Jahre in der menschlichen Person und Seele dasjenige wieder durch, was im Verlauf des Erlebens unter die Schwelle des Bewusstseins gedrängt wurde, weggeschoben, nicht verarbeitet und nicht analysiert, aus was für Gründen auch immer. Beim nervös Leidenden konnte diese Rückkehr bedrohliche Formen annehmen, sein Bewusstsein spalten, seine Seele verwirren und sogar überwuchern; beim Gesunden kam das Verdrängte in den Formen normaler Betätigung zum Ausdruck, eines ›hobbies‹, eines Hinschweifens auf abseitige Arbeitsgebiete. Ich musste an das denken, was Freud eines Tages auf Wilhelm Ostwald bezüglich gesagt hatte, wie dieser bedeutende Naturforscher im Alter seine Zeit damit hinbrachte, Papierformate zu erfinden und Tuschkästen nach einer neuen Farbenlehre herzustellen. War Abschweifen auf den ›Ägypter‹ Moses vielleicht eine ähnliche Rückkehr gewesen? Auf Spaziergängen, die während des Krieges von immer ausführlicheren Stacheldrahtanlagen eingeengt wurden, unter den immer grünen Pinien des Carmel, den vom Meer her heraufschwebenden weissen Wolken mittelmeerischer Nachmittage, ging ich diesen Gedanken nach.

In seiner lakonischen, höchst bedeutenden »Selbstdarstellung« hatte Freud einen Hinweis auf derartiges nicht unterlassen. Anfänglich, sagte er da, als Gymnasiast habe er unter dem Einfluss eines Jugendfreundes, der später selber in die Politik gegangen, mit dem Gedanken gespielt, ebenfalls Politiker zu werden, Rechtswissenschaft zu studieren, sich ins Parlament wählen zu lassen. Für einen jungen Mann, der ohne Mühe sieben Jahre hindurch Primus seiner Klasse gewesen, und der bis ins späteste Alter Herr seiner Gedanken und seiner Ausdruckskraft in so hohem Masse war, dass er seine Handschriften unkorrigiert in die Druckerei schicken konnte – für einen solchen Jüngling war dieser Weg ins Leben durch und durch aussichtsreich. Seine Neigung musste ihn damals schon hingedrängt haben, zur Verbesserung der menschlichen Zustände beizutragen, das Zusammenleben der Zeitgenossen positiv zu beeinflussen. Wie kam es, dass ihn, wie er berichtete, die Vorlesung von Goethes Abhandlung »Die Natur« zum Naturwissenschaftler machen konnte? Dass er zum Beruf des Arztes keine grosse Neigung verspürte, verriet er uns in der gleichen Schrift. Was also mochte ihn dazu veranlasst haben, seine Aufmerksamkeit von den gesunden Zeitgenossen auf die kranken hinzuwenden? Was gab diesem geborenen Reformator und Revolutionär Anlass, sich aus dem tätigen Leben zunächst einmal ins intellektuelle umzuschalten und, statt die menschliche Gesellschaft heilen zu helfen, als Schüler Ernst Brückes in die Physiologie überzutreten und das Nervensystem, seine Hirnsubstanz zum Gegenstand der Forschung zu machen?

Als der verlorene Krieg gegen Preussen die habsburgische Monarchie erschütterte, war Freud 10 Jahre alt gewesen. In dem darauffolgenden Jahrzehnt setzte der grosse Aufstieg der Arbeiterschaft ein, der weder von Napoleon III, noch von Bismarck oder einem der Minister des Kaisers Franz Joseph aufgehalten werden konnte. Wir sahen schon, dass Freud von seinem bedeutendsten Zeitgenossen kaum Notiz nahm, dem Volkswirtschaftler und Schriftsteller Karl Marx, dem grossartigsten Gesellschaftskritiker seit Thomas Münzer. In Österreich aber vollzog sich unter dem Einfluss Friedrich Engels der Aufstieg der Arbeiterschaft ebenfalls in stürmischem Tempo, durch kein Sozialistengesetz unterbrochen oder aufgestachelt, während gleichzeitig das Eigenleben der bislang unterdrückten slawischen Völlker seinen unaufhaltsamen Gang ging, der Polen, Tschechen, Kroaten, Serben, von den Ungarn ganz zu schweigen, kurz all derer, die der deutsche Dichter Friedrich Hebbel in seinem Tagebuch gelegentlich die »Bedienten-Völker« genannt hatte. Alle revolutionären Intellekte der Monarchie beteiligten sich an diesem Aufstieg, sei es als deutsche Sozialdemokraten wie Viktor Adler und Engelbert Pernerstorfer, sei es als Wortführer der nationalen Wiedergeburt wie Thomas G. Masaryk, der seine Tschechen, oder Theodor Herzl, der seine Israeliten zur nationalen Selbstbesinnung aufrief.

Wir haben gesehen, dass sich Freuds Verhältnis zu seiner jüdischen Geburt demjenigen weit unterordnete, welches seine Einbettung in den deutschen Geist feststellte. Als die antisemitische Bewegung auf den deutschen Hochschulen den Juden dies letztere Verhältnis ganz absprechen wollte, verzeichnete Freud es achselzuckend und mit gebührender Verachtung: »Auf die Zugehörigkeit zu solchem Volkstum verzichtete ich ohne Mühe«. Aber wäre nicht die natürliche Antwort eines jungen Mannes, den es ursprünglich nach politischer Betätigung verlangt hatte, der Übertritt zur Sozialdemokratie gewesen, wie ihn sein Schüler Viktor Adler, oder zum revolutionären Marxismus, wie ihn später Wilhelm Reich mit Energie durchführte? Sigmund Freud aber entzog sich dem politischen Leben vollständig. Er warf seine grossartige revolutionäre Geisteskraft auf das Gebiet der wissenschaftlichen Forschung hinüber, und wurde der, den wir kennen, und dessen Lebenswerk wir unaufhörlich bewundern, einer jener Wohltäter der leidenden Menschheit und Erweiterer unserer Erkenntnis vom Sein und Leben, dessen Namen auf unvergängliche Tafeln unseres Gedenkens und unserer Dankbarkeit eingegraben ist.

Wie war das möglich? fragte ich mich, auf der weissen Klippe des Carmels rastend, auf dem Stumpf eines gefällten Baumes oder auf einem vom Regen glatt geschliffenen Kalkfelsen. Von diesem Menschen strömte Wärme aus wie von wenigen schöpferischen Geistern sonst. Sein Jugendporträt zeigt das grossäugige Knabengesicht mit dem schönen Oval und den weichen Lippen, das wir bei unseren begabtesten Kindern kennen. Was war imstande gewesen, diesen jungen Menschen so früh in die Welt des Gedruckten und des Denkens zu verscheuchen, der Phantasiegespinste, die er später so liebte, ohne zu seinem Bedauern Talent für sie zu besitzen?

Lag hier nicht unter anderem auch die Quelle seiner Sympathie für mich? Aber davon abgesehen und ebenso von der Einwirkung der Eltern, die ihn zu seinen grundlegenden Erkenntnissen des Ödipus-Verhältnisses führen sollten – hatte sich in seiner Jugend keine Brücke hergestellt zu anderen Kindern, anderen kleinen Jungen, die später tragfähig bleiben sollte für den Weg ins tätige Leben?

Nun hatte Freud selber die grundsätzliche Wichtigkeit der ersten Kinderjahre für den Charakter und den Wirklichkeitssinn des Menschen entdeckt und immer wieder ausgesprochen – jener Tatsachen, die Rudyard Kipling später in die Worte fasste: »Gib mir die ersten fünf Jahre eines Kindes, und ich lasse dir den Rest«.

Freud war in der kleinen mährischen Stadt Freiberg geboren worden, die seit 30 Jahren Příbor heisst und wahrscheinlich früher schon bei der tschechischen Bevölkerung so hiess. Seine Eltern waren um das Jahr 1860 nach Wien übergesiedelt; er hatte, wie er berichtet, späterhin nur noch ein oder zweimal seinen Geburtsort aufgesucht zum Besuch einer jüdischen Fabrikantenfamilie Fluss, deren Namen durch diese seine Erwähnung dem Vergessenwerden entrückt ist.

Ich fasste schon damals den Entschluss, mir dieses Städtchen selber anzusehen, das seinen grössten Sohn vor zwei Jahrzehnten etwa durch die Anbringung einer Gedenktafel an seinem Geburtshaus geehrt hatte. Diese Tafel hatten, lasen wir in der Zeitung, die Nazis entfernt, als sie nach der verbrecherischen Abmachung von München 1938 die freie Tschechoslowakische Republik erst ihrer festungsartigen Grenzgebiete beraubt und sie danach zum ›Protektorat‹ erniedrigt hatten. Es gab einige Fakten, denen ich nur an Ort und Stelle nachgehen konnte.

Mir war aus der Kenntnis der deutschsprachigen Literatur Böhmens der Titel eines Romans von Fritz Mauthner in Erinnerung, »Der letzte Deutsche von Blatna«. Der bunte Umschlag des Buches zeigte einen Mann auf einer Rednertribüne, umgeben von einem Wald rot-weisser Fahnen. Gleich einer grossen Zahl deutscher Schriftsteller aus den letzten 50 Jahren des Habsburger-Reiches, stammte auch Mauthner aus jenem ehemaligen Königreich Böhmen. Das Bild illustrierte sinnfällig jenen siegreichen Aufstieg des tschechischen Nationalgefühls und -bewusstseins, das nach dem fahrlässig heraufbeschworenen ersten Weltkrieg zur Geburt der Tschechoslowakischen Republik unter Masaryk's hingebender Bemühung geführt hatte. Wenn mich nicht alles täuschte, musste schon während der Kindheit Freuds das Wachstum dieses tschechischen Bewusstseins spürbar gewesen sein. Dann hatte es dazu geführt, dass Kinder auf der Strasse und Dienstboten unter sich tschechisch sprachen, dem kleinen Kinde dadurch unverständlich werdend, unheimlich und entrückt. Ausserdem aber gebrauchte die deutsche Landbevölkerung rundum die deutsche Sprache in der Form eines Dialekts, der vielleicht zum Deutsch des Freudschen Elternhauses in ebenso grossem Gegensatz stand. Dann blieb in der Tat dem kleinen Buben mühelos verständlich nur die Sprechweise der Eltern und ihrer Nachbarschaft, und verwies ihn auf diesen engsten Bezirk, wollte er sich ›zu Hause‹ fühlen. Im Spätsommer des vergangenen Jahres fuhr ich, von den Behörden freundlichst angemeldet, auf die Suche nach Freuds Geburtshaus, nach Příbor.

Das Städtchen Příbor liegt am Ostrand der Beskiden in einer Senke, die von dem jungen Fluss Oder durchflossen wird und nach Schlesien hinüberführt. Die benachbarten grösseren Städte Olmütz und Mährisch-Ostrau haben Příbor längst überflügelt, sodass es jetzt knapp 5 000 Einwohner zählt, aber mit seinen Baulichkeiten Raum böte für das Dreifache. Trotz einer tiefen Abneigung gegen deutsches Wesen und deutsche Sprache, die nur zu begreiflich ist, wenn man den langen Kampf um tschechische Selbständigkeit und besonders seine ›Protektorat‹ genannte Phase in Betracht zieht, kam man mir so liebenswürdig entgegen und führte mich so sachverständig, geduldig, und alle freien Stunden aufwendend, dass ich bald alles Erfahrbare wusste und das Freud-Haus mehrmals aufsuchen konnte.

Es liegt in einer Gasse, die heute den Namen ihres grössten Sohnes trägt, früher aber Judengasse hiess. Sie lag ehemals unmittelbar hinter der jetzt längst verschwundenen Stadtmauer, welche Příbor wie alle mittelalterlichen Städte, umgab – eine Lage, die sie als Wohnstätte der Verfemten kennzeichnet, zumindest der Abgesonderten, wie in Jericho zur Zeit der Richter oder im Indien zur Zeit Kiplings. Es ist eine typische Kleinbürgerstrasse, und obwohl das Freud-Haus inzwischen seine Frontseite durch zwei grosse Fenster verbessert hat, bleibt es doch ein ärmliches Gebäude, das über dem Erdgeschoss nur noch ein schmales Stockwerk besitzt und dessen ursprünglicher Zustand besonders gut an seiner Rückseite beurteilt werden kann, an welcher nichts verändert wurde. Da zeigt es auch noch ein Stückchen Hausgarten mit einem Baum, dessen Laub schon im Abfallen war, fast so bescheiden wie das Haus der Familie Goethe in dem thüringischen Orte Artern, das ich Anfang der dreissiger Jahre besucht hatte. Hier also war dieses geniale Kind zur Welt gekommen, aus diesem Gärtchen hatte es seine Augen zum ersten Male gen Himmel gerichtet, im Körbchen liegend oder einem kleinen Wagen, und von hier aus hatte der Kaufmann Jacob Freud seine Tätigkeit ausgeübt, von der ich nicht erfahren konnte, worin sie bestand. Ich hatte erwartet und gehofft, aus Gründen, die in einem früheren Kapitel bereits berichtet sind, das Datum seiner, Jakob Freuds Geburt, aus den Akten der jüdischen Gemeinde daselbst feststellen zu können. Aber das erwies sich als Irrtum. Es hatte deren keine gegeben, und die jüdischen Geburten und Sterbefälle waren von der benachbarten katholischen Pfarrei verzeichnet worden – ein freundnachbarliches Verhältnis der Religionen, wenn man so will. Aus der Mitte des vorigen Jahrhunderts aber schon waren diese Akten zur Zeit nicht auffindbar, und zudem hatten seit jener Zeit so gut wie alle Juden die Stadt Příbor verlassen, aus wirtschaftlichen Gründen, die mit dem Verfall der dortigen Tuchweberei zusammenhingen.

Von dieser Gasse aus also hatte Sigmund Freuds Leben begonnen, in ihr hatten die jüdischen Familien gewohnt, die den Umgang seiner Eltern bildeten, besonders der Mutter Amalie, der geborenen Nathanson. Dorthin waren die Bauern der Umgebung gekommen, Eier, Geflügel, Butter und Gemüse zu bringen, wenn Frau Freud nicht imstande war, den Markt zu besuchen. Das Haus grenzte mit drei Seiten an schmale Strassen. Der kleine Junge brauchte aber nicht zu fürchten, überfahren zu werden, falls er ohne Aufsicht hinauslief, um mit den anderen Kindern zu spielen, denn es gab kaum Wagen, die dort durchfuhren, wenn sie nicht Holz oder Kohlen für den Winter zu liefern hatten. Das einzige grössere Haus in dieser jetzigen Freudgasse hatte die Synagoge gebildet, jetzt längst anderen Zwekken zugeführt. Die meisten Häuschen hatten überhaupt nur ein Stockwerk und folgten in krummer und holpriger Kurve dem Zug der einstigen Mauer, deren Abschluss das nördliche Stadttor, damals schon längst abgerissen, die Nord-Süd-Achse von Příbor abgeschlossen oder vielmehr ins Freie fortgeführt hatte. Ja, ein hier aufwachsendes Kind hatte kaum Gelegenheit gehabt, mit der Menschenwelt ausserhalb des Elternhauses in enge, warme Berührung zu kommen, zumal in der Tat ausserhalb der Judengasse die deutsche, nicht dialektgebundene Sprechart nur von Amtspersonen benutzt wurde. Ein Kind von drei Jahren aber muss als ausserordentlich wach gelten; es hat schon mindestens anderthalb Jahre angespanntester Beobachtungen seiner Umwelt hinter sich. Die Bewältigung der Wirklichkeit, zu der es von Geburt an bestimmt ist, liefert seiner jungen Seele ununterbrochen Aufgaben und Stoff, die Rätsel des Geborenseins zu lösen.

Den lieferten vor allem die Ausfahrten, wenn die Mutter den Kinderwagen ins Freie schob. Der Rathausplatz mit seinen hohen und breiten Verwaltungsgebäuden bot im Vorüberfahren gewichtige Eindrücke. Die wohlgegliederten Fassaden, breiten Fensterreihen, mittelalterlichen Laubengänge bereiteten möglicherweise einen Sinn für Architektur vor, der sich später ausführlich entfalten konnte. Und die Umgebung vor allem, das helle, reizvolle Lichterspiel unter den hohen Bäumen einer Promenade das kleine Flüsschen entlang, die frischen Winde, die über die Ebene bliesen, das ferne Blau der Beskiden, die abwechslungsreichen Landstrassen, die in fruchtbare Felder, schattige Gehölze führten, weiteten die kleine Seele und vermittelten ihr jenes Glück der Natur, das vielleicht dann später, durch Goethes grossartigen Spinozismus in Bewegung gesetzt, seinen bestimmenden Einfluss geltend machen sollte. Ein Kind, in der Grosstadt aufgewachsen, hätte es bestimmt schwerer gehabt, in der zweiten Hälfte des 19. Jahrhunderts eine so tiefe Verbundenheit mit der Schöpfung, ihren Offenbarungen und Geheimnissen zu entwickeln.

Und nun haben wir noch einer rätselhaften Tatsache zu gedenken, deren Einfluss auf das Werden des kleinen Sigmund Freud höchstwahrscheinlich von uns nur konstruirt wird, jedenfalls über alles Rationale hinauswächst in jene metaphysischen Rätsel, mit denen wir das Heraufwachsen eines Genies gern verbinden. In der Umgebung von Přibor findet sich auf einem Berge namens Strammburg eine prähistorische Menschensiedlung. Dort haben europäische Urbewohner im Kalkgestein gehaust, längst vor der slawischen, vor der germanischen Einwanderung. Die Stätte wird noch heute bewohnt, sie heisst das tschechische Bethlehem und trägt auf dem Gipfel einen Wartturm, der aber längst erneuert und vergrössert worden ist. In der Nähe dieses Berges aber findet sich das wirklich einzigartige Naturspiel dieser Gegend. Dort brechen aus der Erde Erdgasströme – kleine Flammen, an denen seit Urzeiten Menschen, Feldarbeiter oder neuerdings Wintersportler, ihre mitgebrachten Nahrungsmittel wärmen oder kochen. Ob dieses Methangas aus einem ehemaligen Bergwerksschachte stammt, vermochte ich nicht festzustellen; heute wird es in Metallbomben gefüllt, um Automobile zu betreiben. Wir sind weit entfernt davon zu behaupten oder zu glauben, dass dies aus den Tiefen der Erde heraufdringende Gas überhaupt auch nur zur Kenntnis des Knaben gekommen ist, der in dieser Landschaft aufwuchs. Aber uns setzt der Gleichklang in Schwingung, den jenes terrestrische Phänomen mit dem späteren Lebenswerk dieses Menschen aufweist: setzt es ihn doch in Verbindung mit den Urtiefen der menschlichen Seele, mit dem Heraufbringen und Enträtseln unserer Uranlagen der Triebe und Verwandlungen unseres Es, dem Deuten der

Träume und Fehlhandlungen und aller Abgründe, welche die gesunde wie die kranke Seele von den Monaten vor der Geburt bis zum Tode mit sich trägt. Ja, wir wissen nichts von den Einflüssen, die wir dem Ort unserer Geburt oder der Sternstunde zuschreiben dürfen, in welcher wir das Licht dieser Erde erblicken. Aber es kommt uns vor, als sollten wir uns den Möglichkeiten nicht verschliessen, dass auch der Mensch wie jeder Baum oder Strauch ein Gewächs der Erdkruste ist und mit seinen Gaben und Aufgaben geformt oder geprägt wird von den Phänomenen, die sich in der Gegend seiner Geburt vorfinden und die, wenn sie aussergewöhnlich sind, mit seiner eigenen Aussergewöhnlichkeit korrespondieren. So lasst uns glauben, dass nicht aus Zufall, sondern von Bestimmung her der Bringer des Lichtes und der Heilkunst aus menschlichen Urtiefen weissagen lernte und geboren ward dort, wo Urgase den Eingeweiden unseres Planeten entströmen, in Příbor 1856 am 6. Mai.

Wenn also die »Rückkehr des Verdrängten« auch in Sigmund Freuds Persönlichkeit waltete, mag es sehr wohl sein, dass der Gesetzgeber und Staatsmann Moses eine Inkarnation seiner eigenen frühen Sehnsüchte befriedigte. Er macht ihn, wie wir sahen, zum Ägypter, der die Stämme der Hebräer erwählt, um Andenken und Wirkung des grossen Ikhnaton der Vergessenheit zu entreissen. Als Heilbringer zu einem fremden Volke tritt er also gleich wie Sigmund Freud zum tschechischen oder deutschen Volkstum getreten wäre, wenn er, der Mann jüdischer Abkunft, seinerseits die politische Laufbahn gewählt hätte. Über den Moses des Michelangelo hinweg führte vielleicht der Weg zu dieser unbewussten Identifizierung – jener grossartigen Statue, über die Freud eine seiner bemerkenswertesten Abhandlungen verfasst hatte, seitdem ihm seine Zeitschrift »Imago« die Möglichkeit gab, die Einwirkung der Psychoanalyse auf die Geisteswissenschaften schöpferisch zu unterstützen. Und da wir uns in diesem Kapitel gestatten, schriftstellerisch auszuschweifen: vielleicht findet sich ein Weg, über dieses Standbild der Identifikation nachzutasten, die den mährischen Juden Freud mit dem ›Ägypter‹ Moses verband, auch abgesehen von seiner Herkunft. Es besteht nämlich eine merkwürdige körperliche Ähnlichkeit zwischen den Portraits Sigmund Freuds, als er in des Lebens Mitte stand, mit einem Selbstportrait Michelangelos, dessen Reproduktion man in einer Sammlung von Selbstbildnissen grosser Künstler findet. Michelangelo Buonarotti brachte sich da als Nebenfigur seiner Pièta oder Kreuzabnahme in einem Winkel an, jener grossen plastischen Gruppe, die den Dom von Florenz schmückt; er stellt sich darin dar als der Steinmetz, den eine Haube vor den Marmorsplittern schützt und mag damals ebenfalls im besten Mannesalter gestanden haben. Die Ähnlichkeit der Gesichtszüge dieser beiden Vierzigjährigen ist in der Tat auffallend. Und hierzu kommt, dass Freud einmal im Gespräch auf die provençalische also mittelmeerische Herkunft seiner Familie hinwies, als wir von unserer Abstammung sprachen.

Die Mitte des 19. Jahrhunderts in Mähren, in der Umgegend von Prossnitz lebenden Juden, zu denen Anfang des 18. Jahrhunderts auch der später nach Schlesien eingewanderte Zweig seiner Familie gehörte, sei im 13. Jahrhundert aus der Provence vertrieben worden. Ihre Wanderung hätte sie das Rhone- und Rheintal aufwärts bis nach Köln geführt, von wo sie durch neue Judenverfolgungen im 15. Jahrhundert an der Nord- und Ostseeküste entlang nach Litauen gelangt seien, später südlich nach Polen und schliesslich wieder westwärts umbiegend in das damalige zum Königreich Böhmen gehörende mährische Land. Diese mittelmeerische Abkunft mochte auch seine leidenschaftliche Verbundenheit mit den Künsten zustande gebracht haben, besonders der Plastik, deren Ausübung den in Palästina heimischen Israeliten vom mosaischen Gesetz verboten war. War so die tiefe Verbundenheit zustande gekommen, die den Psychoanalytiker Freud mit dem Urheber des Dekalogs verknüpfte und erklärte sich so vielleicht auch jene vorübergehende Verliebtheit in die Rätsel, welche die Persönlichkeit William Shakespeares bot, der ja immer wieder die Länder des Mittelmeeres zu Schauplätzen seiner Dramen gewählt hatte? Wir wissen es nicht. Aber wir erlauben uns die Freude solcher Spekulationen, weil sie ja der Grösse unseres Gegenstandes keinen Abbruch tun und ihn in Verbindung setzen mit der Welt der Schönheit und der künstlerischen Genialität, die zu seiner Persönlichkeit ebenso gehört wie die Landschaft, in der er sich wohlfühlte und das Reich der Dichtung, dem er so oft seine zärtliche Aufmerksamkeit schenkte. Damit aber lassen wir es genug sein und wenden uns wieder seinem eigentlichen Lebenswerk zu, der Wissenschaft von der Seele, der Psychoanalyse.

Und so übersiedelt ein Kind nach Wien in ein völlig neues höchst verwirrendes Milieu, dem seine ersten Jahre die Brücken zur Umwelt, zur Mitwelt verweigert haben. Sein leidenschaftliches Herz wird bald in die Sturmperiode der ersten Pubertät eintreten, von deren Existenz wir auch nur durch ihn wissen werden, wenn sich seine »Drei Abhandlungen zur Sexualtheorie« Bahn gebrochen haben werden. Die Menschen in Wien unterscheiden sich im Wesen und selbst in der Sprechart von denen, die er gewohnt war, um sich zu finden. Das Getriebe der Stadt muss ihm ebenso verwirrende Aufgaben stellen wie die Ordnung in seinem Innern, der erste Schub des Erwachsenwerdens. Was Wunder, dass er sich immer wieder auf die eigene Person zurückverwiesen sieht, auf sein Ich, mit dem zu beschäftigen er also früh beginnen muss. Später brechen die Jahre der Schule an, Jahre des Triumfes und der Beheimatung im Lernen des Erlernbaren, im Wittern und Ahnen dessen, was man noch nicht weiss, der Schranken, an denen der junge Geist sich wund stösst – auf höchst produktive Art.

Aber das Herz bleibt einsam, dessen Liebeskraft sich immer und immer wieder in geistige Triebkraft umsetzen muss, damit er nicht ersticke. Denn zu der umgebenden Masse, zu den Menschen, welche die Strassen füllen, führt kein Weg; und sie sind ja auch durchaus nur dann liebenswürdig, diese Wiener Kleinbürger, wenn man sich über ihre augenblickliche Erscheinungsform hinwegzusetzen weiss und sie dort aufzusuchen vermag, wo sie mit ihrem Kern beteiligt sind: bei der Arbeit, der handwerklichen Tüchtigkeit und dem Lebensgenuss innerhalb der Natur, ihrer Geselligkeit, ihrer Familien und Liebschaften. Aus der geschwätzigen zum absprechen jeder Zeit geneigten Laschheit und Unernsthaftigkeit dieser voralpinen, dem Balkan schon zutreibenden Grosstädter, kann der junge Freud nur das Erlebnis der Abstossung ziehen. Zu dem leidenschaftlichen Ernst, der ihn erfüllt, bilden sie den vollendeten Widerspruch. Und wie sehr sein Herz nach leidenschaftlicher Bindung verlangte, lesen wir wiederum in seiner »Selbstdarstellung«, an jener Stelle, da er seiner in Hamburg gefundenen Braut gedenkt. Da wirft er nämlich, ein echter Sohn der passioniertesten Epoche der Renaissance, die erste grosse Chance seines Lebens beiseite, die Entdeckung des Kokaïns und seiner schmerzstillenden Kraft bei Operationen und fährt nach Hamburg, die Ausarbeitung seiner Entdeckung, ihre Veröffentlichung und Vertretung vor dem Forum des Ärztetages seinem Freunde Koller überlassend, samt dem ganzen Ruhm, der damit verknüpft ist und der Sicherstellung seiner wirtschaftlichen Zukunft, die davon vielleicht abhängt. Das alles schlägt er in den Wind – »aber ich hatte es nicht zu bereuen« fügt er mit zärtlichem Seitenblick hinzu. –

In jener Ausgabe des kleinen Buches, die mit Bildern geschmückt ist, finden wir eine Photographie dieser seiner Braut, das grossäugige schöne Oval ihres Gesichts und verstehen, wie diese Liebe ein Leben lang vorhielt und dass die Kinder aus dieser Verbindung mit der alten aus Spanien nach der Inquisition eingewanderten Gelehrtenfamilie Bernays auch von der mütterlichen Seite her grosse geistige Traditionen empfingen.

So aber erklärt sich, dass die Person und Lebensleistung Sigmund Freuds überall dort in der Vergangenheit wurzelt, wo sie sich nicht selber den Weg in die Zukunft gebahnt hat, in die Unvergänglichkeit eines neuen Durchbruchs des erkennenden Menschen in das bislang noch Unerkannte, im höchsten Sinne Lebenswichtige. Und so schliesst er uns heute das Zeitalter der grossen nur auf sich selbst gestellten Individuen ab, jener schöpferischen Persönlichkeit, die auf der schmalen Basis eines einzelnen Lebens zur Höhe der Unsterblichkeit emporwächst, wie eine der riesenhaften Eichen oder Wettertannen in den schönen Parks seines Geburtslandes Böhmen.

18. 11. 1948

Zur Entstehung des tragischen Lebensgefühls der Griechen und jeder pessimistischen Weltanschauung.

[17.10.1950; 1 Seite H AZ m. eigh. Korr., Aufzeichnungen sind überschrieben: »Freud-Material«, gingen nicht in den Essay ein; TG: AZA 1026.]

Wie kamen Griechen zu dem Satze: Das beste in der Welt ist, nicht geboren zu werden, das zweitbeste, jung zu sterben?

Die Greuel der Eroberung Griechenlands durch die Hellenen müssen bei diesem hochbegabten Volk im Vorbewusstsein ein fressendes Schuldgefühl hinterlassen und fort und fort erzeugt haben, bis ihre Kultur durch ihre humanistische Komponente – Sokrates, Plato – das Gefühl erzeugt haben, etwas der zerstörten aegäischen Kultur Gleichwertiges geleistet zu haben. Die Greuel der griech. Mythologie verweisen auf einen ähnlichen Mechanismus bei dem Erleben der Gesellschaft-werdung im eigenen Umkreis. Die hier hausenden Komplexe nehmen Gestalten und Handlungen an, auch wo sie nicht so grundsätzlich ausfallen wie der Ödipuskomplex. Medea, Pelops, die Danaiden, Tantaliden – Orest etc.

Ein ähnlicher Vorgang könnte bei Schopenhauer u. Freud das pessimistische Daseinsgefühl erzeugt haben. Das Wachbewusstsein nicht, wohl aber das V[or]bew[ußte] gewahrt sehr wohl die unerträgliche, unverantwortliche Lage der Arbeiterschaft in den Großstädten und Städten überhaupt, welche die Güter des Frühkapitalismus erzeugen, ohne daran teil zu haben. Empfindlich-hochbegabte Kinder wachsen in dieser Welt nur auf, um dem Zwiespalt zu erliegen, der aus persönlicher Schuldlosigkeit und Klassenverschuldung entsteht und zur seelischen Vereinsamung führen muß. Da Natur und Erde für diese Vereinsamung keinen Grund bieten, die auf Kapitalismus gebaute Gesellschaft aber besser erscheint als die vorhergegangene feudale, aus ihr notwendig hervorgegangen, müssen sie als Grundstimmung den Satz des Mephisto in sich fühlen, »dass alles, was entsteht, wert ist, daß es zugrundegeht.« Dieser Satz schon charakterisiert Mephisto als Genius des vom Kapitalismus erzeugten Schuldgefühls im V[or]b[e]w[ußten] der Klasse. Goethe selber war von diesem »Instinkt« niemals beherrscht, da er noch ganz im revolutionären 18. Jahrhundert wurzelte. Es bewusst abzulehnen hatte er nie gezögert, aber sein Lebensgefühl blieb ihm verhaftet: er sah, daß alles besser werden würde, wie sein sterbender Faust.

17. X. 50 Zw[ei]g.

[Neuzuschreibendes Kapitel]

[21.8.1954; ½ Seite T m. ms. Korr.; Inhaltsskizze zu einem nicht ausgeführten Kapitel; TG: AZA 1028.]

Neuzuschreibendes Kapitel: Warum die Sowjetunion in der gegenwärtigen Phase von der Psychoanalyse keinen Gebrauch machen kann und daß die Art und Weise höchst irreführend wirkt, mit der sie die Schuld dafür Freud aufbürdet. Anstatt Freud mit dem amerikanischen Imperialismus zu identifizieren und die sowjetische Publizistik bei allen Einsichtigen in schlechtes Licht zu setzen, wäre es besser gewesen, auf die verhängnisvollen Wirkungen hinzuweisen, die in unserer augenblicklichen Weltlage entstehen müssen, wenn die mit dem Klassenkampf unvermeidlich verbundenen individuellen und ethischen Komplikationen ihrer Unvermeidlichkeit wegen offen zugegeben und sogar öffentlich hingestellt worden wären. Man kann nicht jahrhundertealtes Unrecht wiedergutmachen, ohne eine Fülle von Einzelfällen zu schaffen, in denen individuelles Unrecht die Seelen der ausführenden Männer und Frauen belasten müssen. Aber was zwischen riesigen Eisschollen vor sich geht, kann nicht gemessen werden mit den Maßen, die zwischen Schneeflocken gültig sind. Der Aufstieg der menschlichen Gesittung hat jahrzehntausende hindurch ununterbrochen die empfindlichsten Einzelnen zerquetscht sowohl als Opfer wie als Ausführende des Klassenaufstiegs. Es lassen sich über solche Lebensvorgänge Trauerspiele schreiben, aber nicht darf man deswegen die Einsicht verfemen, die in solche Vorgänge und Umstände Licht und Wissen bringt. Die Einsicht in die Notwendigkeit, den Sozialismus zu schaffen und das Proletariat von dem jahrhundertelangen Druck zu erlösen, ist auf lange Sicht hin stark genug, um die Zurückdrängung der Psychoanalyse fürs erste zu rechtfertigen und begreiflich zu machen. Die Verfemung der Beichte und des Sündenbekenntnisses, der Gewissenserleichterung, hätte bestimmt den Aufstieg des Christentums nur verlangsamt, aber nicht verhindert. Ebensowenig kann die Verfemung der Psychoanalyse als Dauerzustand erhalten bleiben oder durch Pawlows geniale Physiologie der Gehirnzentren ersetzt werden – schon gar nicht durch

Artikel wie sie in sowjetischen Publikationen gegen Freuds Lebenswerk veröffentlicht worden sind.

zu »Freundschaft mit Freud«
21.8.1954

Anmerkungen

5 *drei Bänden von Ernest Jones* – Ernest Jones, The life and work of Sigmund Freud (1954–1957, dt. 1960–1962).

7 *Freunde in Jerusalem* – Dr. Max Eitingon und der Kreis der Psychoanalytischen Gesellschaft Palästinas.

Analytiker und Freund aus der Freud-Schule – Dr. Ilja Schalit, bei dem sich Zweig seit 1934 psychoanalytisch behandeln ließ, wohnte in Haifa.

»Neilah« – Ne'ilah Shearim (hebr.) Schließung der Tore; die vom zweiten Tempel (538 v. u. Z.–70 u. Z.) herstammende Gottesdiensthandlung, die eine halbe Stunde vor Sonnenuntergang beginnt, symbolisiert die Schließung der Tempeltüren am Versöhnungstag (Jom Kippur, hebr. –Tag der Buße).

8 *Gottesmann Mose … erklären* – Sigmund Freud, Der Mann Moses und die monotheistische Religion. Drei Abhandlungen (1939). – Die hs. Widmung in Zweigs Exemplar der Nachlaßbibliothek lautet: »Seinem lieben Meister Arnold / 1939 Sigm. Freud«.

Autounfall – Arnold Zweig und sein Sohn Michael erlitten am 15. November 1938 einen schweren Autounfall.

9 *ein Freund in London* – Freuds Arzt Max Schur berichtete von dieser Unterredung in seinem Buch »Sigmund Freud – Leben und Sterben« (1977). Zweig erfuhr von ihr aus dem Brief Anna Freuds vom 13. Oktober 1945.

10 *mehr als ein Vierteljahrhundert …* – Hier ein Beleg zur Datierung der letzten Bearbeitungsstufe des Essays. – Die Hinweise zum chronologischen Standort des Autors innerhalb des Textes sind nicht einheitlich.

was ich beim Einbruch der Hitler-Barbarei … veröffentlicht hatte – Zweig wollte ursprünglich an dieser Stelle einen Teil des Abschnitts »Freud und die Psychoanalyse« aus seinem Essay »Bilanz der deutschen Judenheit 1933« (1934) einfügen. Vgl. vierte Anm. zu S. 128.

meine Frau – Margarete Beatrice Zweig.

11 *»Wenn wir nicht bereit sind, …«* – Nicht ermittelt.

14 *›Widerstand der stumpfen Welt‹* – Nach J. W. Goethe, Epilog zu Schillers »Glocke« (1805).

15 *Ich trug ihm mein Verhalten vor und erhielt eine Antwort* – AZ an Freud, 18. März 1927; Freud an AZ, 20. März 1927.
»Ritualmord in Ungarn« ... verboten – Die Zensur des deutschen Kaiserreiches verbot das im Dezember 1913 entstandene und 1914 im Berliner Hyperionverlag erschienene Stück bei Kriegseintritt mit Rücksicht auf das verbündete ungarische Königreich.
»Machen Sie ... bald 71 J[ahre.])« – Freud an AZ, 20. März 1927.
Frankfurter Zeitung – Unter dem Titel »Alle gegen Einen« erschien ein Vorabdruck des Romans »Der Streit um den Sergeanten Grischa« – »zum Zwecke der Straffung [...] um einige Kapitel und kleinere Abschnitte gekürzt« – vom 12. Juni bis zum 16. September 1927 in 82 Fortsetzungen im 2. Morgenblatt der »Frankfurter Zeitung«.

17 *zweier Deutsch-Lehrer* – Vermutlich der Deutschlehrer Gustav Eisenreich und der Englischlehrer Bruno Arndt, der unter dem Pseudonym Karl Bittermann Romane veröffentlichte.
Studiums der neueren Sprachen von 1907 bis 1911 – Zweig studierte von Ostern 1907 bis Ostern 1908 in Breslau, anschließend drei Semester in München und vom Herbst 1909 bis zum Sommersemester 1911 in Berlin.
Kongreß der Kunstwissenschaftler – Zweig schrieb über den »Kongreß für Ästhetik und allgemeine Kunstwissenschaft«, der vom 7. bis zum 9. Oktober 1913 an der Berliner Friedrich-Wilhelms-Universität stattfand, an die Studienfreundin Helene Weyl am 2. November 1913: »Das Niveau des Kongresses: unglaublich, ganz unglaublich dumm. Der beste Vortrag natürlich Geiger: über Scheingefühle; methodisch gut, aber leer Utitz über allg[emeine] Kunstwissenschaft; angenehm Worringer über Ornamentik, Kayssler über das Schaffen des Schauspielers; systematisch gut aber falsch Jonas Cohn über Autonomie der Kunst. Das ist fast alles. Das Schlechte (Walzel, Basch, Zieben, Lamprecht, Wolff-Kiel, auch Dessoir, auch Cornelius und noch viele, viele) so schlecht, dass man sich an den Kopf fasste. Nicht *eine* Diskussion von Niveau.« – Nach Zwischenstationen in Göttingen und Rostock studierte Zweig vom Herbst 1913 an wieder in München Philosophie bei dem Phänomenologen Moritz Geiger. Zweig studierte in Berlin u. a. bei Stumpf und Cassirer, jedoch verzeichnen Zweigs Berliner bzw. Münchener Abgangszeugnisse weder Kollegs bei Simmel noch bei Lipps.

18 *neun Bände Friedrich Nietzsches* – Nietzsches Werke. Klassiker Ausgabe. Bd. 1–8 u. Erg.-band. Stuttgart (Kröner) 1921. Gemeint ist aber vermutlich die zehnbändige Taschenausgabe: Friedrich Nietzsche's Werke. Herausgegeben von Elisabeth Förster-Nietzsche. Leipzig (1907).

jemand – Kurt Lewin.

Professortitel – Freud wurde 1902 außerordentlicher und 1919 ordentlicher Professor (Titular-Professor) an der Universität Wien.

in zweiter Auflage – S. Freud, Traumdeutung, 2. vermehrte Auflage (Franz Deuticke) Leipzig und Wien 1909. – Noch 1958 nannte Zweig anläßlich einer Umfrage die Begegnung mit Freuds »Traumdeutung« sein folgenvollstes Bucherlebnis.

Novellenkranz – A. Zweig, Die Novellen um Claudia (1912).

19 *Radrennbahn* – Die frühere Radrennbahn Zehlendorf in der Alsenstraße (heute: Fischerhüttenstraße). – Zweig wohnte spätestens seit Juni 1911 möglicherweise bereits im Sommer 1910 in Zehlendorf-West in der Flensburger Straße 6 (heute: Karl-Hofer-Straße), hatte aber offensichtlich parallel zu dieser Sommerwohnung eine Stadtwohnung in Berlin NW 23, Klopstockstraße 30.

Schnitzlers »Reigen« – Arthur Schnitzlers Drama »Der Reigen« (1900) thematisiert in zehn Dialogen die »Gleichheit der Menschen unter der Gewalt des Sexus« in einem sozialen Querschnitt vom Grafen bis zur Prostituierten. Das 1896/97 entstandene Drama wurde 1900 in einem Privatdruck veröffentlicht.

meiner Freundin –Zweig befreundete sich im Oktober 1909 mit seinen Cousinen Marie und Beatrice Zweig und hatte während der Berliner Semester Umgang mit deren Freundeskreis. 1910 war er vermutlich mit Dora Klein und mit Regan Kant, die im Juli 1911 verstarb, näher befreundet.

20 *»Die Geisterwelt ...«* – Goethe, Faust. 1. Teil, V. 443 ff.

Doktor-Dissertation – Zweig arbeitete seit dem Sommersemester 1912 in Rostock an einer Dissertation über den Dichter und Aufklärer Paul Jakob Rudnick, die nicht beendet wurde. Sein Schul- und Studienfreund Rudolf Clemens war kurz zuvor in Göttingen mit dem gleichen Thema befaßt. Das Dissertations-Material wurde 1933 zusammen mit Zweigs Bibliothek und Archiv von der Gestapo beschlagnahmt.

20 *in dritter Auflage erschienenes dünnes Buch* – S. Freud, Psychopathologie des Alltagslebens, 3. vermehrte Auflage, Berlin 1910.
Es griff ... Leben hinein – Nach Goethe, Faust. 1. Teil, V. 167.

21 *Schopenhauer ... gepflastert* – Nicht ermittelt.
seit meiner ersten Ankunft in Berlin – Zweig hatte sich am 8. November 1909 in die Matrikel der Berliner Königlichen Friedrich-Wilhelms-Universität eingeschrieben; auch nach seinem Abgang von dieser Universität 1911 kehrte er in den Semesterferien immer wieder nach Berlin und Zehlendorf zurück.

23 *älteres Ehepaar* – Vermutlich die Eltern Beatrice Zweigs, Carl und Regina Zweig. – Zweig notierte am 12. Januar 1962, während der Überarbeitung dieses Kapitels, in seinen Kalender: »Unsere Familiengeschichte gut getarnt.« (AZA 2675)

25 *gegen die deutsche Lernschule* – Die Kritik an der autoritären Stoffschule des Wilhelminischen Reiches führte zu einer Vielzahl von reformpädagogischen Bemühungen. So gründete Hermann Lietz (1868–1919), der zuvor als Gastlehrer an der New School in Abbotsholme (England) unterrichtet hatte, 1898 in Ilsenburg sein erstes »Landerziehungsheim«, auf das auch spätere Gründungen von Internatsschulen durch Gustav Wyneken (1875–1964), Paul Geheeb (1870–1961) u. a. zurückgingen.
zwei junge begabte Mädchen – Möglicherweise bewußt verdeckter Bezug auf die Schwestern Beatrice (Malerin) und Marie Zweig (Pianistin) (vgl. auch Anm. zu S. 23). Beatrice Zweig hatte sich nachweislich bei dem Arzt Otto Groß in psychoanalytischer Behandlung befunden. – Ob Arnold Zweig die Bekanntschaft mit Otto Groß, der 1907 in München Erich Mühsam und »das ganze Café Stefanie analysierte, bzw. das Analysieren lehrte« (E. Mühsam, Liebe, Treue, Eifersucht ... In: Die Aufklärung 1 (1929) 10, S. 315) bereits in seiner ersten Münchener Studentenzeit gemacht hatte, läßt sich nur vermuten.

26 *Buch über die Methoden ...* – Der Jurist Hans Groß verfaßte ein »Handbuch für Untersuchungsrichter, Polizeibeamte, Gendarmen u. a.«, das erstmals 1893 veröffentlicht wurde und in vielen Nachauflagen erschien.
Broschüre – Zweig bezog sich vermutlich auf den 1908 in Maximilian Hardens Zeitschrift »Zukunft« erschienenen Aufsatz »Elterngewalt«, in dem sich Groß für die Freilassung einer seiner

Patientinnen aus der Internierung in einer psychiatrischen Klinik eingesetzt hatte.

26 *Doktor Otto* – Gemeint ist Otto Groß. – Ursprünglich verschlüsselte Zweig im I. und II. Teil des Textes die Namen der meisten Personen, die größtenteils erst bei der Bearbeitung im Frühjahr 1962 durch Vollnamen ersetzt wurden. Die Verschlüsselung für Otto Groß wurde erst in der letzten Arbeitsstufe Mitte der sechziger Jahren aufgehoben; nur an dieser Stelle blieb die Korrektur aus.

eines seiner Artistenfreunde – Gemeint ist vermutlich Franz Jung, den Groß 1911 in München kennengelernt hatte.

27 *Da war das Es ...* – Zweig, der die psychoanalytische Theorie nur insoweit darstellen wollte, als sie sich für das Verständnis der Lebensleistung Sigmund Freuds notwendig erwies, differenzierte nicht zwischen den beiden Modellen des psychischen Apparates, die Freud entwickelt hatte. Zum Zeitpunkt seiner Bekanntschaft mit Groß konnte er nur die Unterscheidung in die drei Systeme Unbewußt, Vorbewußt und Bewußt kennen, wie sie Freud u. a. in der »Traumdeutung« vorgelegt hatte. Die Ausarbeitung des zweiten Modells mit den Instanzen des Ich, des Es und des Über-Ich erfolgte erst in den frühen zwanziger Jahren.

›Hüter der Schwelle‹ – Freud entwickelte in seiner 19. »Vorlesung zur Einführung in die Psychoanalyse« (1916/17) das Bild vom »Wächter an der Schwelle« zwischen dem Unbewußten und dem Vorbewußten, der die Funktion des Zensors über die in das Bewußtsein drängenden Seelenbewegungen des Ichs ausübt.

Pubertät ... doppelte – Nach S. Freud, Drei Abhandlungen zur Sexualtheorie (1905).

29 *ihn polizeilich ... aus Preußen ausweisen* – Hans Groß ließ seinen Sohn mit Hilfe der preußischen Polizei unter dem Vorwand, dieser sei ein »gefährlicher Anarchist« und »lästiger Ausländer« am 9. November 1913 in Franz Jungs Wohnung in Berlin-Wilmersdorf verhaften und in eine österreichische Klinik einweisen.

meine erste scharfe Attacke – A. Zweig, Zwischenrede über Otto Groß. In: Die Schaubühne. Charlottenburg 10, I (26. 2. 1914) 9, S. 235–238. Dies war Zweigs erste Veröffentlichung in der

»Schaubühne«. – In der Münchener Wochenschrift »März« war bereits am 17. Januar sein Artikel »Die beiden Groß« erschienen.

30 *Aufsatz eines Kollegen in Franz Pfempferts »Aktion«* – Die Zeitschrift »Die Aktion« setzte sich bald nach der Verhaftung Otto Groß' seit Dezember 1913 für die Freilassung ihres Mitarbeiters ein. Ihr Herausgeber Franz Pfempfert ließ die Nummer 51 des Jahrgangs 1913 als »Otto-Groß-Nummer« mit Beiträgen von Pfempfert, Rubiner, J. Adler, S. Friedlaender, C. Einstein, M. Hermann, R. Oehring, S. Guttman und F. Hardekopf erscheinen und forderte in den ersten Heften des Jahrgangs 1914 wiederholt die Intellektuellen auf, für Otto Groß' Freilassung einzutreten. Franz Jung, der sich am 6. Dezember 1913 in der »Aktion« zu Wort gemeldet hatte, war verantwortlich für die Otto-Groß-Nummer der Münchener Zeitschrift »Die Revolution« (20. 12. 1913). Erich Mühsam engagierte sich im »Kain« zu Beginn des Jahres 1914.

Man schrieb ... Sommer 1913 – Otto Groß wurde am 9. November 1913 verhaftet.

Militär-Oberarzt Doktor Groß ... habe sich selbst den Tod gegeben – Der Vater, Hans Groß, starb im Dezember 1915. Otto Groß, der sich 1914 freiwillig als Militärarzt gemeldet hatte, starb im Februar 1920 an den Folgen einer Lungenentzündung. – Auch Ernest Jones geht in seiner Freud-Biographie von einem Selbstmord Otto Groß' aus.

deutsche Volk als kerngesund ... Heine – Nach Heinrich Heine, Nachtgedanken (1843), 6. Strophe: »Deutschland hat ewigen Bestand, [/] Es ist ein kerngesundes Land, [...]«.

der von Nietzsche so häufig verwendeten Decadence – In Nietzsches »Der Fall Wagner« (1888), einer polemischen Auseinandersetzung mit seinem einstigen Idol, die in eine Beschäftigung mit dem »Problem der décadence« mündete, erschien Wagner als »der moderne Künstler par excellence«, in dem die »Gesamterkrankung, diese Spätheit und Überreiztheit der nervösen Maschinerie« zum Ausdruck komme. Wagner interessiere sich »für keine anderen Probleme [...], als die, welche heute die kleinen Pariser décadents interessieren. Immer fünf Schritte weit vom Hospital! Lauter ganz moderne, lauter ganz großstädtische Probleme!«

31 *jeder fortschrittsfeindliche Denker* – In den frühen Fassungen dieses Kapitels lautet der Text: »jeder verantwortliche Denker«. Die Korrektur wurde im Zusammenhang mit der Neubearbeitung im Frühjahr 1962 vorgenommen.

den Schlaf der Welt ... – Freud benutzte das Zitat, das Friedrich Hebbels Drama »Gyges und sein Ring« (1856) folgt (5. Akt – »Nur rühre nimmer an den Schlaf der Welt!«), in seinem Aufsatz »Zur Geschichte der Psychoanalytischen Bewegung« (1914).

Freiherr von Aehrenthal Bosnien annektieren – Auf dem Berliner Kongreß 1878 wurde Österreich das Recht zur Verwaltung der türkisch besetzten Gebiete Bosnien und Herzegowina zugesprochen, deren Annexion am 5. Oktober 1908 unter dem Außenminister Aehrenthal erfolgte.

32 *Der jüdische Bestandteil ... wußte ...* – Seit dem Mittelalter nahmen die deutschen Kaiser und später die jeweiligen Landesherren die Juden zu hohen Abgaben unter ihren Schutz, wobei Leben und Vermögen den Juden nur ›bittweise‹ gehörten und der Kaiser oder der jeweilige Landesherr befugt war, ihnen diese Güter jederzeit zu nehmen. Im Absolutismus spielten die ›Hofjuden‹ eine wichtige Rolle, die die Fürstentümer in Finanz- und Versorgungsfragen berieten. Mit dem Edikt von 1812 erhielten die Juden in Preußen Staatsbürgerrechte.

General Boulanger – Georges Boulanger sammelte Mitte der achtziger Jahre des 19. Jahrhunderts Konservative, Radikale, Bonapartisten in der autoritär-nationalistischen Bewegung des Boulangismus.

Bürgermeister Lueger – Der Wiener Bürgermeister Karl Lueger steigerte seine Popularität durch öffentliche antisemitische Äußerungen, wobei er gleichzeitig darauf achtete, die jüdische Gemeinde Wiens in die Kommunalpolitik einzubeziehen. Dieser pragmatischen Haltung entspricht der Satz »was a Jud is ...«.

[Rüstung] – In der Textgrundlage steht infolge eines Lesefehlers »Leistung«. Im Typoskript (AZA 1010), das 1962 als Abschriftvorlage für die Textgrundlage diente, steht die hs. Korr. (IL) »Rüstung«, die auch als »Leistung« zu lesen ist.

33 *Briefen des ... Friedrich Zelter an ... Goethe* – Briefwechsel zwischen Goethe und Zelter in den Jahren 1799 bis 1832. Hrsg. von Ludwig Geiger (1904).

34 *Brückenbögen ...* – Nach Anatole France, Die rote Lilie (dt. 1899).

34 *nichts zu verlieren hatten, aber alles zu gewinnen* – Nach dem Schlußsatz Marx/Engels, Manifest der kommunistischen Partei (1848): »Die Proletarier haben nichts in ihr [der kommunistischen Revolution] zu verlieren als ihre Ketten. Sie haben eine Welt zu gewinnen.«

35 *Berggasse zehn* – Freud wohnte von 1891 bis 1938 in der Berggasse 19 im IX. Wiener Bezirk. Die falsche Angabe erscheint wiederholt im Text.

36 *Mossul-Öl* – Die Ölfelder von Mosul waren ein Streitpunkt während und nach dem 1. Weltkrieg zwischen Großbritannien, Frankreich und dem Irak.

Nur der Philosoph Max Scheler ... – Max Scheler äußerte in der Vorrede zu seiner 1916 im Verlag der Weißen Bücher, Leipzig, erschienenen Aufsatzsammlung »Krieg und Aufbau« Bedenken, daß »künftige Historiker dieses Geschehen überhaupt an erster Stelle einen ›Krieg‹ und nicht vielmehr eine, ja die innereuropäische Revolution nennen« werden. Angesichts der erkennbaren moralischen Verwilderung und der politischen Sinnlosigkeit des Krieges sah sich Scheler damit zu einer Revision seiner ein Jahr zuvor in »Der Genius des Krieges« vertretenen Überzeugungen gezwungen, daß der Krieg neue Kräfte freisetzen werde.

37 *›Land Ober-Ost‹* – Der nordöstliche Teil der von den deutschen Truppen 1915 eroberten Gebiete Rußlands und Polens wurde vom Oberbefehlshaber Ost (OB Ost) militärisch verwaltet.

einer unserer Ober-Ost-Offiziere – Hermann Struck. – Dieser Abschnitt wurde in der Zeitschrift »Jedijoth Chadashoth« Tel Aviv (3. 10. 1947) 40, S. 5 unter dem Titel »Wie Freud verboten werden sollte« vorabgedruckt. Zweig schrieb selbst die einleitende Notiz und erwähnte den Namen seines Freundes, des Malers und Graphikers Hermann Struck, der bereits 1914 Freud in einer Radierung porträtiert hatte.

38 *Ereignis zwischen Freud und mir um ... seinen Freund, Wilhelm Fliess* – Zweig berichtete in einem Brief an Lion Feuchtwanger vom 7. Mai 1945: »Mit Freud und Eitingon hatte ich in Wien im Jahre 38 ein bemerkenswertes Erlebnis von Gedankenübertragung aus dem Unterbewußten (Freuds) in Eitingons und mein System des Bewußten, und zwar getrennt an aufeinanderfolgenden Tagen.« Er bezieht sich dabei auf seinen Besuch

bei Freud am 22. Oktober 1936, Eitingon suchte Freud zwei Tage später auf. An diesem Tag vermerkte Freud in der »Kürzesten Chronik«: »Eitingon u. Datum v. Fliess' Geburtstag«; es war das einzige Mal, daß sich Freud des Geburtstages seines früheren Freundes erinnerte. –Von Anna Freud erfragte Zweig mehrfach genaue Geburts- und Todesdaten von Wilhelm Fliess und Freuds Vater, Jakob Freud, um diese Begebenheit »zum Thema ›Telepathie‹ [...] zwischen Ihrem Vater, Eitingon, dem verstorbenen Wilhelm Fliess und mir« gestalten zu können. Das Vorhaben, das auch im »Erweiterten Inhaltsverzeichnis 1948« (vgl. S. 218) angedeutet ist, wurde offenbar nicht ausgeführt.

38 *»Gedanken über Krieg und Tod«* – S. Freud, Zeitgemäßes über Krieg und Tod. 1. Die Enttäuschung des Krieges. 2. Unser Verhältnis zum Tode. In: Imago. Leipzig, Wien 4 (1915) S. 1–21.

41 *Salomonis' Petschaft* –Petschaft oder Siegel Salomo ist die Bezeichnung der Araber für den Davidsstern. Jüdische Sagen machen König Salomo zum Herrn der Geister, die dieser mit einem Ring und einer Kette, auf denen der Gottesname steht, im Banne hält.

Friedensschlüssen von 1919 – 28. Juni 1919 Vertrag von Versailles (Deutschland und Alliierte), 10. September 1919 Vertrag von St. Germain-en-Laye (Österreich und Alliierte), 27. November 1919 Vertrag von Neuilly (Bulgarien und Alliierte).

42 *die Alldeutschen* – Der 1891 gegründete Allgemeine Deutsche Verband (seit 1894 Alldeutscher Verband) errang vor dem 1. Weltkrieg mit seinen annexionistischen Forderungen und seiner Befürwortung eines Zusammenschlusses von Deutschland und Österreich großen politischen Einfluß.

1915 der Kleist-Preis – Arnold Zweig erhielt gemeinsam mit Robert Michel Ende 1915 den mit jeweils 1000 Mark dotierten Preis der Kleist-Stiftung, der auf Vorschlag gewählter Vertrauensmänner an noch unbekannte Autoren vergeben wurde. Vertrauensmann des Jahres 1915 war Paul Wiegler.

als Armierungs-Soldat im Felde – Zweig war seit dem 24. April 1915 Armierungssoldat und wurde auf dem Balkan und an der Westfront zuletzt von April 1916 bis Mai 1917 vor Verdun eingesetzt; seit Mai 1917 diente er beim Pressestab des Oberbefehlshabers Ost.

42 *in immer wachsenden Auflagen* – Die Verkaufszahlen des Romans stiegen seit dem Erscheinen der 3. Auflage im Sommer 1916 sprunghaft. Der Vertrag mit dem Kurt-Wolff-Verlag sah in seinem vorerst letzten Nachtrag vom 29. Oktober 1918, den Zweig am 4. November 1918 noch in Wilna unterzeichnete, den Druck der 38.–49. Auflage vor. (DLA Marbach)

vier Tage Urlaub – Arnold und Beatrice Zweig heirateten am 5. Juli 1916 in Berlin. – Zweig hatte im Frühjahr 1916, noch vor dem Verdun-Einsatz, »masslos frech, 10 Wochen« Urlaub beantragt, »um zu promovieren und zu heiraten« (AZ an Helene Weyl, 4. 3. 1916). Er erhielt sechs Tage Urlaub, vom 5. bis 11. Juli 1916, einschließlich der Hin- und Rückreise.

in Frankfurt, Wien und Berlin – Das Stück »Ritualmord in Ungarn« erhielt 1918 den neuen Titel »Die Sendung Semaels«. Die Uraufführung (Regie: Emil Geyer) fand am 18. Oktober 1919 in der Neuen Wiener Bühne statt, Hans Hartung inszenierte die deutsche Erstaufführung im Frankfurter Schauspielhaus am 29. Oktober 1919, und in Berlin spielte das Deutsche Theater das Stück am 25. Januar 1920 unter der Regie von Heinz Herald. Mit Elisabeth Bergner, der Darstellerin des Moritz Scharf in der Wiener Aufführung, war Arnold Zweig über viele Jahre eng befreundet.

Redaktion der »Neuen Rundschau« – Nicht ermittelt.

meines ersten Söhnchens – Michael Zweig wurde am 25. Juli 1920 in Starnberg geboren.

43 *Manche meiner Novellen schrieb ich in einer Nacht ... »Abigal und Nabal« drei Jahre* – In einem Brief an Helene Weyl schrieb Zweig am 28. Dezember 1913: »[...] und dann setze ich mich hin und schreibe in 7 Tagen eine fünfaktike Tragödie [›Ritualmord in Ungarn‹], deren Stoff mir erst eine Woche vor Anfang in den Horizont kam! [...] Seit den ›Aufzeichnungen über eine Familie Klopfer‹, die ich September 1909 in 6 Tagen schrieb [...], habe ich nichts Grosses mehr so rapide geschrieben (die ›Keusche Nacht‹ in einem Tage, fast wörtlich wie sie gedruckt ist, ›Passion‹ in zweien.« Die Tragödie »Abigail und Nabal« erschien zuerst in einer Versfassung in der Schüler- und Studentenzeitschrift »Die Gäste« Kattowitz (1909) 5, 6, und erst 1912/13 in neuer Bearbeitung im Kurt-Wolff-Verlag, Leipzig.

45 *er erhielt niemals den Nobelpreis* – Freud war mehrmals für den Preis in der Klasse Literatur nominiert. Zweig unterstützte u. a. den 1936 vorgebrachten Vorschlag Romain Rollands.

von Freud ›Widerstand‹ genannt – Zentraler Begriff der Freudschen Theorie, bezeichnet das, was sich während der psychoanalytischen Sitzungen in Handlungen und Worten des Analysierten dem Zugang zum Unbewußten entgegenstellt. Der Begriff taucht bereits in den »Studien über Hysterie« (1895) auf. (Vgl. auch »Selbstdarstellung« Abschnitt IV.)

46 *Ubw* – Das Unbewußte. Das System des Unbewußten – Begriff aus Freuds 1. Modell des psychischen Apparats – wird von verdrängten Inhalten gebildet, denen durch den Vorgang der Verdrängung der Zugang zum System Vorbewußt/Bewußt verwehrt wird. Dagegen bezeichnet das Adjektiv »unbewußt« generell die Eigentümlichkeit der im aktuellen Bewußtsein nicht gegenwärtigen Inhalte, ist also nicht an eine bestimmte psychische Instanz gebunden.

47 *Ich kehrte nach Berlin zurück … fand eine Anstellung* – Zweig fürchtete antisemitische Übergriffe im Zusammenhang mit dem Hitlerputsch vom 8./9. November 1923 in München. Daraufhin verlegte er mit seiner Familie den Wohnsitz von Starnberg nach Berlin und wurde Redakteur bei der dort erscheinenden »Jüdischen Rundschau«, dem Organ der Zionistischen Vereinigung für Deutschland.

Analytiker – Walter Kluge.

48 *zwölf Fortsetzungen einer Untersuchung über ›Politik und Leidenschaft‹* – A. Zweig, Der heutige deutsche Antisemitismus. Vier Aufsätze. In: Der Jude. Berlin 5 (1920/21) 2–11.

49 *ein fremder Journalist* – Fritz Bernstein, Antisemitismus als Gruppenerscheinung. Versuch einer Soziologie des Judenhasses, Berlin 1926. – Fritz (Perez) Bernstein wies diesen Plagiatsvorwurf in der »Jüdischen Rundschau« mehrfach zurück, u. a. in der Nummer vom 24. Februar 1928.

den Auff (Uhu) vor der Krähenhütte bilden – Auch: »Der Uhu auf der Krähenhütte sein«, d. h. sich in exponierter Stellung befinden und von allen Seiten angegriffen werden. – Zweig verwandte diese Redewendung, die auch von Bismarck benutzt worden war, zudem in der Erzählung »Pont und Anna« (1925) für den Rechtsanwalt Preuß.

49 *Kongresse deutschsprachiger Neurologen erst vor kurzem* – Der historische Bezug ist nicht ganz klar. In Zweigs Korrespondenz mit seinem Sohn Adam findet sich am 8. Dezember 1949 ein entmutigter Verweis auf eine Berliner Ärztetagung, bei der der Internist Theodor Brugsch erklärt haben soll, »es gäbe nur Bewusstsein und sonst nichts in der Seele, womit er gegen das augenblickliche Ueberhandnehmen irrationaler Einwirkungen bei der Krankheitsentstehung polemisierte«.

51 *Berliner Psychoanalytische Vereinigung* – Der im August 1908 von Karl Abraham gegründeten Vereinigung gehörten u. a. Magnus Hirschfeld und Max Eitingon an.

»Rückwärts, rückwärts, Don Rodrigo ...« – J. G. Herder, Cid (1805), 28. Gesang.

im Felde unbesiegt – Friedrich Ebert in seiner Begrüßungsrede vom 11. Dezember 1918 vor zurückkehrenden deutschen Truppen.

Dolchstoß in den Rücken – Der Begriff entstammte ursprünglich einem Artikel der »Neuen Zürcher Zeitung« vom 17. Dezember 1918, der sich auf eine Äußerung des englischen Generals Sir Frederick Barton Maurice in den »Daily News« bezog: Die deutsche Armee würde von der Zivilbevölkerung von hinten erdolcht. Hindenburg griff diese Formulierung anläßlich einer Befragung vor einem parlamentarischen Untersuchungsausschuß im November 1919 auf. Sie findet sich auch im Titel einer Broschüre von E. von Zwehl »Dolchstoß in den Rücken des siegreichen Heeres« (1921).

›Schmachfrieden von Versailles‹ – So lautete die antirepublikanische Bezeichnung für den Friedensvertrag von Versailles, in dem Deutschland seine Kolonien verlor, weite Gebiete seines Reiches abtreten und Reparationszahlungen anerkennen mußte.

52 *seine Stunde habe geschlagen* – Alfred Kerr hatte im Herbst 1912 Gespräche mit dem »Figaro«-Korrespondenten Georges Bourdon geführt, über deren Veröffentlichung er am 1. Juni 1913 in der Zeitschrift »Pan« informierte: »Unterdessen kommt Bourdon in der Zeitschrift La Revue, wo das Einleitungskapitel seines Buches [›L'énigme allemand‹] zu lesen ist, auf meine Worte: Deutschlands Stunde habe jetzt geschlagen – es müsse später nach dem Naturgesetz physiologisch frischeren Barbaren weichen.« – Zweig ließ in einem Entwurf einer Szene des »Spiels

vom Sergeanten Grischa« von 1955 den Rittmeister von Brettschneider sagen: »Und bei dem Doktor Alfred Kerr las ich jüngst im Scherlschen ›Tag‹: ›Jetzt landet der Germane, mit seinem reichen Blute – und ich weiß: seine Stunde hat geschlagen.‹« (AZA 2597, S. 93)

52 *Doktor K.* –Walter Kluge.

die Freud ›Libido‹ nannte – Freud beschrieb in der 20. »Vorlesung zur Einführung in die Psychoanalyse« (1916/17): »Libido soll, durchaus dem Hunger analog, die Kraft benennen, mit welcher der Trieb, hier der Sexualtrieb wie beim Hunger der Ernährungstrieb sich äußert.«

mein zweiter Sohn – Adam Zweig wurde am 14. Oktober 1924 in Berlin geboren.

›Fürstenkeller‹ – Vermutlich die Wohnung der Zweigs in Schlachtensee, Waldemarstraße 68 (heute: Matterhornstraße).

53 *die Landschaft unseres Jugendglücks, Südtirol* – Arnold und Beatrice Zweig besuchten im Herbst 1913 gemeinsam Österreich und Norditalien (Klausen, Bozen, Gardasee, Venedig). – Beatrice Zweigs Vater hatte gegen die Beziehung seiner Tochter zu Arnold Zweig schwere Einwände. Reisen, Korrespondenz und das Leben in der ersten gemeinsamen Wohnung geschahen ohne sein Wissen.

die Geschichte des ›kleinen Hans‹ – S. Freud, Analyse der Phobie eines fünfjährigen Knaben – mitgeteilt von Professor Dr. Sigmund Freud in Wien (1909). 1922 erschien die »Nachschrift zur Analyse des kleinen Hans«.

daß Italien am Brenner Wacht hielt – Nach dem Vertrag von St. Germain-en-Laye vom 10. September 1919 mußte Italien Südtirol an Österreich abtreten. Italien war an einem schwachen und neutralen Österreich als Nachbarn stärker interessiert als an einem großen Deutschland und übernahm in seiner Außenpolitik die Rolle eines Garanten der österreichischen Unabhängigkeit. Diese durch den Schutz der Brennergrenze symbolisierte Politik fand mit der Annäherung zwischen Mussolini und Hitler ihr Ende.

54 *Jean Paul … Ludwig Börne … von der Schöpferkraft des Individuums und seiner entfesselten Zunge geahnt hatten* – In seiner kurzen Abhandlung »Zur Vorgeschichte der analytischen Technik« (1920), in der er der Frage nach möglichen Vorläufern in der Technik

der freien Assoziation nachgeht, verwies Freud auf den Aufsatz von Ludwig Börne »Die Kunst, in drei Tagen ein Originalschriftsteller zu werden« (1823), der »die bekannten Eigentümlichkeiten des Jean Paulschen Stils« trage. Freud zählte Börne zu den Lieblingsautoren, die er bereits in seiner Jugendzeit studiert hatte.

57 *meinem ersten kleinen Buch* – A. Zweig, Aufzeichnungen über eine Familie Klopfer. Das Kind. Zwei Erzählungen. München 1911.

Deckerinnerungen – Freud bezeichnete mit diesem Begriff frühe Kindheitserinnerungen, die sich besonders klar erhalten haben, aber scheinbar inhaltlos sind. Sie verdanken ihre Erhaltung einer assoziativen Beziehung ihres Gehalts zu anderen, verdrängten Inhalten, deren Erinnerung sich durch die Psychoanalyse entwickeln lasse. Die Deckerinnerungen repräsentieren die vergessenen Kinderjahre. (Vgl. S. Freud, Psychopathologie des Alltagslebens, Eine Kindheitserinnerung des Leonardo da Vinci, Eine Kindheitserinnerung aus »Dichtung und Wahrheit«.)

58 *Manzoni … dessen »promessi sposi«* – Alessandro Manzoni, Die Verlobten (1825).

Mahomets Gesang: »Seele des Menschen, wie gleichst du dem Wasser!« – Nach Goethe, Gesang der Geister über den Wassern (1779) 1. Strophe, V. 1f.: »Des Menschen Seele [/] Gleicht dem Wasser«. Das Gedicht folgt in der Sophien-Ausgabe von Goethes Werken unmittelbar auf das Gedicht »Mahomets Gesang«.

in Portofino-Mare – Hafenstadt in Norditalien unweit von Rapallo, wo Friedrich Nietzsche im Winter 1882/83 den ersten Teil des »Zarathustra« geschrieben hatte.

antike Inschrift – Am 5. Mai 1925 notierte Zweig auf einer Italienreise: »grau, letzter Tag in Portofino ›O quid solutis est beatius curis [/] cum mens onus reponit, ac peregrino [/] labore fessi, venimus larem ad nostrum.‹[/] Spruch auf Castell St. Giorgio« (AZA 2611, S. 86), (lat. – O was gibt es Schöneres, als von Sorgen frei zu sein, wenn der Geist die Last abstreift und wir, vom Umherstreifen müde, zu unserem Heim kommen.) Die Catull-Verse aus dem Gedicht 31 wurden später im 15. Kapitel der Erzählung »Pont und Anna« (1925) verwendet.

58 *am 26. April 1925* – Das Datum findet sich in einer kleinen Notiz beim Freud-Material (AZA 1025): »26. 4. 25 Portofino, Hindenburg-Wahl.« In seinem Taschenkalender (AZA 2611) notierte Zweig unter dem 28. April 1925: »Wahl Hindenburgs. Schlag vor Kopf und Magen.«

»Le Donne Tedesce ellettano il suo Maresciallo« – (ital., Le Donne tedesche allettano il loro Maresciallo) Die deutschen Frauen erfreuen ihren Marschall.

59 *als Drama* – Das Stück entstand 1921 (hs. Vermerk, IL, im T über der Zeile) unter dem Arbeitstitel »Der Bjuschew«, ein Auszug erschien am 1. Januar 1928 in der »Vossischen Zeitung«. Es wurde am 31. März 1930 unter der Regie von Alexander Granowsky als Gastspiel des Deutschen Theaters im Theater am Nollendorfplatz in Berlin uraufgeführt. Die Bühnenbilder schufen George Grosz und Traugott Müller.

ein Novellen-Preisausschreiben – Der 1926 vom Verlag S. Fischer aus Anlaß seines 40 jährigen Bestehens ausgeschriebene Wettbewerb, der den beteiligten Erzählern zur Bedingung machte, nicht gedachte Erfahrung, sondern »ein echtes Erlebnis zu schildern, das charakter- oder schicksalbildend gewirkt hat«, wurde im Mai 1927 trotz 500 Einsendungen ergebnislos abgebrochen. Die Preisrichter Arthur Eloesser, Oskar Loerke und Paul Wiegler entschieden, das Geld nunmehr den sozialen Einrichtungen des Schutzverbands Deutscher Schriftsteller zu übergeben.

der andere große Verlag – Der Ullstein-Verlag hatte 1921 mit Zweig einen Vorvertrag über den »Grischa« abgeschlossen, der 1927 gelöst wurde.

treu dem Gesetz, wonach ich angetreten – Nach Goethe, Urworte. Orphisch. Daimon, Stanze. – Häufige Redewendung bei Zweig.

mir meine eigene Bühne erbauen – Zweig schrieb 1926 im 8. Abschnitt des 6. Buchs seines Essays »Caliban«: »Sie beide [Komödie und Trauerspiel] haben politische Funktionen, oder sie existieren nicht. Indem es die Furcht vor dem Exzesse und das Mitleid mit seinen Opfern einer Gruppe vor Augen führt, wird das Drama zum Organ der politischen Erziehung und der Dichter einer der großen Umschalter von Gruppenaffekten in ihre höheren Ableitungen und Veredelungen. Und das gleiche gilt heute vom Roman, der seine Gemeinde, sein Publikum unter den Lesenden sich schafft. Indem er an einer klaren Fabel ein allgemein gültiges Schicksal eines Gruppenvertreters auf große Weise zur Anschauung bringt, leistet er seinen Dienst an der Gruppe, sei es der Sprachgemeinschaft, sei es einer Klasse.«

60 *all den kultur-konservativen Unfug meiner Studentenzeit* – An Helene Weyl schrieb Zweig am 15. Oktober 1919: »Als Sohn des Sattlers Zweig hätte ich Augen haben dürfen für das Elend der Menschen: es saß in unseren Stuben! Aber ich ging selig in Shaksperes und Bachs Gestaltenwelt ein und war ein träumender, fühlender, ins Geistig-Schöne verzückter Aristokrat – ein Esel, der sich verleiten ließ, zu träumen und ein sauberes, heiteres und armes Leben zu wählen – fern von jeder Wirklichkeit, jeder Aufgabe, jedem wahren Wissen: fern von der großen Liebe zu den Glücklosen, fern von dem Haß und Zorn gegen die Schändung des Menschen.« (Vgl. auch fünfte Anm. zu S. 236).

›der psychische Motor ratterte‹ – Nach Leo Greiner, Lektüre. In: Die Neue Rundschau. Berlin 24 (1913) 11, S. 1610–1615. – Die zeitgenössische Kritik nahm den Roman »Die Novellen um Claudia« 1912 überwiegend negativ auf. Seit 1916 avancierte der Roman überraschend zu einem Bestseller des Kurt-Wolff-Verlages (vgl. vierte Anm. zu S. 42).

›Der Schmöker …‹ – Die Brüder Edmond und Jules de Goncourt notierten in ihrem Tagebuch am 3. März 1862 ein Gespräch mit Théophile Gautier, in dem dieser von Flaubert berichtet hatte: »Es gibt einen Gewissensbiß, der sein Leben vergiftet, der ihn noch ins Grab bringen wird: er hat in ›Madame Bovary‹ zwei Genitive aneinander gehängt, une coronne de fleurs d'oranger. Das bringt ihn zur Verzweiflung; aber wie man es auch dreht und wendet, es läßt sich nun mal nicht anders sagen.«

Rezension meiner »Claudia« – Eduard Hitschmann, Die Novellen um Claudia. In: Imago. (Hrsg. S. Freud, Red. H. Sachs u. O. Rank) Leipzig, Wien 5 (1917/19) 1, S. 43.

61 *ein Haus zu erwerben* – Zweigs Adresse lautete seit dem 12. November 1926 »Eichkamp G 7, Nr. 59« (später: Zikadenweg 59).

Ein Exemplar dieses Tipp-Skripts – Das gebundene Manuskript in zwei Teilen des Romans »Der Streit um den Sergeanten Grischa« (AZA 524) trägt auf dem Vorblatt Zweigs eigenhändige Notiz: »Manuscript des Romans Der Streit um den Sergeanten Grischa. Nach dem Stenogramm mit handschriftlichen Verbesserungen. Arnold Zweig, Haifa, April 1934. Verlorengeglaubt und mit den von Lily L[euchter]-O[ffenstadt] geretteten Sachen hierhergekommen. Es fehlen die letzten 30–35 Seiten, die fast ohne Korrekturen nach dem Stenogramm in Satz gingen. A. Z.« – Das Diktat des Romans begann Zweigs Kalendern für 1926 und 1927 zufolge am 2. September 1926 und endete am 2. Februar 1927.

61 *das Buch zunächst einmal in einer Zeitung* – Vgl. vierte Anm. zu S. 15.

62 *zwei Jahrzehnte später* – Zweig vollzieht in diesem Kapitelanfang den Zeitsprung von seiner ersten Bekanntschaft mit Freuds Schriften zu seiner ersten Begegnung. Hier folgte Zweig im Erstdiktat offensichtlich seiner frühen Konzeption der Kapitelaufteilung vom 10./11. Februar 1947 (vgl. S. 216); die Formulierung blieb bis in die letzte Fassung erhalten.

Ein befreundeter junger Architekt – Möglicherweise der Architekt von Zweigs Atelierhaus, Harry Rosenthal, den er durch Lion Feuchtwanger kennengelernt hatte.

jenen Sätzen ... – Vgl. dritte Anm. zu S. 15.

63 *›meine Antigone‹* – Freud verwandte den Namen »meine treue Antigone – Anna« erstmals in einem Brief an Sándor Ferenczi vom 12. Oktober 1928.

Freud ... nach Tegel gekommen – Zwischen 1928 und 1930 kam Freud mehrmals für einige Wochen nach Berlin, um sich von dem Zahnarzt Hermann Schroeder Prothesen anfertigen zu lassen. Er wohnte bei diesen Aufenthalten im Psychoanalytischen Sanatorium in Tegel.

64 *›diese öde Adlerei‹* – Alfred Adler begründete 1910 eine eigene tiefenpsychologische Lehre, die Individualpsychologie, und trennte sich 1911 von Freuds Wiener psychoanalytischer Vereinigung.

65 *Gehässigkeit ... auf einem deutschen Professorentag* – Auch hier ist der historische Bezug nicht eindeutig (vgl. dritte Anm. zu S. 49). Der Psychiater und Neurologe Oswald Bumke, der die Psychoanalyse entschieden bekämpfte und von einer Unteilbarkeit des Bewußtseins ausging, hielt bereits 1924 in Innsbruck bei der Naturforscher-Versammlung eine »Leichenrede« auf die Psychoanalyse, an der er verabscheute, »daß sie das Seeli-

sche zu materialisieren und das Unbewußte zu rationalisieren versucht«. 1938 erschien sein Buch »Die Psychoanalyse und ihre Kinder – eine Auseinandersetzung mit Freud, Adler und Jung«.

65 *dem alten Schloß Tegel* – Das Sanatorium Schloß Tegel, 1927 eröffnet und bereits drei Jahre später aufgrund finanzieller Schwierigkeiten wieder geschlossen, befand sich im sogenannten Kurhaus Tegel, einem 1905 auf dem Gelände des Ritterguts Tegel, der ehemals Humboldtschen Besitzung, errichteten Gebäude.

Heines Vers – Zweig meinte vermutlich Gottfried Kellers Gedicht »Am Tegelsee« aus den »Wanderbildern« (1852).

66 *Vor ein paar Tagen habe ... Professor Becker ... den Vater besucht* – Ein Zusammenhang der Besuche Beckers und Zweigs bei Freud ließe sich eher für das Jahr 1930 herstellen. Der preußische Kultusminister Carl Heinrich Becker besuchte Freud im Mai 1930 in Tegel, während Zweig Freud am 3. Juli traf. – Ernst Simmel stand mit Becker in Kontakt, der das Vorhaben einer psychoanalytischen Klinik begrüßte, wegen der Ablehnung durch die Medizinische Fakultät der Berliner Universität aber keine finanzielle Unterstützung gewähren konnte.

Literarischen Abteilung – Max Liebermann gründete 1926 während der Amtszeit Beckers die dritte Sektion der Preußischen Akademie der Künste, die Sektion für Dichtkunst.

modernes Schulheim – Die Schulfarm Insel Scharfenberg war in den zwanziger Jahren durch Wilhelm Blume gegründet worden. Freuds ältester Enkel W. Ernst Halberstadt-Freud (geb. 1914) besuchte diese reformpädagogische Internatsschule von 1931 bis 1933 (vgl. den Brief Freud an AZ, 2. Dezember 1935, der im veröffentlichten Freud-Zweig-Briefwechsel fehlt, sowie Freud, Kürzeste Chronik, S. 96, 103 u. 186 f.).

67 *Sie sei von Beruf Volksschullehrerin ...* – Anna Freud, die von 1914 bis 1920 an der Volksschule des Cottage-Lyzeums unterrichtet hatte, war begeisterte Anhängerin der Montessori-Pädagogik. Aus ihrer Arbeit am 1924 gegründeten Lehrinstitut, in dem u. a. Lehrer und Kindergärtnerinnen psychoanalytisch ausgebildet wurden, kannte sie die verschiedenen pädagogischen Einrichtungen Wiens, so z. B. die 1922 eröffnete Montessori-Schule »Haus der Kinder«, deren Kindergarten sie 1937/38 gemeinsam mit Dorothy Burlingham leitete.

67 *Doktor Simmel … erinnerte den Professor* – Anna Freud stellte diese Passage in ihrem Brief vom 28. Juni 1948 an Zweig so dar: »Dr. Simmel hat keinerlei ärztliche Funktionen meinem Vater gegenüber gehabt und hätte sich gar nie getraut, in dieser Weise einzugreifen. Wir waren ja auch in Berlin nicht zu seiner [Freuds] Erholung, sondern weil der Berliner Zahnarzt Schröder zu dieser Zeit eine neue Prothese angefertigt hat. Simmel war nur unser Gastgeber, damit mein Vater im Grünen wohnen kann statt in der Stadt.«

68 *»Freud und der Mensch«* – A. Zweig, Freud und der Mensch. In: Die psychoanalytische Bewegung. Wien 1 (1929) 2, S. 97–102. Die vorliegende Textfassung ist leicht bearbeitet. – Der Text erschien in stark veränderter Fassung 1956 unter dem Titel »Die Natur des Menschen und Sigmund Freud«.

72 *die Flucht vor der Selbstverantwortung …* – Anspielung auf Immanuel Kants »Beantwortung der Frage: Was ist Aufklärung« (1784): »Daß der bei weitem größte Theil der Menschen […] den Schritt zur Mündigkeit, außer dem daß er beschwerlich ist, auch für sehr gefährlich halte: dafür sorgen schon jene Vormünder, die die Oberaufsicht über sie gütigst auf sich genommen haben.«

73 *Freud … von der Atmosphäre Wiens abhängig* – Nach Freuds Darstellung in der »Geschichte der psychoanalytischen Bewegung« (1914) habe Pierre Janet auf dem 17. International Congress of Medicine 1913 in London geäußert, »die Psychoanalyse, respektive die Behauptung, die Neurosen führen sich auf eine Störung des Sexuallebens zurück, könne nur in einer Stadt wie Wien entstanden sein, in einer Atmosphäre von Sinnlichkeit und Unsittlichkeit, wie sie anderen Städten fremd sei, und stelle einfach das Abbild, sozusagen die theoretische Projektion dieser besonderen Wiener Verhältnisse dar«.

›den Sonnenthal der Philosophie‹ – Zweigs Rostocker Dozent, Emil Utitz, berichtete 1917 aus Anlaß von Brentanos Tod, daß die Wiener Studenten 1895, als Brentano Wien verließ, dem verehrten Lehrer mit Hinweis auf den damals besonders berühmten Burgtheaterschauspieler einen Lorbeerkranz mit der Prägung »Dem Sonnenthal der Philosophie« überreichten (vgl. E. Utitz, Franz Brentano. Erinnerungen an einen merkwürdigen Weisen. In: Vossische Zeitung. Morgen-Ausg. Berlin, 25. 4.

1917, Nr. 154, 1. Beilage). – Freud hatte während seines Medizinstudiums einige Kollegs bei Franz Brentano belegt.

74 *in einem seiner ersten Briefe* – Freud an AZ, 2. Dezember 1927.

75 *Ausbauchungen, die der Form des Essays schadeten* – Stefan Zweig schrieb in seiner Rezension des »Caliban«-Essays: »Ich maße mir nicht an, damit auch nur die Grundlinie dieses in viele Richtungen zugleich und immer mit gleicher geistiger Intensität vorstoßenden Buches angedeutet zu haben, das mit Denkstoff so dicht gefüllt ist, daß es die Form oftmals ausbuchtet.« (St. Zweig, Arnold Zweig's »Caliban«. In: Das Tagebuch. Berlin 8 (1927) 29, S. 1157–1159.) Ein Brief dieses Inhalts befindet sich im Nachlaß Arnold Zweigs nicht.

die Neuauflage gründlich durchzuarbeiten – Der Nachlaß enthält verschiedene Bearbeitungsstufen des »Caliban«, die zwischen 1927 und 1965 vorgenommen wurden. Eine Neuauflage kam zu Zweigs Lebzeiten nicht zustande.

Einladungen zu Vorträgen von Wiener Organisationen – Zweig war am 22. Oktober 1929 und am 11. Februar 1930 auf Einladung des Kulturbundes in Wien und las aus seinem unveröffentlichten Roman »Erziehung vor Verdun«. Im Frühjahr 1931 hielt der PEN-Club zu Ehren und im Beisein Arnold Zweigs in Wien ein Bankett ab.

eine Freud-Biographie – Fritz Wittels, Sigmund Freud – der Mann, die Lehre, die Schule. Leipzig 1924.

76 *meine ersten Gedichte* – A. Zweig, Der englische Garten. Ein Erlebnis in sechs Sonetten. In: Hyperion, hg. v. Franz Blei. München (1909) 9 /10 S. 99–101.

›Belustigungen des Verstandes und des Witzes‹ – Anspielung auf den gleichnamigen Zeitschriftentitel, hrsg. von Johann Joachim Schwabe, Band 1–8, Leipzig 1741–1745.

Schriftsteller hatten zu ihr beigetragen … – Karl Kraus, Literatur oder Man wird doch da sehen. Magische Operette in 2 Teilen. Wien 1921; Franz Blei, Bestiarium Literaricum: das ist: genaue Beschreibung derer Tiere des literarischen Deutschlands / Peregrin Steinhövel [d. i. Franz Blei]. München 1920.

die entschiedenen Sozialisten …, von denen keiner mehr lebte – Zweig äußerte seine stark an Gustav Landauers Revolutionskonzeption orientierten Auffassungen in mehreren Artikeln der »Weltbühne« im Januar 1919. In »Grabrede auf Spartacus«

(23. 1. 1919) bezog er Stellung gegen den Mord an Karl Liebknecht und Rosa Luxemburg. Den »ungerächt Ermordeten« Gustav Landauer hatte ein dreiteiliger Aufsatz in den Septemberheften 1921 der »Weltbühne« zum Gegenstand. An Helene Weyl schrieb Zweig am 9. Juni 1919: »Ein armer Kritiker namens [Kurt] Eisner revolutioniert Bayern, beherrscht es Monate lang, spricht zur aufhorchenden Erde und wird erschossen. [...] Und Leviné, der mit dem Hoch auf die Revolution die Kugeln der Soldaten dieser sozialistischen Republik empfängt; und Ernst Toller, ein junger Napoleon an Tatkraft, Umsicht und Mut, ein Stück Poet daneben, der München verteidigt, bei Dachau siegt, vorher eine Energie sondergleichen entfaltete, dabei ganz genau das vergebliche dieses Versuchs sehend, und der wohl im Gefängnis ermordet werden wird.«

77 *einen Verlag und eine Organisation seiner Mitarbeiter* – 1908 wurde die Wiener Psychoanalytische Vereinigung und 1910 auf dem 2. Psychoanalytischen Kongreß in Nürnberg die Internationale Psychoanalytische Gesellschaft gegründet. Der Internationale Psychoanalytische Verlag bestand seit Januar 1919. Freuds Sohn, Martin Freud, übernahm im Herbst 1931 die Geschäftsführung.

die beiden Schriftstücke – Alfons Paquet an Sigmund Freud, 26. Juli 1930; Sigmund Freud an Alfons Paquet, 3. August 1930. In: Die psychoanalytische Bewegung. Wien 2 (Sept./Okt. 1930) 5, S. 417–419.

78 *Goethes Aufsatz, ›Die Natur‹* – Nach S. Freud, Selbstdarstellung (1925), Abschnitt I. – In Zweigs Nachlaß befindet sich eine vollständige Abschrift dieses 1780 entstandenen Aufsatzes (AZA 2725), dessen Verfasserschaft inzwischen Goethes Freund Christoph Tobler zugeschrieben wird.

Die eigentliche Antwort – S. Freud, Goethe-Preis 1930. Ansprache im Frankfurter Goethe-Haus. In: Die psychoanalytische Bewegung. Wien 2 (Sept./Okt. 1930) 5, S. 421–426.

79 *Seit fast zehn Jahren arbeitete sie ...* – Anna Freud hatte am 28. Juni 1948 in ihrem Brief an Zweig geschrieben: »Meine Arbeit an den Wiener Kindergärten und der pädagogischen Zeitschrift war nicht gemeinsam mit Aichhorn. Die Kindergartenarbeit war direkt mit der Stadt Wien und die Herausgabe der pädagogischen Zeitschrift gemeinsam mit Dr. Hoffer. Mit Aich-

horn gemeinsam war unsere psychoanalytische Erziehungsberatung und mein aktives Interesse an seiner eigenen Arbeit über Verwahrloste.« – Anna Freud beteiligte sich seit 1927 an der von Heinrich Meng und Ernst Schneider herausgegebenen »Zeitschrift für Psychoanalytische Pädagogik«, neben ihr werden u. a. auch Aichhorn und Hoffer als Mitarbeiter genannt. Anfang 1932 begann sie in der Erziehungsstelle des Ambulatoriums – so hieß die Wiener Psychoanalytische Poliklinik – mitzuarbeiten.

80 *um seinen Beistand bei der Gründung eines Hilfswerks gebeten* – Zweig wandte sich am 18. Februar 1929 in einem Brief »als Kommentator des Briefes von Einstein« an Freud, in dem dieser um Unterstützung für diejenigen »unserer schöpferischen Menschen« warb, »die hier in Westeuropa völlig ohne stützende Organisation sind, da sie entweder zu den ausgewanderten Teilen des russischen Bürgertums gehören und russisch schreiben, oder aus Polen und der Ukraine stammen und jiddisch schreiben.«

»Obwohl ich sonst ... erfüllen.« – Freud an AZ, 20. Februar 1929.

Ich schrieb ihm – AZ an Freud, 18. August 1930.

»Lieber Herr Doktor ...« – Freud an AZ, 21. August 1930.

81 *heiteren Protest* – AZ an Freud, 8. September 1930.

Antwort ... Fehlleistung – Freud an AZ, 10. September 1930.

82 *aus Wien nach Salzburg geflüchtet* – Stefan Zweig hatte Österreich bereits im Ersten Weltkrieg verlassen. Einer der Gründe für seinen Umzug nach Salzburg mag gewesen sein, daß er hier seit 1919 mit seiner späteren Frau Friederike Maria von Winternitz ungestört zusammenleben konnte.

›auf der tiefsten Stufe seiner Wertschätzung‹ – Freud schrieb am 2. Dezember 1927 an Zweig: »Karl Kraus [...], der auf der Skala meiner Hochachtung eine unterste Stelle einnimmt«.

83 *›Ich bin ein alter Liberaler‹* – Vom 26. November 1930 stammt Freuds Briefbemerkung: »Ich bleibe ein Liberaler von altem Schlag.«

»Drei Söhne ...« – Freud an AZ, 10. Dezember 1931. Die Passage fehlt im veröffentlichten Freud-Zweig-Briefwechsel.

»Unheil der Weltrevolution« – Nicht ermittelt.

84 *»Le Donne tedesche ellettano il suo Marescialle«* – Vgl. sechste Anm. zu S. 58.

84 *Harzburger Koalition* – Auch »Harzburger Front« genannte 1931 gegründete »nationale Opposition« aus NSDAP, Deutschnationaler Volkspartei (DNVP) und Stahlhelm.

Beamten- und Junker-Hierarchie, die schon Nietzsche … gelobt – Nach F. Nietzsche, Jenseits von Gut und Böse. Vorspiel einer Philosophie der Zukunft (1886). Im Abschnitt 251 heißt es: »Es liegt auf der Hand, dass am unbedenklichsten noch sich die stärkeren und bereits fester geprägten Typen des neuen Deutschthums mit ihnen einlassen könnten, zum Beispiel der adelige Offizier aus der Mark: es wäre von vielfachem Interesse, zu sehen, ob sich nicht zu der erblichen Kunst des Befehlens und Gehorchens – in Beidem ist das bezeichnete Land heute klassisch – das Genie des Geldes und der Geduld (und vor allem etwas Geist und Geistigkeit, woran es reichlich an der bezeichneten Stelle fehlt –) hinzuthun, hinzuzüchten liesse.«

85 *›deutscher Einheit und Freiheit‹* – Ausspruch Matthias Erzbergers.

»War der Weltkrieg Europas letzter Krieg?« fragte mich damals eine amerikanische Rundfunkgesellschaft – Der deutsche Text liegt gedruckt vor in: Berliner Tageblatt. Morgen-Ausg. 61 (31. 7. 1932) 300, S. 2–3. Vgl. auch AZ an Freud, 29. Mai 1932.

»Interessant ist …« – Freud an AZ, 10. September 1930.

86 *Freud selber bemerkte einmal …* – Die Äußerung wurde möglicherweise aus einem Gespräch zwischen Freud und Zweig erinnert. – In Freuds Nachruf »Sándor Ferenczi †« vom Mai 1933 erinnerte Freud lediglich an seinen eigenen Aufsatz zum 50. Geburtstag des Kollegen, in dem es »die dem Freund geziemende Diskretion« verboten hatte, von der liebenswerten und menschenfreundlichen Persönlichkeit zu handeln.

Berggasse zehn – Vgl. Anm. zu S. 35.

87 *»Die Zukunft einer Illusion«, durch eine Äußerung von Romain Rolland hervorgerufen* – Der französische Schriftsteller Romain Rolland, mit dem Freud seit 1923 in einem Briefwechsel stand, hatte ihm im Mai 1923 ein Exemplar seines Dramas »Liluli« (1919) mit einer persönlichen Widmung gesandt, in der er Freud als den »Zerstörer der Illusionen« bezeichnete.

89 *einen erprobten Wiener Chirurgen* – Prof. Marcus Hajek. – Über die Hintergründe der einzelnen Operationen informierte Anna Freud in ihrem Brief vom 28. Juni 1948: »Auf S. 99 berichten Sie das Gespräch mit dem Arzt, der zuerst den Krebs am Ober-

kiefer festgestellt hat. Diese Unterredung kann nicht ganz stimmen. Jener Arzt war Prof. Hajek, ein alter jüdischer Studienkollege, der nicht von der Operation abgeredet hat, sondern nachlässig genug war, um eine Art Scheinoperation durchzuführen, schlecht vorbereitet und ausgeführt, sodass die Verengungen im Mund als Folge geblieben sind. Er hat offenbar nicht an einen guten Erfolg geglaubt und darum keine radikale Operation gemacht. Nach einem sehr quälenden Sommer, in dem die Krankheit ihre Fortschritte gemacht hat, hat Dozent Felix Deutsch dann die Verbindung mit Prof. Pichler hergestellt, der die erste grosse radikale Operation gemacht hat. Ihren Satz über das Lymphsystem verstehe ich nicht recht. Ob das nicht auf einem Irrtum beruht? Man hat natürlich Lymphdrüsen entfernt, um der eventuellen Verbreitung vorzubeugen. Details darüber, wenn Sie sie noch brauchen sollten, könnte ich von Dr. Schur geben lassen.«

90 *der mütterlichen Linie fühlte er sich wie Goethe nachgeraten* – Am Schluß seines Aufsatzes »Eine Kindheitserinnerung aus ›Dichtung und Wahrheit‹« (1917) schrieb Freud: »Wenn man der unbestrittene Liebling der Mutter gewesen ist, so behält man fürs Leben jenes Eroberergefühl, jene Zuversicht des Erfolges, welche nicht selten wirklich den Erfolg nach sich zieht. Und eine Bemerkung solcher Art wie: Meine Stärke wurzelt in meinem Verhältnis zur Mutter, hätte Goethe seiner Lebensgeschichte mit Recht voranstellen dürfen.«

einer von Freuds Schülern – Felix Deutsch.

92 *Weh dem, der an den Schlaf der Welt rührte* – Vgl. zweite Anm. zu S. 31.

Fast zehn Jahre hatte er … – »Durch mehr als ein Jahrzehnt nach der Trennung von Breuer hatte ich keine Anhänger. Ich stand völlig isoliert.« (Freud, Selbstdarstellung, Abschnitt V.) – Bereits seit 1902 tagte in Wien die »Psychoanalytische Mittwoch-Gesellschaft«, in der die Anhänger und Schüler Freuds zusammenkamen.

Wie recht tat er, … – Freud experimentierte mit dem Betäubungsmittel Kokain und veröffentlichte im Juli 1884 eine kleine Studie »Ueber Coca« im »Zentralblatt für die gesamte Therapie«, in der er die baldige Entdeckung weiterer Verwendungsmöglichkeiten dieses Mittels voraussagte. Anfang September verließ er Wien und besuchte in Wandsbek seine Verlobte Martha Bernays; nach seiner Rückkehr erfuhr er, daß sein Wiener Kollege Karl Koller die Wirkung des Kokains in der Lokalanästhesie entdeckt hatte. Freud schloß die Schilderung dieser Episode in seiner »Selbstdarstellung« (Abschnitt I) mit den Worten: »Ich aber habe mein damaliges Versäumnis meiner Braut nicht nachgetragen.«

93 *Erscheinen der »Studien über Hysterie«* – Das Gemeinschaftswerk von Freud und Josef Breuer erschien 1895.

Niemals würde er der Stadt Zürich vergessen – Im Herbst 1904 berichtete Eugen Bleuler (1857–1939), Professor der Psychiatrie an der Universität Zürich und Direktor der kantonalen Heilanstalt Burghölzli, in einem Brief an Freud, daß er und seine Mitarbeiter sich schon seit Jahren mit der Psychoanalyse beschäftigten. – Viele Psychoanalytiker haben zeitweise in Burghölzli gearbeitet, so u. a. Karl Abraham, Max Eitingon, Abraham Brill, Hermann Nunberg und C. G. Jung.

an die Clark-University Worchester, Mass., einlud – Freuds im September 1909 gehaltene Vorlesungen wurden unter dem Titel »Über Psychoanalyse. Fünf Vorlesungen« 1910 veröffentlicht.

Er hatte dies Neuland Psychoanalyse genannt – Freud verwandte den Begriff »psycho-analyse« zuerst 1896 in der französisch veröffentlichten Arbeit über die Ätiologie der Neurosen, 1898 erschien er erstmals auf deutsch in »Weitere Bemerkungen über die Abwehr-Neuropsychosen«.

94 *einer seiner engsten Freunde* – Max Eitingon. – Anna Freud erinnerte sich an diese Episode so: »Auf Seite 104 macht mir der Punkt über die ›Enttäuschung an Eitingon‹ Sorge. Ich weiss nicht, ob die Enttäuschung nicht ganz auf meiner Seite war und bei meinem Vater nicht mehr als eine vorübergehende Bemerkung. In Wirklichkeit hat er in Zeiten von Krankheit und Operation nie jemanden der Freunde und Schüler sehen wollen. Ich andererseits hätte Eitingon gerne als Stütze in der Nähe gehabt.« (Anna Freud an AZ, 28. Juni 1948; vgl. auch Anna Freud an AZ, 13. März 1947). – Daß die Beziehungen zwischen Sigmund Freud und Eitingon nicht ungetrübt waren, läßt sich einem bisher unveröffentlichten Brief Freuds an Zweig vom 10. Februar 1937 entnehmen, in dem Freud seine Vorbehalte gegenüber Max Eitingon und insbesondere gegen

dessen Frau, Mirra Eitingon, äußerte. Zweig erwog 1963, diesen Brief, der nur in einer Abschrift Eitingons erhalten ist, in das Freud-Buch aufzunehmen. »Du weißt ja, daß er [Eitingon] ihn zerrissen hat und verbrannte [...]« (AZ an Adam Zweig, 4. 2. 1963).

95 *›Burghölzli‹* – Traditioneller Name der Psychiatrischen Klinik von Zürich, an der C. G. Jung und E. Bleuler arbeiteten.

96 *»Ça n'empêche pas d'exister.«* – Eigentl. »La théorie, c'est bon, mais ça n'empêche pas d'exister« (frz.) Die Theorie ist gut, aber das schafft die Tatsachen nicht aus der Welt. – Das Zitat entstammt Freuds »Selbstdarstellung« (Abschnitt I).

97 *Broschüre über Antisepsis in der Chirurgie* – Joseph Lister's erste Veröffentlichung über antiseptische Wundbehandlung (1867 bis 1869) Übersetzt u. eingeleitet v. Friedrich Trendelenburg, Leipzig 1912.

98 *›Der Mensch kann zwar tun ...‹* – Nach A. Schopenhauer, Über die Freiheit des Willens: »Du kannst tun was du willst: aber du kannst in jedem gegebenen Augenblick dieses Lebens nur ein Bestimmtes wollen und schlechterdings nichts anderes als dieses eine.«

99 *»Genannt in Lob und Tadel bin ich heute ...«* – Michelangelo, Gesänge.

Samenkörnern, deren Keime ... – C. F. Meyer, Säerspruch (vgl. S. 11f.).

die verschiedenen Abspaltungen, besonders die der Schweizer – Freud geht in seiner »Geschichte der psychoanalytischen Bewegung« (1914) ausführlich auf die »Abfallsbewegungen« ein. Adler trennte sich 1911 von Freud, die Züricher C. G. Jung und Bleuler traten 1914 aus Freuds Internationaler Psychoanalytischer Vereinigung aus.

›pädagogischen Provinz‹ – Bezeichnung für pädagogische Idealentwürfe. Nach Goethe, Wilhelm Meisters Wanderjahre oder Die Entsagenden (1829), 2. Buch.

100 *»Vorausschicken muß ich ...«* – AZ an Freud, 8. September 1930. (Zweig zitierte aus seiner Korrespondenz mit Freud nicht wörtlich.)

101 *einen Wiener Neurologen* – Dr. Max Schacherl.

102 *meines neuen Romans* – Zweig schrieb im Frühjahr 1930 an seinem Roman »Junge Frau von 1914«, von August bis Novem-

ber beschäftigten ihn Vorarbeiten zu den Romanen »Erziehung vor Verdun« und »Einsetzung eines Königs«. Der Roman »De Vriendt kehrt heim« wurde erst im Frühjahr 1932 konzipiert.

102 *»Dr. X. kenne ich ...«* – Freud an AZ, 10. September 1930. – »Dr. X.« im Brieforiginal: »Dr. Schacherl«.

103 *ubw.* – unbewußten.

über das Silberer ... veröffentlicht hat – Herbert Silberer, Bericht über eine Methode, gewisse symbolische Halluzinations-Erscheinungen hervorzurufen und zu beobachten. In: Jahrbuch für psychoanalytische und psychopathologische Forschungen 1911, S. 724–729.

104 *»Laubheu und keine Bleibe«* – Erste Notizen zur Komödie »Laubheu und keine Bleibe«, die später den Titel »Berge von Schaum« erhielt, reichen in das Jahr 1921 zurück. Die Zeitschrift »Der Feuerreiter« veröffentlichte im Februar 1923 vier Szenen des Stücks. Seit 1930 lag der Text als Bühnenmanuskript des Kiepenheuer-Verlages vor.

»nicht goutiert ...« – Freud an AZ, 22. Oktober 1930.

»Die Probe wäre gut bestanden« – Zweig bezog sich auf den Brief Freuds vom 7. Dezember 1930. – Der Satz wurde in den veröffentlichten Freud-Zweig-Briefwechsel nicht aufgenommen.

105 *Einer der Briefe aus dieser Zeit* – Zweig mischt an dieser Stelle Zitate aus zwei Briefen Freuds. Mit dem Schreiben vom 26. November 1930 wandte sich Freud gegen einen Aufruf die »Behandlung der hebräischen Sprache in Sowjet-Rußland betreffend« (vgl. erste Anm. zu S. 243) und schrieb: »Ich bleibe ein Liberaler von altem Schlag. In meiner letzten Schrift [›Das Unbehagen in der Kultur‹] habe ich das Gemisch von Despotismus und Kommunismus unbedenklich kritisiert.« Vom 7. Dezember 1930 stammte die Äußerung, die auf Zweigs Aufsatz »Die moskauer Hinrichtungen« (Weltbühne vom 11. 11. 1930) einging: »Was Sie über das Sowjetexperiment schreiben, schlägt bei mir ein. Wir sind durch dasselbe um eine Hoffnung – und eine Illusion – ärmer geworden und haben keinen Ersatz dafür.«

106 *die Kränkung der Zeitgenossen* – S. Freud, 18. Vorlesung zur Einführung in die Psychoanalyse (1916/17).

107 *›Narzißmus der kleinsten Unterschiede‹* – S. Freud, Das Tabu der Virginität (1918). Vgl. Freud an AZ, 2. Dezember 1927, vgl. auch »Das Unbehagen in der Kultur« (1929).

108 *Gustav Landauer* – Landauer gründete 1908 den Sozialistischen Bund, der eigenständige politische Gruppen in Deutschland und der Schweiz als Bünde der Freiwilligkeit vereinte. Der 2. Artikel des Bundes lautete: »Dieser Sozialistische Bund tritt auf den Wegen, die die Geschichte anweist, an die Stelle der Staaten und der kapitalistischen Wirtschaft.« Zweig war noch Anfang der dreißiger Jahre Sozialist Landauerscher Prägung.

Das gesellschaftliche Sein des Menschen bestimme auch sein Bewußtsein. – Nach Karl Marx, Vorwort zur Kritik der politischen Ökonomie (1859).

109 *seit unserer Tegeler Begegnung* – Die nächsten Begegnungen Zweigs mit Freud fanden am 9. Februar 1930 in Wien und am 3. Juli 1930 in Tegel statt. Freud war zwar zwischen dem 13. September und dem 20. Oktober 1929 erneut zu Gast in Tegel, aus dieser Zeit ist jedoch kein Besuch Zweigs zu rekonstruieren.

110 *Errichtung des zweiten französischen Kaiserreiches* – Louis Napoléon wurde im Dezember 1848 zum Präsidenten Frankreichs gewählt. Durch einen Staatsstreich Ende 1851 sicherte er sich umfangreiche Regierungsvollmachten und ließ sich ein Jahr später nach einem Plebiszit zum Kaiser von Frankreich ausrufen. – Karl Marx analysierte diese Vorgänge in seiner Schrift »Der 18. Brumaire des Louis Bonaparte« (1852), die Zweig mehrmals gelesen hat.

»treu dem Gesetz ...« – Vgl. vierte Anm. zu S. 59.

Als ich Freud schrieb – AZ an Freud, 28. Januar 1932.

111 *»Kein anderer Fortschritt ...«* – Freud an AZ, 8. Mai 1932.

einen Roman zu improvisieren – A. Zweig, De Vriendt kehrt heim (1932).

112 *»Selbstdarstellung« ... Sammelwerk, »Medizin der Gegenwart«* – Freuds »Selbstdarstellung« erschien erstmals 1925 im vierten Band des von L. R. Grote herausgegebenen Sammelwerks »Die Medizin der Gegenwart in Selbstdarstellungen«.

ein Beitrag zur Geschichte der Psychoanalyse – Freuds Aufsatz »Zur Geschichte der psychoanalytischen Bewegung« erschien erstmals 1914 im Jahrbuch für psychoanalytische und psychopathologische Forschungen und wurde 1918 in die IV. Folge der »Sammlung kleiner Schriften zur Neurosenlehre« aufgenommen.

113 *Gymnasiasten-Freundschaft* – Gemeint ist der spätere Sozialdemokrat Heinrich Braun. – Zweig, der im folgenden aus Freuds »Selbstdarstellung« (Abschnitt I) zitiert, vermutete hinter dieser Person Viktor Adler.

114 *»Wer die Wahrheit kennet ...«* – Vers aus August Binzers Studentenlied, Stoßt an! Eisenach lebe! (1818).

115 *inzwischen Mitte Mai* – Arnold und Beatrice Zweig fuhren am 6. April 1932 von Venedig aus zurück nach Berlin. Zweig begann am 21. Mai, Lily Offenstadt den Roman »De Vriendt kehrt heim« zu diktieren.
mein neu errichtetes Atelierhaus – Das Haus in Berlin-Eichkamp, Kühler Weg 9, in dem Zweig von 1931 bis 1933 arbeitete (Architekt: Harry Rosenthal).
Venedig erst aus ihrem Herrschaftsbereich entließ – Die Niederlage von 1866 im österreichisch-italienischen Krieg und der Friede von Wien führten zum Verlust Venetiens an Italien.

116 *Klavierspiel zu überhören* – Zweig machte in seiner Bearbeitung des Essays keinen Gebrauch von Anna Freuds Hinweis in ihrem Brief vom 28. Juni 1948, daß Freud »durchaus nicht unempfindlich für die Störung durch Klavierspiel [war], im Gegenteil er hat es gehasst und es war einer der Gründe, warum er nie Wohnung wechseln wollte, aus Angst in einer neuen Wohnung könnte jemand über seinem Arbeits- oder Ordinationszimmer Klavier spielen. In der Berggassen Wohnung hat die Frau über uns zwar auch die ganze Zeit gespielt, aber auf der anderen Seite der Wohnung, was nicht gestört hat.« Vgl. auch S. 149.
den Heimwehrlern – Rechtsradikale Bewegung in Österreich mit militärischer Ausrichtung, hervorgegangen aus dem Zusammenschluß der Selbstschutzverbände, die von ehemaligen Frontkämpfern geleitet wurden.

117 *von Herrn von Papen und dessen Kumpanen* – Franz von Papen war am 1. Juni 1932 zum Reichskanzler ernannt worden. Die Regierung Papen, wegen ihrer Zusammensetzung auch »Kabinett der Barone« genannt, löste den Reichstag auf, beseitigte das Verbot der SA und erfüllte damit die Forderungen, die Hitler zur Tolerierung der Papen-Regierung erhoben hatte. Papen mußte am 2. Dezember 1932 zurücktreten. Anfang 1933 war er jedoch als Vertrauter Hindenburgs maßgeblich an dessen Verhandlungen mit Hitler beteiligt.

117 *die Parole »Gegen den Bolschewismus«* – Nach Lord Alfred Milner (1854–1925), britischer Außenminister in der Kommission zur Vorbereitung der Waffenstillstandsverhandlungen, sollte Deutschland als »Bollwerk gegen den russischen Bolschewismus« aufgebaut werden.

wie 1920 und '23 – Der am 13. März 1920 durch die Besetzung des Berliner Regierungsviertels ausgelöste Kapp-Putsch, brach nach einem Generalstreik der Gewerkschaften zusammen. Am 8. November 1923 versuchten die NSDAP und andere nationalistische Verbände unter der Führung von Hitler und Ludendorff, von München aus eine Rechtsdiktatur in Deutschland zu errichten. Der Putschversuch wurde von der bayerischen Landesregierung niedergeschlagen.

›den Bürgerkrieg zu vermeiden‹ – Hindenburg begründete am 2. Dezember 1932 seine Zustimmung zu einer Kanzlerschaft des bisherigen Reichswehrministers Kurt von Schleicher, der Franz von Papen ablöste, mit den Worten: »Ich bin zu alt geworden, um am Ende meines Lebens noch die Verantwortung für einen Bürgerkrieg zu übernehmen.«

Charles Mandel – Möglicherweise ist Georges Mandel gemeint, der 1917–1920 Staatssekretär des französischen Ministerpräsidenten Clémenceaus war. Er widersetzte sich als Kolonialminister (1938–1940) und als Innenminister der Kapitulation vor der Nazi-Politik (vgl. auch vierte Anm. zu S. 243).

118 *Vorträge in Prag, Bratislava und Wien* – Zweig hielt im Frühjahr 1933 mehrere Vorträge zu unterschiedlichen Themen in Wien (13. und 14. Februar, 1. und 27. April) und sprach am 29. März 1933 in Bratislava auf Einladung der Paneuropäischen Union über »Europa und die Nationen«. Bei einem gemeinsamen Vortragsabend mit Professor Otokar Fischer anläßlich des fünfzigsemestrigen Stiftungsfestes der Lese- und Redehalle jüdischer Hochschüler in Prag referierte Zweig am 20. Februar 1933 zum Thema »Antisemitismus heute«.

119 *»Verrückten von Berchtesgaden«* – Adolf Hitler besaß auf dem Berghof bei Berchtesgaden ein Haus und führte dort auch einen Teil seiner Verhandlungen. Der britische Premierminister Arthur Neville Chamberlain bezeichnete Hitler mehrfach als ›Halbverrückten‹.

»guter Österreicher allewege« – Nicht ermittelt.

119 *Einleitung zur Behandlung der Kriegsneurosen* – S. Freud, Zur Psychoanalyse der Kriegsneurosen. Wien 1919, S. 3–7 (Internationale Psychoanalytische Bibliothek, 1).
Brenner-Grenzwall – Vgl. dritte Anm. zu S. 53.

120 *Achse Berlin-Rom-Tokio* – Am 27. September 1940 besiegeltes Bündnis der drei faschistischen Staaten Deutschland, Italien und Japan.
Pater Schmidt – Noch im September 1934 vermutete Freud hinter dem Verbot der Zeitschrift »Rivista Italiana di Psicoanalisis«, das vom Vatikan ausgegangen sein soll, den Direktor des Päpstlichen Ethnologischen Museums Wilhelm Schmidt und sekretierte seine Beschäftigung mit dem »Moses«-Projekt, weil er vermutete, Schmidt könne alle psychoanalytischen Arbeiten in Wien verbieten lassen (vgl. Freud an AZ, 30. September 1934).
Justizpalast in Wien in Brand gesteckt – Aus Empörung über den Freispruch von drei Angehörigen eines Frontkämpfervereins, die angeklagt worden waren, bei Auseinandersetzungen mit dem Republikanischen Schutzbund zwei Menschen getötet zu haben, kam es am 15. und 16. Juli 1927 in Wien zu Arbeiterunruhen, bei denen der Wiener Justizpalast in Flammen aufging. Das brutale Vorgehen der Polizei gegen die Demonstranten forderte 90 Tote und 600 Verletzte.
Kommunistische Schutzbund – Vermutlich ist die in die Organisation der Sozialdemokratie Österreichs eingebundene militärisch geschulte Selbstschutztruppe, der Republikanische Schutzbund, gemeint, die die Republik vor revisionistischen Bestrebungen der Monarchisten und Faschisten schützen sollte. Sie wurde im März 1933 von der Regierung Dollfuß verboten.
Akademie Ranson – 1908 von Paul E. Ranson in Paris gegründete Malerschule. Beatrice Zweig studierte von Herbst 1932 bis Ende März 1933 in Paris.
Sekretärin – Lily Offenstadt.

121 *»Der Zahn ist wacklig ...«* – AZ an Beatrice Zweig, 11. März 1933: »Ich schreibe Dir bei funkelndem Wetter, Eichkamp ist so still wie je, aber ich kann mir nicht helfen: der Zahn ist lokker geworden, er wird ausfallen.« Dies war das vereinbarte Signal für eine notwendig gewordene Emigration.
unsere Schwestern – Ruth und Marie Zweig.
befreundete Kollegin – Nicht ermittelt.

121 *[Frau]* – Textlücke im Typoskript (AZA 1008) durch unvollständige Korrektur.

1. April … Boykott-Tag – Am 1. April 1933, einem Sonnabend, wurden auf Beschluß der NSDAP und unter dem Vorwand, einer antinationalsozialistischen Greuelhetze entgegenwirken zu wollen, jüdische Geschäfte in allen Teilen Deutschlands boykottiert. An den Grenzen wurden ›Sichtvermerke‹ verlangt, jüdische Reisende mußten die Züge verlassen und durften nur, wenn sie eine ausländische Staatsangehörigkeit hatten, weiterreisen.

Jüdischen Volksheim – Das von dem Arzt Siegfried Lehmann im Mai 1916 gegründete Volksheim befand sich in der Dragonerstraße im Berliner Scheunenviertel.

122 *Lion Feuchtwangers Sekretärin* – Lola Sernau.

123 *nach dem Münchener Verrat in die CSR einbrachen* – Als Folge des Abkommens von München (vgl. vierte Anm. zu S. 185) wurde das Sudetenland von deutschen Truppen im Oktober 1938 besetzt. Präsident Beneš trat zurück. Am 15. März 1939 wurde der Rest des tschechischen Staates in das deutsche Protektorat Böhmen und Mähren verwandelt, nachdem die Slowakei ein selbständiger faschistischer Staat geworden war.

von Amsterdam aus schrieb er mir – Frank Warschauer an AZ, 6. Oktober 1938.

Albert Einstein … bei einem Besuch in Princeton – Zweig besuchte Einstein am 19. Mai 1939 während seiner USA-Reise anläßlich des Internationalen Schriftstellertreffens. Zweig war mit Einstein bereits 1919 bekannt.

seine ehemalige Frau – Esther Warschauer-Idelson.

daß eine Zeitung davon bereits Notiz genommen – Über die Zurückweisung jüdischer Reisender in Bad Schandau auf der Strecke von Dresden nach Prag am 1. April 1933 wurde in den Zeitungen mehrfach berichtet. Einzelheiten, die auf Beatrice Zweig bezogen sind, ließen sich jedoch nicht ermitteln. – Auch Freuds Enkel Ernst Halberstadt mußte auf der Reise von Berlin nach Wien am 1. April 1933 in Bad Schandau den Zug verlassen, durfte aber als österreichischer Bürger weiterreisen (vgl. Freud, Kürzeste Chronik, S. 145).

124 *Schutzverband Deutscher Schriftsteller* – Zweig war seit 1914 Mitglied im SDS, wurde 1928 zweiter und 1929/30 erster Vorsit-

zender des Hauptvorstandes dieser gewerkschaftlichen Schriftstellerorganisation. Er trat 1930 von seinem Amt zurück, wandte sich aber in seinem Brief »An die Generalversammlung des SDS vom 31. 3. 1930« vehement gegen die Spaltung der Organisation. Egon Erwin Kisch wurde 1928 und 1930 als Beisitzer in den Hauptvorstand des SDS gewählt und war Oppositionsführer der 1924 gegründeten kommunistischen Fraktion im SDS. Seine Kritik an der Arbeit des Hauptvorstandes bezog sich insbesondere auf undurchsichtige finanzielle Transaktionen und den diktatorischen Führungsstil.

124 *als ich fünfzehn Jahre später* – Arnold und Beatrice Zweig verließen den neugegründeten Staat Israel, kamen am 22. Juli 1948 auf Einladung des tschechoslowakischen Informationsministeriums nach Prag und waren bis Mitte Oktober Gäste im Erholungsheim des Schriftstellerverbandes in Dobřiš. Am 18. Oktober traf Arnold Zweig in Berlin ein.

126 *Vaterländische Front* – Am 21. Mai 1933 von Engelbert Dollfuss begründete austrofaschistische Sammlungsbewegung gegen Parlamentarismus, Klassenkampf und gegen den Anschluß an Deutschland.

[Gemeinde] – Textlücke im Typoskript (AZA 1008) durch unvollständige Korrektur.

Herren Globke und Heusinger (Unternehmen Tannenbaum) – Hans Globke arbeitete als Ministerialrat im NS-Referat für Staatsangehörigkeitsfragen und schrieb den Kommentar zu den »Nürnberger Rassegesetzen«. Im Auftrage Adenauers baute er 1949 das neugeschaffene Bundeskanzleramt auf und war von 1953 bis 1963 als Staatssekretär tätig. – Mit dem Kennwort »Unternehmen Tannenbaum« wurden 1940 die Operationspläne der Wehrmacht für die Besetzung der Schweiz bezeichnet. Adolf Heusinger, der als Leiter der Operationsabteilung beim Oberkommando des Heeres für die Erarbeitung dieser Pläne mit verantwortlich war, wurde später militärischer Berater Adenauers beim Aufbau der Bundeswehr, deren Generalinspekteur er von 1957 bis 1961 war.

ein Rest wird bleiben – Jesaja 10, 21–22.

Logenbruder – Zweig gehörte der Jehuda-Halevi-Loge des Unabhängigen Ordens B'nai B'rith (hebr. – Söhne des Bundes) in Berlin an. Der Orden war 1843 in New York gegründet worden, um die Juden zur Förderung der höchsten und idealsten Güter der Menschheit zu vereinen. Auch Freud war Mitglied dieses Ordens.

127 *Studien über Heinrich von Kleist* – A. Zweig, Versuch über Kleist. In: Heinrich von Kleist, Sämtliche Werke. Bd. 1, München 1923, S. V–LVI.

»Regen. Kälte. Trostlos ...« – Zweig notierte am 12. Juni 1933 in seinen Kalender (AZA 2621): »Regen. Kälte. Trostlos, ein Emigrant zu sein. Lieber als nach Mailand führen wir nach Hause. Eichkamp wird noch lange unser zu Hause sein.«

Ernst Klossowski – Gemeint ist der Maler und Kunstschriftsteller Erich Klossowski, der sich seit längerem in Frankreich aufhielt, von 1933 bis 1949 in Sanary-sur-Mer wohnte und auch als Verfasser des Buches »Die Maler vom Montmartre« bekannt wurde.

den Amerikaner Seagrave – Gemeint ist vermutlich der amerikanische Schriftsteller William Buehler Seabrook, der 1932/33 in Sanary-sur-Mer wohnte und mit Marta und Lion Feuchtwanger bekannt war.

128 *gab dem Schriftsteller Leopold Schwarzschild ... recht* – Leopold Schwarzschild hatte in der Zeitschrift »Das Neue Tage-Buch« (Paris) vom 11. Januar 1936 erklärt, daß »als einziger aller materiellen und kulturellen Werte [...] die deutsche Literatur in ihrer Gänze [...] außerhalb des Reiches und außerhalb seines zerrüttenden Einflusses erhalten« werden kann. Eduard Korrodi warf daraufhin in der »Neuen Zürcher Zeitung« (26. Januar 1936) Schwarzschild vor, er identifiziere »die deutsche Literatur mit derjenigen jüdischer Autoren«. Außerdem sei »doch vor allem die Romanindustrie und ein paar wirkliche Könner und Gestalter von Romanen« ausgewandert. – Thomas Mann wies Korrodi in einem am 3. Februar in der »Neuen Zürcher Zeitung« veröffentlichten Brief nach, daß dieser selbst die Emigrantenliteratur mit der jüdischen verwechselt habe. Sein Bekenntnis zum Exil, das Thomas Mann in diesem Brief abgab, führte zu seiner Ausbürgerung aus Deutschland.

Briefe Freuds an ihn – S. Freud, Briefe an Arthur Schnitzler. Hrsg. von Heinrich Schnitzler. In: Die Neue Rundschau. Frankfurt/M. 66 (1955), S. 95–106.

meine Sekretärin mit ihrem Verlobten – Lily Offenstadt und Hans Leuchter.

128 *»Die Fortschritte der Naturwissenschaften ...«* – Aus A. Zweig, Bilanz der deutschen Judenheit 1933, Abschnitt 27 d. Freud und die Psychoanalyse (vgl. auch zweite Anm. zu S. 10).

130 *den Widerstand der stumpfen Welt* – Vgl. Anm. zu S. 14.

131 *Kurt Tucholsky ... die Überschrift: ›Elf Bände, die die Welt erschütterten‹* – Die Rezension Tucholskys, deren Titel auf John Reeds »10 Tage, die die Welt erschütterten« anspielte, erschien im Wiener »Almanach der Psychoanalyse 1932« (S. 13–14) als Teilnachdruck der Sammelrezension »Auf dem Nachttisch« von Peter Panter aus der »Weltbühne« vom 5. Mai 1931. – Noch die vorletzte Fassung von Zweigs »Freundschaft mit Freud«, 1962, enthielt ein umfangreiches Zitat aus dieser Rezension, das erst bei der Schlußbearbeitung gestrichen wurde.

132 *Harzburger Front* – Vgl. zweite Anm. zu S. 84.

133 *Hitler, ... dessen falsches Deutsch* – Feuchtwangers Charakterisierung der Nazis als dumm und Hitlers als sprachlich minderbemittelt ist in seinen Werken weit verbreitet und manifestierte sich nicht zuletzt in der mehrfach variierten Äußerung, »unter den 164 000 Worten, die Hitlers Buch ›Mein Kampf‹ enthält, befänden sich 164 000 Verstöße gegen die deutsche Grammatik oder die deutsche Stillehre« (zuerst in: Frankfurter Zeitung vom 18. 3. 1928).

»Gesetze zum Schutze des deutschen Blutes und der deutschen Ehre« – Die am 15. September 1935 erlassenen »Nürnberger Gesetze« (Reichsbürgergesetz und Blutschutzgesetz) beinhalteten Strafen und Verordnungen im Umgang von jüdischen und deutschen Bürgern. Damit begann die offene organisierte und systematische Verfolgung der Juden im NS-Staat.

Nicht-Tausend-Pfund-Kapitalisten – Am 13. April 1933 hatte im britischen Unterhaus eine Debatte stattgefunden, die sich auch mit der Problematik der Juden in Deutschland und ihrer Auswanderung beschäftigte. Danach war vorgesehen, 1000 Einwanderungszertifikate in das Mandatsgebiet Palästina an jüdische Arbeiter zu vergeben. Juden, die mindestens 1000 Englische Pfund Kapital hatten, erhielten ohne irgend eine Rückfrage bei übergeordneten Stellen von den englischen Paßstellen Einwanderungserlaubnisscheine. – Zweig kam mit einem ›Kapitalisten-Visum‹ nach Palästina.

133 *Revisionisten* – Die Revisionistische Partei Wladimir Jabotinskys, die den Anspruch verfolgte, »Palästina auf beiden Seiten des Jordan« zu errichten, wurde 1925 als Reaktion auf die Abtrennung Transjordaniens vom britischen Mandat und die Errichtung des Königreichs Jordanien gegründet.

134 *Jüdisches Lexikon* – Jüdisches Lexikon. Ein enzyklopädisches Handbuch des jüdischen Wissens. Begründet von Dr. Georg Herlitz und Dr. Bruno Kirschner, Berlin 1930.

135 *ihre Schwester* – Marie Zweig, auch Miriam beziehungsweise Jam genannt.

Fälschung des Herrn Goebbels – In einer Rundfunkrede am 31. März 1933 hatte Joseph Goebbels, möglicherweise in Vorbereitung des Boykott-Tages am 1. April 1933, berühmte jüdische Wissenschaftler und Künstler verunglimpft und dabei auch eine Äußerung des »Schriftstellers Zweig über Rathenau« aus dem Zusammenhang gerissen zitiert. Arnold Zweig waren Goebbels' Rede und Stefan Zweigs in mehreren Zeitungen gedrucktes Dementi spätestens seit dem 4. April 1933 bekannt (Kalender 1933, AZA 2621). Der Text seines Demetis ließ sich bislang nicht ermitteln. Anfang November 1933 verfaßte Zweig einen »Bericht in Sachen Zw[eig]«, in dem es hieß: »In der Nacht zum Boykott-Tag benutzte Herr Goebbels ein geschickt und irreführend herausgeschnittenes Zitat aus meinem Aufsatz über Rathenau von 1922 [Weltbühne, 3. 8. 1922], um gegen mich Stimmung zu machen. Aus dem gleichen Aufsatz verwandte er ebenfalls falsch bezogene und aus dem Zusammenhang gerissene Stellen in einer großen Rede auf dem Partei-Tag in Nürnberg.« (AZA 2545)

Korrekturarbeit an »Bilanz« … in Paris – In Paris, wo er sich vom 19. Oktober bis 13. Dezember 1933 aufhielt, arbeitete Zweig mit der ebenfalls aus Deutschland emigrierten Hannah Arendt an seinem Buch »Bilanz der deutschen Judenheit 1933«, das 1934 in Amsterdam erschien. Lily Offenstadt war für einige Wochen nach Deutschland zurückgekehrt, Beatrice Zweig und die beiden Söhne fuhren am 29. September 1933 nach Palästina.

Briefwechsel … »Warum Krieg?« – Albert Einstein und Sigmund Freud, Warum Krieg? (Ein Briefwechsel). Paris, Internationales Institut für geistige Zusammenarbeit, Völkerbund 1933 (in 2000 Exemplaren). Die Publikation erschien im März 1933 in drei Sprachen. Ihre Verbreitung in Deutschland wurde verboten.

136 *Völkerbund ... Hitlerreich* – Deutschland trat im Oktober 1933 aus dem Völkerbund aus.

Kefije – Arabische Kopfbedeckung.

137 *Kameradin meiner Frau* – Nicht ermittelt.

138 *Aufgabe ... »Erziehung vor Verdun«* – Zweig begann mit den letzten Vorbereitungen sofort nach seiner Ankunft in Palästina. Mehr als 1 000 Seiten Restmanuskript aus der Arbeit an den beiden bereits erschienenen Romanen des Zyklus »Der große Krieg der weißen Männer« – »Der Streit um den Sergeanten Grischa« (1927) und »Junge Frau von 1914« (1931) – waren zu sichten. Zweig begann das Diktat von »Erziehung vor Verdun« am 21. März 1934 und schloß die Arbeit am Manuskript am 17. April 1935 ab. Der Roman erschien im August 1935 im Querido Verlag, Amsterdam.

ein viel zu langes Manuskript ... Bühne zu errichten – Vgl. fünfte Anm. zu S. 59.

jener Scheiterhaufen – Freuds Schriften wurden am 10. Mai 1933 auf dem Opernplatz mit dem ›Feuerspruch‹: »Gegen zersetzende Überschätzung des Trieblebens [...]« verbrannt. Zweigs Werke standen bereits im April 1933 auf der »Schwarzen Liste des ›Kampfausschusses wider den undeutschen Geist‹«, der die »Säuberung« der Bibliotheken organisierte und die Bücherverbrennung in Berlin vorbereitete. Zudem erschien sein Name auf der Liste der zwölf Autoren, die der Börsenverein der deutschen Buchhändler als besonders schädigend für das deutsche Ansehen bezeichnete.

139 *Enzyklopedia Britannica* – Encyclopaedia Britannica. A dictionary of arts, sciences, literature and general information. 11th edition. Bd. 1–29, Cambridge 1910–1911.

Grand Larousse Illustré – In Zweigs Nachlaßbibliothek findet sich der »Nouveau Larousse illustré« Teile 1–7, Suppl. Paris (ca. 1900–1908).

elf Bände der Gesammelten Schriften – Die Bände 1 bis 11 von Freuds »Gesammelten Schriften« erschienen zwischen 1924 und 1928 im Psychoanalytischen Verlag Leipzig, Wien, Zürich. Der Band 12 wurde 1934 publiziert.

141 *Ist das wirklich neun Jahre her?* – Es waren sieben Jahre vergangen.

141 *meinen Palästinapaß* – Zweig erhielt am 21. Juli 1936 in Jerusalem einen »British Passport Palestine«. Er galt nach zweijährigem Aufenthalt im Mandatsgebiet als palästinensischer Staatsbürger. Zweig war am 29. Februar 1936 aus Deutschland ausgebürgert worden. Freud beging seinen 80. Geburtstag am 6. Mai 1936.

142 *schwäbische Templer* – Die Templergesellschaft, 1861 von Christian Hoffmann in Württemberg als lutherische Religionsgemeinschaft gegründet, errichtete Siedlungen in Palästina, Rußland und den USA. In Palästina lebten etwa 1 500 Templer zumeist in städtischen Wohnbezirken.

143 *ein gebundenes Exemplar dieser Korrekturbögen* – Das Exemplar (AZA 2830) enthält die handschriftliche Widmung Lion Feuchtwangers: »Dem guten Freund und Kameraden Arnold Zweig [/] Lion Feuchtwanger [/] Sanary, Okt. 36«.

fünf großen Krankengeschichten – Der achte Band der »Gesammelten Schriften« trägt den Titel »Krankengeschichten« und enthält: »Bruchstück einer Hysterieanalyse«, »Analyse der Phobie eines 5jährigen Knaben«, »Über einen Fall von Zwangsneurose«, »Psychoanalytische Bemerkungen über einen autobiographisch beschriebenen Fall von Zwangsneurose«, »Aus der Geschichte einer infantilen Neurose«.

144 *Dr. Gerson ... mit einer Diät* – Dr. Max Gerson, Meine Diät. Ein Ratgeber für Kranke und Gesunde, Berlin 1930. In Zweigs Nachlaß ist ein undatierter Speiseplan »Gerson Kur« mit hs. Zusätzen von Arnold und Beatrice Zweig überliefert. – Bei seinen Berliner Aufenthalten vor 1933 behandelte Gerson seine Patienten in der Praxis von Zweigs Hausarzt, Franz Karl Meyer-Brodnitz.

Neffen des Bundeskanzlers ... Dollfuß ... geheilt – Nicht ermittelt.

Ermordung des Bundeskanzlers – Engelbert Dollfuß fiel am 25. Juli 1934 einem Attentat im Zusammenhang mit dem gescheiterten nationalsozialistischen Putsch zum Opfer.

145 *befreundeten elsässischer Bankier* – Vermutlich Walter Treuherz, der Zweig in Paris in Verlags- und Finanzangelegenheiten beriet.

Pardessim – Plural von pardess (hebr.) Citrusplantage.

mein Dankbrief – Der Zweig-Nachlaß enthält keinen Durchschlag dieses Schreibens.

146 *Mein Bruder* – Hans Rudolf Zweig.

147 *den eigentlichen Autor der Shakespearischen Werke entdeckt* – John Thomas Looney, »Shakespeare« Identified in Edward de Vere, the 17th Earl of Oxford (1920); Gerald H. Rendall, Shakespeare's sonnets and Edward de Vere (1930).

149 *ob ihn nicht eine Pianistin bei der Arbeit störe* – Vgl. erste Anm. zu S. 116.

der Karl Marx-Hof mit Geschützen beschossen – Eine der wesentlichen Zielsetzungen der seit 1932 amtierenden Regierung Dollfuß war die Ausschaltung der österreichischen Sozialdemokratie. Nachdem bereits im März 1933 der Republikanische Schutzbund verboten worden war, setzten im Februar 1934 Durchsuchungen sozialdemokratischer Parteiheime nach Waffen ein. Gruppen des Schutzbundes leisteten dagegen Widerstand, am 12. Februar 1934 kam es in den Arbeitervierteln zu bewaffneten Kämpfen, jedoch wurde der Aufruf zum Generalstreik nicht befolgt. Am 14. Februar war der Widerstand endgültig niedergeschlagen worden. Standgerichte verurteilten neun Schutzbündler zum Tode. Die Sozialdemokratische Partei Österreichs wurde für aufgelöst erklärt, ihre Mandate annulliert. Österreich wurde ein autoritärer Ständestaat. – Die Wiener Ereignisse verfolgte Zweig in Haifa sehr aufmerksam. Nach der Niederschlagung des Aufstandes notierte er betroffen eine »Wiener Totenliste: 1730 Sozialisten, 200 Soldaten« (Kalender 1934, AZA 2622).

150 *bei Ernest Jones* – »Im Juli unterzog sich Freud zwei ungewöhnlich schmerzhaften Operationen, und zum erstenmal seit dem ursprünglichen Befund von 1923 fand man nun wieder eindeutig das Vorhandensein von Krebs.« (Jones, Bd. III: Die letzte Phase 1919–1939, S. 229.)

Kongreß der Internationalen Psychoanalytischen Vereinigung – 1936 und 1938 fanden psychoanalytischen Kongresse in Marienbad und Paris statt. Freud hatte letztmalig im September 1922 in Berlin an einem Kongreß teilgenommen und ließ sich seitdem von seiner Tochter Anna vertreten.

einen Siegelring – Als Zeichen seiner Zuneigung und seines Vertrauens verschenkte Freud an das ›Komitee‹, jenen Kreis der engsten Mitstreiter in den Anfangsjahren der Psychoanalyse, und später an andere enge Freunde und Mitarbeiter wertvolle

Ringe, die zugleich auch eine besondere Bindung an die psychoanalytische Bewegung symbolisierten.

151 *nach zwei europäischen Monaten* – Zweig war nach seiner Augenbehandlung und Besuchen bei Freud Mitte August von Wien kommend zur Erholung an die oberösterreichischen Seen gefahren. Er traf Anfang September 1936 über Salzburg, Zürich und Genf reisend in Sanary-sur-Mer bei Feuchtwanger ein, sah dort auch Thomas Mann, René Schickele und Ernst Toller. Mitte Oktober hielt er sich zu erneuten ärztlichen Konsultationen in Wien auf und besuchte kurz vor seiner Abreise am 22. Oktober Freud in der Berggasse.

Jewish Agency – Die jüdische Verwaltung unter der britischen Mandatsmacht in Palästina.

die beiden nationalen Fonds – Der Keren Kajemeth Lejisrael (hebr. – beständiger Fonds für Israel), der Jüdische Nationalfonds, wurde 1901 auf dem 5. Zionistenkongreß gegründet. Sein Zweck war der Erwerb von Grund und Boden in Palästina als Eigentum des jüdischen Volkes und die Besiedlung des erworbenen Landes mit Juden. Seit der Gründung des Keren Hajessod 1920 (hebr. – Palästina-Grundfonds), der die Kosten für die Einwanderung, die Vorbereitung der Kolonisation, die Erziehung, die Kultur und das Sanitätswesens decken sollte, widmete sich der Nationalfonds ausschließlich dem Bodenerwerb und der ersten Amelioration.

152 *Haganah* – (hebr.) Selbstwehr, Verteidigung. Die jüdische Selbstschutzorganisation ging aus einer 1909 gegründeten Schutztruppe »Haschomer« (hebr. – Wächter) hervor und spielte besonders in der Mandatsperiode als halblegale Organisation eine wichtige Rolle. Aus ihr entstand die israelische Armee.

Kampf um die Landnahme – Josua 3 und 6.

eigentlich stammesverwandter Männer – Die Herkunft der Hamiten (im Norden und Nordosten Afrikas) und der Semiten (in Vorderasien und Nordafrika) wird auf die beiden Söhne Noahs, Cham und Sem, zurückgeführt.

unser Hausarzt – Dr. Franz Karl Meyer-Brodnitz.

Bürgerkrieg auf der Iberischen Halbinsel – Gegen den Wahlsieg der Volksfront in Spanien im Frühjahr 1936 unternahmen spanische Generäle einen Militäraufstand, der am 19. Juli den spanischen Bürgerkrieg auslöste. Seit September 1936 existierte die

Volksfrontregierung unter Largo Caballero. Das Kabinett Negrín wurde im Mai 1937 gebildet.

152 *die schon bezahlten Flugzeuge der Volksfront in Frankreich festhielt* – Die französische Volksfrontregierung unter Léon Blum hatte der spanischen Republik zunächst die Lieferung von Militärflugzeugen zugesagt, nahm dies jedoch kurz darauf zurück und vertrat offiziell eine Politik der Nichteinmischung, die das Verbot von Waffenlieferungen und des Transits von Waffentransporten einschloß. Die bereits zugesagten 50 Flugzeuge wurden später geheim nach Spanien überführt.

Spanische Ausstellung aus dem Prado – Um während des Bürgerkriegs die Kunstschätze des Prado vor der Zerstörung zu bewahren, wurden sie nach Genf ausgelagert und 1939 in einer weltweit beachteten Ausstellung gezeigt.

153 *Bogen seiner Zeitschrift Imago* – Zwei Teile aus Freuds Buch »Der Mann Moses und die monotheistische Religion« wurden 1937 in der Zeitschrift »Imago« vorabgedruckt: »Moses ein Ägypter« im Heft 1, »Wenn Moses ein Ägypter war« im Heft 4. In Zweigs Nachlaß finden sich keine Sonderdrucke aus der »Imago«. – Freud hatte über sein Vorhaben erstmals in einem Brief an Zweig vom 30. September 1934 berichtet. Die Vorlesung aus dem »Moses«-Manuskript erfolgte bereits im Jahr zuvor, am 18. August 1936 (vgl. Freud, Kürzeste Chronik).

154 *Abhandlungen ... Schillers und Goethes, David Friedrich Strauß' und Thomas Manns* – Schiller, Die Sendung Moses (1790); Goethe, Israel in der Wüste (1797); Strauß, Das Leben Jesu kritisch betrachtet (1835/36); Th. Mann, Josephstetralogie (1933–1943).

155 *»Wie ein knorriger und feinblättriger Ölbaum ...«* – Im Nachlaß unter dem ursprünglichen Titel »Emigrationsliteratur / 1. Freuds Moses« (AZA 1927). Das Typoskript wurde an die Redaktion der Zeitschrift »Das Neue Tage-Buch« übersandt. Ein Abdruck ist nicht bekannt.

Während unsereiner von ihm ... gewarnt wurde – Am 11. August 1933 schrieb Zweig aus Sanary-sur-Mer an Helene Weyl: »Nach den Bücherverbrennungen bin ich dann nicht mehr zurückgefahren, was ich eigentlich stets wollte, leichtsinnig und wißbegierig, wie ich nun mal bin. Freud war es, der an diesem Entschluß den stärksten Anteil hatte. Er ist ein herrlicher alter Mann.« Freud nahm zwei Jahre später in einem Brief selbst Bezug auf seinen Anteil an der Rettung Zweigs: »Sie wissen, ich bilde mir ein, meine Warnung hätte Sie abgehalten nach Berlin zurückzugehen, und ich bin noch immer stolz darauf, und jetzt ist es erst recht sicher, daß Sie nie in die Nähe einer deutschen Grenze kommen dürfen. Es wäre schade um Sie.« (Freud an AZ, 23. September 1935)

155 *Sturz der Arbeiterregierung, 1934* – Im Verlauf der Februarkämpfe 1934 (vgl. zweite Anm. zu S. 149) wurde der Wiener sozialdemokratische Bürgermeister Seitz gewaltsam aus dem Rathaus entfernt und durch einen Bundeskommissionär ersetzt.

die menschengestaltigen Pinguine – Anspielung auf Anatole France, Die Insel der Pinguine (1908).

156 *›historischen Roman‹* – So bezeichnete Freud selbst das »Moses«-Projekt in seinem Brief vom 30. September 1934 an Arnold Zweig.

157 *›Knechte waren wir ...‹* – Nach 5. Mose 5, 15: »Denn du sollst daran denken, daß auch du Knecht in Ägyptenland warst.«

159 *mit Sellin* –Ernst Sellin, Mose und seine Bedeutung für die israelitisch-jüdische Religionsgeschichte (1922).

die neue Ausgabe der gesammelten Werke – Sigmund Freud, Gesammelte Werke. Chronologisch geordnet (Unter Mitwirkung von Marie Bonaparte, Prinzessin Georg v. Griechenland, hrsg. von Anna Freud, Edward Bibring u. a.). – Im März 1936 waren die in Leipzig lagernden Bestände des Internationalen Psychoanalytischen Verlags beschlagnahmt worden. Die restlichen Exemplare der »Gesammelten Schriften« wurden zwei Jahre später bei der Liquidation des Verlages in Wien vernichtet. Daraufhin begannen im Herbst 1938 mit Hilfe einer Spende von Marie Bonaparte im neu gegründeten Londoner Verlag Imago Publishing Co. die Arbeiten zu einer neuen Ausgabe der gesammelten Werke. Die ersten Bände erschienen 1941, die Ausgabe umfaßt inzwischen 18 Bände zuzüglich eines Nachtragsbandes.

160 *Vertreter des traditionstreuen Judentums* – Freud berichtete in dem Brief an Zweig vom 28. Juni 1938 über den »Brief eines jungen jüdischen Amerikaners«, in dem er gebeten werde, »den armen, unglücklichen Volksgenossen nicht den einzigen Trost zu rauben, der ihnen im Elend geblieben ist« (vgl. auch Freud an Charles Singer vom 31. Oktober 1938, in: S. Freud, Briefe

1873–1939, S. 445–455). Zudem erhielt Freud Besuch von dem bekannten hebräischen Alttestamentler Abraham S. Yahuda, der die gleiche Bitte äußerte (vgl. Jones, Bd. III, S. 277).

160 *von dem jüdischen Institut für Kulturforschung in Wilna* – Zweig spielte hier möglicherweise auf den Besuch Jacob Meitlis, des Vorsitzenden der Londoner Abteilung des Yiddish Scientific Institute (YIVO) 1938 an, von dem auch Jones berichtet, einer Meldung in der Londoner Zeitung »Jewish Frontier« vom September 1951 folgend.

161 *18. Kapitel* – Das Kapitel trägt im T (AZA 1008) die hs. Datierung der Niederschrift (IL): »10. 4. 62«.

unsere alten Zimmer – Zweig wohnte in Paris im Hôtel Madison Elysée in der rue Galilée.

Weltausstellung des Jahres 1937 … – Das Gelände der Pariser Weltausstellung »Kunst und Technik im Leben der Gegenwart« umfaßte im wesentlichen das Marsfeld mit dem Eiffelturm bis zum Trocadero sowie die anschließenden Uferzonen der Seine.

keine Assoziationen an Bert Brecht – Die 1. Fassung von Brechts »Leben des Galilei« entstand 1938. Das Stück wurde 1943 in Zürich uraufgeführt.

162 *Maginotlinie* – Nach André Maginot (1877–1932) benannte militärische Befestigungslinie, die von 1929 bis 1932 im französisch-deutschen Grenzgebiet erbaut wurde.

Attentat in Marseille – Alexander I. fiel einer kroatisch-mazedonischen Verschwörung zum Opfer und wurde am 9. Oktober 1934 zusammen mit dem französischen Außenminister Jean Louis Barthou bei einem Staatsbesuch in Frankreich ermordet.

Hause, von Le Corbusier erbaut – Le Corbusier, dessen Pavillon de l'Esprit Nouveau auf der Pariser Kunstgewerbeausstellung 1925 für Aufregung gesorgt hatte, erhielt keinen Auftrag für die Weltausstellung 1937. Er errichtete aber außerhalb des Geländes eine zeltähnliche Konstruktion und stellte im Inneren dieses Pavillon des Temps Nouveaux seine Modelle der Zukunftsstadt aus.

163 *einer großen deutschen Freiheitsbibliothek* – Anläßlich des ersten Jahrestages der nationalsozialistischen Bücherverbrennung wurde am 10. Mai 1934 die »Bibliothek der verbrannten Bücher« in Paris eingeweiht. Dem Präsidium der Freiheitsbibliothek, die sich zur Aufgabe stellte, umfangreiche von den Nazis verbo-

tene Buchbestände zu sichern, gehörten Heinrich Mann, André Gide, Romain Rolland, Herbert G. Wells und Lion Feuchtwanger an.

163 *Brecht, »Die Gewehre der Frau Carrar«* – Das 1937 im Exil entstandene Stück wurde am 16. und 17. Oktober 1937 von einer Schauspieler-Truppe deutscher Emigranten in Paris unter der Regie von Slatan Th. Dudow (1903–1963) uraufgeführt.

Studie über Edgar Allen Poe – Marie Bonaparte, Edgar Poe. Psychoanalytische Studie. Aus dem Franz. v. Fritz Lehner. (3 Bände) Wien 1934.

Gesamtausgabe E. A. Poes – Edgar Poes Werke. Übersetzt von Hedda Moeller-Bruck u. Hedwig Lachmann. (5 Bände) Minden 1914–1922.

Poes Gedichte in der Tauchnitz-Ausgabe – Poems and essays by E. A. Poe. Edited by John H. Ingram. Leipzig (B. Tauchnitz) 1884. – Von Arnold Zweig sind keine Poe-Übersetzungen bekannt.

Gedicht »Ulalume« ... Übersetzung von Hedwig Lachmann – In der 1. Strophe von Poes Text heißt es: »It was night in the lonesome October [/] Of my most immemorial year.« Hedwig Lachmann übersetzte: »Es war Oktober und nächtig [/] An einem unseligen Ort.«

164 *seines Bruders* – Napoléon I.

165 *Forschungs-Bericht oder Über den wahren Urheber der Psychoanalyse* – Unter dem Titel »Zwei Deckerinnerungen (›jung‹ und ›Adler‹) und der Urheber der Psycho-Analyse« wurden am 29. April 1937 zwei Texte diktiert, die Zweig als Typoskript-Exemplare mit dem Brief vom 1. Mai 1937 Freud übersandte: 1. Über die Verfasser von »Göthes« Werken, 2. Über den Urheber der Psychoanalyse. Anläßlich des 82. Geburtstags von Freud gedruckt unter dem Titel »Forschungs-Bericht« in: Die neue Weltbühne. 34 (1938) 18, S. 563–565.

Henko Schulz – Anspielung auf Harald Schultz-Hencke, den Begründer der Neo-Psychoanalyse.

Listen – Thomas Mann überreichte Freud am 8. Mai 1936 anläßlich des 80. Geburtstages des »Professors« eine Dankadresse, die von 197 Schriftstellern und Künstlern unterzeichnet worden war.

168 *19. Kapitel* – Das Kapitel trägt im T (AZA 1008) die hs. Datierung der Niederschrift (IL): »12. 4. 62«.

168 *meiner in alles eingeweihten Sekretärin* – Lily Leuchter, geb. Offenstadt.

169 *Novellenmanuskript ... Margarete Berger* – In Zweigs Nachlaß ist kein solches Manuskript überliefert. Im Mai 1955 erschien im Londoner Verlag Gollancz von Margareta Berger-Hamerschlag »Journey into a fog«.

ausgezeichneten Architekten – Josef Berger.

»Komm nur ja ins British Museum ...« – Ein Brief dieses Inhalts ist im Nachlaß nicht enthalten.

kleine Hannah – Hannah Marsh.

170 *Mervede Plein* – Mervede Plein 3 befand sich die Amsterdamer Wohnung von Ruth Toby.

auch im freien Holland bildete sich eine SA – Innerhalb der von Anton Mussert 1931 gegründeten »Nationaal-Socialistische Beweging« wurden auch sogenannte »Wehrabteilungen« (WA) aufgebaut.

in der Keizersgracht – Das Haus des Querido Verlags lag in der Amsterdamer Keizersgracht 333.

171 *»Kanonen statt Butter«* – Görings Ausspruch lautete ursprünglich: »Kanonen machen uns mächtig, Butter macht uns nur fett.«

die Neue Zürcher Zeitung bestritt unsere Darstellung – Vgl. erste Anm. zu S. 128.

Alle jüdischen Mitglieder der Gesellschaft für Psychotherapie hatten sich längst aus den Grenzen des Dritten Reiches entfernt – Jones berichtet, daß er am 1. Dezember 1933 eine Sitzung der Deutschen Psychoanalytischen Gesellschaft geleitet hatte, in der die wenigen zurückgebliebenen Juden ihren Austritt erklärten, um die Gesellschaft vor der Auflösung zu retten. 1936 wurde sie in die Deutsche Allgemeine Ärztliche Gesellschaft für Psychotherapie eingegliedert, deren Präsident Matthias Göring war.

Eine nichtjüdische Psychologie wurde der jüdischen gegenübergestellt – C. G. Jung, seit 1933 Präsident der internationalen Allgemeinen Ärztlichen Gesellschaft für Psychotherapie, unterschied in dem 1934 erschienenen Artikel »Zur gegenwärtigen Lage der Psychotherapie« zwischen dem ›arischen‹ und dem ›jüdischen‹ Unterbewußten. Daraus erklärte sich für ihn »der schwere Fehler der bisherigen medizinischen Psychologie [...], daß sie die jüdischen Kategorien, die nicht einmal für alle Juden verbindlich sind, unbesehen auf den christlichen Germanen oder

Slawen verwandte. Damit hat sie nämlich das kostbarste Geheimnis des germanischen Menschen, seinen schöpferisch ahnungsvollen Seelengrund als kindisch-banalen Sumpf erklärt.«

171 *Vetter Hermann Görings* – Matthias H. Göring.

die Schweizer hatten sich aufs heftigste ... gewehrt – Der Schweizer Psychoanalytiker Gustav Bally (1893–1966) beispielsweise erhob in seinem Aufsatz »Deutschstämmige Psychotherapie« in der Neuen Zürcher Zeitung (27. 2. 1934) Protest gegen C. G. Jungs Unterscheidung zwischen »der germanischen und der jüdischen Psychologie« im Geleitwort zum »Zentralblatt für Psychotherapie« (Dezember 1933) und verurteilte sein Abweichen vom Prinzip der wissenschaftlichen Neutralität.

172 *Jones seinen alten Bekannten im Home Office ...* – Jones berichtet, daß er William Bragg, dem Präsidenten der Royal Society, gegenüber, die Spuren der Folter an den Körpern der aus den Konzentrationslagern Entlassenen erwähnte. Jones hatte Bragg aufgesucht, um von ihm ein Empfehlungsschreiben für den damaligen Innenminister Samuel Hoare zu erhalten, mit dem Jones im gleichen Eislauf-Club war.

Chamberlain nach Godesberg – Vgl. vierte Anm. zu S. 185.

20. Kapitel – Das Kapitel trägt im T (AZA 1008) die hs. Datierung der Niederschrift (IL): »17. 4. [1962]«.

endgültige Fassung meines Schauspiels »Bonaparte in Jaffa« – Der Nachlaß enthält neun Fassungen des Stückes bis 1954. Freud erhielt 1934 die erste Fassung (vgl. Freud an AZ, 20. Oktober 1934), blieb aber an den weiteren Bearbeitungsstufen interessiert. Der Regisseur Gustav Hartung plante im Frühjahr 1938 eine Aufführung des Stückes in Basel. Auch diese Fassung sollte Freud erhalten (vgl. AZ an Freud, 30. Januar – 10. Februar 1938).

»jeckischen« – Jecke: In Palästina Bezeichnung für die jüdischen Einwanderer aus Deutschland. Die Herkunft des Wortes ist umstritten, möglicherweise Ableitung von Jacke, Jackett der westlichen Juden im Gegensatz zum Kaftan der osteuropäischen Juden.

173 *Wafdpartei* – Wafd (arab.) Abordnung. Die Partei der ägyptischen Mittel- und Großbourgeoisie und der liberalen Grundbesitzer bestand von 1918 bis 1953. Ihr Name bezieht sich auf die Delegation, die 1921 in London für Ägypten die staatliche Unabhängigkeit forderte.

173 *zweiten Teil des »Mannes Moses«* – Vgl. Anm. zu S. 153.

174 *Antisemitismus … unter Lueger … Stadträson* – Vgl. dritte Anm. zu S. 32.

Aufsätze des britischen Archäologen Garstang … und seines Sohnes, des Geologen – In Zweigs Freudbuch-Materialien befindet sich ein Zeitungsausschnitt »Eine neue Erklärung des Auszuges aus Aegypten« (AZA 1030, 17) aus dem »Pressecho« (Anfang April 1943). Darin wurden Abschnitte aus John Garstangs Buch »The story of Jericho« (London 1940) zitiert, dessen Schlußkapitel sein Sohn John Bergès Eustace Garstang verfaßt hatte.

175 *Kein Wort seines Briefes* – Freud an AZ, 20. Dezember 1937. – Die gedruckte Widmung im Roman »Einsetzung eines Königs« lautet: »Für Sigmund Freud«.

»Das Eis bricht« – Der vorletzte Teil des Romanzyklus' »Der große Krieg der weißen Männer« blieb Fragment. Im Nachlaß ist eine umfangreiche Sammlung mit Notizen, Figurencharakteristiken, Dialog- und Kapitelentwürfen und eine Dokumentensammlung überliefert.

Hatte Schuschnigg … vernünftig gehandelt … – Bundeskanzler Schuschnigg und sein Außenminister Schmidt trafen sich am 12. Februar 1938 auf dem Berghof bei Berchtesgaden mit Adolf Hitler, der ihnen das Ultimatum stellte, eine Amnestie für alle österreichischen Nationalsozialisten zu erlassen und den Nationalsozialisten Seyss-Inquart zum Sicherheitsminister mit unumschränkter Polizeigewalt zu ernennen. Nachdem Bundespräsident Miklas unter Hinweis auf die von Hitler zugesicherte Autonomie Österreichs dem Ultimatum zugestimmt hatte, ließ Schuschnigg für den 13. März 1938 eine Volksabstimmung ausrufen, die jedoch unter massivem Druck aus Berlin verboten wurde. Seyss-Inquart rief am 11. März 1938 eine provisorische Regierung aus, die Deutschland um Truppenunterstützung bat. Bereits kurz zuvor war in Berlin der Befehl zum Einmarsch gegeben worden. Schuschnigg trat zurück.

176 *Nürnberger Prozesse* – Die Nürnberger Prozesse gegen die Hauptkriegsverbrecher begannen am 20. November 1945 und endeten mit den Urteilen vom 30. September und 1. Oktober 1946. Die Einzelheiten über die Besitzergreifung Österreichs wurden aus den Aufzeichnungen Kurt von Schuschniggs, General Jodls sowie den Aussagen General Keitels, Papens und des

Gauleiters von Kärnten vor dem Nürnberger Gericht rekonstruiert.

176 *Verfasser einer ... Kulturgeschichte Europas* – Egon Friedell, Kulturgeschichte der Neuzeit. Die Krisis der europäischen Seele von der schwarzen Pest bis zum Weltkriege. (3 Bände) München 1927–1931.

Paul Grünbaum – Gemeint ist der durch seine Doppelconférencen berühmt gewordene österreichische Kabarettist Fritz Grünbaum.

177 *»Psychologisch bin ich ...«* – Auszüge aus der übersetzten Einleitung zu Martin Freud, Parole d'honneur. A novel, London 1939 (Exzerpt und Übersetzung im Freudbuch-Material – AZA 1030, 6).

179 *Im Hause Freud ...* – So berichtet Ernest Jones, der in dieser Zeit zu Gast in Wien war.

180 *Hebräische Universität* – Sie wurde 1918 in Jerusalem von Judah Leib Magnes begründet und 1925 eingeweiht. Freud war anfangs neben Einstein und Lord Balfour Mitglied ihres »Board of Governors«.

zu seinen beiden ins Hebräische übersetzten Arbeiten Vorworte – S. Freud, Vorrede zur hebräischen Ausgabe von »Totem und Tabu« (entstanden 1930, gedruckt 1939); S. Freud, Vorwort zur hebräischen Ausgabe der »Vorlesungen zur Einführung in die Psychoanalyse« (Jerusalem 1934).

Konkordat – Das Konkordat mit dem Deutschen Reich wurde am 20. Juli 1933 während der Amtszeit Pius' XI. und dessen Kardinalstaatssekretärs E. Pacelli abgeschlossen. Die Vorbereitungen liefen bereits seit den zwanziger Jahren.

einer grimmigen Bemerkung in einem Briefe – Freud an AZ, 22. Juni 1937 (nicht 1936): »Für einen Judenbuben aus einem Wiener Vorort, ist ein Tod in Aberdeen Schottland eine unerhörte Carriere und ein Beweis wie weit er es gebracht hat. Wirklich sah ihn die Mitwelt für das Verdienst, der Analyse widersprochen zu haben reichlich belohnt.« Erstmals zitiert bei Jones, Bd. III S. 255; im veröffentlichten Freud-Zweig-Briefwechsel ist die unkorrekte Datierung des Briefes übernommen und der hier zitierte Passus nicht enthalten.

181 *Mitglied der Royal Society* – Die 1660 in London gegründete Akademie der Wissenschaften, förderte vor allem die Natur-

wissenschaften. Freud, der seit 1936 ordentliches Mitglied war, wurde 1938 in seinem Haus in Hampstead die Urkunde überreicht.

181 *Hotel Esplanade* – Nach der Emigration aus Wien am 3./4. Juni 1938 wohnte Freud mit seiner Familie zunächst in einem Haus in der 39, Elsworthy Road im Nordwesten Londons, das jedoch nur bis Ende August gemietet war. Freud notierte in der »Kürzesten Chronik« am 2. September 1938: »Hotel Esplanade«. Nachdem Freud am 7. September zur Operation in eine Londoner Klinik gegangen war, zog er am 27. September 1938 in das Haus in 20, Maresfield Gardens. – Zweig wohnte auch im folgenden Jahr 1939 bei seinem London-Aufenthalt im Hotel Esplanade.

184 *Beth Moses ins Beth Tuffic Rino umzogen* – Beth (hebr.) Haus. Die Familie Zweig bewohnte seit dem 10. Mai 1934 das von dem Zionisten Siegfried Moses gemietete Haus und zog erst im Sommer 1939 in das Haus des arabischen Vermieters Tuffic Rino um.

Kongreß unseres Internationalen PEN-Clubs – Vom 8. bis zum 10. Mai 1939 fand in New York am Rande der Weltausstellung ein Internationales Schriftstellertreffen statt, das auf Einladung des amerikanischen PEN und der »American Guild for German Cultural Freedom« zustande gekommen war. Zweig sprach am 9. Mai 1939 zum Thema »How Culture can survive exile?«.

Fehler wiedergutmachen – Auf dem XIV. Internationalen PEN-Kongreß in Buenos Aires (5.–16. 9. 1936), an dem als offizieller deutscher Delegierter der Schriftsteller Emil Ludwig teilnahm, wurde einstimmig eine Erklärung gegen die Kriegsgefahr angenommen, die an die Besonnenheit der Regierungen appellierte, »Provokationen von welcher Seite auch immer zu widerstehen«. Jules Romains, der neugewählte Präsident des Internationalen PEN, sah sich besonders von linken Kreisen wegen seiner früheren Verbindungen zur nationalistisch gesinnten deutschen Jugendbewegung Angriffen ausgesetzt, die ihm Sympathien für die Ideen des Nationalsozialismus nachsagten. Sein zunächst akzeptierter Vorschlag, den nächsten Kongreß im faschistischen Rom auszurichten, wurde nicht realisiert, um die am 25. Oktober 1936 begründete Achse »Berlin-Rom« nicht zu stützen.

185 *Thomas Mann, den ich noch in Kilchberg ... gesprochen hatte* – Zweig besuchte Thomas Mann am 13. August 1937 in der Schweiz. Über ein Treffen im Jahre 1938 ist nichts bekannt.

seinem ältesten Sohn Oliver – Oliver Freud war der zweitälteste Sohn Freuds.

die treue Paula – Paula Fichtl.

als Neville Chamberlain ... zurückgeflogen kam – Premierminister Neville Chamberlain traf am 22. September 1938 mit Hitler in Bad Godesberg zusammen, um diesem die erzwungene Erklärung Beneš' zur Abtretung der Sudetengebiete zu überbringen. Hitler lehnte jedoch ab und überreichte seinerseits ein ultimatives Memorandum, das den Abzug der tschechoslowakischen Armee innerhalb von vier Tagen vorsah. Durch Unterhandlungen Mussolinis kam es zur Münchener Konferenz vom 29. und 30. September 1938 unter Beteiligung von Hitler, Mussolini, Chamberlain und Daladier. »Peace for our time« rief Chamberlain in London auf dem Flugplatz den wartenden Journalisten mit Hinweis auf den Münchener Vertrag entgegen. – Zweigs Europa-Reise 1938 führte von Marseille (24. August) über Paris nach London, wo er sich vom 7. September bis zum 12. Oktober 1938 aufhielt. Am 14. Oktober war Zweig wieder in Paris.

189 *vor drei Jahren* – Zweig war am 21. Dezember 1933 in Palästina eingetroffen, der Auto-Unfall ereignete sich am 15. November 1938.

192 *Weg von Haifa nach Boston* – Die Schiffsroute führte über Genua und Marseille, wo Lion Feuchtwanger am 13. April 1939 Arnold und Michael Zweig im Hafen besuchte. Am 23. April 1939 erreichte das Schiff den Hafen von Boston.

193 *geographisch-geschichtliches über ... die Alpen* – Zweig schrieb den Essay »Die Alpen oder Europa« in den Jahren 1939 bis 1942 für den amerikanischen Verlag Whittlesey-House, eine Abteilung des Verlagshauses Mc Graw Hill Book Comp., New York. Der Essay blieb unveröffentlicht. In einem Brief vom 9. Juli 1961 nennt Zweig einen neuen Titel »Die Alpen, Dialektik einer Landschaft – Fortschritt und Lähmung«, das letzte Typoskript trägt den von Zweig vermutlich 1961 handschriftlich eingefügten Titel »Dialektik der Alpen – Fortschritt und Hemmnis«.

193 *Synopsis* – Die Synopsis liegt im Nachlaß in deutscher Fassung »Die Alpen als Synopsis« (AZA 957) und in englischer Fassung »The Alps,a synopsis« (AZA 2799) vor.

Brief Lion Feuchtwangers – Der Bezug (möglicherweise auf den Brief Feuchtwangers an AZ, 21. Januar 1942) ist nicht eindeutig. Zweig informierte Feuchtwanger über die Ablehnung durch Whittlesey-House am 2. Dezember 1942 und stellte später selbst den Zusammenhang mit Pearl Harbour her (AZ an Feuchtwanger, 28.–30. März 1944).

Pearl Harbour – Am 7. Dezember 1941 überfiel die japanische Luftwaffe die amerikanische Pazifik-Flotte im Hafen von Pearl Harbor. Am 8. Dezember 1941 erklärten die USA Japan den Krieg.

»Unholdes Frankreich« ... – Bereits im September 1939, unmittelbar nach dem Beginn des 2. Weltkrieges, war Lion Feuchtwanger im Lager Les Milles interniert worden, kam aber nach zehn Tagen wieder frei. Die Erlebnisse seiner zweiten Internierung im Konzentrationslager Les Milles vom 21. Mai bis 21. Juli 1940 und seiner Flucht schilderte Feuchtwanger in dem Buch »Unholdes Frankreich« (1942), das in der amerikanischen Ausgabe den Titel »The Devil in France« erhielt.

PEN-Club-Delegation ins Weiße Haus – Die Teilnehmer des Internationalen Schriftstellertreffens in New York wurden am 11. Mai 1939 ins Weiße Haus geladen.

195 *Niederlage des zaristischen Rußland gegen Japan* – Im russisch-japanischen Krieg 1904/05.

wir alle stammen aus der Provence ... – In seiner »Selbstdarstellung« (Abschnitt I) gab Freud noch Köln als Herkunftsort der Familie seines Vaters an, die im 14. oder 15. Jahrhundert nach Osten geflohen war.

in Südtirol Fresquen – Zweig machte auf diesen Bericht Freuds in einem Brief an dessen Sohn Martin vom 20. Januar 1948 aufmerksam. Er bezog sich auf ein Gespräch in Wien vom Frühjahr 1933. Freud selbst erwähnte diese Erklärung in seiner »Traumdeutung«. – Darüber hinaus wies Zweig Martin Freud in diesem Brief auf die auffallende Ähnlichkeit zwischen Freud und einem Selbstbildnis Michelangelos am Rande seiner Pietà hin. Zweig meinte mit großer Wahrscheinlichkeit Michelangelos Plastik »Die Grablegung Christi« im Dom von Florenz.

195 *Wbw* – Das Wachbewußte. Im System der Wachbewußten erfolgt die Wahrnehmung der Außenwelt und die Wiederbelebung der Erinnerungen. Dem Bewußten sind die Inhalte des Vorbewußten praktisch zugänglich.

vom mosaischen Gesetz verboten – Anspielung auf das jüdische Bilderverbot (2. Mose 20, 4).

196 *»Rückkehr des Verdrängten«* – Die »Wiederkehr des Verdrängten«, ein fundamentaler Begriff der Freudschen Psychoanalyse, findet sich erstmals in den »Studien über Hysterie« (1895), und später als Titel eines Unterabschnittes in »Der Mann Moses und die monotheistische Religion«.

197 *Bündnispflicht* – Großbritannien und Frankreich gaben für Polen, Rumänien, Griechenland, die Türkei und Belgien im Frühjahr 1939 nach dem Ende der Appeasement-Politik (17. März 1939) Erklärungen ab, die den Erhalt dieser Staaten im Kriegsfalle garantieren sollten.

Korridors – Auch Polnischer Korridor genannter 30 bis 90 km breiter Landstreifen, der aufgrund des Vertrages von Versailles 1919 von Preußen an Polen abgetreten werden mußte, um Polen einen Zugang zur Ostsee zu sichern.

Nichtangriffspakt – 23. August 1939 zwischen Deutschland und der Sowjetunion.

meinen Begleiter – Vermutlich der Architekt Harry Rosenthal.

198 *Ermordung Barthous* – Vgl. zweite Anm. zu S. 162.

199 *dem bedauernswerten Schriftsteller und Kollegen Stefan Zweig* – Stefan Zweig nahm sich am 23. Februar 1942 gemeinsam mit seiner zweiten Frau, Lotte Altmann, in Persepolis bei Rio de Janeiro das Leben.

Nekrolog – Stefan Zweig, Worte am Sarge Sigmund Freuds. Gesprochen am 26. September 1939 im Krematorium Golders Green in London. Die Rede erschien in einer limitierten Auflage von 100 Exemplaren im Verlag Allert de Lange, Amsterdam, und war nicht für den Verkauf bestimmt. Arnold Zweigs Exemplar im Nachlaß enthält eine Widmung des Autors (AZA 1030, 8). – Am 27. August 1944 notierte Arnold Zweig (Kalender 1944, AZA 2632): »Die Totenrede auf Freud ist das Einzige, worum ich ihn beneide. Nicht wie, sondern daß er sie halten durfte, obwohl das wie auch gut ist.«

200 *einen heroischen Lebensablauf* – A. Schopenhauer, Parerga und Paralipomena II, Kap. 14 (Nachträge zur Lehre von der Bejahung und Verneinung des Willens zum Leben) § 172 a: »Ein glückliches Leben ist unmöglich: das höchste, was der Mensch erlangen kann, ist ein heroischer Lebenslauf. Einen solchen führt der, welcher in irgendeiner Art und Angelegenheit für das allen irgendwie zugute Kommende mit übergroßen Schwierigkeiten kämpft und am Ende siegt, dabei aber schlecht oder gar nicht belohnt wird.«

202 *neun Jahre* – Zweig besuchte Freuds Geburtsstadt Přibor vom 21. bis 23. September 1948. Das Kapitel »Besuch in Freuds Kindheit« wurde im November 1948 diktiert, während die anderen Kapitel des III. und IV. Teils erst im Frühjahr 1962 schriftlich vorlagen.

Staat Israel neu erstand – Am 14. Mai 1948 wurde der Staat Israel proklamiert. Bis zum Jahre 70 u. Z. hatte im Römischen Reich die Provinz Palästina unter relativer Selbständigkeit bestanden.

203 *»Zeitgemäßes über Krieg …«* – Vgl. zweite Anm. zu S. 38. – Zweig zitierte im folgenden aus dem 1. Teil der Abhandlung.

wir verließen diesen neuen Staat Israel – Vgl. zweite Anm. zu S. 124.

Abtrennung der sogenannten sudetendeutschen Gebiete – Vgl. erste Anm. zu S. 123.

204 *Laluns im Indien Kiplings* – Lalun, eine Gestalt aus Rudyard Kiplings Erzählung »Auf der Stadtmauer« (1888).

Stammhaus der Familie Goethe – Aus Artern zog der Großvater Goethes als Schneidergeselle nach Frankfurt am Main.

206 *Veröffentlichung … Koller* – Vgl. dritte Anm. zu S. 92.

211 *Eitingon … Freud-Buch* – Max Eitingons literarischer Nachlaß befindet sich in der Library of Congress, Washington. Über eine von ihm verfaßte Biographie über Sigmund Freud ließ sich nichts ermitteln.

212 *behaglichen Häuschen* – Zweig wohnte vom Mai 1950 bis zu seinem Tode in Berlin-Niederschönhausen, Homeyerstraße 13.

215 *rührt an den Schlaf der Welt* – Vgl. zweite Anm. zu S. 31.

216 *Kol-Nidrei* – (hebr.) Alle Gelübde; Anfangsworte des Gebets bei der Eröffnungsfeier des Versöhnungstages (vgl. dritte Anm. zu S. 7).

Operation von 1922 – Zweig nahm ursprünglich an, Freuds erste Operation wäre 1922 vorgenommen worden.

219 *Pal[estine] Psycho-an[alytical] Society feiert Freuds 80. Geburtstag* – Max Eitingon gründete im Mai 1934 gemeinsam mit Mosche Wulff (1878–1970), dem ehemaligen Präsidenten der Russischen Psychoanalytischen Gesellschaft, Anna Smelianski, Ilja Schalit, Kilian K. Bluhm und Martin Pappenheim, einem Wiener Psychiater, in Jerusalem die Psychoanalytische Gesellschaft Palästinas und blieb bis zu seinem Tode 1943 ihr erster Präsident. – Zu Freuds 80. Geburtstag verfaßte Zweig den Aufsatz »Apollon bewältigt Dionysos«, in: Das Neue Tage-Buch. Paris 4 (1936) 18, S. 425–428; außerdem schickte er ihm eine Sammlung von Jugendgedichten »Aus den Gedichten des Floriz Capchon«.

Ein Fall von unbewusster Gedankenübertragung ... – Vgl. erste Anm. zu S. 38.

Der Ring mit der Gemme – Zweig erhielt laut Freuds »Kürzester Chronik« den Ring von Freud bereits bei seinem Besuch am 18. August 1936 (vgl. auch dritte Anm. zu S. 150).

Hörr Hitler – Von Zweig häufig verwendete lautmalerische Schreibweise.

Marx wird nicht allein in London schlafen – Freuds Urne befindet sich im Krematorium Golders Green; Marx wurde auf dem Highgate Cemetry begraben.

Ein Vorschlag, psych.-anal. Kindergärten betreffend – In den vermischten handschriftlichen Notizen zum Freudbuch vermerkte Zweig 1947/48 (AZA 1025, 3): »Einschalten: Die Rolle der Ps[ycho]Analyse beim Kanalisieren der menschlichen Fantasie (Gruppenanalyse? à la Religionsveranstaltungen, oder Kindergarten-Analyse) dieses gefährlichsten aller Sprengstoffe. (In Kap[itel] 12).« Bereits am 4. Juni 1941 hatte Zweig in seinem »Vorschlag zur Bändigung des Zerstörungstriebes« den Gedanken entwickelt: »Wenn wir also Ernst machen wollen mit der Umzüchtung des Menschen zu einem Gesellschaftswesen, das den Zerstörungstrieb der Hauptsache nach gegen die Widerstände richtet, die die Natur der Zivilisierung der Erde entgegensetzt, muss in diesem frühen Kindesalter mit der gestaltenden Arbeit begonnen werden. Es muss als Voraussetzung für die spätere Schulpflicht der Kinder, und mit der gleichen gesetzlichen und staatlichen Verpflichtung und Allgemeingültigkeit, eine Kindergartenpflicht eingeführt werden, die sich mit der Beobachtung und Erziehung der Kleinkinder befasst. Die Vorbildung dieser Kindergärtnerinnen muss auf den Erkenntnissen beruhen, die uns die Analyse und analytische Pädagogik bereits geliefert hat. Wir besitzen in der Person von Anna Freud und einigen anderen österreichischen und schweizerischen Pädagogen schon jetzt Fachleute, deren Arbeit und [E]rfahrung mit verwahrlosten, asozialen Kindern reiches Material geliefert haben um zu beurteilen, dass eine solche Gestaltung der Triebwelt beim Kleinkinde vollen Erfolg verspricht. – Wir erkennen daher die Aufgabe, bei Friedensschluss den siegreichen Demokratien England und Amerika einen Plan vorzuschlagen, der die pflichtmässige Einführung analytisch geleiteter Kindergärten zu einemTeil des Friedenswerkes macht.« Ein Jahr später schrieb Zweig in einem ebenfalls unveröffentlichten Text »Sigmund Freuds Nachleuchten«: »Ein System von Kindergärten über ganz Deutschland ausgestreut, in denen psychoanalytische Schulung und Pädagogik mit deutscher Gründlichkeit und Pflichttreue sich ans Werk machte: kein besseres Denkmal würde sich unser grosser Freund selbst gewünscht haben.« Zweigs Vorschläge gediehen in Palästina auf einem breiteren Fundament ähnlicher Bestrebungen. Das Psychoanalytische Institut Jerusalem unterstützte in den dreißiger Jahren besonders die »Jugendaliyah«, indem es Kinder mit emotionalen Störungen untersuchte und behandelte. Auch gab es in den Kibbuzim Versuche, analytische Erkenntnisse für die gemeinschaftliche Erziehung zu nutzen, um Konflikte bei der seelischen Entwicklung abzubauen und auf diese Weise eine menschlichere Generation heranzuziehen.

219 *wieder im Packen* – Bezieht sich auf die Rücksiedlung aus der Wohnung 65, Carmel Avenue.

220 *Gegnerschaft … »Bumke«* – Vgl. erste Anm. zu S. 65.

die Gegnerschaft der hebräischen Universität Jerusalem – Max Eitingon fragte 1933 bei dem Universitätskanzler Judah L. Magnes an, »ob und in welchem Ausmaß das Problem der Psychoanalyse im Entwicklungsprogramm der Universität berücksichtigt worden sei«. Magnes sandte seine Antwort direkt an Freud und bemerkte, daß er es verfrüht fände, die Psychoanalyse an der Universität noch vor der Einrichtung eines Lehrstuhls für Psychologie zu installieren, für den Kurt Lewin vorgesehen war. Freud war der Auffassung, Lewin sei gegen die Psychoanalyse eingestellt und wollte den Lehrstuhl mit Eitingon besetzen. Weder Eitingon noch Lewin, der 1935 Professor für Kinderpsychologie in den USA wurde, erhielten den Ruf an die Jerusalemer Universität.

220 *psychoanalytische Zentren in den beiden anderen Städten* – Ilja Schalit wurde 1. Sekretär der Palästinensischen Psychoanalytischen Gesellschaft und praktizierte in Haifa. Der aus Odessa stammende Mosche Wulff arbeitete in Tel Aviv. Max Eitingon war in Mohilew geboren worden.

221 *Wiechmannstrasse im Berliner Westen* – Die Berliner Psychoanalytische Poliklinik und das Lehrinstitut hatten später ihren Sitz in der Wichmannstraße.

Meinung ... es gäbe kein unbewusstes Seelenleben – Vgl. dritte Anm. zu S. 49.

in Prag – Vgl. zweite Anm. zu S.124.

222 *dass er sich durchaus als Deutscher fühle* – Möglicherweise spielte Zweig hier auf den Brief Freuds vom 8. Mai 1932 an, in dem dieser unmittelbar nach Zweigs Rückkehr von seiner ersten Palästina-Reise bemerkte: »[...] wie merkwürdig muß dieses tragisch-tolle Land, das Sie besucht haben, Ihnen geworden sein. Denken Sie, kein anderer Fortschritt verknüpft sich mit diesem Streifen unserer Muttererde, keine Entdeckung oder Erfindung – [...] Palästina hat nichts gebildet als Religionen, [...] und wir stammen von dort (obwohl sich einer von uns auch einen Deutschen glaubt, der andere nicht) [...].«

(Einschaltung Vorwort ...) – An dieser Stelle sollte das Vorwort zum Essaybuch vom 14. April 1948 eingefügt werden, das schließlich in seiner ursprünglichen Textform in das Nachwort einging (vgl. S. 211).

dieser arme Hamlet – Das Vorwort endete mit den Worten: »Im Druck einer schweren Wirtschaftskrise ist dies jedenfalls alles, was ein armer Mann, wie Hamlet ist, zu geben hat.«

223 *jahrzehntelangen Freund- und Schülerschaft* – Ernest Jones hatte Freud auf dem ersten Internationalen Psychoanalytischen Kongreß 1908 in Salzburg kennengelernt und gründete 1913 die London Psycho-Analytical Society. Freud nahm ihn in das ›Komitee‹, das Zentrum der psychoanalytischen Bewegung, auf, wo Jones organisatorische und herausgeberische Aufgaben übernahm und wesentlich zur internationalen Verbreitung der

Psychoanalyse beitrug. Durch seine Hilfe konnte Freud mit seiner Familie 1938 nach London emigrieren.

223 *deutsche Übersetzung … Frau Professor Meili* – Ernest Jones, Das Leben und Werk von Sigmund Freud. Übers. v. G. Meili. Bd. 1–3, Bern, Stuttgart 1960–1962.

224 *Titel »Marx und Freud«* – Reuben Osborn, Marx and Freud. A dialectical study. London 1937. – Das Exemplar in der Nachlaßbibliothek enthält Zweigs hs. Notiz: »Freud verdrängt Marx so sehr, daß – im sozialistischen Wien! – bei der Aufzählung der Massen (S. 31) die Klasse fehlt.«

225 *meinen jüngeren Sohn* – Adam Zweig.

›das schmerzliche Rätsel des Todes‹ – Franz Schubert, C-Dur-Quintett, op. post. 163 (1828). – Das Zitat konnte nicht ermittelt werden.

226 *Ferien nach Hause* – Zweigs Eltern wohnten in Kattowitz, Friedrichstraße 13.

der eine allgemeine Sprachwissenschaft – Zweigs Schulfreund Rudolf Clemens hielt sich einige Zeit in Paris auf, studierte ein Semester in Leipzig und vermutlich seit 1910 an der Göttinger Universität. Er war Mitherausgeber der Schüler- und Studentenzeitschrift »Die Gäste« (Kattowitz 1909).

der andere Mathematik und Naturwissenschaften – Lothar Juliusburger, ebenfalls Mitschüler Zweigs auf der Oberrealschule in Kattowitz und Autor naturwissenschaftlicher Beiträge für »Die Gäste«, studierte u. a. im Wintersemester 1910/11 in Göttingen, arbeitete bis 1933 als Meteorologe auf dem Breslauer Flugplatz und später, in Palästina, auf dem Flugplatz in Lydda. – Während Zweigs Göttinger Semester studierte dort ein weiterer Kattowitzer Mitschüler und Freund, Siegfried Hamburger, Philosophie bei Husserl.

nächste Semester – Zweig studierte vom 10. November 1911 bis 6. April 1912 an der Königlich Preußischen Georg-August-Universität in Göttingen bei den Philosophen Husserl und Reinach sowie bei dem Germanisten Edward Schröder. – Die Grundschicht des T verzeichnete an dieser Stelle den Beginn des »III. Kapitel Akademische Vorkriegsluft«. In der ersten Korrekturschicht wurde der folgende Satz gestrichen. Der Text erhielt den neuen Titel »2. Reinach und Scheler« für den Abdruck in der Zeitschrift »Jedijoth Chadashoth« (5. 12. 1947).

226 *Nancy'er Schule von Bernheim* – Klassische Richtung der Hypnoseforschung, Ende des 19. Jahrhunderts besonders von A. A. Liebault und H. Bernheim vertreten. Sie verstanden die Hypnose im Gegensatz zur Pariser Schule Charcots nicht als ein hysterisches, sondern als ein normales Phänomen auf der Grundlage erhöhter Beeinflußbarkeit. – Freud hielt sich im Sommer 1889 in Nancy auf, er übersetzte später Bernheims Schriften ins Deutsche.

Fries'schen Schule – Der Jenenser Philosoph Jakob Friedrich Fries war in der 1. Hälfte des 19. Jahrhunderts bestrebt, die kritische Philosophie Kants vom Vorwurf des Transzendentalen zu befreien. Der Hauptzweck seiner Philosophie bestand in dem psychologisch-anthropologischen Nachweis der Ideen des Rechts und der Tugend als in der menschlichen Vernunft liegender Wahrheiten. Während Zweigs Studienzeit in Göttingen wurde die Friessche Schule durch Leonhard Nelson vertreten.

227 *die höchste von Platon geadelte Funktion des menschlichen Lebens* – In Platons »Gastmahl« beschäftigen sich die Redner mit dem Eros, der nicht nur der Schönheit verhaftet sei, sondern in seinem Drang nach Erkenntnis zwischen Wissen und Nichtwissen stehe. Er erscheine als der sich durch seine Weisheitsliebe zu der ihm eigenen Größe entfaltende Mensch schlechthin, Liebe werde damit zu einer Bezeichnung des alles menschliche Tun motivierenden Strebens.

»... Formalismus in der Ethik und die materiale Wertethik« – Max Schelers vor Beginn des 1. Weltkrieges fertiggestellte Abhandlung erschien in zwei Teilen im ersten und zweiten Jahrgang des »Jahrbuch für Philosophie und phänomenologische Forschung« Halle 1913 bzw. 1916.

»Das Ressentiment im Aufbau der Moralen« – Unter diesem Titel findet sich Schelers Schrift erstmals 1915 in »Abhandlungen und Aufsätze«. Zuvor war der Text unter dem Titel »Über Ressentiment und moralisches Werturteil. Ein Beitrag zur Pathologie der Kultur« in der »Zeitschrift für Psychopathologie«, Leipzig 1 (1912) S. 268–368, veröffentlicht worden.

228 *einiges über seine persönlichen Schicksale* – Seit 1908 lebte Scheler, der 1899 zum Katholizismus übergetreten war, von seiner ersten Frau getrennt. Nach seiner Scheidung von Amélie von

Dewitz-Krebs heiratete er Märit Furtwängler, die Tochter des Archäologen Adolf Furtwängler. Von 1906 bis 1910 war er Privatdozent an der Münchener Universität. Die venia legendi wurde ihm entzogen, weil er sich von einem Studenten Geld geliehen hatte. Da er auch an der Universität in Göttingen öffentlich nicht lesen und seine Kollegs nicht am schwarzen Brett der Universität bekannt machen durfte, fanden die Vorlesungen vor einem geladenen Auditorium in Hotelzimmern statt, die Reinach mietete.

228 *Stimmung für die deutsche Sache* – Max Schelers Buch »Der Genius des Krieges und der deutsche Krieg« erschien 1915 und wurde am 22. April 1915 in Jacobsohns »Schaubühne« von Zweig, zwei Tage vor seiner Einberufung, rezensiert. In der Folgezeit versuchte Scheler seine im »Genius« geäußerte Position zu überwinden und wandte sich einem aktiven Katholizismus zu, dem er nunmehr die entscheidende Rolle bei der geistigen Erneuerung Europas zuschrieb. Da er durch seine Aufsätze und Vorträge auch im Ausland als Sprecher des katholischen Geistes bekannt geworden war, setzte ihn das Auswärtige Amt 1917/18 zu Missionen in Holland und der Schweiz ein, um dort katholische Kreise zu beeinflussen.

im Auftrage des Ministerialrats Dr. Riezlers – Kurt Rietzler war seit 1906 im Pressereferat des Auswärtigen Amtes tätig und galt als Vertrauter Bethmann-Hollwegs, in dessen Reichskanzlei er von 1915 bis Juli 1917 arbeitete. Der Zusammenhang ist nicht verbürgt.

229 *Was mich anlangte … philosophari* – Unter dem Zwischentitel »III. Und Freud?« veröffentlicht in »Jedijoth Chadashoth« (5. 12. 1947). Dieser Zwischentitel ist in unserer Textgrundlage nicht enthalten, findet sich jedoch auf einem gleichlautenden Typoskript-Durchschlag des Textes (AZA 426).

Breuer-Freudschen kathartischen Methode – Heilmethode aus der Frühzeit der Psychoanalyse, die Freud und Breuer in den »Studien über Hysterie« (1895) als Abkehr von der hypnotischen Behandlung entwickelten. Der gesuchte Effekt einer ›Reinigung‹ (Katharsis) der Affekte sollte erreicht werden, indem die traumatischen Ereignisse, an die diese Affekte geknüpft waren, in dem Patienten wachgerufen und wiederbelebt bzw. ›abreagiert‹ wurden. Bei der Entwicklung dieser Methode setzte

Freud statt der Behandlung unter Hypnose zunächst die einfache Suggestion, später das Prinzip der freien Assoziation des Patienten ein.

229 *in der heiligen Beichte zur Institution* – Freud betonte in den »Studien über Hysterie« selbst die kathartische Wirkung der Beichte. Der englische Mediziner Michel Clarke wies bereits 1896 in einer Besprechung der »Studien« darauf hin, daß die »talking cure«, die Sprachkur durch die freie Assoziation, »in der römischen Kirche schon seit langem durch die Institution der Beichte anerkannt ist«.

»Zur Theorie der Sympathiegefühle ...« – Max Scheler, Zur Phänomenologie und Theorie der Sympathiegefühle und von Liebe und Haß. Mit einem Anhang über den Grund zur Annahme der Existenz des fremden Ich. Halle 1913. Eine zweite, stark bearbeitete Auflage erschien 1923 unter dem Titel »Wesen und Form der Sympathie«.

drei Abhandlungen – Vgl. dritte Anm. zu S. 27.

230 *Verhalten der wiener Aerzte-Gesellschaft ...* – Am 15. Oktober 1886 hielt Freud vor der Wiener Ärzte-Gesellschaft einen Vortrag »Über männliche Hysterie«. Obwohl die Beobachtung dieses Phänomens nicht neu war – der Pariser Arzt Pierre Briquet hatte bereits zwanzig Jahre zuvor Fälle männlicher Hysterie nachgewiesen –, vertraten viele Neurologen noch immer die Überzeugung, die Hysterie entstehe durch eine Funktionsstörung der Gebärmutter (griech. hystera). So kam es nach Freuds Vortrag zu einer erregten Diskussion, in deren Verlauf Freud von Theodor H. Meynert (1833–1892), in dessen psychiatrischer Klinik er einmal gearbeitet hatte, aufgefordert wurde, »sie [die männliche Hysterie] in mir zu finden«. Diese frühe Zurückweisung durch ältere Kollegen bestimmte Freuds ablehnende Haltung gegenüber der Wiener Ärzteschaft.

Pierre Janet ... »L'automatisme de l'âme« – Zwischen Freud und Janet, dem Verfasser der Doktorschrift »L'Automatisme psychologique« (1889) und Nachfolger Charcots an der Salpêtrière, die gleichzeitig zum Phänomen der Hysterie geforscht hatten, entwickelte sich ein Prioritätenstreit, auf den Freud in »Zur Geschichte der psychoanalytischen Bewegung« (1914) einging: »In Paris selbst scheint noch die Überzeugung zu herrschen, der auf dem Londoner Kongreß 1913 Janet so beredten Ausdruck gab, daß alles, was an der Psychoanalyse gut sei, mit geringen Abänderungen die Janetschen Ansichten wiederhole, alles darüber hinaus sei aber von Übel.«

230 *Beyle-Stendhal … ein Jahrhundert der Seelenkenntnis vorweggenommen* – Friedrich Nietzsche schrieb im 8. Hauptstück (»Völker und Vaterländer«) von »Jenseits von Gut und Böse« unter Nr. 254: »und als gelungenster Ausdruck einer ächt französischen Neugierde und Erfindungsgabe für dieses Reich zarter Schauder mag Henri Beyle gelten, jener merkwürdige vorwegnehmende und vorauslaufende Mensch, der mit einem Napoleonischen Tempo durch *sein* Europa, durch mehrere Jahrhunderte der europäischen Seele lief, als ein Ausspürer und Entdecker dieser Seele«.

Primum vivere, deinde philosophari – (lat.) Zuerst leben, dann philosophieren. – Die Korrekturschicht der Textgrundlage verzeichnet im Anschluß den Beginn des »III. Kapitels«. Die Kapitel-Zählung bezieht sich weder auf die Synopsis vom 10./11. Februar 1947 (vgl. S. 216) noch auf die spätere Kapiteleinteilung vom 13. April 1948 (vgl. S. 218).

Rostock – Zweig studierte vom 23. April 1912 bis zum 14. April 1913 in Rostock Germanistik, Philosophie und Ästhetik.

231 *einen Lehrer* – Privatdozent Dr. Emil Utitz.

»Das Werk und der Betrachter« – Zweigs ›Studie‹, die auf einen Vortrag vor der Literaturabteilung der Münchener Freien Studentenschaft vom Wintersemester 1908/09 zurückging, erschien erstmals in der Zeitschrift »Die Gäste«, Kattowitz (1909) 2, S. 56–71.

die Wesensschau des Bügeleisens – Seine »Ideen zu einer reinen Phänomenologie«, deren erste Fassung 1913 im »Jahrbuch für Philosophie und phänomenologische Forschung« erschienen war und die die Überlegungen des letzten Jahrzehnts zusammenfaßten, leitete Husserl mit einer Betrachtung des natürlichen Lebens ein und zog zu diesem Zweck sein Studierzimmer als Wahrnehmungsfeld heran.

232 *Bachofen … auf den Nietzsche so eindringlich verwiesen hatte* – In Nietzsches Werken wird der Name des Schweizer Rechtshistorikers und Altertumsforschers nicht erwähnt. – Nietzsche verkehrte in seinen Baseler Jahren (von 1869 bis 1874) im Hause von Johann Jakob Bachofen, dessen Werke Einfluß auf seine Untersuchung des Dionysischen und des Apollinischen in der

Abhandlung »Die Geburt der Tragödie« hatten. Aus der ersten Phase der Erkrankung Nietzsches 1891 berichtete die Mutter in einem Brief an Franz Overbeck, daß ihr Sohn sich an »Prof. Bachofen in Basel, welcher bester Kenner des Mutterrechts ist«, erinnert habe (vgl. C. A. Bernoulli, Franz Overbeck und Friedrich Nietzsche, 1908).

232 *J. G. Frazer ... »Goldenen Zweig«* – James George Frazer, The golden bough (2 Bände, 1890; 12 Bände 1907–1915) erschien 1928 in deutscher Sprache stark gekürzt.

H. G. Wells'scher Novellen – Wells' Erzählungen »Tales of Space and Time« (1899) erschienen 1900 in einer Ausgabe der Tauchnitz-Edition. Die Erzählung »A Story of the Stone Age« behandelt die Geschichte von Ugh-Lomi und Uya.

233 *besonders kurioser Ordinarius* – Zweig belegte während seiner Rostocker Semester die Kollegs bei Wolfgang Golther, dessen »Deutsche Dichtung im Mittelalter 800–1500« 1912 erschien, und wollte zeitweilig bei ihm promovieren.

234 *Dissertation abgeschlossen* – Zweig beendete die Dissertation über Jakob Paul Rudnick nicht (vgl. zweite Anm. zu S. 20).

»Abigail und Nabal« beendet – Vgl. Anm. zu S. 43.

Korrektur der sieben Novellen um Claudia gelesen – Zweig schloß die Korrekturen der »Novellen um Claudia« am 22. Oktober 1912 ab.

Vorort von Berlin – Vgl. erste Anm. zu S. 19.

235 *Doktor Otto* – Otto Groß (vgl. dritte Anm. zu S. 26).

236 *»Glockenlieder« ... Schillings Komposition mit grossem Orchester* – Max von Schillings, Glockenlieder (C. Spitteler, 1906), op. 22 (1908).

›ohne Ahr und Halm‹ – Leo Graf von Caprivi (1831–1899), Reichskanzler und Nachfolger Bismarcks, bemerkte in einer Reichstagsrede vom 17. Februar 1893: »Ich muß gestehen, daß ich kein Agrarier bin, ich besitze kein Ar und keinen Strohhalm.« Bismarck wandelte in seinen Reden und Briefen diese Wendung ab, für ihn waren »die Leute ›ohne Halm und Ähr‹, die Rentiers, die Gehaltsempfänger [...] vom Minister bis zum Briefträger sozialistisch angehaucht«.

in der Freien Schulgemeinde Wickersdorf ... – Nach der Gründung der Freien Schulgemeinde Wickersdorf im Jahre 1906 kam es zu heftigen Auseinandersetzungen zwischen den beiden Gründern Gustav Wyneken und Paul Geheeb. Wyneken bezog sich in diesem Streit auf die Dichtungen Spittelers. Geheeb, der dagegen an Goethe festhielt, mußte Wickersdorf 1909 verlassen; ein Jahr später wurde auch Wyneken abgelöst.

236 *Zeitschrift ... »Imago«* – Die im Jahre 1912 gegründete Zeitschrift, die sich speziell der Anwendung der Psychoanalyse auf die Kulturwissenschaften widmete, sollte zunächst »Eros und Psyche« heißen, erhielt aber auf Anregung des Spitteler-Verehrers Hanns Sachs, der gemeinsam mit Otto Rank Redakteur war, den Namen »Imago«.

»Vom Judentum«, einen Aufsatz beigesteuert – A. Zweig, Die Demokratie und die Seele des Juden. In: Vom Judentum. Ein Sammelbuch. Hrsg. vom Verein jüdischer Hochschüler »Bar Kochba« in Prag 1913, S. 210–235.

237 *ästhetischen Erziehung des Menschengeschlechts* – Friedrich Schiller, Über die ästhetische Erziehung des Menschen (1795).

›Vereinigten Staaten‹ – Zweig verfocht seit Beginn der zwanziger bis in die Mitte der vierziger Jahre hinein die Idee von den ›Vereinigten Staaten von Europa‹ als Gegengewicht zu den USA und der Sowjetunion. Zweigs Vorstellungen sind Teil der 1923 von Richard Graf von Coudenhove-Kalergi (1894–1972) begründeten Paneuropa-Bewegung, die einen europäischen Staatenbund zum Ziel hatte.

238 *menschlichen Verwendbarkeit, [ ]* – Hier endet im T die Seite 32. Es folgt die Seite 34 beginnend mit dem Wort »Kultur«. Ob ein direkter Textanschluß bestand, läßt sich nicht ermitteln.

239 *bewies Carl Spitteler Mut* – In seiner 1914 gehaltenen Rede »Unser Schweizer Standpunkt« bezeichnete Spitteler die Invasion in Belgien als Unrecht, worauf er in Deutschland scharf angegriffen wurde.

Ferdinand Hodler – Der Maler Ferdinand Hodler unterzeichnete einen von Genfer Intellektuellen initiierten Aufruf »Gegen die Zerstörung von Löwen und Mecheln«.

Manifest der Ahnungslosigkeit ... – Im Oktober 1914 unterstützten 93 deutsche Wissenschaftler und Künstler aus dem Kreis der »Deutschen Gesellschaft«, unter ihnen Gerhart und Carl Hauptmann, Richard Dehmel, Max Halbe und Hermann Sudermann, mit ihrer Unterschrift eine Deklaration, in der es u. a. hieß: »Es ist nicht wahr, daß der Kampf gegen unseren sogenannten Militarismus kein Kampf gegen unsere Kultur ist, wie unsere Feinde heuchlerisch vorgeben. Ohne den deutschen Militarismus wäre die deutsche Kultur längst vom Erdboden getilgt. Zu ihrem Schutz ist er aus ihr hervorgegangen [...].« Diese Deklaration verstand sich als Antwort auf den Offenen Brief, den Romain Rolland Ende August 1914 im »Journal de Genève« an Gerhart Hauptmann gerichtet und in dem er gegen die Verletzung der belgischen Neutralität durch deutsche Truppen protestiert hatte und die deutschen Dichter dazu aufrief, sich einem Friedensbund des Geistes anzuschließen.

239 *Privatdozenten der Philosophie* – Moritz Geiger.

Max Schelers ... Schildträger – Vgl. zweite Anm. zu S. 228.

Thomas Mann ... »Friedrich und die grosse Koalition« – Der Essay entstand im ersten Kriegsherbst 1914, erschien in der Zeitschrift »Der neue Merkur« (Jan./Febr. 1915) und trug, an die politische Vorgehensweise Friedrich des Großen bei seinem Einmarsch in Sachsen erinnernd, Züge einer Rechtfertigungsschrift für die Verletzung der Neutralität und die Besetzung Belgiens durch Deutschland.

Ausnahme Franz Mehrings und Franz Pfempferts – Mehring wurde mit der aufsehenerregenden Veröffentlichung seiner »Lessing-Legende« (1893) zum »glänzendsten polemischen Publizisten der deutschen Sozialdemokratie« (G. Lukács). Er gab 1915 gemeinsam mit Rosa Luxemburg die Zeitschrift »Die Internationale« heraus, wurde Mitglied der gleichnamigen sozialdemokratischen Gruppierung, später Mitbegründer der USPD, des Spartakusbundes und der KPD. – Franz Pfemfert, Herausgeber der Zeitschrift »Die Aktion«, bekämpfte in seinen Artikeln den Chauvinismus und Militarismus des Wilhelminischen Kaiserreiches und widersetzte sich dem nationalen Begeisterungstaumel der ersten Kriegswochen. Er förderte in seiner Zeitschrift die Antikriegslyrik und gründete illegal die Antinationale Sozialistenpartei Deutschlands.

241 *Das hatte es schon einmal gegeben* – Patrice Maurice Marquis de MacMahon (1808–1893), der am 1. September 1870 mit seiner Armee bei Sedan kapituliert hatte, schlug den Aufstand der Pariser Commune nieder. Er wurde 1873 Präsident der 3. Französischen Republik und vertrat antiparlamentarische, monarchistische Bestrebungen.

243 *gegen den kapitalistischen Wirtschaftswirrwarr seine Unterschrift* – Der vermutlich im Juli 1930 entstandene Aufruf die »Behandlung der hebräischen Sprache in Sowjet-Rußland betreffend«, von dem bislang lediglich fragmentarische Passagen bekannt sind und den neben Zweig u. a. Einstein, Buber, Thomas Mann, Jakob Wassermann und Stefan Zweig unterzeichneten, wurde mit einem Anschreiben an eine Reihe weiterer Personen versandt (u. a. Anton Wildgans, Freud, Feuchtwanger und Karl Kraus, der ihn Ende März 1931 in der »Fackel« glossierte). Freud lehnte die Unterzeichnung in seinem Brief vom 26. November 1930 unter Hinweis auf »den Ausfall gegen den ›kapitalistischen Wirtschaftswirrwarr‹« ab.

tun ihm seine armen Enkel leid – Vgl. S. 245.

Um den Bürgerkrieg zu vermeiden – Vgl. vierte Anm. zu S. 117.

Emile Barthou – In H (AZA 1022) korrigiert aus: »Charles Mandel« (vgl. fünfte Anm. zu S. 117).

Passionaria – Pasionaria (span.) die Leidenschaftliche; d. i. Dolores Ibárruri Gómez; die Kommunistin setzte sich als Präsidentin des Cortes, der gesetzgebenden Versammlung, während des spanischen Bürgerkrieges in leidenschaftlichen Rundfunkreden für die Republik ein und prägte den Kampfruf »No pasarán« (span. – Sie werden nicht durchkommen).

Mein Palästina Roman ... – Zweigs Roman »De Vriendt kehrt heim« erschien am 29. November 1932 und stieß in der »Jüdischen Rundschau« (13. 12. 1932) u. a. auf die heftige Kritik des in Palästina lebenden Pädagogen und Zionisten Ernst Simon, der Zweig vorwarf, einen Schlüsselroman geschrieben zu haben, der weder der Wahrheit entspreche noch der Verantwortung des Dichters gerecht werde.

Zigeunisten – Boshaft-spöttische Bezeichnung Zweigs für eine Gruppe nationalistischer Zionisten, die Zweig als seine Gegner in Palästina bezeichnete.

Vortrag daselbst u. vorher in Prag – Vgl. Anm. zu S. 118.

245 *verweigerte seine Unterschrift* – Vgl. erste Anm. zu S. 243.

»Wir sind durch ...« – Freud an AZ, 7. Dezember 1930. Der erste Satz beginnt im Original: »Wir sind durch dasselbe um eine Hoffnung ...«.

246 *Preisträger Thomas Mann* – Thomas Mann erhielt 1929 den Literatur-Nobelpreis für seinen Roman »Die Buddenbrooks«.

246 *eingehenden Studie* – S. Freud, Der Witz und seine Beziehung zum Unbewußten.

248 *Der Mensch, homo faber* – Vgl. zweite Anm. zu S. 251.

Was auf mich wartete, 1948/49 – Zweig spielte hier auf die schwere psychische Erkrankung seiner Frau nach ihrer Ausreise aus Israel im Zusammenhang mit der Rückkehr nach Deutschland an, von der auch der Briefwechsel mit Feuchtwanger zeugt. Dort schrieb Zweig am 2. April 1949: »Das Freud-Buch bekommt durch Ditas Wahn eine neue Facette, ergänzend und erprobend.« Beatrice Zweig blieb im Herbst 1948 vorerst in Prag und wurde 1949 in mehreren Berliner Kliniken erfolglos behandelt. Eine ›Umstimmung‹ und Heilung erreichte die israelische Therapeutin Anna Maria Jokl (geb. 1911) bei ihrem Besuch in Berlin (vgl. Jokl, Fünfunddreißig Jahre danach. In: Jahrbuch für Internationale Germanistik. Reihe A, Bd. 32, Bern 1993, S. 233–238).

249 *meines Bruders* – Hans Rudolf Zweig.

arabisches Sprichwort ...: »Bist du in Not ...« – Zweig notierte denselben Spruch am 16. Februar 1943 in seinen Kalender (AZA 2631) und vier Tage später in einem Brief an Feuchtwanger als Zitat aus dem Talmud.

den Verlag Querido auslöschten – Die nationalsozialistische Invasion in Holland und Belgien begann am 10. Mai 1940. Fritz H. Landshoff verlegte Ende November 1940 den fiktiven Sitz des Querido Verlages nach Batavia in Niederländisch-Indien, die Geschäftsführung nach New York.

250 *Michelangelos Selbstporträt* – Vgl. dritte Anm. zu S. 195.

Freud identifiziert sich ... zum Aegypter macht – Vgl. das 22. Kapitel, S. 195f.

251 *Eine Dame in meiner engeren Umgebung erkrankt* – Vgl. zweite Anm. zu S. 248.

homo sapiens ... homo faber – Henri Bergson unternahm in seiner Untersuchung »L'évolution créatrice« (1907) die Gegenüberstellung der Begriffe homo sapiens (lat. – der wissende Mensch) und homo faber (lat. – der Mensch als Handwerker, der arbeitende Mensch): »Es hieße vielleicht nicht mehr Homo sapiens, sondern Homo faber. Mit einem Wort also: Der Intellekt, auf das hin angesehen, was seine ursprüngliche Haltung zu sein scheint, ist ein Vermögen, künstliche Gegenstände, insbesondere

Werkzeug herstellende Werkzeuge zu verfertigen, und diese Anfertigung ins Unendliche zu vermannigfaltigen.«

252 *Schulfreundes* – Vgl. Anm. zu S. 113.

Familie Sigmund Freuds, die nach Wien übersiedelte – Freuds Familie zog 1859 aus dem mährischen Städtchen Freiberg (Příbor) nach Leipzig und im darauffolgenden Jahr nach Wien.

»Gib mir die ersten 5 Jahre …« – Rudyard Kipling begann das erste Kapitel seiner autobiographischen Skizzen »Something of myself« (1937) mit dem Motto: »Gib mir die ersten 6 Jahre eines Kinderlebens und behalte den Rest.«

253 *Austreibung … des Jahres 1745* – Kaiserin Maria Theresia erließ 1744 einen Ausweisungsbefehl gegen die Juden in Böhmen und Mähren, der insbesondere den Prager Juden eine Rückkehr nur gegen hohe Steuerzahlungen gestattete. – Zweig schrieb 1946/47 in Haifa das Bühnenstück »Austreibung 1744 oder Das Weihnachtswunder. Historie in fünf Akten«, das 1956 in dem Band »Soldatenspiele. Drei dramatische Historien« erstveröffentlicht wurde.

Gruppe tschechischer Intellektueller … um Thomas Massaryk – Die radikale Partei der »Jungtschechen«, die sich 1863 von den »Alttschechen« abspaltete, kämpfte für die Durchsetzung des böhmischen Staatsrechts. Tomáš Garrigue Masaryk, der sich neben seiner 1882 begonnenen Lehrtätigkeit an der Tschechischen Universität in Prag als Politiker und Publizist der staatspolitischen Erziehung der Tschechen widmete, vertrat die »Jungtschechen« 1891–1893 und die von ihm gegründete Realistenpartei 1907–1914 im österreichischen Reichsrat. Dem Panslawismus stand er jedoch ablehnend gegenüber, orientierte er sich doch stärker an westeuropäischen Demokraten.

100 000 Dollar … von amerikanischen Bewunderern als Ehrengabe – Freud konnte 1926 dem Internationalen Psychoanalytischen Verlag eine Spende von 5 000 Dollar übergeben. Die New York Times titelte damals: »Gibt $ 5 000, um Freud zu helfen. Anonymer Spender hat von Psychoanalyse profitiert. $ 100 000 gesucht«.

254 *diese Vorlesung* – Gemeint ist die Grabrede Stefan Zweigs (vgl. zweite Anm. zu S. 199). – Das Kapitel »Zu Besuch in Zweigs Kindheit« sollte einer hs. Notiz Arnold Zweigs (AZA 1021) in der Synopsis vom 13. April 1948 (vgl. S. 219) zufolge zwischen

dem 20. Kapitel »›Es lohnt nicht mehr‹« und dem 21. Kapitel »Das Nachleuchten hebt an« stehen.

255 *Krieg gegen Preußen* – Der mit dem Frieden von Prag (23. 8. 1866) beendete Deutsche Krieg zwischen Österreich und Preußen schuf die Voraussetzungen für eine Neugestaltung Deutschlands unter preußischer Vorherrschaft. Österreich mußte der Auflösung des Deutschen Bundes zustimmen.

Friedrich Hebbel in seinem Tagebuch ... »Bedienten-Völker« genannt – Friedrich Hebbel, An Seine Majestät, König Wilhelm I. von Preußen (1861): »Auch die Bedientenvölker rütteln [/] Am Bau, den Jeder todt geglaubt, [/] Die Czechen und Polacken schütteln [/] Ihr strupp'ges Karyatidenhaupt.« In Hebbels Tagebuch (1861) heißt es: »Gedicht an den König von Preußen bei Gelegenheit des Attentats. Die ganze österreichische Monarchie durch die vier Verse : ›Auch die Bedientenvölker usw.‹ erschüttert.«

256 *Theodor Herzl, der seine Israeliten zur nationalen Selbstbesinnung aufrief* – Theodor Herzl begründete mit seiner Schrift »Der Judenstaat« (1896) den politischen Zionismus westeuropäischer Prägung, der in der staatlichen Unabhängigkeit für die Juden in Palästina sein Ziel sah. Auf dem 1. Zionistenkongreß 1897 in Basel wurde Herzl zum Vorsitzenden der Zionistischen Weltorganisation gewählt.

»Auf die Zugehörigkeit zu solchem Volkstum verzichtete ich ohne Mühe« – S. Freud, Selbstdarstellung (Abschnitt I).

sein Schüler Viktor Adler – Gemeint ist wohl Alfred Adler (vgl. aber auch Anm. zu S. 113).

257 *wie er berichtet, späterhin nur noch ...* – In Zweigs Freud-Material (AZA 1029, 1) befindet sich eine am 6. Juli 1948 angefertigte, eigenhändige Abschrift des Briefes von Freud an den Bürgermeister von Přibor vom 25. Oktober 1931, in dem Freud von den Beziehungen zu seiner Geburtsstadt berichtete.

258 *Spätsommer des vergangenen Jahres* – Dies ist eine bewußte Rückdatierung. Das Kapitel entstand im November 1948. Zweig beabsichtigte (auch) 1949 »Freundschaft mit Freud«, dessen Abschluß dieses Kapitel bilden sollte, zu veröffentlichen (vgl. erste Anm. zu S. 202).

265 *Zur Entstehung ...* – Der Text ist keinem Kapitel des Buches direkt zuzuordnen. Da das Manuskript von Zweig mit dem hand-

schriftlichen Zusatz »Freud-Material« versehen worden ist, erschien eine Aufnahme an dieser Stelle gerechtfertigt.

265 *Das beste in der Welt ist, ...* – Der an altindische Lehren erinnernde Satz erscheint in der griechischen Literatur erstmals um 600 v. u. Z. bei dem Elegiendichter Theognis und klingt sinngemäß in einer Erzählung Solons vor Kroisos an (lt. Herodot 1, 31). Am bekanntesten dürfte er jedoch durch die Erwähnung bei Sophokles »Ödipus auf Kolonos«, Vers 1225 –1228 geworden sein.

Eroberung Griechenlands durch die Hellenen – Die mykenische Kultur der Frühgriechen fand um 1200 v. u. Z. mit dem Einbruch der Seevölker ihren Abschluß, an die sich die Einwanderung der Dorer über Thessalien anschloß. Der Name Hellenen für alle Griechen ist erstmals um 700 v. u. Z. bezeugt.

»dass alles, was entsteht ...« – Nach Goethe, Faust. 1. Teil, V. 1339f.

268 *sowjetischen Publikationen gegen Freuds Lebenswerk* – Zweig hatte seine russische Übersetzer-Freundin Alexandra A. Arian am 5. März 1951 gebeten, ihm sowjetische Aufsätze zu nennen, die sich mit grundsätzlichen Bedenken gegen Freud befassen. Der Antwortbrief ist nicht überliefert.

Entstehung und Textgeschichte

»Nun werden wir sehn. Keine kleine Aufgabe.«[1]

Am 21. Juli 1944 schrieb Anna Freud, Sigmund Freuds jüngste Tochter, an Arnold Zweig: »Ich werde so oft gefragt wer eine Biographie meines Vaters schreiben soll und ich weiß nur zwei Menschen, von denen ich es möchte: Sie oder Prinzessin Marie [Bonaparte], oder beide, jeder ein anderes Stück. Wie denken Sie darüber? Und haben Sie selbst schon an ein solches Buch gedacht?«[2]

Anna Freuds Bekanntschaft mit Arnold Zweig währte ebenso lange wie die ihres Vaters. Sie wird bei dieser Aufforderung weniger an eine wissenschaftliche Biographie oder eine Darstellung der Psychoanalyse Freuds gedacht haben, denn sie wußte, daß Zweig der Freudschen Theorie eher aus der »intellektuellen Peripherie« und nicht als Wissenschaftler gegenübertrat. Die Gespräche zwischen Zweig und Freud bewegten sich sicherlich zumeist auch um psychoanalytische Themen, standen indes mit der Entwicklung der Psychoanalyse als Disziplin in keinem Zusammenhang. So ist auch der rege Briefwechsel der beiden Männer, zuerst zwischen Wien und Berlin und später zwischen Wien, London und Haifa, vor allem das Zeugnis eines offenen und vertrauten Umgangs miteinander. »Von den Sammlern der Freud-Briefe nach seinem Tode hörte ich, unser Briefwechsel sei auch von Freuds Seiten ein Dokument ungewöhnlicher Herzlichkeit.«[3] Ernest Jones bestätigte dieses Urteil in seiner Freud-Biographie: »Die berühmten Schriftsteller, die Freud persönlich kannte, waren Hermann Hesse, Thomas Mann, Romain Rolland, Lou Andreas-Salomé, Arthur Schnitzler, Arnold Zweig und Stefan Zweig. Unter ihnen schätzte er am höchsten Thomas Mann, Schnitzler und Arnold Zweig. Er stand mit ihnen und anderen Schriftstellern in Briefwechsel [...]. Die wertvollsten dieser Briefe sind die zwischen Freud und Arnold Zweig.«[4]

Nur wenige Wochen nach Sigmund Freuds Tod hatte Anna Freud Zweig geschrieben: »Ich glaube, es gibt niemanden mit dem ich so gerne von meinem Vater reden möchte wie mit Ihnen, weil fast niemand ihn so gut gekannt hat wie Sie. Ich meine nicht das Kennen im gewöhnlichen Sinn, sondern das Erkennen, das Wissen um das, was an ihm so ganz anders, so viel einfacher, selbstverständlicher und größer war als an den anderen Menschen.«[5] Die für ihren Vater ungewohnt intensive Beziehung mag für Anna Freud den Ausschlag gegeben haben, Zweig um eine Biographie ihres Vaters zu bitten.

In Zweigs Kalendern lassen sich nur wenige unmittelbar entstandene Notizen über Freud finden. Mit ihrer Hilfe und Freuds Aufzeichnungen in der »Kürzesten Chronik«[6] soll der Versuch unternommen werden, eine Chronik ihrer Beziehung nachzuzeichnen.

Zweig eröffnete am 18. März 1927 die Korrespondenz. In den Briefen klang sodann auch die Ankündigung der ersten Begegnung an.[7] Freud hielt sich in Berlin vom 11. bis zum 25. März 1929 zu ärztlichen Konsultationen auf. Arnold und Beatrice Zweig besuchten Sigmund Freud und seine Tochter Anna in dem im Norden Berlins gelegenen Psychoanalytischen Sanatorium in Tegel. Im Februar des Jahres 1930 war Zweig für einige Tage (vom 7. bis zum 13. Februar 1930) in Wien und besuchte am 9. Februar Freud in der Berggasse 19.[8] Am 3. Juli 1930 sahen Arnold und Beatrice Zweig Freud erneut in Tegel.[9] Obwohl Zweig sich in den Jahren 1930 bis 1932 wiederholt in Wien zu Lesungen aufgehalten hatte, geben weder Zweigs Taschenkalender oder die »Kürzeste Chronik« Freuds noch ihrer beider Briefe eine Auskunft über weitere Begegnungen. Erst im Februar 1933 sah Zweig den »Vater Freud«[10], wie er ihn seit 1932 nannte, wieder. Anläßlich einer Vortragsreise hielt er sich vom 8. bis zum 14. Februar in Wien auf und besuchte Freud am 12. und 14. Februar. Zum ersten dieser Besuche notierte er: »Ich bei Freud von 11–4 u[nd] v[on] 6–9. Vor u[nd] nach den Mahlzeiten – diese Gespräche. Der große greise Mann. Ab[en]ds ich totmüde, nicht er. Ich breche auf.«[11] Zwei Tage später nahm Zweig vorerst Abschied von Freud – Vortragsverpflichtungen führten ihn nach Brünn und Mährisch Ostrau. Nach seinem abschließenden Prager Vortrag am 20. Februar 1933 kehrte Zweig noch einmal für vier Wochen zu seinen Kindern und in sein Haus nach Berlin-Eichkamp zurück. Arnold Zweig verließ Deutschland am 14. März 1933 und traf zehn Tage später wieder in Wien ein. Am 28. März besuchte er Freud und notierte: »Er denkt wie ich: Ich geh nicht weg.«[12] Zweig hoffte auf eine baldige Rückkehr nach Berlin. Die folgenden Wochen, in denen sich Zweig in Wien und Umgebung aufhielt – er erwartete seine Frau, die noch in Deutschland war –, gaben Gelegenheit zu wiederholten Gesprächen mit Freud.[13] Bei einem dieser Besuche,

»einem langen Gespr[äch] am Sonntag«, dem 23. April 1933, zeigte Freud Interesse an Zweigs neuestem Vorhaben, dem Buch »Bilanz der deutschen Judenheit 1933«: »Freud schenkt mir wichtigen Gedanken: Antisemitismus Rache der Deutschen etc. dafür, daß ihnen Christus aufgezwungen wurde. Nicht also, weil Juden ihn gekreuzigt, sondern weil sie ihn hervorgebracht.«[14] Diese Äußerung zitierte Zweig später im 31. Kapitel der »Bilanz«. Zwei Wochen darauf wurde Freuds 77. Geburtstag am 6. Mai 1933 im Beisein Zweigs im Sommerhaus in Grinzing, Hohe Warte 46, gefeiert. Am 16. Mai nahmen Arnold und Beatrice Zweig »Abschied von Freud«[15]. Das Ehepaar Zweig reiste über die Schweiz und Italien nach Südfrankreich, wo sich ein Großteil exilierter deutscher Schriftsteller und Künstler traf, und wo auch der Freund Lion Feuchtwanger nun lebte. Mitte Oktober ging Arnold Zweig von Sanary-sur-Mer nach Paris, um neben anderem den Novellenband »Spielzeug der Zeit« und seinen Essay »Bilanz der deutschen Judenheit 1933« zu beenden, während Beatrice Zweig, ihre Schwester Marie und die beiden Söhne bereits nach Palästina auswanderten. Arnold Zweig folgte ihnen am 21. Dezember 1933.

Zu einem weiteren Treffen zwischen Freud und Zweig kam es erst im Sommer 1936. Nachdem Zweig am 29. Februar 1936 aus Deutschland ausgebürgert worden war, erhielt er am 21. Juli 1936, nach zweijähriger Anwesenheit in Palästina, von den Mandatsbehörden einen »British Passport Palestine«. Die erste Europareise des Exils führte Zweig von August bis Oktober 1936 nach Österreich und Frankreich. Am 14. August besuchte Zweig mit Hermann Struck gemeinsam Freud in der Strassergasse 47 in Grinzing, und am 18. August 1936[16] las Freud Zweig in seinem Garten die ersten Seiten des »Moses«-Manuskripts vor. Am 22. Oktober 1936 suchte Zweig Freud wiederum in der Wiener Berggasse auf. Im Jahr darauf kam Zweig erneut für drei Monate nach Europa. Zusammen mit seiner Frau Beatrice und seinem Sohn Adam besuchte er am 28. Juli 1937 Freud in Grinzing. Bei diesem Besuch machte Marie Bonaparte, die vertraute Freundin Freuds, Schmalfilmaufnahmen.[17] 1938 traf Zweig Freud, der inzwischen in London lebte, am Vortage von Freuds letzter Operation am 7. September im Hotel Esplanade und am 12. Oktober in dessen neuem Haus in 20, Maresfield Gardens. Zweigs letzte Besuche bei dem schwerkranken Freud in London fanden im Juni und Juli 1939 statt.

Sigmund Freuds Zuneigung zu »Meister Arnold«[18] ist an vielen und nicht etwa formelhaft herzlichen Bemerkungen in seinen Briefen zu erkennen.

Arnold Zweig war als dreiundzwanzigjähriger Student in Berlin erstmals mit Freuds »Traumdeutung« und »Eine Kindheitserinnerung des Leonardo da Vinci« bekannt geworden und las 1912 »Zur Psychopathologie des Alltagslebens« und »Drei Abhandlungen zur Sexualtheorie«.[19] Zur gleichen Zeit machte er – durch den Psychoanalytiker Otto Groß – erste praktische Erfahrungen mit der neuen Heilmethode. Vor dem Hintergrund einer grundsätzlichen ethischen Neuorientierung, bewirkt durch das Erleben der Materialschlachten an der Westfront des Ersten Weltkrieges, ist Zweigs Lektüre von Freuds Abhandlung »Zeitgemäßes über Krieg und Tod« von großer Bedeutung. Aus tiefer Verehrung für Sigmund Freud, dessen psychoanalytischer Methode er nichts weniger als die Wiedererlangung seiner durch das Kriegserlebnis verschütteten literarischen Produktivität zu verdanken hatte, widmete Arnold Zweig sein Buch »Caliban oder Politik und Leidenschaft«, den 1926 fertiggestellten Antisemitismus-Essay, »Sigmund Freud respektvoll«. Und Zweigs Beschäftigung mit Leben und Lehre Sigmund Freuds riß nicht mehr ab, sie durchzieht seine schriftstellerischen Arbeiten, Aufsätze und Vorträge, umfangreichen Essays, Rezensionen und Würdigungsartikel. Vor allem aber ist Freuds Einfluß in Zweigs epischer Produktion, einer diffizilen psychologischen Erzähl-Technik zu entdecken. Arnold Zweig verarbeitete nicht erst seit den zwanziger Jahren seine Kenntnisse der Freud-Schriften, eigene Erfahrungen psychoanalytischer Sitzungen und Traumaufzeichnungen in Konzeption, Gestaltung und Figurenführung seiner Texte.

Anna Freuds Anfrage vom 17. Juni 1944 traf Zweig nicht unvorbereitet. Er hatte Freud schon zu dessen 80. Geburtstag mitgeteilt, daß er sich mit dem Gedanken trage, seine Biographie zu schreiben. Dieses Ansinnen hatte Freud schroff und unmißverständlich abgewehrt: »Nein, ich liebe Sie viel zu sehr, um solches zu gestatten. Wer Biograph wird, verpflichtet sich zur Lüge, zur Verheimlichung, Heuchelei Schönfärberei und selbst zur Verhehlung seines Unverständnisses, denn die biographische Wahrheit ist nicht zu haben, und wenn man sie hätte, wäre sie nicht zu brauchen. Die Wahrheit ist nicht gangbar, die Menschen verdienen sie nicht [...].«[20]

Trotz dieser Zurückweisung schien Zweig den Gedanken an eine größere Arbeit über Freud nicht aus den Augen verloren zu haben. Er war mit dem Angebot Anna Freuds sofort einverstanden, wie aus einer Notiz in seinem Tagebuch hervorgeht: »Ich antworte sofort Ja.«[21] Mit ersten Aufzeichnungen begann Arnold Zweig im August 1944 das Denkgerüst zu einem Buch zu bauen, das ihn bis an sein Lebensende nicht mehr freigeben würde. Doch die erste Euphorie verflog schnell: »Ich schrieb gestern noch Entwurf für Freud-Biographie, oder vorgestern. Aber obwohl mein Kopf gut arbeitet, mein Elan ist weg.«[22] Seinem Freund Lion Feuchtwanger gegenüber, dem er alle seine Pläne anvertraute, umriß er vier Tage darauf die mögliche Dimension seines Vorhabens. Das Freudbuch böte – »streng unter uns beiden – eine großartige Gelegenheit, den Abschlußstrich unter die bürgerliche Epoche Mitteleuropas zu ziehen«.[23] Der Gedanke, die Biographie Freuds zu einem kulturgeschichtlichen Abriß eines Epochenendes auszubauen, wurde vorerst aber nicht weiter verfolgt.

Wichtiges Material für die Biographie des »Professors« erhielt Arnold Zweig durch seine Korrespondenz mit Anna Freud. Sie lieferte in ihren ausführlichen Briefen wesentliche Detailinformationen, Nuancen und Erlebnisse ihres Vaters, die damals noch unzugänglich waren. Mit Anna Freud tauschte er sich auch über Pläne, Absichten, Konzeptionsänderungen und Überlegungen zur Darstellung aus.

Bereits im März 1945 kristallisierte sich der spätere Titel »Freundschaft mit Freud« heraus.[24] Er deutete eine neuerliche Veränderung der gedanklichen Tendenz des Vorhabens an. Es ging nun nicht mehr um eine Biographie Sigmund Freuds, sondern um eine subjektive Annäherung Arnold Zweigs an ihrer beider Freundschaft. In einem Brief an seinen Freund, den in London lebenden Schriftsteller Robert Neumann, faßte Zweig am 9. Oktober 1946 die bis dahin entwickelten Überlegungen zusammen: »Vor sieben Jahren starb Sigmund Freud und fast ebenso alt ist zwischen Anna Freud und mir der Briefwechsel, ein Buch betreffend, das ich über meine Beziehung zu ihm schreiben sollte. Sollte und möchte – denn ich kann nicht unterlassen, von dem Wesen und Leben dieses Mannes, seinem Charme, und seiner Größe Zeugnis abzulegen. Da ich ihn erst im Jahre 1926 kennen gelernt habe, wird mein Buch von dem alten Freud handeln und mit der Geschichte seines Kampfes gegen den Gaumenkrebs anfangen. Ich werde das Buch von theoretischen Untersuchungen weitest möglich freihalten, den Menschen herausholen und, hoffentlich, aus privaten Quellen von Schmalfilmen, die von uns aufgenommen wurden, charakteristische Bilder einschalten.«[25] Durch Robert Neumann, der Zweigs englisch übersetzte Bücher lektorierte, erhielt er nun auch erste Ermunterungen vom Londoner Verlagshaus Hutchinson, an seinem Projekt weiterzuarbeiten; einen Vertrag wollte man jedoch erst bei der Vorlage des Manuskripts abschließen.

All diese Vorüberlegungen haben den Menschen Sigmund Freud, das Private, die Beziehungen und Gespräche der beiden Männer zum Gegenstand. Auch Anna Freud gegenüber bekräftigte Zweig im November 1946 seine Intention »zu dokumentieren, welch ein Mann und Mensch hinter dieser Lebensarbeit steckte. Ein Glücksfall führte uns zusammen – so verschieden in der Richtung des Lebens und der Gaben, und mit soviel Sinn für einander, Liebe zu einander.«[26] Einen Monat später schrieb er von einem kurzen Erholungsurlaub in Sichron Jaacob: »Mein Buch soll den Leuten, die es lesen, begreiflich machen, wer dieser Siegmund Freud war, der in Amerika so und in Osteuropa anders angeschaut wird.« Innerhalb dieses »Berichts« solle »auch das dem Laien Wesentliche seiner Lebensleistung«[27] erklärt werden.

Anfang Februar 1947 mußten die Zweigs wegen des jüdisch-arabischen Bürgerkriegs in Palästina, der sich seit der verstärkten Einwanderung von ›displaced persons‹ aus Europa zuspitzte, aus ihrem Haus auf dem Carmel in Haifa evakuiert werden. Dies bedeutete zum einen, daß Zweig nicht mit der Sekretärin rechnen konnte, die ihm für dieses Vorhaben besonders geeignet schien – Lea Rosenberg geb. Auerbach: »Sie war in Karl Abrahams Hause ein und ausgegangen, als Schülerin und Studentin.«[28] Zum anderen waren seine Bücher, Manuskripte und die gesamte Korrespondenz verpackt worden und für einige Zeit nicht mehr benutzbar. Am 10./11. Februar 1947 entstand unter schwierigen äußeren Bedingungen ein erstes detaillierteres Konzept (vgl. S. 216), das knapp einen Monat später, in Zweigs neuer Wohnung in der deutschen Kolonie von Haifa (65, Carmel Avenue), dem »Skelett eines Buches ›Freundschaft mit Freud‹« zur Grundlage diente. Diese am 5. März 1947[29] diktierte Konzeption erhielten Anna Freud und Lion Feuchtwanger[30]. Sie wurde aber erstmals auch an potentielle Interessenten verschickt: an den amerikanischen Verleger Benjamin W. Huebsch, an die Freundin und Übersetzerin Alexandra (Assia) A. Arian in Moskau und an Zweigs Literatur-Agenten Jan van Loewen in London, der seit März 1947 »alles Verlegerische« regelte.

An Ermunterung zum Schreiben des Buches mangelte es dem Autor nicht. Seine Freundin und ehemalige Sekretärin, Lily Leuchter, berichtete von dem großen Interesse des amerikanischen Publikums: »Psycho-Analyse ist die große Mode hier, und das Buch müßte so schnell wie möglich fertig sein, nicht erst in zwei Jahren.«[31] Schon im Oktober 1946 hatte sich Feuchtwanger in einem Brief an Zweig überzeugt gezeigt: »Wenn irgendeiner, dann können Sie, ohne ins Platte zu fallen, Freud einem großen Publikum so darstellen, daß es ihn begreift.«[32] Auch Anna Freud wartete ungeduldig auf die ersten Kapitel, schon weil sie sich fragte, wie Zweig »die Mischung zwischen Persönlichem und Sachlichem zustandebringen« werde, ob er sein Material aus Freuds Veröffentlichungen, den Briefen oder aus den Gesprächen nehmen werde oder »aus Ihrem eigenen Wissen oder dem anderer über die Psychoanalyse. Das Thema ist ja nicht leicht«[33]. In seiner Antwort beschrieb Zweig seine Konzeption: »Ich will von dem persönlichen Kontakt ausgehen, der zwischen uns bestand und nicht auf den Briefen fussen sondern auf dem gelebten Leben und meinen Eindrücken von seiner Person und seinem Werk, wie sie sich genetisch entwickelten. Im Verlauf der Arbeit tauche ich dann in die Atmosphäre ein, die seine Briefe als Ergänzung unserer Begegnungen und Gespräche aufbewahrt haben [...]. Auf die neuesten Entwicklungen innerhalb der Spaltungszonen kann ich aus eigenem Studium kaum eingehen –diesen wissenschaftlichen Teil der Kämpfe um die Analyse überlasse ich Sachverständigeren als ich es bin. Mir ist es um das Menschliche und Persönliche zu tun [...].«[34] Diese Äußerung charakterisierte indes nur einen Aspekt seiner Darstellungsabsichten, sah doch bereits das »Skelett« zumindest vier Kapitel vor, die sich im weitesten Sinne mit der Kulturgeschichte der ersten Hälfte des 20. Jahrhunderts beschäftigen sollten.

Bevor in der ersten Augustwoche 1947 die Diktatarbeit beginnen konnte, waren zunächst die aufwendigen Korrekturen an der englischen Ausgabe des Romans »Das Beil von Wandsbek« zu erledigen. Auch die anhaltende Geldnot der Familie Zweig – seit 1938 war mit Ausnahme von Aufsatzserien und sonstigen publizistischen Arbeiten nur die hebräische Übersetzung des Romans »Das Beil von Wandsbek« (1943) erschienen – ließen eine ausschließliche Konzentration auf ein so schwieriges Projekt nicht zu. Zweig versuchte, sich »Rükkenfreiheit« zu verschaffen, um »unabgelenkt durch Tagessorgen« sein Vorhaben beginnen zu können. Seine Anfang September 1947 vorgetragene Bitte um »ein Darlehen oder eine Bürgschaft bei einer [...] Bank«[35] von etwa zweihundert Palästinensischen Pfund blieb jedoch ebenso erfolglos wie ein späteres zusätzliches Finanzersuchen[36] an Georg Landauer (1895–1954), den Direktor des »German Department« der Jewish Agency, die Zweig seit 1940 ohnehin finanziell unterstützte.

Anfang Juni 1947 setzte Zweig zur letzten intensiven Vorbereitung an – »Freud-Material anzuschauen begonnen« [37] notierte er in seinen Taschenkalender am 2. Juni 1947. Die neue Sekretärin Alice Hausdorff wohnte seit März 1947 in der Wohnung der Familie Zweig. Am 3. August[38] begann die Arbeit an der ersten Niederschrift – die Einleitung zum Freud-Manuskript wurde zu Papier gebracht. Bis zur Mitte des Monats zeigte sich der Autor sehr zufrieden – »Male wie ein guter Porträtist erst den Hintergrund«.[39] Bereits am 29. August wurde der »II. Teil des F[reud]B[uches] begonnen«[40], nachdem zwei Tage zuvor der erste Teil beendet worden war. Mitte September berichtete Zweig Anna Freud vom Fortgang der Arbeit: »Leider bin ich in diesem auch autobiographischen Teil zu breit geworden und muss das MS an diesen Stellen zusammenstreichen. [...] Ich werde mein Buch immer schärfer auch auf die menschliche Leistung und den Zauber seiner Persönlichkeit stellen und also den Zeitgenossen klar machen, welches Gewicht innerhalb der Geschichte der Wissenschaften und Wissenschaftler dieser Entschluss zur Operation und ihre Durchführung mit allen ihren Folgen bedeutete.«[41] Zweig wollte, so lassen briefliche Äußerungen erkennen, konzentriert an seiner Konzeption von Freundschaftsbericht und Werkdarstellung festhalten. Sein Buch, so schrieb er Anna Freud, scheine sich aber selbständig zu entwickeln, so daß er es am liebsten »Freud und sein Jahrhundert« nennen würde. »Das geht aber nicht, weil ich ja erst, einschliesslich aller Vorgeschichten, um 1910 zu berichten beginne. [...] Aber gleichwohl bleibt der Horizont des Buches so weit, dass das Jahrhundert Freuds als geheimer Untertitel immer mitschwingen wird. [...] Zwischen den Diktaten belebe ich meine Entwürfe bald mit Lektüre aus den ›Gesammelten Schriften‹, bald aus dem Briefwechsel mit ihm.«[42]

Zweig schrieb durchschnittlich drei Seiten am Tag, meistens am Morgen – der Nachmittag blieb der Korrespondenz, dem Vorlesen und der Konzentration auf den nächsten Arbeitstag vorbehalten. Zweigs Lektüre beschäftigte sich in dieser Phase mit den eigenen Aufsätzen und Äußerungen über Freud, die er zum Teil in den Text aufnahm, er las in seinen Taschenkalendern, den Briefen und nicht zuletzt immer stärker in Freuds Werken. Parallel dazu überarbeitete der Autor die schon diktierten Passagen der ersten Niederschrift so weit, »dass in Zwischenzeit Abschrift des schon Stehenden erfolgen kann«[43]. Einzelne, in sich geschlossene Abschnitte des ersten Teils gingen seit September 1947 zum Vorabdruck an eine Zeitung.[44]

Zweig schien die Arbeit leicht von der Hand zu gehen, und er gab sich auch in seinen Briefen zuversichtlich. Doch blieb er skeptisch gegenüber der konzeptionellen Anlage seiner Arbeit, er zeigte sich »depressiv, stark grundlos«[45]. Von Anfang an hatte er dieses Projekt als Verpflichtung seinem »Vater Freud« gegenüber empfunden. Neue Titelüberlegungen wurden nun laut, so u. a. »Sigmund Freuds Lebensabend, Geschichte einer Freundschaft« und »Freundschaft mit Freud, Geschichte seines Lebensabends«[46] – und wieder verworfen. Dem Autor schwebte vor, mit seinem Text gleichzeitig »ein Essay, ein Erinnerungsbuch und eine Portraitbüste«[47] zu formen. Diese Überlegungen komplizierten die Konzeption nicht unerheblich. Nunmehr sah sich Zweig, so deutete er seine Schwierigkeiten in einem Brief an Anna Freud, nicht in der Lage, die notwendige Distanz zum Dargestellten herzustellen. Das Buch unterscheide sich von all seinen Essay-Büchern dadurch, »dass mir der Gegenstand und seine Wirklichkeit fast näher sind als manche meiner dichterischen Themata, zu gleicher Zeit aber ein grosses Stück geistigen Stoffes verarbeitet werden will«[48]. Zweig formulierte damit eine Grundschwierigkeit bei diesem ihm existenziell wichtigen Buch: es gelang ihm nur schwer, sich im unmittelbaren Schaffensprozeß zu einem ›fremden Blick‹ auf Freud zu zwingen, der Gestaltung überhaupt erst möglich machte. Dieses prinzipielle Problem wirkte fort und verhinderte später eine seinen eigenen literarischen Ansprüchen genügende Fertigstellung des Textes.

Vorläufig ging die Arbeit jedoch weiter. Am 29. Oktober erreichte das Diktat den »Schluß d[es] 2. Teils. 3. Teil der substantiellste, leichteste (?).«[49] Das Rohdiktat der ersten Hälfte des Buches war damit abgeschlossen und »zur Durchsicht reif«[50]. Die erste Novemberwoche verging mit Streichungen: »Zuviel Autobiographisches. Alles muss weg. Schade, aber.«[51] Aus dieser strengen Überarbeitungsphase resultierten die ganze Seiten umfassenden Kürzungen im ersten Teil des Essays (vgl. S. 226ff.), von denen das Kapitel über die Universitätsjahre bereits als Vorabdruck bekanntgeworden war. An Arnold Zweigs 60. Geburtstag, dem 10. November 1947, war diese Revision vorerst abgeschlossen. Anfang Dezember notierte Zweig einen später verworfenen Titel für die noch ungeschriebene »2. Hälfte des Fr[eud]-B[uches]: Freud, der Kämpfer.«[52]

Erst im neuen Jahr wurde das »Freud-Ms. angeschüttelt, positiv gefunden«[53], und am 22. Januar 1948 setzte die Arbeit wieder ein. Nun ging es an die Überarbeitung des zweiten Teils, die kontinuierlich bis zum 11. April fortgeführt wurde. Unter der nachmittäglichen Lektüre fanden sich erst in diesem späten Stadium der Überarbeitung neben »Steffzweigs ›Welt [von gestern]‹ über Fr[eud]« mit Goethes »Israel in der Wüste« und »Über die Natur« Texte, auf die er durch sein intensives Studium der Werke Freuds aufmerksam geworden war.[54] Besonders ausführlich beschäftigte sich Zweig mit dessen »Selbstdarstellung«. Noch Ende März erwog der Autor, dieses Dokument vollständig in seinen Text aufzunehmen, um Sigmund Freud selbst die Entstehung und die Grundgedanken seiner Theorie darstellen zu lassen. Doch versagte sich Zweig diesen Ausweg, zumal er sich bewußt von Freuds ›Autobiographie‹ absetzen wollte – der Plan wurde verworfen. Die Lösung des konzeptionellen Problems, eine Darstellung über den privaten Freud mit einer Würdigung der bahnbrechenden Leistung des Gelehrten Freud in der Bilanz einer zu Ende gegangenen Epoche zu verbinden, wollte nicht in dem angestrebten Maße gelingen.

Am 11. April 1948 war »Freud II. Teil fertig« durchgesehen, parallel dazu war die Reinschrift des Textes vervollständigt worden. Inhaltlich brach somit die chronologisch angelegte Arbeit im Jahre 1932 ab. In den folgenden zwei Tagen entstanden eine Vorwortskizze und die Synopsis des dritten und vierten Teils, und bereits am 14. April gingen »3 Freudm[anu]s[kripte] von Teil I u. II. [...] an Anna Fr[eud], Feuchtwanger, Widmer«[55].

An Walter Widmer, einen Freund in Basel, knüpften sich verschiedene verlegerische Hoffnungen Zweigs, der noch 1947 die Schweiz als das künftige »Hauptland der deutschsprachigen Emigrationsliteratur« bezeichnet hatte. Widmers Vermittlungsbemühungen schlugen jedoch ebenso fehl wie die Anstrengungen Adam Zweigs, der seit 1946 in der Schweiz Medizin studierte. Anna Freud, die »Auftraggeberin«, äußerte spontan nach der Lektüre am 28. Juni 1948 ihren Eindruck: »Die letzte Woche, in der ich Ihr Freud Manuskript gelesen habe, war sehr aufregend für mich. Meine Tage sind zu voll zum Lesen, aber ich habe jede Nacht im Bett dazu verwendet. Ich will mein Urteil ganz kurz sagen: Ich finde das Ganze ganz besonders schön, eigentlich aufregend schön. Die Art wie Sie das Bild langsam entwickeln, durch Ihre eigene Person hindurch gesehen, verbunden mit dem Bild der ganzen Zeit, ist so wie es eben kein Biograph kann, nur ein Dichter und Schriftsteller.«[56] Lion Feuchtwanger urteilte am 10. Juli 1948: »Das Buch selber hat mich überaus interessiert, und es liegt wohl im Stoff, daß die wichtigsten Partien erst später kommen werden; es bringt viel Neues über Arnold Zweig und über Freud und gibt das Bekannte auf neue Art wieder.«[57] Zwar hatte Feuchtwanger dem Vorhaben gute Prognosen für Amerika gestellt, jedoch verbarg er nun auch nicht seine Skepsis, was die Veröffentlichungschancen des halbfertigen Manuskripts anging, da ihm die Unsicherheit des amerikanischen Buchmarktes bekannt waren. Zweig hoffte ja nicht zuletzt (auch später in Berlin), mit dem Freud-Buch »zu Dollars zu kommen«[58]. Feuchtwangers Skepsis erwies sich als begründet: seine Vorverhandlungen mit Benjamin W. Huebsch, dem Vizepräsidenten der Viking Press, New York, führten zu keinem Erfolg.

Wenige Wochen vor seiner Ausreise aus dem gerade gegründeten Staat Israel schrieb Zweig in Haifa am 12. Juni 1948 eine Skizze »Ueber Freud's erste Kinderjahre« (vgl. S. 252), eine Vorarbeit für das spätere 23. Kapitel. Offensichtlich war er mit diesem ersten Entwurf unzufrieden, denn am gleichen Tag erläuterte er seiner inzwischen in Prag lebenden früheren Mitarbeiterin Ruth Klinger mit einem Brief die Notwendigkeit, Freuds Geburtsort in Příbor/ČSR besuchen zu müssen. »Die Beendigung des Freud-Buches steht allen anderen Arbeiten für dieses Jahr im Wege, und ohne das Geburtshaus gesehen zu haben und die Gegend in der Freud aufgewachsen ist, kann ich bestimmte Ueberzeugungen, die seine Entwicklung betreffen, nur schlecht ausdrücken.«[59]

Arnold und Beatrice Zweig flogen am 14. Juli 1948 in die ČSR und wohnten auf Einladung des tschechischen Informationsministers in einem nahe bei Prag gelegenen Schriftstellerheim im Schloß

Dobřiš. Von hier aus besuchte Arnold Zweig vom 21. bis zum 23. September, dem 9. Todestag Sigmund Freuds, dessen Geburtsort Přibor.

Am 18. Oktober 1948 traf Arnold Zweig in Berlin ein. Aus dem geplanten Kurzaufenthalt wurde die endgültige Rückkehr nach fünfzehn Jahren Exil in Palästina.

In seinem Gepäck befand sich auch das halbfertige Manuskript seiner »Freundschaft mit Freud«. Fünf Wochen nach Zweigs Ankunft in Berlin wurde eine neue Fassung des Kapitels über den »Besuch in Freuds Kindheit« zu Papier gebracht (vgl. S. 254). In den folgenden dreizehn Jahren aber schrieb Zweig, abgesehen von Überlegungen und Notizen zu einigen vorkonzipierten Kapiteln (vgl. S. 248ff. und S. 265ff.) und einem Vorwortentwurf von 1950 (vgl. S. 220), keine neuen Abschnitte der zweiten Hälfte des Freud-Buches. Die Arbeit am Manuskript, dessen Beendigung noch vier Monate zuvor alle anderen Arbeiten blockiert hatte, wurde nicht wieder aufgenommen. Wie ist das zu erklären?

Viele Briefe Zweigs aus diesem Jahrzehnt beschworen in fast gleichlautenden Formulierungen die ungebrochene Absicht, »Freundschaft mit Freud« endlich zum Abschluß zu bringen, gleichzeitig beklagte der Autor, daß er durch seine vielfältigen kulturpolitischen Verpflichtungen und publizistischen Stellungnahmen als Präsident der Deutschen Akademie der Künste, im Kulturbund zur demokratischen Erneuerung Deutschlands, im PEN, im Friedensrat und in der Volkskammer der DDR an einer konzentrierten literarischen Produktivität gehindert sei. Diese Begründung erscheint jedoch wenig überzeugend, wenn man in Betracht zieht, daß Zweig in jenen Jahren immerhin noch Zeit und Kraft fand, seinen Roman-Zyklus »Der große Krieg der weißen Männer« fortzusetzen. Die Schwierigkeiten, die eine Beendigung der Arbeit am Freud-Essay blockierten, lagen vielmehr in diesem Vorhaben selbst begründet.

Einer der Gründe für den Stillstand mag wohl eine Erfahrung gewesen sein, die Zweig bei seiner Rückkehr nach Deutschland mit vielen Exil-Schriftstellern teilte: nach zwölf Jahren nationalsozialistischer Diktatur war der lebendige kulturelle Zusammenhang des Autors mit einer liberalen linksbürgerlichen Leserschaft zerstört. Deshalb glaubte Zweig, er müsse eine neue Beziehung zu den Adressaten des Buches aufbauen. Ging der Autor noch 1946 auf dem Carmel in einem Brief an Anna Freud von der Möglichkeit aus, einen psychoanalytisch-informierten Leser anzusprechen und bei ihm eine allenfalls verschüttete Traditionslinie mühelos in Erinnerung rufen zu können, wobei sein »Buch ›Freundschaft mit Freud‹ [...] nur das Nachleuchten einleiten [soll], das von nun an dauernd am Geisterhimmel stehn wird wie eine Aurora borealis«[60], so beklagte er im Sommer 1952 in einem Brief an Alfred Döblin, »wie unbekannt das grundsätzlich Schöpferische und Bestätigte hier geworden ist, das wir Sigmund Freud und einigen seiner Schüler verdanken«[61]. Konnte sich seine engagierte Publizistik in Palästina immerhin auf ein Minimum von Kenntnissen der Psychoanalyse im öffentlichen Bewußtsein stützen, so war diese Voraussetzung bei seiner Rückkehr in den Osten Deutschlands nicht mehr gegeben. Angesichts dieser Situation erschien es ihm notwendig, im Rahmen der kulturellen und ethischen Erneuerung Deutschlands eine Diskussion einzuleiten, »welche Freuds grosse Leistung als Teil des nationalen Erbes deutschen Denkens werten soll.«[62] Er kündigte darüber hinaus »dem Erbe der Nazis und den irregegangenen Marxisten die Wiedereinsetzung Freuds in sein Recht und Reich an«[63]. Mit einer solchen Debatte wollte Zweig, wie er Anna Freud versprach, »eine Um-Orientierung unserer Leute in Sachen von S. F. und seines Lebenswerks« durchsetzen, die »zu seinem 100.ten Geburtstag [...] schon, für die D.D.R. wenigstens, geschafft«[64] sein sollte. Zweig gab sich überzeugt: »Daß die Torheiten langsam abnehmen, die über die Lebensarbeit Ihres Vaters (und ihre Auswirkung in USA) verbreitet wurden, habe ich erwartet und betrachte diese Entwicklung mit Geduld. Den Umschwung in der Öffentlichkeit gedenke ich selber herbeizuführen, denn die Bedeutung von Pawlows Arbeiten und die S. Freuds unterstützen einander statt einander zu hemmen.«[65] Der Autor mag sich mit diesen optimistischen Äußerungen selbst Mut zugesprochen haben. Er überschätzte mit ihnen aber nicht nur seine eigenen schriftstellerischen Möglichkeiten, sondern er täuschte sich vor allem in der Einschätzung der politischen Verhältnisse, die in dem neugegründeten Staat herrschten. Zwar stellte die Thematik des »nationalen Erbes« eine zentrale Fragestellung der kulturpolitischen Diskussionen der fünfziger Jahre dar, sie wurde aber grundlegend anders behandelt, als es sich Zweig und andere Künstler und Intellektuelle vorgestellt hatten. Die politische Führung setzte nämlich in den einzelnen Debatten gegen alle andersgerichteten Bestrebungen eine überwiegend klassizistische Erbeauffassung durch. Vor allem aber bestimmte sie selbst die Kriterien, an denen sich die aktuelle Kunst- und Literaturproduktion zu messen hatte.

Zweig war voller Illusionen über die Vereinbarkeit der Psychoanalyse mit seinen Sozialismus- und Demokratie-Vorstellungen nach Ostdeutschland gekommen und sah, in der Harmonisierung der Anschauungen von Freud und Marx symbolisiert, die Voraussetzung für das Funktionieren des neuen Deutschland überhaupt. Noch 1947 hatte er seine Ziele so charakterisiert: »Als Schriftsteller bestrebe ich mich, die Sprachgemeinschaft, zu der ich gehöre, zur Bezwingung ihrer Gruppenleidenschaften anzuleiten, ihre trüben Erdenreste zu durchleuchten und die Bewusstseins-Seite des Psychischen, die allein des Wortes mächtig ist, vorwärts zu treiben und zu stärken. Ich bin also Sozialist.«[66]

Doch die politische und ideologische Ablehnung Freuds durch Partei und Staat war prinzipieller Natur und ließ sich weder mit einer Attitüde von Gelassenheit und Geduld noch mit gutgemeinter Aufklärung überwinden. Freud galt als Vertreter einer »spätbürgerlichen Philosophie«, seine Lehre als spekulativ, unwissenschaftlich, subjektivistisch, irrationalistisch. Die Freudsche Kulturtheorie mußte im Lichte des sowjet-marxistischen Monopolanspruchs auf die Interpretation gesellschaftlicher Strukturen als phantastische Irrlehre erscheinen.

Zweig gestand sich selbst weder sein Scheitern vor den neuen Verhältnissen, in die er eingebunden war, noch seine konzeptionellen Schwierigkeiten ein. Trotz immer neuer werkstrategischer Äußerungen setzte der Autor die Arbeit an seinem Manuskript in den fünfziger Jahren aber nicht fort. Zu verdanken sind ihm jedoch einige aufrichtige Versuche, die »Eisbarriere um Namen, Person und Lebenswerk«[67] Sigmund Freuds in der frühen DDR zu durchbrechen. Der 100. Geburtstag Freuds im Mai 1956 erlaubte vor dem Hintergrund des kurzzeitigen »Tauwetters« nach Stalins Tod eine Öffnung und Würdigung. Im Maiheft der Zeitschrift »Neue Deutsche Literatur« erschien Freuds Untersuchung »Das Motiv der Kästchenwahl« begleitet von Zweigs Artikel »Die Natur des Menschen und Sigmund Freud«, einer grundlegenden Neubearbeitung des Beitrags »Freud und der Mensch« von 1929. Die Kulturbund-Zeitung »Sonntag« veröffentlichte einen Artikel von Alexander Mette, einem früheren Anhänger der Psychoanalyse und Verfasser der einzigen in der DDR erschienenen Freud-Biographie. Mette hatte sich inzwischen auf die Seite Pawlows geschlagen; seinen unbefriedigenden Artikel begrüßte Zweig dennoch »als Schwalbe«. Eine öffentliche Diskussion wurde jedoch weder von diesen Artikeln noch von Zweigs übrigen Äußerungen zu Freud entfacht. Das Thema Freud wurde zum Tabu. Erst 1982 gelang es Franz Fühmann, eine kleine Auswahl von Texten Sigmund Freuds in der DDR zu veröffentlichen, wie denn auch die dreibändige Auswahl »Sigmund Freud. Essays« (1988) von ihm angeregt und gefördert wurde. Wiederum hatte sich ein Dichter den Texten Freuds geöffnet, während im Mai 1981 Teilnehmer einer medizinischen Arbeitstagung »in philosophisch-ideologischer Hinsicht eine prinzipielle Gegnerschaft der marxistisch-leninistischen Philosophie im Verhältnis zu den weltanschaulichen Positionen der Psychoanalyse, wie sie sich gerade in Freuds Verständnis des ›Unbewußten‹ artikulieren«[68], dekretierten.

Konzeptionelle Schwierigkeiten, die sich schon in der ersten Entstehungsphase, 1944–1948, angedeutet hatten, sein Anspruch, dem subjektiven Porträt ein Gesellschaftsbild zu hinterlegen, seine disparaten Schreibstrategien hinderten Zweig daran, den Text zu Ende zu schreiben. Ihm war auch 1957 zu Bewußtsein gelangt, »wie wenig Unterhaltungspartner ich hier dafür habe und wie ich vor den Fragen allein stehe, deren Beantwortung mir zur Zeit unmöglich erscheint«[69]. Unter diesen Bedingungen blieb »Freundschaft mit Freud« ein Torso.

Erst im Jahre 1962 setzte Arnold Zweig seine Arbeit an »Freundschaft mit Freud« fort. Unmittelbarer Anlaß dafür könnte die Lektüre der Freud-Biographie von Ernest Jones gewesen sein, die Zweig in der englischen Originalausgabe besaß und zu deren deutscher Übersetzung er seine Freud-Briefe zur Verfügung gestellt hatte. Bei der Wiederaufnahme ging es dem Autor inzwischen wohl kaum mehr um eine ›Umorientierung‹ in bezug auf Freud, keine »völlige Renaissance der Freud-Gestalt für das deutsche Geistesleben« und »den ganzen Osten«[70], obwohl er seine aufklärerische Verpflichtung noch immer verteidigte und das allgemeine Vergessen zu behindern suchte. Andere Motive des inzwischen vierundsiebzigjährigen Dichters drängten sich in den Vordergrund. Er wollte sein Leben bilanzieren, und zwar am Lebensweg des alten Sigmund Freud orientiert. Im Januar 1962 war die Arbeit an seinem Roman »Traum ist teuer« – ebenso alt wie das Freud-Projekt – als druckfertig abgeschlossen worden. Sein Interesse galt nun wieder seinem ›Freundschaftsbericht‹. Das vierzehn Jahre alte Skript von 1948 wurde hervorgenommen, die Materialien, die in der Zwischenzeit entstanden waren – handschriftliche Notizen, Kapitelentwürfe, Problemskizzen, die über die ursprüngliche Planung hinausgingen – , lagen geordnet bereit. »Freundschaft mit Freud« war die letzte größere Diktatarbeit, die Arnold Zweig vor seinem Tode 1968 in Angriff nahm: das Manuskript wurde eine Art literarisches Testament.

Aus der Freud-Biographie von Ernest Jones erfuhr Zweig wichtige Fakten, die das letzte Lebensjahrzehnt des Gelehrten betrafen, und korrigierte seine Erinnerungen: »Auf Notizen und Jones gestützt, Freudkapitel beendet – bis sich herausstellt, daß Notizen d[er] Jahre 36 u. 37 fehlen. Aus Jones aber Hilfe [...]: Freud gab mir 36 den schönen Siegelring!«[71] Neben der Jones-Lektüre studierte Zweig in diesen Frühlingsmonaten Freuds letztes Werk »Der Mann Moses und die monotheistische Religion«, über dessen Entstehung Zweig in einer frühen Arbeitsphase von Freud erfahren und aus dem ihm der Autor erste Passagen vorgelesen hatte. Zweig war zum wiederholten Male von Freuds Genauigkeit und Tiefe ergriffen, für ihn stellte das Buch ein »[g]roßartiges Öffnen einer Perspektive auf das Entstehen des Religions-Komplexes«[72] dar.

In den Umkreis der »Mann Moses«-Lektüre gehören die Moses-Aufsätze von Schiller und Goethe und die Überlieferung des Propheten Hosea. Zweig las zum einen verschiedene Freud-Texte wieder, die er bereits in den dreißiger Jahren kennengelernt hatte, wie »Jenseits des Lustprinzips« – »tief erregende Perspektive nach innen«[73], die »Einleitung« zu dem Band »Kriegsneurosen«, die Akropolis-Erinnerung aus dem »Almanach der Psychoanalyse 1932« und »Zeitgemäßes über Krieg und Tod«, und nahm inzwischen erschienenes biographisches Material zur Kenntnis. Zum anderen rief sich Zweig seine eigenen Äußerungen und Aufsätze über Freud in Erinnerung, die den Essay durch ihre Einarbeitung oder ein Zitat abrunden sollten. Ein Aufsatz »aus dem ›Spiegel‹, der allerlei gegenwärtiges Material der Literatur über Freud zitiert«, zeigte Zweig, daß sein »Buch ganz anders sein wird als all das Zeug«[74].

Am 8. Januar 1962 hatte Zweig mit Unterstützung von Ilse Lange, »das Freudbuch zu bearbeiten«[75] begonnen. Die ersten beiden Teile des Freud-Manuskripts, die im April 1948 bereits vorgelegen hatten, blieben in ihrer Anordnung unverändert. Ihr Text wurde jedoch einer weitgehenden Überarbeitung unterzogen, die Zweig am 20. Januar 1962 abschloß. Nach einer kurzen Winterreise, Ende Februar, begann am 7. März 1962 das Diktat der Teile III und IV. Ihr Entwurf von 1948 wurde am Beginn der Arbeitsphase noch akzeptiert: »scheint in Ordnung«[76]. Zehn Tage später skizzierte Zweig sein weiteres Vorgehen so: »15. Kap. Freud beendet. Jetzt kommen die Gesammelten Schriften dran, danach wohl auch die Gradiva. Dann 1948 und von Dobřiš der Besuch in Přibor.«[77] Doch am 23. März beschäftigte sich Zweig erneut mit dem 14. Kapitel, dem »Freud-Kap. vor der Zustellung der 12 Bände«[78]. Im Laufe der Arbeit wurden ursprünglich geschlossen konzipierte Kapitel in mehrere aufgespalten. Sollte sich beispielsweise noch in der Synopsis von 1948 das 13. Kapitel ausschließlich auf Freud im Jahr 1933 konzentrieren, traten 1962 Zweigs autobiographische Absichten viel stärker in den Vordergrund. So formulierte er im 13. Kapitel seine Sicht auf die Jahre 1932/33, Beatrice Zweigs Arbeitsaufenthalt in Paris, seine Emigration am 14. März 1933 bis zu den Aufenthalten in Wien im Frühjahr 1933 und erst im 14. Kapitel die ursprünglich in der Darstellung nicht vorgesehenen Exilstationen der Zweigs in der Schweiz und Frankreich 1933. Ähnliches ist für das Berichtsjahr 1937 zu bemerken. Zweigs Konzept 1948 sah vor, im 16. Kapitel Freuds »Letzte[n] Sommer« in Wien abzuhandeln und nach der Einschaltung des »Mann Moses« – ganz der Idee folgend, sich auf Freud und die eigenen Erinnerungen an Gespräche und Besuche zu beschränken – im 18. Kapitel auf einen »Fall von unbewusster Gedankenübertragung« zurückzukommen. Hier stellte Zweig in der Fassung von 1962, nicht zuletzt aus Gründen der Chronologie, die Kapitel so um, daß das »Moses«-Kapitel, der Entstehungsgeschichte dieses Freud-Textes entsprechend, nach vorn gestellt wurde (17. Kapitel). Entscheidend an allen Änderungen ist, daß Zweig den biographischen Bericht nun weniger an Freud als an seinen eigenen Lebensstationen der Exilzeit orientierte. In der Konzeption von 1962 erstmalig erschien das 21. Kapitel »Ein Zwischenfall« über den Unfall Zweigs im Jahre 1938. Vor allem die täglichen Aufzeichnungen in den Taschenkalendern, die Zweig gemeinsam mit seiner Sekretärin Ilse Lange durchging – »aufregend für uns, von 1962!«[79] –, lieferten das Erinnerungsgerüst, doch beklagte der Autor, daß er zu seinen Wiener Aufenthalten kaum Notizen über seine Besuche bei Freud finden könne.

Der Schluß des Buches wurde grundlegend neu gefaßt. Zweig verzichtete auf bereits grob gerasterte Ideen zum Thema »Ps[ycho]-a[nalytische] Kindergärten« (vgl. sechste Anm. zu S. 219) und die Absicht, »aus dem noch zu schreibenden Material meines Buches ›Freundschaft mit Freud‹ das Kapitel über den Todestrieb vorwegzudiktieren«[80] – beides Teile des 1948 konzipierten 21. Kapitels »Das Nachleuchten hebt an«. Zudem blieben die knappen Notizen zu einzelnen Kapiteln weitgehend unberücksichtigt. Das betrifft vor allem Zweigs Vorhaben, sein schmerzliches Erleben der psychischen Erkrankung seiner Frau nach der Rückkehr aus Palästina zu gestalten. Weder wurde eine Auseinandersetzung mit Freud und Pawlow geführt noch das »Neuzuschreibende Kapitel« (vgl. S. 267) über das Verhältnis der Sowjetunion zu Freud und der Psychoanalyse abgefaßt. Vielmehr bricht der Text mit dem bereits 1948 weitgehend fertiggestellten 23. Kapitel ab. Anstatt eine anfangs konzipierte Diskussion über die Aktualität Freuds zu liefern, zog sich Zweig in Freuds Kindheit zurück – um so den Bogen zu dessen Spätwerk zu schließen –, wie er auch dort, wo er von eigenem Erleben berichtete, kaum über die Emigrationszeit hinausging.

Das am 12. Mai 1962 »vorläufig« beendete Typoskript seiner »Freundschaft mit Freud« nahm Zweig auf eine Reise in die Schweiz mit. Hier las es sein Sohn Adam, der es im September an die bekannte Analytikerin und Jones-Übersetzerin Gertrud Meili-Dworetzky übergab. Sie bescheinigte dem Autor nach der Lektüre Ende September 1962, daß seine »Arbeit grosses Interesse finden wird und wirklich eine Bereicherung darstellt«[81], sie decke sich mit dem, was Jones über Freud berichtet habe und bringe zugleich neue Facetten und Einzelheiten. Zugleich machte sie Zweig Änderungsvorschläge, einzelne Stellen und Abschnitte betreffend, die Zweig bei seiner nochmaligen Bearbeitung des Essays teilweise aufgriff. Gertrud Meili bemängelte den Umfang der Abhandlung und schlug vor, Zweigs allgemein informierende Bemerkungen zu Freuds Theorie, soweit sie nicht den Einfluß auf den Autor selbst beinhalten, zu streichen. »Für den ungebildeten Leser ist der Stil – und der ganze Stoff – doch zu schwer, und der gebildete Leser kennt mehr oder weniger die Hauptbegriffe wie vor allem diejenigen z. B., die Freuds seelische Instanzen betreffen.« Im übrigen gäbe es inzwischen so viele Einführungen zu Freud und auch zu Jones, »dass sich die hier gegebenen Darstellungen erübrigen, zumal sie vom Wesentlichen – Ihrer Freundschaft mit Freud – ablenken.«[82] Mit ihren Bemerkungen traf die Kritikerin eine konzeptionelle Schwäche des Textes, die Zweig in seinem Antwortschreiben vom 15. Oktober unter Hinweis auf jenes Argument zu erklären suchte, das seine Arbeit am Freud-Essay seit Beginn der fünfziger Jahre immer stärker beeinflußt hatte: »Haben Sie erwogen, daß mein Freud-Buch in der östlichen Welthälfte gelesen werden wird, wo man weder Freuds Werke in Erinnerung hat noch das großartige Buch von Jones jemals in der Hand hatte? Ich bin nämlich ein Freudianer, gewissermaßen als Vorposten in einer Welt, die schon vor der Nazizeit von Freud nur falsche Vorstellungen besaß.«[83] Infolge der Kritik von Gertrud Meili erwog Zweig aber, zwei unterschiedliche Ausgaben des Buches herauszubringen: »eine Ausgabe für die östliche Welt und eine stark gekürzte für die westliche Welt«[84]. Warum er sich jedoch den seit 1960 wiederholt eintreffenden Verlags-Angeboten Hans Lamms und seines Ner-Tamid-Verlages, München und Frankfurt/M., gegenüber verschloß, bleibt unklar. Die Schweiz schien ihm wohl der angemessenere Publikationsort zu sein.

Das zweite Exemplar des Freudbuch-Manuskripts übergab Ilse Lange Ende Mai dem Leiter des Aufbau-Verlages Klaus Gysi; dieser habe es, wie Zweigs Sekretärin vermeldete, »mit Interesse entgegengenommen«[85]. Fast genau ein Jahr später, am 21. Juni 1963, sandte der Aufbau-Verlag das Manuskript kommentarlos zurück, über dessen Verbleib sich Zweig zuvor erkundigt hatte. Der Brief enthielt keinerlei Äußerungen zum Essay; über weitere Unterredungen ist nichts bekannt. Zweig war auf die Skepsis seines Haus-Verlages gefaßt gewesen. Nicht anders ist die Formulierung in einem Brief an die russische Übersetzer-Freundin Alexandra A. Arian zu verstehen, er wolle dem Aufbau-Verlag die Chance geben, das Manuskript kennenzulernen, gleichzeitig aber einen Schweizer Verlag interessieren.[86]

Zweigs abschließende Arbeitsphase am Manuskript läßt sich an Hand der nahezu unlesbaren späten Taschenkalender nicht genau datieren. Der einzige textinterne Hinweis findet sich in einer Korrektur des »Präludium«, wenn Zweig schreibt: »Und so haben wir jetzt, mehr als ein Vierteljahrhundert nach seinem [Freuds] Tode, die Pflicht, zu sagen, was wir von ihm wußten.« Dies würde, vorsichtig geurteilt, auf eine letzte nachweisbare Vorlesung und Bearbeitung um das Jahr 1965 deuten.

Seitdem ist eine Fülle von Materialien zu Sigmund Freud, zur Geschichte und Entwicklung der Psychoanalyse veröffentlicht worden. Briefausgaben der wichtigsten Akteure liegen vor, die zu Zweigs Lebzeiten und seiner intensiven Beschäftigung mit dem Manuskript noch längst nicht zugänglich waren. Kurz vor Arnold Zweigs Tod 1968 erschien seine Korrespondenz mit Freud erstmals umfangreich dokumentiert.[87] Bei dieser Edition entstand zum einen durch scheinbar minimale Eingriffe (falsche Datierungen, willkürliche, auch umfangreichere Kürzungen, Umstellungen und Zusammenziehungen von Briefen), zum anderen aber durch das Weglassen von zehn Briefen Freuds und von vierundzwanzig Korrespondenzstücken Zweigs ein mehr als ungenau zu nennendes Bild der Beziehung beider Männer, das dringend einer Ergänzung bedarf.

Der Essay »Freundschaft mit Freud. Ein Bericht«, erstmals aus dem Nachlaß veröffentlicht, ist inzwischen ein historisches Dokument. In vielerlei Hinsicht offenbart sich ein heterogenes Textkorpus. Die ausgedehnte Entstehungszeit der einzelnen Teile äußert sich in Brüchen der Unmittelbarkeit von Erinnerungen. Zudem blieben, durch sich mehrfach wandelnde Schreibstrategien bedingt, unterschiedliche und widersprüchliche Wertungen im Text unvermittelt nebeneinander stehen. Nicht zuletzt aufgrund der 1962 fehlenden Strenge bei der Durcharbeitung der vier Teile wechseln geformte Passagen von hoher Dichte mit grob skizzierten Abschnitten. Schließlich macht sich auch ein für die Arbeitsweise des Autors nicht zu unterschätzender Aspekt bemerkbar: die stille Versunkenheit beim Komponieren und anschließend die sich ablösende laute ›Erzählung‹ im Diktieren des Textes.

Ohne Zweifel liegt mit diesem Text Zweigs umfangreichste ›durch Freud hindurchgesehene‹ autobiographische Äußerung vor. Zugleich verrät der Text poetische Positionen seines Autors, ohne daß diese einer vordergründigen Absicht des Schreibens entsprangen. Zweig entdeckt sich in seinem Text als Intellektueller und Künstler, der in der Psychoanalyse den entscheidenden Schlüssel zu menschlichem Verhalten gefunden zu haben glaubte. Zweigs »Freundschaft mit Freud« ist ein eher konventionell geschriebener Text. Vor diesem Hintergrund ist er symptomatisch für eine bestimmte Position realistischer Literatur, eines literarischen Traditionalismus gegenüber der literarischen Moderne der ersten Jahrhunderthälfte. In seiner

Parteinahme für die Psychoanalyse und seiner Verteidigung Freuds, war der Schriftsteller Zweig hingegen modern, auch wenn der »Vater Freud« dabei die Züge einer entrückten Autorität erhielt. Zweigs Bemühen, einen Ausgleich zwischen Freud und Marx zu schaffen, steht neben einer Reihe von Versuchen unorthodoxer Sozialisten. Sein Beharren auf diesen Vorstellungen auch in Zeiten dogmatischer Politik, in die die spätere Entstehungsphase des Essays fiel, zeugt von großen Illusionen und ist nicht frei von tragikomischen Zügen.

Der Autor verstand sich in diesem Text wie auch in seinen Romanen als Chronist seines Zeitalters. Mit seinem fokussierenden Blick auf die letzten zwölf Lebensjahre Sigmund Freuds gelang Arnold Zweig ein autobiographisch akzentuiertes Panoramabild der Kultur- und Geistesgeschichte unseres Jahrhunderts. Zugleich gibt der Text in seiner Genese und seiner Gestalt, der Auswahl der Erinnerungen und ihrer Darstellung, den Blick frei auf die widersprüchliche Existenz des deutsch-jüdischen Schriftstellers Arnold Zweig.

Berlin, im Februar 1996 Julia Bernhard

Anmerkungen

1 AZ an L. Feuchtwanger, 22. 8. 1944. In: Feuchtwanger-Zweig-Briefwechsel, Bd. I, S.307–310 (Nr. 155), S. 310.
2 A. Freud an AZ, 21. 7. 1944.
3 AZ an Walter Widmer, 30. 10. 1947 (t).
4 Jones, Bd. III, S. 495–496.
5 A. Freud an AZ, 28. 10. 1939.
6 The Diary of Sigmund Freud 1929–1939. Translated and annotated by Michael Molnar. London, New York 1992 (fortan: Freud, Kürzeste Chronik).
7 AZ an Freud, 5. 3. 1929.
8 Kalender 1930, 9. 2. 1930, AZA 2618; Freud, Kürzeste Chronik, S. 266.
9 Vgl. erste Anm. zu S. 66.
10 Zuerst AZ an Freud, 11. 12. 1931.
11 Kalender 1933, 12. 2. 1933, AZA 2621.
12 Ebd., 28. 3. 1933.
13 Ebd., 30. 3., 2. 4., 9. 4., 23. 4., 6. 5., 16. 5. 1933.
14 Ebd., Notizen S. 34 [23. 4. 1933].

15 Ebd., 16. 5. 1933. Freud, Kürzeste Chronik nennt den 15. 5. 1933.
16 Freud, Kürzeste Chronik.
17 Ebd.
18 Freud an AZ, 8. 5. 1932.
19 Vgl. AZ an Helene Joseph, 15./16. 8. 1912; AZ an Freud, 28. 5. 1933, 24. 4. 1934.
20 Freud an AZ, 31. 5. 1936, ÖNB, Wien.
21 Kalender 1944, 10. 8. 1944, AZA 2632.
22 Ebd., 18. 8. 1944. – Der Entwurf vgl. S. 215.
23 AZ an L. Feuchtwanger, 22. 8. 1944. In: Feuchtwanger-Zweig-Briefwechsel, Bd. I, S. 309 (Nr. 155).
24 AZ an Beatrice Zweig, [16. 3. 1945].
25 AZ an R. Neumann, 9. 10. 1946 (t).
26 AZ an A. Freud, 21. 11. 1946, LC, Washington.
27 Ebd., 14. 12. 1946.
28 Ebd., 17. 2. 1947.
29 Kalender 1947, 5. 3. 1947, AZA 2638.
30 Anlage zu AZ an Feuchtwanger, 23. 3. 1947. In: Feuchtwanger-Zweig-Briefwechsel, Bd. I, S. 427–428 (Nr. 207).
31 L. Leuchter an AZ, 4. 5. 1947.
32 L. Feuchtwanger an AZ, 1. 10. 1946. In: Feuchtwanger-Zweig-Briefwechsel, Bd. I, S. 391 (Nr. 196).
33 A. Freud an AZ, 13. 3. 1947.
34 AZ an A. Freud, 14. 4. 1947, LC, Washington.
35 AZ an Julius Simon, 7. 9. 1947 (t).
36 AZ an G. Landauer, 1. 3. 1948 (t).
37 Kalender 1947, 2. 6. 1947, AZA 2638.
38 Ebd., 3. 8. 1947.
39 Ebd., 7. 8. 1947.
40 Ebd., 29. 8. 1947.
41 AZ an A. Freud, 17. 9. 1947, LC, Washington.
42 Ebd., 23. 9.–1. 10. 1947.
43 Kalender 1947, Remarks S. 94, AZA 2638.
44 AZ, Wie Freud verboten werden sollte. In: Jedijoth Chadashoth (3. 10. 1947); AZ, Von Philosophen und Philosophien (II). In: Ebd. (5. 12. 1947).
45 Kalender 1947, 25. 9. 1947, AZA 2638.
46 AZ an Literaturagenten / J. v. Loewen, 10. 9. u. 5. 10. 1947 (t).
47 AZ an Hermann Kesten, 19. 1. 1948. In: Deutsche Literatur im Exil. Briefe europäischer Autoren 1933–1949. [Hg.] Hermann Kesten. Wien u. a., 1964, S. 329–331, S. 329.
48 AZ an A. Freud, 1. 11. 1947; LC, Washington.
49 Kalender 1947, 29. 10. 1947, AZA 2638.
50 Ebd., 31. 10. 1947.
51 Ebd., 2. u. 3. 11. 1947.

52 Ebd., 2. 12. 1947.
53 Kalender 1948, 20. 1. 1948, AZA 2639.
54 Ebd., 27. 3., 2. u. 8. 4. 1948.
55 Ebd., 14. 4. 1948.
56 A. Freud an AZ, 28. 6. 1948. Dem Brief war eine Liste mit Korrekturen beigelegt.
57 L. Feuchtwanger an AZ, 10. 7. 1948. In: Feuchtwanger-Zweig-Briefwechsel, Bd. I, S. 507 (Nr. 243).
58 AZ an L. Feuchtwanger, 12. 8. 1949. In: Ebd., Bd. II, S. 44 (Nr. 273).
59 AZ an R. Klinger, 12. 6. 1948 (t).
60 AZ an A. Freud, 31. 3. 1946; LC, Washington.
61 AZ an A. Döblin, 28. 8. 1952 (t).
62 Ebd.
63 Notizbuch 1950–1951, S. 27/28, 23. 12. 1950, AZA 2603.
64 AZ an A. Freud, 25. 9. 1953; LC, Washington.
65 Ebd., 2. 3. 1954.
66 AZ an Herder-Verlag, Freiburg i. B., 8. 8. 1947, in: Notizbuch, AZA 2597.
67 AZ an A. Freud, 10. 4. 1956; LC, Washington.
68 A. Katzenstein / H. F. Späte / A. Thom, Die historische Stellung und die gegenwärtige Funktion der von Sigmund *Freud* begründeten Psychoanalyse im Prozeß der Formierung einer wissenschaftlich fundierten Psychotherapie. Bernburg 1981, S. 48.
69 AZ an Adam Zweig, 2. 9. 1957 (t).
70 AZ an A. Freud, 1. 7. 1949 (t).
71 Kalender 1962, 27. 3. 1962, AZA 2675.
72 Ebd., 6. 4. 1962.
73 Ebd., 22. 1. 1962.
74 Ebd., 16. 1. 1962.
75 Ebd., 8. 1. 1962. – Zuvor wurden die drei Teile des Aufsatzes »Von Philosophen und Philosophien« für die Literaturzeitschrift »Neue Deutsche Literatur« überarbeitet, in deren Maiheft sie unter dem Titel »Wege und Umwege – autobiographische Aufzeichnungen« erschienen. (10. Jg, 1962, H. 5, S. 43–51).
76 Ebd., 23. 1. 1962.
77 Ebd., 16. 3. 1962.
78 Ebd., 23. 3. 1962.
79 Ebd., 7. 3. 1962.
80 AZ an Prof. Baumgarten, 13. 2. 1960 (t).
81 G. Meili an AZ, 19. 9. 1962, AZA 1029, 12.
82 Ebd.
83 AZ an G. Meili, 15. 10. 1962 (t).
84 Ebd.
85 IL an AZ, 1. 6. 1962.

86 AZ an Übersetzer / A. Arian, 10. 5. 1962 (t).
87 Sigmund Freud. Arnold Zweig. Briefwechsel. Hg. v. Ernst L. Freud, Frankfurt /M. 1968.

Editorische Notiz

Die Berliner Ausgabe »Arnold Zweig. Werke« basiert auf den zu Lebzeiten Zweigs publizierten Texten und stützt sich auf den Nachlaß im Arnold-Zweig-Archiv der Stiftung Archiv der Akademie der Künste, Berlin.

Die edierten Texte folgen in diplomatisch getreuer Wiedergabe in der Regel den Erstdrucken der Texte.

Sämtliche Texte sind an Hand der Erstausgaben, anderer Drucke und des Materials im Nachlaß überprüft worden. Eindeutige Druckfehler wurden stillschweigend korrigiert. Hervorhebungen, außer Sperrungen, werden kursiv wiedergegeben. Alle Zusätze und Texteingriffe des Editors erscheinen in eckigen Klammern.

Innerhalb der Gruppierung in Gattungen sind die Texte ihrer Entstehung nach chronologisch angeordnet.

Im Anhang jedes Bandes kommen wichtige Veränderungen, Fassungen, nicht aufgenommene Werkteile und zum Werk gehörige Texte des Autors zum Abdruck.

Im Kommentar folgen Ausführungen zur Textgrundlage, zur Entstehungs-, Text- und Wirkungsgeschichte sowie Anmerkungen. Die Bände der Essays und der Publizistik erhalten kommentierte Personenregister. Die Ausgabe schließt mit einem Gesamtregister.

Textgrundlage: Arnold Zweig, Freundschaft mit Freud. Ein Bericht. Signatur: AZA 1009, AZA 1008 Korrekturschicht. 141 und 128 Seiten T mit hs. u. ms. Korr. v. fr. Hd. (IL).
Textkorrektur: 3 Ein Bericht. 1962 > *Ein Bericht*; 10 von Gestern > vom Gestern; 32 Leistung > [Rüstung]; 50 Gottlob > gottlob; 79 getroffen hatten > getroffen hatte; 92 dem bedeutendsten > den bedeutendsten; 121 meine > meine [Frau]; 126 mit einer > mit einer [Gemeinde]; 128 ihre eigenen Kreis > ihre eigenen Kreise; 131 lesenswerten Zeitschrift > lesenswerten Zeitschriften; 140 erschütterten« hieß. > erschütterten«.; 147 zurückerbat hatte > zurückerbat; 147 London anrichteten.« > London anrichteten.; 153 Nach ich ihm > Nachdem ich ihm; 171 C. C. Jung > C. G. Jung; 182 Provinzen und Großstädte > Provinzen und Großstädten; entgegensetzen > entgegenzusetzen; 196 des Moses > den Moses; 198 das Areal > »das Areal.

Unter dem Titel »Freundschaft mit Freud« verzeichnet das »Findbuch des Literarischen Nachlasses Arnold Zweigs« von Ilse Lange (Berlin 1983) sechs Typoskript-Mappen (AZA 1008–1013). Hinzu treten siebzehn Manuskript/Typoskript-Komplexe, die Vorarbeiten, Notizen, Vor- und Nachworte, Inhaltsverzeichnisse und Synopsen des Textes sowie zwei Materialsammlungen mit Fotografien, Zeitungsausschnitten, Briefen, Zeitzeugnissen und Texten anderer Autoren zum Thema Freud umfassen.

Der vorliegende Band enthält einen bislang unveröffentlichten Nachlaßessay Arnold Zweigs. Die Textgrundlage enthält Bleistiftmarkierungen (möglicherweise Vorschläge anderer Personen für Kürzungen), die Arnold Zweig nicht ausführen ließ. Sie wurden im edierten Text nicht berücksichtigt. Im III. und IV. Teil der Textgrundlage wurden aufeinanderfolgende Absätze grundsätzlich durch eine Leerzeile getrennt. Einrückungen, Zeilenabstände, Titel und Zwischenüberschriften wurden im Druck einheitlich gestaltet. Die Verwendung der einfachen und doppelten Anführungszeichen in der Textgrundlage scheint willkürlich und läßt keine Prinzipien erkennen. Deshalb wurde im Druck folgendermaßen vereinheitlicht: einfache Anführungszeichen kennzeichnen den uneigentlichen Gebrauch von Wörtern bzw. Hervorhebungen, doppelte Anführungszeichen bleiben lediglich der Kennzeichnung von Zitaten und Titeln vorbehalten.

Zitierte Briefe, Manuskripte und andere Dokumente, deren Provenienz nicht näher angegeben ist, entstammen dem Nachlaß und den Sammlungen im Arnold-Zweig-Archiv in der Stiftung Archiv der Akademie der Künste, Berlin. Allen Archiven, die Kopien von Briefen und anderen Dokumenten Arnold Zweigs zur Verfügung stellten, sei an dieser Stelle gedankt: Deutsches Literaturarchiv, Marbach am Neckar; Library of Congress, Washington, D. C.; Österreichische Nationalbibliothek, Wien.

Im vorliegenden Band wurden folgende Abkürzungen verwendet:

[/]	ausgelassener Zeilenbruch
AH	Alice Hausdorff (1947–1948 Zweigs Mitarbeiterin)
Anm.	Anmerkung
AZ	Arnold Zweig
AZA	Arnold-Zweig-Archiv der Stiftung Archiv der Akademie der Künste, Berlin

DLA Marbach	Deutsches Literaturarchiv, Marbach am Neckar
Feuchtwanger-Zweig-Briefwechsel	Lion Feuchtwanger. Arnold Zweig. Briefwechsel 1933–1958. Herausgegeben von Harold von Hofe. 2 Bände, Berlin und Weimar 1984.
Freud, Kürzeste Chronik	The Diary of Sigmund Freud 1929–1939. Translated and annotated by Michael Molnar, London, New York 1992.
Freud-Zweig-Briefwechsel	Sigmund Freud. Arnold Zweig. Briefwechsel. Hg. v. Ernst L. Freud. Frankfurt a. M. 1968.
H	Handschrift
hs.	handschriftlich
IL	Ilse Lange (1948–1968 Zweigs Mitarbeiterin)
Jones	Ernest Jones, Leben und Werk Sigmund Freuds. 3 Bände, Basel 1960–1962.
Korr. v. fr. Hd.	Korrektur von fremder Hand
LC, Washington	Library of Congress, Washington D. C.
ÖNB, Wien	Österreichische Nationalbibliothek, Wien
T	Typoskript
(t)	Typoskript-Durchschlag

Für die Unterstützung meiner Arbeit gilt Holger Brohm besonderer Dank.

J. B.

Register

Personen und Werke

Das Register verzeichnet die in Arnold Zweigs Texten genannten Personen und Werke. Die kursiv gesetzten Seitenzahlen verweisen auf Namen und Werke, die in den Anmerkungen erklärt werden.

Werke Sigmund Freuds

Werke Arnold Zweigs

Inhalt

Anhang

Bandeinteilung